构皮滩水电站全景

拱坝上游面

拱坝下游面

大坝表孔泄洪

大坝中孔泄洪

地下厂房

地下厂房附近的 W_{24} 岩溶系统大厅状主管道

长江设计文库

复杂岩溶地区特高拱坝
与大型地下电站勘察设计
关键技术

曹去修　宋志忠　向能武　等　著

中国水利水电出版社
www.waterpub.com.cn
·北京·

内 容 提 要

  本书对复杂岩溶地区大型水电工程——乌江构皮滩水电站特高拱坝与大型地下电站勘察设计关键技术进行系统总结。全书共8章，内容包括：概述，复杂岩溶地区特高拱坝枢纽选址与布置，复杂岩溶地区工程地质勘察，复杂岩溶地区特高拱坝，大坝工作性态反馈分析，高水头、大流量泄洪消能，复杂岩溶地区大型地下电站，复杂岩溶坝基防渗工程。

  本书可供从事国内外水利水电工程勘察、设计、科研、施工及管理人员使用，也可供有关高校相关专业师生使用参考。

图书在版编目（CIP）数据

复杂岩溶地区特高拱坝与大型地下电站勘察设计关键
技术 / 曹去修等著. -- 北京 : 中国水利水电出版社，
2022.11
  ISBN 978-7-5226-1026-9

  Ⅰ．①复… Ⅱ．①曹… Ⅲ．①岩溶区－堤坝式水电站
－工程地质勘察－贵州②岩溶区－地下水电站－工程地质
勘察－贵州 Ⅳ．①TV74

中国版本图书馆CIP数据核字(2022)第183254号

书　　名	复杂岩溶地区特高拱坝与大型地下电站勘察设计关键技术 FUZA YANRONG DIQU TEGAO GONGBA YU DAXING DIXIA DIANZHAN KANCHA SHEJI GUANJIAN JISHU
作　　者	曹去修　宋志忠　向能武　等 著
出版发行	中国水利水电出版社 （北京市海淀区玉渊潭南路1号D座　100038） 网址：www.waterpub.com.cn E-mail：sales@mwr.gov.cn 电话：（010）68545888（营销中心）
经　　售	北京科水图书销售有限公司 电话：（010）68545874、63202643 全国各地新华书店和相关出版物销售网点
排　　版	中国水利水电出版社微机排版中心
印　　刷	北京印匠彩色印刷有限公司
规　　格	184mm×260mm　16开本　20印张　493千字　2插页
版　　次	2022年11月第1版　2022年11月第1次印刷
印　　数	0001—1000册
定　　价	**128.00元**

构皮滩水电站是乌江水电基地规划中最大的一等大（1）型水电工程，是国家"十五"期间开工建设的重点工程和"西电东送"骨干电源。工程主要任务是发电，兼顾航运、防洪等综合利用。枢纽总布置格局为：河床布置混凝土双曲拱坝，坝身设泄洪表孔、中孔和放空底孔，左岸布置泄洪洞、三级垂直升船机，右岸布置引水发电系统。

构皮滩水电站坝址区属窄河谷地形，地质构造复杂，坝基与厂房区岩溶强烈发育，分布范围广，规模大，坝基及防渗范围内共揭露溶洞 136 个，其中 5 个大型岩溶系统特征各异且规模巨大，消能区下游、电站尾水洞主要穿越地层为黏土岩和砂页岩等软岩。构皮滩大坝为混凝土抛物线型双曲拱坝，最大坝高 230.5m，厚高比 0.216，为强岩溶地区特高双曲拱坝；坝身最大泄量 25840m^3/s，最大泄洪功率 37940MW，均居国内外已建双曲拱坝前列；地下厂房与主变洞间距 30m，约为厂房跨度的 1.1 倍、厂房高度的 0.41 倍，为国内外复杂岩溶地区规模最大、岩柱最薄的地下厂房；电站调压室高度 113m，为当时世界之最。

在数十年的工程勘察设计过程中，长江勘测规划设计研究院经过不断探索和自主技术创新研发，成功解决了复杂岩溶地质条件下特高拱坝枢纽选址与布置、特高双曲拱坝设计、坝身大泄量泄洪消能、大型地下电站设计、岩溶处理等关键技术问题，多项设计成果总体达到国际领先水平。2009 年 12 月构皮滩水电站 5 台机组全部投产，水库蓄水正常运行 10 余年的监测资料综合分析表明，大坝和地下厂房等建筑物各项性态指标均在设计控制范围内，工作状态安全、良好。

本书第 1 章和第 4 章由熊堃编写，第 2 章由胡清义和尹春明编写，第 3 章由向能武和尹春明编写，第 5 章由王占军编写，第 6 章由胡清义和王志宏编写，第 7 章由刘惟编写，第 8 章由刘加龙和闵征辉编写。全书由熊堃统稿，曹去修、宋志忠审定。

本书的出版得到了多家单位和多位专家的大力支持，并参考大量文献，特别是在编写过程中得到了王犹扬、杨一峰等教授级高级工程师的指导，在此表示衷心的感谢！构皮滩特高拱坝和大型地下厂房的成功建设，是国内水工界共同努力的结果，谨以此书献给所有参与和关心构皮滩工程的研究、论证和建设的单位、专家、学者，并向他们表示崇高的敬意与衷心的感谢！

限于编者水平和经验，本书的错误和不当之处在所难免，敬请同行专家和广大读者赐教指正。

作者

2022 年 8 月

目　录

1.1　工程概况

构皮滩水电站位于贵州省余庆县境内，是乌江干流梯级开发的控制性工程，为乌江干流水电开发的第 7 个梯级电站，上游距乌江渡水电站 137km，下游距思林水电站 89km，坝址控制流域面积 43250km²，多年平均年径流量 226 亿 m³，水库具有年调节性能。工程开发的主要任务是发电，兼顾航运、防洪等综合利用；构皮滩水电站也是"西电东送"的骨干工程，工程建设也将对地区经济的发展起到推动作用。

构皮滩水电站正常蓄水位 630.00m，死水位 590.00m；水库总库容 64.51 亿 m³，调节库容 29.02 亿 m³，死库容 26.62 亿 m³。电站装机容量 3000MW，多年平均年发电量 96.82 亿 kW·h。枢纽工程由混凝土双曲拱坝、坝身泄水孔口以及下游水垫塘和二道坝、左岸泄洪洞和通航建筑物、右岸地下引水发电系统等组成。

拦河大坝为抛物线型混凝土双曲拱坝，坝顶高程 640.50m，河床建基面高程 410.00m，最大坝高 230.5m，坝顶弧长 552.55m，弧高比 2.38，厚高比 0.216。

工程泄洪以坝身泄洪为主，岸边泄洪为辅，河床溢流坝段布置 6 个表孔、7 个中孔泄洪，表孔尺寸 12m×13m（宽×高），采用跌流消能，中孔出口尺寸 7m×6m（宽×高），出口采用挑流消能；坝后设水垫塘和二道坝，水垫塘采用平底板封闭抽排方案，水垫塘净长约 335m，底宽 70m，断面型式为复式梯形断面，二道坝由下游 RCC（roller compacted concrete）围堰部分拆除形成，最大坝高 27.50m，二道坝下游设置长约 80m 的防冲护坦；左岸布置 1 条泄洪洞辅助泄洪，采用短有压进水口接明流隧洞型式，进口底高程 590.00m，控制断面孔口尺寸 11m×12m（宽×高），泄洪洞为无压洞，洞线为直线，全长 570.40m，出口采用挑流消能型式。

引水发电系统布置于右岸，由进水口、引水隧洞、主厂房、主变洞、尾水隧洞、调压室、尾水出口及开关站等组成，共安装 5 台 600MW 水轮发电机组，采用首部式地下厂房、引水系统单机单洞、尾水系统二机一洞加一机一洞、主厂房和主变洞、调压室三大洞室平行的布置格局。

施工导流采用围堰全年挡水、隧洞导流的方案。上游 RCC 围堰堰顶高程 484.60m，最大堰高 72.6m；下游 RCC 围堰（结合二道坝）堰顶高程 464.60m，最大堰高 56.8m。

通航建筑物为三级垂直升船机，布置在左岸煤炭沟至野狼湾一线，设计通航标准为Ⅳ级航道，可通行 500t 级船舶。

　　工程总工期8年8个月，2001年开始筹建工作，2003年11月正式开工，2004年11月大江截流，2005年10月大坝混凝土开始浇筑，2008年12月工程蓄水验收，2009年6月导流底孔下闸，2009年7月电站首台机组发电，2009年11月30日大坝混凝土全线浇筑至坝顶，2009年12月5台机组全部投产，工程至今已安全运行10余年。

1.2　勘测设计过程

　　构皮滩水电站设计工作始于20世纪80年代。1981年，长江水利委员会开始对构皮滩水电站进点勘察。

　　1989年，原国家计划委员会以计国土〔1989〕502号文对长江水利委员会与原能源部贵阳勘测设计院共同编制完成的《乌江干流规划报告》进行了批复，同意"乌江干流梯级开发方案可按普定、引子渡及洪家渡、东风、索风营、乌江渡、构皮滩、思林、沙沱、彭水十个梯级考虑"。

　　1989年，原国家环境保护总局委托原贵州省环保局以〔89〕黔环字第004号文批复《乌江构皮滩水利枢纽环境影响报告书》。

　　1991年6月，水利水电规划设计总院会同原贵州省计委审查通过了长江水利委员会提交的《乌江构皮滩水利枢纽可行性研究报告》（原设计阶段，基本相当于现预可行性研究报告）。同年10月，原能源部以能源水规〔1991〕989号批复同意《乌江构皮滩水利枢纽可行性研究报告》审查意见。

　　2001年12月27—30日，受原国家经济贸易委员会委托，中国水电顾问有限公司在北京审查通过了长江水利委员会提交的《乌江构皮滩水电站可行性研究报告（等同初步设计）》；2002年6月，中国水电顾问有限公司以水电顾水工〔2002〕0039号《关于印发乌江构皮滩水电站可行性研究（等同初步设计）报告审查意见的函》下发了审查意见。

　　2002年2月，水利部以水函〔2002〕26号文批复了原国家电力公司呈报的《关于贵州省乌江构皮滩水电站水土保持报告书预审意见的函》。

　　2002年6月，原国家环境保护总局以环审〔2002〕152号文批复了原国家电力公司呈报的《关于贵州省乌江构皮滩水电站环境影响复核报告书预审意见的函》。

　　2002年9月，受原国家计划委员会委托，中国国际工程咨询有限公司在贵阳召开了乌江构皮滩水电站项目建议书评估会；2003年初，原国家计划委员会以计基础〔2003〕76号文批复了构皮滩水电站项目建议书。

　　2003年6月，中国国际工程咨询有限公司对《乌江构皮滩水电站可行性研究报告》进行了评估；2003年10月，国家发展和改革委员会在发改能源〔2003〕1451号文批准《乌江构皮滩水电站可行性研究报告》。

　　2003年11月，构皮滩水电站主体工程正式开工兴建，招标阶段和施工详图阶段的设计工作全面展开。

　　2005年11月，国家发展改革委办公厅在发改能源〔2005〕2354号文明确构皮滩水电站通航建筑物与电站同期建设、同期发挥效益。

　　2006年12月，长江勘测规划设计研究院编制完成《乌江构皮滩水电站通航建筑物可行性研究报告》，并通过了中国国际工程咨询有限公司组织的咨询评估和水电水利规划设计总院组织的审查；2008 年 6 月，水电水利规划设计总院以水电规水工〔2008〕22 号《关于印发贵州乌江构皮滩水电站可行性研究通航建筑物专题报告审查意见的函》下发了审查意见。

2007 年 5 月，通航建筑物第一级升船机及上游引航道工程开工建设。

1.3 主要设计条件

1.3.1 工程等别及建筑物级别

构皮滩水电站正常蓄水位和校核洪水位分别为 630.00m 和 638.36m，相应总库容分别为 55.64 亿 m^3 和 64.51 亿 m^3；电站装机容量为 3000MW，年发电量为 96.82 亿 kW·h。根据《防洪标准》（GB 50201—94）、《水电枢纽工程等级划分及设计安全标准》（DL 5180—2003）的有关规定，工程为 I 等工程，大坝、泄洪建筑物、电站厂房为 1 级建筑物，消能防冲建筑物为 3 级建筑物。

1.3.2 洪水设计标准

大坝、泄水建筑物、电站进水口挡水部分的洪水标准按 500 年一遇洪水设计，5000 年一遇洪水校核；电站厂房按 200 年一遇洪水设计，1000 年一遇洪水校核；消能防冲建筑物的设计洪水标准按 100 年一遇洪水设计。工程特征水位及流量见表 1.3.1。

表 1.3.1 　　　　　　　　　　**工程特征水位及流量表**

项　　目	入库洪峰流量/(m^3/s)	调节下泄流量/(m^3/s)	库水位/m	相应下游水位/m	备　　注
$P=0.02\%$ 洪水	35600	28768	638.36	489.64	1964 年典型，大坝校核洪水
$P=0.1\%$ 洪水	30300	24357	634.56	484.14	1991 年典型，电站厂房校核洪水
$P=0.2\%$ 洪水	27900	23623	632.89	483.16	1991 年典型，大坝设计洪水
$P=0.5\%$ 洪水	24800	22131	631.89	481.68	1991 年典型，电站厂房设计洪水
$P=1\%$ 洪水	22500	21273	630.49	479.89	1991 年典型，水垫塘设计洪水
正常蓄水位			630.00		
死水位			590.00		
初期发电低水位			585.00		
防洪限制水位			626.24/ 628.12		6—7 月为 626.24m，8 月为 628.12m

1.3.3 抗震设计标准

1. "5.12" 汶川地震之前采用的抗震设计标准

根据云南省地震局 1986 年完成并经国家地震局审定的《乌江构皮滩工程地区地震烈度鉴定报告》，构皮滩水电站所在区域地震基本烈度为 VI 度。按《水工建筑物抗震设计规范》（DL 5073—2000），可行性研究阶段大坝抗震设计标准取 100 年基准期超越概率 2%（相当于年超越概率 $2.02×10^{-4}$）的基岩峰值加速度代表值，见表 1.3.2，该代表值应为（0.05～0.06）g，偏安全考虑，取为 0.06g；鉴于构皮滩拱坝坝高已超过 200m，根据《乌江构皮滩水电站可行性研究报告》审查意见，招标设计时将大坝抗震设防标准基岩峰值加速度代表值提高到 0.1g，相应地震年超越概率为 7.6646×10^{-5}，重现期约为 13000 年。

表 1.3.2　　　　　基岩峰值加速度年超越概率表 （1986 年成果）

加速度/gal	10	20	30	40
年超越概率	1.0976×10^{-3}	6.8971×10^{-4}	4.6997×10^{-4}	3.304×10^{-4}
加速度/gal	50	60	70	80
年超越概率	2.4312×10^{-4}	1.8722×10^{-4}	1.4340×10^{-4}	1.1638×10^{-4}
加速度/gal	90	100	125	150
年超越概率	9.3212×10^{-5}	7.6646×10^{-5}	5.0888×10^{-5}	3.3106×10^{-5}

2. 《乌江构皮滩水电站工程防震抗震研究设计复核专题报告》采用的抗震设计标准

水电水利规划设计总院在《水电工程防震抗震研究设计及专题报告编制暂行规定》（水电规计〔2008〕24 号文附件）中规定："水电工程地震设防标准，一般取基准期 50 年超越概率 10% 的地震动参数作为设计地震；大型水电工程中，1 级挡水建筑物取基准期 100 年超越概率 2% 的地震动参数作为设计地震，校核地震在设计地震基础上提高动参数。1 级挡水建筑物可取基准期 100 年超越概率 1% 或最大可信地震 （Maximum credible earthquake，MCE） 动参数进行校核。"

根据云南省地震工程研究院 2008 年 12 月提供的《贵州省乌江构皮滩水电站工程场地地震安全性评价水库诱发地震危险性评价复核工作报告》（中国地震局 2009 年 5 月以中震安评〔2009〕49 号文批复了该报告），构皮滩水电站场地地震基本烈度为Ⅵ度，水库诱发地震对大坝的影响不超过Ⅵ度，场地基岩地震动参数值见表 1.3.3。

表 1.3.3　　　　　场地基岩地震动参数值 （2008 年成果）

设计地震动参数	50 年超越概率		100 年超越概率	
	10%	5%	2%	1%
A_{max}/gal	43.331	60.475	114.145	145.147
A_h/g	0.044	0.062	0.116	0.148

据水电规计〔2008〕24 号文附件及表 1.3.3，构皮滩水电站拱坝的抗震设计和校核标准地震概率水准分别为 100 年基准期超越概率 2% 和 1%，相应大坝基岩动峰值加速度分别为 0.116g 和 0.148g；泄洪洞进水塔按壅水建筑物复核，其抗震设计概率水准取 100 年超越概率 2%，相应基岩峰值加速度为 0.116g；其他建筑物抗震设计地震概率水准取 50 年基准期超越概率 5%，相应基岩动峰值加速度为 0.062g。

3. 按现行规范应采用的抗震标准

《水电工程水工建筑物抗震设计规范》（NB 35047—2015）规定："水工建筑物工程场地设计地震动峰值加速度和其对应的设计烈度依据应按下列规定确定：地震基本烈度为Ⅵ度及Ⅵ度以上地区的坝高超过 200m 或库容大于 100 亿 m³ 的大 （1） 型工程，以及地震基本烈度为Ⅶ度及Ⅶ度以上地区的坝高超高 150m 的大 （1） 型工程，依据专门的场地地震安全性评价成果确定"和"对应作专门场地地震安全性评价的工程抗震设防类别为甲类的水工建筑物，除按设计地震动峰值加速度进行抗震设计外，应对其在遭受场址最大可信地震时，不发生库水失控下泄灾变的安全裕度进行专门论证"。据规范 NB 35047—2015、构皮滩水电站工程建筑物级别及表 1.3.3，拱坝工程抗震设防类别为甲类，其水平向设计地震动峰值加速度代表值和最大可信地震的水平向峰值加速度代表值应分别取 100 年内超越概率 2% 和 1%，相应基岩动峰值加速度分别为 0.116g 和 0.148g；其他建筑物工程抗震设防类别为乙类，其水平向设计地震动峰值加速度代表值应取 50 年内超越概率 5%，相应基岩动峰值加速度为 0.062g。

1.3.4　基本资料

1.3.4.1　水文

乌江流域为降水补给河流，洪水主要由暴雨形成。暴雨集中在 5—10 月。乌江中游一次洪水过程约 10~15d，其中大部分水量集中在 7d 以内，7d 洪量占 15d 洪量的 77%，大水年份更为集中。

构皮滩水电站为峡谷型水库，江界河水文站每年 5—10 月为汛期，11 月至次年 4 月为枯水期，多年平均流量为 716m^3/s，实测最大流量为 14500m^3/s，实测最小流量为 86m^3/s，调查历史最大流量 20600m^3/s。坝址设计洪水的资料，是直接采用位于坝址上游 33.4km 处的江界河水文站 1939—1946 年、1948—1949 年、1951—1999 年共 61 年系列实测资料及 1830 年、1912 年、1920 年历史调查洪水所组成的不连续系列，并消除上游已建乌江渡水库对 1978—1999 年洪水的蓄泄影响而还原至天然洪水，以 1963 年、1964 年及 1991 年洪水过程做典型。由于江界河站控制流域面积比坝址控制流域面积仅小 2.2%，直接采用该站资料在精度上满足要求。在枯水期还应考虑上游乌江渡电站机组下泄流量与乌江渡—构皮滩区间流量组合。

坝址设计洪水主要成果见表 1.3.4，入库洪水设计成果见表 1.3.5。

表 1.3.4　　　　　坝址设计洪水主要成果表

项目	P/%								
	0.02	0.1	0.2	1	2	5	10	20	33.3
洪峰流量/(m^3/s)	33200	28300	26100	21000	18800	15800	13500	11100	9180
W$_{24}$/亿 m^3	26.9	22.6	20.8	16.8	14.9	12.5			
W$_{72}$/亿 m^3	65.4	54.1	49.9	39.9	35.6	29.7			
W$_{168}$/亿 m^3	127.0	106	97.5	76.4	67.0	54.8			

表 1.3.5　　　　　入库洪水设计成果表

项目	P/%						
	0.02	0.1	0.2	1	2	5	10
洪峰流量/(m^3/s)	35600	30300	27900	22500	20100	16900	14400
W$_{24}$/亿 m^3	28.7	24.1	22.2	17.9	15.9	13.3	11.3
W$_{72}$/亿 m^3	68.3	56.7	52.2	41.7	37.2	31	26.3
W$_{168}$/亿 m^3	131	109	100	78.4	68.7	56.2	46.6

1.3.4.2　气象

乌江流域属于中亚热带季风气候区。气候温和，水量充沛，多年平均年降水量约 1163mm，构皮滩以上多年平均年降水量约为 1100mm。坝址上游 33.4km 的江界河水文站多年平均年降水量为 986.2mm，年内分配以 6 月为最大。

构皮滩坝址至工程开工无气候资料，据左右岸邻近的湄潭（相距 45km）、余庆（相距 30km）气象站及江界河水文站观测资料统计，年平均气温 14.9～16.3℃，历年最高日平均气温 29.7～30.4℃，出现在 7 月，历年最低日平均气温 −6.3～−4.2℃，出现在 1 月，历年最高气温 38.1℃（1963 年 9 月 18 日），历年最低气温 −9.2℃（1970 年 1 月 6 日）。

坝址处江界河水文站全年都在 6.3℃ 以上，历史上从未观测到冰凌。年平均水温 17.3℃，与年平均气温接近，最高水温为 27.5℃。

1.3.4.3 泥沙

乌江渡水文站是乌江渡水库的出库站，距构皮滩大坝坝址约 134km，可作为构皮滩水库的入库水沙控制断面。江界河水文站位于坝址上游约 30 余千米处，年径流分配较为集中，5—9 月水量占全年水量的 60%～70%，6—8 月水量占全年水量的 40%～50%。

根据上游乌江渡水库建成前的实测资料统计，乌江渡水文站多年平均年径流量 156 亿 m^3，多年平均悬移质年输沙量 1640 万 t，平均含沙量 1.05kg/m^3（统计年份为 1963—1979 年）。采用 1951—1978 年系列统计，江界河水文站平均年径流量 229 亿 m^3，多年平均悬移质年输沙量 1723 万 t，平均含沙量 0.752kg/m^3。

乌江悬移质输沙量主要集中在汛期 5—9 月，占全年的 90% 以上。悬移质输沙量年际间的变化幅度大于径流量年际间变化幅度。

洪家渡、东风和乌江渡水库已经建成，进入构皮滩水库的推移质仅为乌江渡以下的区间来量。构皮滩库区区间流域面积 15460km²，推移质年输沙量约 5 万 t，主要分布在支流湘江和清水江，仅占悬移质年输沙量的 0.3% 和构皮滩死库容的 0.001%，对水库的使用寿命影响甚微，不考虑推移质泥沙和淤积影响。

经计算，水库运用 10 年后，坝前淤积高程 429.80m。水库运用 20 年后，坝前淤积高程 437.80m。水库运用 100 年后，坝前淤积高程 491.31m。上述淤积高程，均为坝前断面平均淤积高程。

1.3.4.4 地质

构皮滩水电站库区、坝区在大地构造单元上位于扬子准地台上扬子台褶带内，该区深部构造不复杂，地壳结构较完整，地壳稳定条件较好。从寒武纪至二叠纪的地质历史时期内，区内以地壳的升降运动为其主要特征。燕山运动使发育良好的古生界至三叠系沉积盖层强烈褶皱、断裂，为该区构造和地貌形态奠定了基础。新构造运动时期，总体上呈大面积间歇性隆升，层状地貌特征明显，早期夷平面无变形和解体现象，乌江及支流河谷阶地连续完整。挽近期以来，几条主要断裂差异活动微弱，为弱活动和不活动断裂；坝区北东向断裂规模小，构造岩胶结坚硬，在地貌上亦未发现第四系的变形破坏。断裂的最新活动年代不会晚于早更新世的中、晚期。该区不具备发生强震的地质结构条件，历史上无中强地震记载，其中大于等于 5.0 级地震的震中距坝址均在 100km 以上，工程区属于弱震环境中地震活动更加微弱的地区，外围强震波及工程区内的地震烈度不超过Ⅵ度。水库诱发地震以岩溶塌陷型为主，震级不会超过 4.0 级，对工程区影响烈度仅为Ⅲ～Ⅵ度，低于或等于该区的地震基本烈度。建库以来，记录到水库诱发地震的最大震级为 2.6 级。

水库全长 137km，库水面一般宽 500～2000m，部分峡谷段宽仅 200 余米，为总体呈东西向展布、被雄厚层状山地所夹峙的河谷型水库。库坝区出露的地层有前震旦系、震旦系、寒武系、奥陶系、志留系、二叠系、三叠系、上白垩-老第三系，普遍缺失泥盆系、石炭系和侏罗系。水库区在构造上处于南北向复式背、向斜中，库盆由碳酸盐岩与碎屑岩相间组成。库坝区碳酸盐岩广布，分布面积在70%以上；厚度大于50m以上的具相对隔水和隔水作用的碎屑岩共有10层，累计厚度500~3000m，受其阻隔，构成多层状水文地质结构。各岩溶含水层相对独立，仅在局部地段，由于断层破坏，使不同岩溶含水层相互沟通而产生水力联系。岩溶地下水沿各自独立的岩溶系统由分水岭向乌江或其支流运移、排泄，最终汇入乌江。区内地下水位由河谷向分水岭迅速抬高，高程800.00m以上台面暗河、井泉广布，暗河下潜点高程在680.00m以上，均高于水库正常蓄水位。构皮滩水库具有良好的封闭条件，水库蓄水后不改变其区域水文地质条件，不存在库水向邻谷渗漏的可能性。

枢纽区为坚硬灰岩形成的V形对称峡谷，两岸山体雄厚，临江峰顶高程722.00~837.00m；河谷狭窄，岸坡陡峻。地层从上游至下游为二叠系~寒武系中、上统，其中石炭系、泥盆系及志留系上统缺失。二叠系茅口组、栖霞组的中厚~厚层状灰岩为枢纽工程区主要岩体，其中茅口组灰岩为坝基与拱座岩体，栖霞组灰岩为地下厂房围岩与水垫塘地基岩体。坝址软弱夹层主要有 P_2w^{1-1} 层底部厚3~5m的黏土岩及0.5~1m的透镜状劣煤层、P_1m^{2-1} 层底部厚3.5~4.4m的 III_{01} 夹层组。

坝址处于单斜构造部位，岩层走向北东30°~35°，倾向北西（上游），倾角40°~55°。坝址区断层延伸长度多小于100m，走向以北西、北西西为主，北东向次之，倾角多大于60°，带宽一般0.1~0.5m，主要为钙质胶结的角砾岩，多溶蚀强烈，局部溶蚀成缝。共发育18条规模较大的层间错动，按其发育部位的岩性特征可分三类：I类发育于坚硬的灰岩中，错动带宽0.1~0.8m，为方解石或钙质胶结角砾岩，一般溶蚀较强，性状较差；II类发育于波~链状含炭、泥质生物碎屑灰岩中，错动带宽一般0.02~0.1m，具片理化及揉皱现象，沿错动面以风化为主，溶蚀相对较弱，多发育在 P_1q 层中；III类发育于软弱岩层中，错动带中页岩、黏土岩糜棱化、片理化，易风化且遇水易软化、泥化，性状差。裂隙主要有4组，以走向275°~300°和走向301°~330°两组为主，走向331°~350°和走向20°~40°两组次之，多为陡倾角，缓倾角及反倾向裂隙不发育。

坝址岩溶发育，发育程度受岩性、构造控制比较明显，规模较大的岩溶洞穴、地下暗河等均分布于成层厚度较大的较纯灰岩中或沿规模较大的层间错动和断层发育。坝址 P_2w^{1-1}、P_1m^2、P_1m^1、P_1q^4 等层发育的岩溶洞穴可归结为5个主要岩溶系统，其中左岸有5号、7号岩溶系统，右岸有6号、8号及 W_{24} 岩溶系统，此外，在 O_2sh+b、O_1m^2 等层灰岩中发育有 W_2、W_3、W_4 等规模较小的岩溶系统。受相对隔水岩组阻隔，各岩溶系统基本无水力联系。

碳酸盐岩类岩体的透水性主要受断裂和岩体溶蚀程度控制，具极不均一性。各层岩体透水性总体上两岸大于河床，并随深度增加而减弱。各强岩溶层的透水性大于中等岩溶层及弱岩溶层，即在空间上表现为极不均一和各向异性特征，具体如下：即强透水层（P_2w^{1-1}、P_1m^{2-3}、P_1m^{2-2} 等）>中等透水层（P_1m^{2-1}、P_1m^1、P_1q^3、P_1q^2、P_1q^1 等）>弱透水层（P_1q^4）。

坝址岩体（石）物理力学参数见表1.3.6，岩体结构面力学参数见表1.3.7。

7

表 1.3.6　岩体（石）物理力学参数表

岩石类别	结构类型	代表性层位	天然容重/(kN/m³)	湿抗压强度/MPa	变形模量/GPa	弹性模量/GPa	泊松比	抗剪断强度 岩/岩 f	抗剪断强度 岩/岩 c/MPa	抗剪断强度 混凝土/岩 f	抗剪断强度 混凝土/岩 c/MPa	抗拉强度/MPa
微晶生物碎屑灰岩夹含炭泥质生物碎屑灰岩	厚层	P_1m^2	26.6	80~90	30~35	35~40	0.20	1.4~1.5	1.5~1.8	1.1~1.2	1.0~1.3	1.5
含炭泥质灰岩未风化	中厚层	P_1m^{1-1}	26.5	70~80	25~30	30~35	0.25	1.2~1.3	1.4~1.6	1.0~1.1	1.0~1.2	1.4
含炭泥质灰岩风化	薄层	P_1m^{1-2}, P_1q	26.5	50	15.0	20	0.30	1.0~1.1	1.0~1.3	0.8~0.9	0.9~1.0	1.0
瘤状灰岩	中厚层	S_1sh, O_1m^3	26.4	60	20	25	0.30	1.0~1.1	1.1~1.4	0.9~1.0	0.9~1.1	1.0
含炭泥质生物碎屑灰岩	中厚层	P_1m^{1-3}	26.3	50	10	12	0.30	0.9~1.0	1.0~1.2	0.8~0.9	0.7~0.8	1.0
	层状	P_1q^3	26.4	30	10~12	12~15	0.30	0.9~1.0	1.0~1.2	0.8~0.9	0.7~0.8	1.0
	层状	P_1q^2, P_1q^1	26.3	50	15~20	20~25	0.30	0.9~1.0	1.0~1.2	0.8~0.9	0.7~0.8	1.0
	层状	S_2h^{1-1}			0.8~1.0			0.5~0.6	0.3~0.5			0.2
	层状	S_2h^{1-2}			0.3~0.5			0.4~0.5	0.2~0.3			0.1
黏土岩、钙质页岩	层状	S_1l	26.0	8	1.5~2.0	2.5~3.0	0.35	0.5~0.6	0.3~0.5			0.2
钙质细砂岩	薄层	S_1sh^2, O_1m^3	25.9	60	15	20	0.30	1.0~1.1	1.0~1.2	0.8~0.9	0.7~0.9	1.0
粉-细砂岩夹钙质页岩	薄层	O_1m^3	26.0	30	4~6	6~8	0.30	0.8	0.7	0.5~0.6	0.4	0.5
钙质页岩夹粉-细砂岩			26.0	15	1.5~2.0	2~3	0.30	0.6~0.7	0.6			0.3
断裂构造岩 角砾岩(未溶) 新鲜	镶嵌			40~50	15~20	20~25	0.30	1.0	1.2	0.9~1.0	1.0	0.5
影响带				50~60	10~15	15~20		1.0	1.2			

表 1.3.7　　　　　　　　　　　　　　岩体结构面力学参数表

结　构　面　类　型			抗剪断强度	
			f	c/MPa
断层		连续溶蚀填泥，且厚度较大	0.25～0.3	0.02～0.05
		局部溶蚀或断续有钙泥质薄膜黏附	0.5～0.6	0.4～0.7
		未溶蚀，胶结紧密	1.0	0.7～0.9
裂隙		全部溶蚀填泥	0.3～0.4	0.02～0.05
		局部溶蚀或风化	0.5～0.6	0.4～0.7
		新鲜方解石充填	1.0	1.1
层间错动	坚硬灰岩中的层间错动	全部溶蚀填泥	0.25～0.3	0.02～0.05
		局部溶蚀或断续有钙泥质薄膜黏附	0.5～0.6	0.4～0.7
		未溶蚀，胶结紧密	1.0	0.7～0.9
	含炭、泥质生物碎屑灰岩中的层间错动	全部风化	0.25～0.3	0.02～0.05
		局部风化	0.5～0.6	0.4～0.7
		新鲜	1.0	0.7～0.9
层面	坚硬灰岩中的层面	全部溶蚀	0.25～0.3	0.02～0.05
		局部溶蚀	0.6～0.7	0.4～0.7
		新鲜	1.0	0.7～0.9
	坚硬灰岩与含炭泥质生物碎屑灰岩接触层面	全部风化	0.25～0.3	0.02～0.05
		局部风化、溶蚀	0.5～0.6	0.4～0.7
		新鲜	1.0	0.7～0.9

1.3.4.5　水库特征

构皮滩水库水位-库容关系见表 1.3.8。

表 1.3.8　　　　　　　　　　　　构皮滩水库水位-库容关系表

水库水位/m	库容/亿 m^3	水库水位/m	库容/亿 m^3	水库水位/m	库容/亿 m^3
450.00	0.1	520.00	3.62	590.00	26.62
460.00	0.28	530.00	5.97	600.00	31.67
470.00	0.46	540.00	8.23	610.00	39.13
480.00	0.798	550.00	10.49	620.00	46.58
490.00	1.294	560.00	13.51	630.00	55.64
500.00	1.79	570.00	16.52	640.00	66.29
510.00	2.4	580.00	21.57	650.00	76.95

1.3.4.6　特征水位及流量

构皮滩水电站特征水位与流量分别见表 1.3.9。

表 1.3.9　　　　　　　　　构皮滩水电站特征水位与流量表

工 况	库水位/m	洪峰流量/(m³/s)	下泄流量/(m³/s)	下游水位/m
正常蓄水位	630.00			430.70
死水位	590.00			
100 年一遇洪水（$P=1\%$）	630.49	22500	21273	479.89
200 年一遇洪水（$P=0.5\%$）	631.89	24800	22131	481.68
500 年一遇洪水（$P=0.2\%$）	632.89	27900	23623	483.16
1000 年一遇洪水（$P=0.1\%$）	634.56	30300	24357	484.14
5000 年一遇洪水（$P=0.02\%$）	638.36	35600	28768	489.64

注　正常蓄水位工况的下游水位为 2 台机组发电时对应的天然河床下游水位。

1.3.4.7　主要金属结构及机电设备参数

1. 主要金属结构设备特性

构皮滩水电站布置 6 个泄洪表孔，堰顶高程 617.00m，孔宽 12.0m，分别设置 6 扇弧形工作闸门和 1 扇平板事故检修闸门，工作闸门由液压启闭机操作，事故检修闸门由坝顶门机操作；7 个泄洪中孔，底坎高程 543.00～550.00m，孔口尺寸 7m×6m（宽×高），分别设置 7 扇弧形工作闸门和 2 扇平板事故检修闸门，工作闸门由液压启闭机操作，事故检修闸门由坝顶门机操作；2 个放空底孔，底坎高程 490.00m，孔口尺寸 4m×6m（宽×高），分别设置 2 扇平板工作闸门和 2 扇平板挡水门，工作闸门由液压启闭机操作，挡水门由坝顶门机操作；4 个导流底孔，底坎高程 490.00m，孔口尺寸 6.5m×9m（宽×高），分别设置 4 扇平板封堵门，封堵门由固定卷扬机操作；1 条泄洪洞，底坎高程 550.00m，设有弧形工作门和进口事故检修门，工作门孔口尺寸 10m×9m（宽×高），由液压启闭机操作，事故检修门孔口尺寸 7m×16m（宽×高），由固定卷扬机操作。

表 1.3.10　水轮机及发电机机组主要参数表

1）水轮机	
最大水头/m	200.00
最小水头/m	144.00
加权平均水头/m	186.39
额定水头/m	175.50
额定功率/MW	609
额定流量/(m³/s)	375
额定转速/(r/min)	125
额定效率/%	93.0
转轮直径/m	7.0
安装高程/m	416.80
2）发电机	
额定容量/MVA	666.7
额定功率/MW	600
功率因数	0.9
额定效率/%	98.5
额定电压/kV	18
发电机冷却方式	全空冷

构皮滩水电站为地下厂房，安装 5 台单机容量 600MW 机组。每个机组段进水口自上游至下游顺水流方向依次布置有电站进口拦污栅、电站进口检修门、电站进口快速门和电站尾水检修门。电站进口拦污栅、电站进口检修门由进水塔顶门机操作，电站进口快速门由液压启闭机操作。电站尾水设置尾水调压室检修门和尾水洞出口检修门，尾水调压室检修门由尾水调压室桥机操作，尾水洞出口检修门由尾水洞出口桥机操作。

2. 主要机电设备特性

构皮滩水电站装机容量 3000MW，水轮机正常运行水头变化范围为 144～200m。电站装设 5 台单机容量 600MW 混流式水轮发电机组，机组主要参数见表 1.3.10。

根据推荐方案的机组参数，配套选用 PID 数字式微机调速器，YZ‐18/2‐6.3 型油压装置，额定工作油压为 6.3MPa。

主厂房起重机的额定起重量由转子起吊重量确定，采用 2 台 3750kN＋3750kN 双小车桥机，桥机跨度 23.5m。

主要电气设备有封闭母线（23000A/24kV）及发电机电压设备（包括励磁变压器、18kV 厂用变压器、发电机断路器、电压互感器柜等）、厂用电系统设备、15 台容量为 223MVA 的 550kV 单相主变压器（5 组三相容量为 669MVA）、550kV 全封闭组合电器、550kV 敞开式电气设备、550kV 高压电缆、厂用电系统设备等。

1.4　特高拱坝与大型地下电站勘察设计主要关键技术

构皮滩水电站位于复杂岩溶地区，坝基与厂房区岩溶强烈发育，分布范围广，规模大，坝基及防渗范围内共揭露溶洞 136 个，其中 5 个大型岩溶系统特征各异且规模巨大，且消能区下游、电站尾水洞主要穿越地层为黏土岩和砂页岩等软岩。构皮滩大坝为混凝土抛物线型双曲拱坝，最大坝高 230.5m，厚高比为 0.216，为强岩溶地区特高双曲拱坝；坝身最大泄量为 25840m³/s，最大泄洪功率为 37940MW，均居国内外已建双曲拱坝前列；地下厂房与主变洞间距 30m，约为厂房跨度的 1.1 倍、厂房高度的 0.41 倍，为国内外复杂岩溶地区规模最大、岩柱最薄的地下厂房；电站调压室高度 113m，为当时世界之最。

因此，构皮滩水电站工程具有"强岩溶、高拱坝、高水头、大泄量、大型电站"的典型特点，其复杂岩溶地区特高双曲拱坝、泄洪消能、大型地下电站洞室群、基础处理和渗控工程等技术难题，均超出国内外同类工程设计水平。在数十年勘察设计过程中，经过不断探索和自主技术创新研发，成功地解决了关键技术问题。本书在总结设计研究和实践成果的基础上，主要介绍如下复杂岩溶地区关键技术：

（1）特高拱坝枢纽选址与布置。

（2）工程地质勘察。

（3）200m 以上特高拱坝。

（4）特高拱坝工作性态反馈分析。

（5）高水头大流量泄洪消能。

（6）大型地下电站。

（7）坝基防渗工程。

2.1 坝址选择

构皮滩水电站前期勘测工作始于 20 世纪 60 年代，河段开发方案及坝址比较研究于 80 年代初完成，研究了构皮滩和三星场二级开发方案及构皮滩一级开发方案，选择构皮滩坝址区（中寨向斜东翼）一级开发方案，上、下两个坝址进行了比较研究。

坝址区的水文地质条件是影响坝址选择的关键因素，构皮滩上、下坝址相距约 800m，两坝址的基岩分别为三叠系玉龙山灰岩（T_1y^2）及二叠系茅口组灰岩（P_1m^2）。对两坝址采用重力拱坝和地下厂房进行枢纽布置，在大致相同的布置方案基础上，对两坝址进行比选，主要比选意见如下：

（1）两坝址岩层产状虽相似，岩性虽均较坚硬、完整，但下坝址岩层倾角陡于上坝址，作为高坝基础，下坝址产状较为有利。

（2）上坝址发育 F_{51} 断层，规模大，影响带宽，局部可达 20～24m，影响带内裂隙发育，坝基无法避开，工程处理难度大。而下坝址虽有 III_{01} 夹层，但其厚度仅 3.5～4.4m，坝基有可能回避，处理也比较容易；上坝址软弱夹层发育，层多、分散，力学指标低，工程处理措施难以奏效，下坝址裂隙亦较发育，但可以采取措施进行有效处理。

（3）上坝址防渗线路要通过强岩落区的长兴灰岩（P_2c）段，防渗线路长，工程量及施工难度大，防渗可靠性差。下坝址防渗线路虽难免遭遇 5～8 号岩溶系统，但既可向上游接相对隔水层吴家坪组灰岩及煤系（P_2w），亦可向下游接志留系韩家店组黏土岩（S_2h），防渗线路布置较灵活，相对上坝址线路短，工程量省，施工难度小。

（4）上坝址泄洪水流不可避免地要冲刷沙堡湾页岩（T_1y^1）和吴家坪组灰岩（P_2w），可能对岸坡稳定和发电构成威胁，需进行预处理，工程量大。下坝址泄洪消能区可基本位于坚硬灰岩段内，若波及软岩宽谷段也便于防护。

（5）上坝址通航建筑物布置及对外交通均不如下坝址有利。

综合以上分析，上坝址工程地质条件复杂，防渗可靠性差，枢纽布置及工程处理难度大，工程造价高，因此决定采用下坝址。

上述研究于 1986 年 3 月完成，1986 年 4—5 月在杭州和构皮滩现场召开专题技术讨论会，对这一坝址选择结论予以肯定，并指出对下坝址深入开展地勘和科研设计工作，以进一步选定坝线。

2.2 坝线选择

2.2.1 坝线选择研究概况

下坝址有两条可供选择的坝线，即上游 I 坝线和下游 II 坝线，两坝线相距约 200m。两处的地形、地质条件存在明显差异，河流流向也不尽相同。虽然两坝线均可建 200m 以上的高混凝土拱坝，但各自代表方案的工程量、施工条件等存在一定差异。根据可行性研究报告审查意见和《水利水电工程初步设计报告编制规程》（SL 619—2013）的要求，从 1992 年开始至 1994 年 6 月进行了坝线比选设计研究工作，并于 1994 年 7 月提出了《构皮滩水利枢纽初步设计阶段坝线选择专题报告》。该报告对 I、II 坝线的地形地质条件、枢纽布置、施工条件、运行管理及工程投资等方面进行了综合分析比较，推荐 II 坝线为选定坝线。

2.2.2 I 坝线

2.2.2.1 工程地质条件

I 坝线下距峡谷出口约 450m，该处河段为对称 V 形横向河谷，两岸岸坡陡峻，500.00m 高程以上岸坡 30°～35°，500.00m 高程以下岸坡 60°左右，部分近直立。坝顶高程处河谷宽 550m 左右；河床枯水期水面宽 40～50m，覆盖层厚 1.5～2.5m，基岩面高程 420.00～427.00m。坝基基岩为 P_1m^2 层，其中河床坝段坐落在 P_1m^{2-1} 和 P_1m^{2-2} 层，两岸坝肩 460.00m 以上坐落在 $P_1m^{2-2,3}$ 层上。P_1m^2 层除 P_1m^{2-1} 为薄—中厚层灰岩和 III_{01} 夹层组外，主要是厚层—块状微晶生物碎屑灰岩和硅质（团块）灰岩，岩性坚硬，湿抗压强度约为 80～90MPa，变形模量约为 35GPa。河床基岩完整性较好，左、右岸坝肩基岩总体上属于中等完整性岩体，其岩性随埋深增加而趋好。

I 坝线存在以下主要地质问题：

（1）层间错动。P_1m^{2-3} 层中下部发育有以 F_{b91}、F_{b92} 为代表的层间错动带，每条错动带宽 0.1～0.5m，主要由角砾岩及压碎岩组成。F_{b91}、F_{b92} 在 440.00～540.00m 高程左右由上游进入坝基，540.00m 高程左右进入拱座岩体和坝基下游，错动带附近陡倾角断裂发育，岩体破碎，溶蚀强烈，是 5 号、6 号岩溶系统的主要发育部位。

（2）NW—NWW 向断裂。坝基附近走向 280°～315°的陡倾角断层是大坝抗滑稳定的主要侧向切割面。其中出露规模较大，且与建筑物密切相关的断层有 F_{12}、F_1、F_2、F_4、F_1。这些断层主要分布在坝基、坝址附近，坝基内尚有溶蚀较普遍的小断层发育，在断层与 F_{b94}、F_{b92} 交汇部位，性状更差。

（3）岩溶。I 坝线左、右岸分别发育有 5 号、6 号岩溶系统，其中 470.00m 高程以下沿 F_{44} 等 NW—NWW 向断裂发育的岩溶通道（属 6 号系统）斜贯坝基。岩溶系统是防渗帷幕设计和施工的重大技术问题之一。

（4）古侵蚀—强溶蚀带、风化—溶滤带。P_1m^{2-3} 层顶界面以下水平宽 10～15m 范围内岩体溶蚀强烈，发育规模较大的溶洞；P_2w^1 层底部为 3～5m 厚的黏土岩及煤层，其上部灰岩也有较强的溶蚀。这两部分构成宽 20～25m 的强溶蚀带，是坝基、坝肩变形稳定及基础开挖的控制性因素。另外尚有发育于 $P_1 m^{2-1}$ 中部的风化—溶滤带在河床坝段附近出露。

（5）III_{01} 夹层组。$P_1 m^{2-1}$、$P_1 m^{1-3}$ 分界处的 III_{01} 夹层组在河床部位于坝趾下游 20～30m 处出露，坝基下埋深 25～120m，该夹层组的厚度一般为 3.5～4.5m，夹层内生物碎屑含量大，硅化普遍但不均匀，层间错动较为发育。

2.2.2.2　枢纽布置方案

1. 方案拟定

可行性研究阶段曾以 I 坝线作为本枢纽的代表坝线进行过两种坝型（重力拱坝和双曲拱坝）和三种厂房（地下、坝后双列、地下及坝后混合式）及挑流泄洪消能等多种建筑物型式组合的枢纽布置方案研究，最后推荐双曲拱坝、河床挑流泄洪与左岸坝身滑雪道挑流泄洪消能、左岸垂直升船机和右岸地下厂房布置方案为代表性方案。可行性研究报告审查会同意以混凝土拱坝为基本坝型及以上枢纽布置有基本格局，但要求对枢纽泄洪消能布置和厂房型式做进一步比较。基于此，坝线选择阶段对 I 坝线可能的枢纽布置方案又做了进一步研究。需要指出的是，由于通航建筑物线路主要取决于坝址的地形、地质和上下游航道的进出口条件，在该坝址宜采用三级垂直升船机方案，所需的通航建筑物中心线须有 1700m 以上的直线段。根据这些限制条件和坝址附近的地形条件，只有左岸能布置通航建筑物，且无论是 I 坝线还是 II 坝线，其垂直升船机的位置基本不变，故在枢在纽布置方案比较及坝线比较中没有考虑这一因素。

I 坝线重点研究了以下几个枢纽布置方案。

（1）I-Z1 方案。该方案采用混凝土双曲拱坝挡水、坝身泄洪、水垫塘集中消能、右岸布置地下式厂房的枢纽布置，如图 2.2.1 所示。双曲拱坝最大坝高 224m，泄洪建筑物

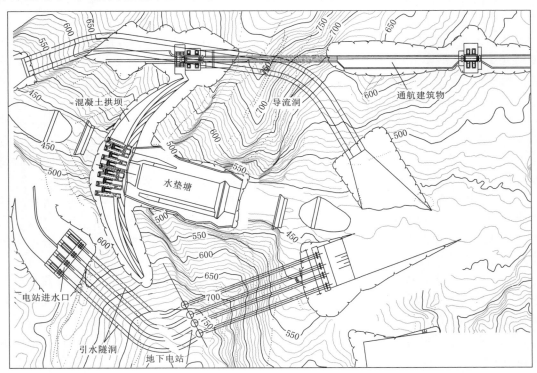

图 2.2.1　I-Z1 方案枢纽布置平面图（单位：m）

集中布置于坝身，为 6 个表孔和 7 个中孔。表孔堰顶高程 615.00m，孔口尺寸 12m×15m（宽×高）；中孔底坎高程平均为 551.00m，孔口尺寸 6m×7m（宽×高）。表孔出口为跌流，中孔为挑流，下游采用复式梯形断面的水垫塘消能。电站厂房布置于右岸地下，位置在 $P_1q^2 \sim P_1q^4$ 层灰岩内，厂房轴线 NW10°，主厂房尺寸为 247m×25m×75m（长×宽×高）。该方案的主要建筑物工程量见表 2.2.1。

表 2.2.1　　　　　　　　　　　Ⅰ-Z1 方案主要建筑物工程量

项目	明挖 /万 m³	洞挖 /万 m³	填方 /万 m³	混凝土 /万 m³	钢筋 /万 t	钢材 /万 t	帷幕灌浆 /万 m	固结灌浆 /万 m	接缝灌浆 /万 m²
大坝	342.0			382.7	2.21	0.89			19.3
厂房	470.1	124.2	25.9	74.4	3.32	1.14		2.3	3.6
航建	474.6	9.3	4.2	62.5	3.49	1.15			
导流	98.5	64.8	21.9	44.7	1.49	0.19			0.6
基础处理	27.3	35.3		29.6	0.14		58.2	9.9	10.4
合计	1412.5	233.6	52.0	593.9	10.65	3.37	58.2	12.2	33.9

（2）Ⅰ-Z2 方案。该方案采用混凝土双曲拱坝挡水、坝身泄洪、水垫塘集中消能右岸布置引水式地面厂房的总体布置，如图 2.2.2 所示。双曲拱坝及泄洪消能建筑物与

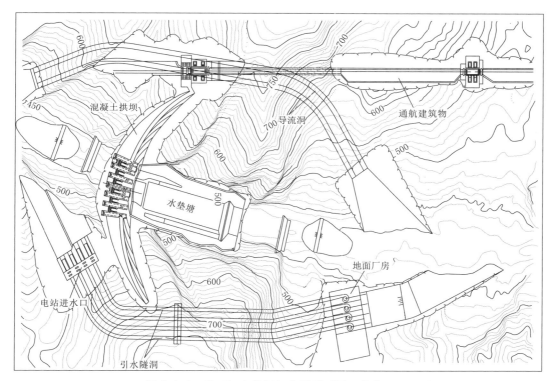

图 2.2.2　Ⅰ-Z2 方案枢纽布置平面图（单位：m）

Ⅰ-Z1 方案相同，电站采用引水式地面厂房，布置于右岸坝址下游峡谷出口处。厂房基岩为 O_1m^1 层砂页岩夹灰岩，电站进水口位于右坝肩上游，一机一洞，引水隧洞以 1 号机最长，约 1100m，4 条引水隧洞均需设置调压室。该方案的主要建筑物工程量见表 2.2.2。

表 2.2.2　　　　　　　　　　　Ⅰ-Z2 方案主要建筑物工程量

项目	明挖 /万 m³	洞挖 /万 m³	填方 /万 m³	混凝土 /万 m³	钢筋 /万 t	钢材 /万 t	帷幕灌浆 /万 m	固结灌浆 /万 m	接缝灌浆 /万 m²
大坝	342.0			382.7	2.21	0.89			19.3
厂房	631.7	70.4	25.9	87.9	4.22	1.14		3.24	4.6
航建	474.6	9.3	4.2	62.5	3.49	1.15			
基础处理	27.3	35.3		29.6	0.14		58.2	9.9	10.4
合计	1475.6	115	30.1	562.7	10.06	3.18	58.2	13.14	34.3

（3）Ⅰ-Z3 方案。该方案采用重力拱坝挡水、坝身泄洪、挑流消能、右岸布置地下厂房的总体布置方案，如图 2.2.3 所示。混凝土重力拱坝高 224m，河床坝身布置 6 个表孔和 7 个中孔，孔口尺寸与Ⅰ-Z1 方案相同，但表孔采用挑流消能，平均挑角 20°左右。地下厂房的基本尺寸同Ⅰ-Z2 方案，但厂房轴线为 NE80°，位置也上移。厂房围岩为 P_1m^1 层灰岩，尾水洞较长，须布置调压室。主要建筑物工程量见表 2.2.3。

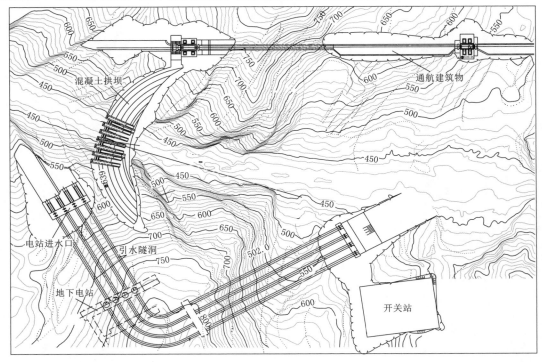

图 2.2.3　Ⅰ-Z3 方案枢纽布置平面图（单位：m）

表 2.2.3 Ⅰ-Z3 方案主要建筑物工程量

项目	明挖 /万 m³	洞挖 /万 m³	填方 /万 m³	混凝土 /万 m³	钢筋 /万 t	钢材 /万 t	帷幕灌浆 /万 m	固结灌浆 /万 m	接缝灌浆 /万 m²
大坝	392.0			484.1	1.54	0.89			21.7
厂房	470.1	160.3	25.9	84.2	3.79	1.14		3.5	5.4
航建	474.6	9.3	4.2	62.5	3.49	1.15			
基础处理	65.3	37.5		42.5	2.44		64.0	10.9	12.2
合计	1402.0	207.1	30.1	673.3	11.26	3.18	64.0	14.4	39.3

2. 方案比选

上述三个枢纽布置方案是在综合分析比较了坝型、泄洪消能建筑物、厂房等布置后确定的。从技术上来讲，这三个方案均可行，并各有特点。但受地形、地质等基本条件的限制，各方案中的主要建筑物位置没有大的变化，只是选用的主要建筑物的型式各不相同。所以，这三个布置方案的比较实际上是主要建筑物型式的比较，即双曲拱坝和重力拱坝的比较、地面厂房和地下厂房的比较及地下厂房位置的比较、挑流消能和水垫塘消能方案的比较。

（1）Ⅰ-Z1 方案与 Ⅰ-Z3 方案比较。其主要差别是坝型不同、泄洪消能方案不同、地下厂房的位置不同。

1）从坝型看，重力拱坝的最大主压应力较小（主拉应力 1.13MPa、主压应力 5.04MPa），双曲拱坝最大主压应力较大（主拉应力 1.11MPa、主压应力 7.82MPa）。但重力拱坝是以增加混凝土工程量为代价的，其坝体混凝土工程量多 130 万 m³，土石方开挖多 100 万 m³。从坝肩稳定计算成果看，双曲拱坝的抗滑稳定安全系数略小，但仍然满足规范要求。在对双曲拱坝的体型进行优化后，其主压应力尚可减小，抗滑稳定安全系数尚可提高。

2）从泄洪消能布置来看，Ⅰ-Z3 方案采用挑流消能，意在充分利用下游天然水深，减少消能区的开挖和混凝土衬护，而实际下游河床宽度仅 50～70m，两岸山坡陡峻，裂隙发育，要满足安全的入水单宽流量要求，下游同样需拓宽河床。同时，为了保护坝肩岩体稳定，消能区也必须采用混凝土衬护。如不采取上述措施，水工模型试验表明，其天然冲坑深达 30～50m，危及岸坡稳定。此外，挑流消能方案消能效果并不理想，消能率较低；若采取其他挑流方案（如岸边溢洪道或泄洪隧洞等），经分析也不可行。

3）从厂房布置的型式来看，两个厂房的地质条件无本质区别；工程量方面，因Ⅰ-Z3 方案洞线较长，须设置尾水洞调压室，故其土建工程量较大，同时该方案的厂房防渗帷幕线路也长于Ⅰ-Z2 方案；从动能指标看，该方案水头损失多 0.5m 左右。根据上述三个方面的综合比较，Ⅰ-Z1 方案明显优于Ⅰ-Z3 方案。

（2）Ⅰ-Z1 方案与Ⅰ-Z2 方案比较。这两个方案的主要差别在于Ⅰ-Z1 方案为地下厂房，Ⅰ-Z2 方案为地面厂房。从工程量看，Ⅰ-Z1 方案除洞挖较Ⅰ-Z2 方案多 54 万 m³ 外，其明挖、混凝土、钢筋工程量较Ⅰ-Z2 方案分别少 162 万 m³、14 万 m³、0.9 万 t，总体上工程量较Ⅰ-Z2 方案少；从动能指标看，Ⅰ-Z2 方案为地面厂房，受地形及泄洪建筑物布置的限制，地面厂房只能布置在坝线下游峡谷出口处，引水隧洞洞线较长，水头损失较大；从电站运行管理看，由于下游水位较高，Ⅰ-Z2 方案地面厂房常年处在水下，地面厂房需采用封闭式，电站运行管理条件不比Ⅰ-Z1 方案优越。

综上所述，Ⅰ-Z1 方案优于Ⅰ-Z2 方案，故选择Ⅰ-Z1 方案为Ⅰ坝线代表性枢纽布置方案。

2.2.3　Ⅱ坝线

2.2.3.1　工程地质条件

Ⅱ坝线下距峡谷出口约 250m，坝线河谷断面为 V 形对称峡谷，河床高程一般为410.00～425.00m，岸坡坡角和Ⅰ线基本相同。枯水期河床宽 50～60m，坝顶高程处谷宽约 420m，坝线上游两岸有Ⅲ夹层组形成的风化凹槽，下游约 100m 处左岸有一逆向坡，为高差 30～50m 的陡崖。坝基（肩）基岩为 P_1m 层，其中河床坝段坝基主要坐落在 P_1m^{1-1} 岩层，左岸 450.00m 高程、右岸 510.00m 高程以上坐落在 P_1m^{1-2} 和 P_1m^{1-3} 层上。总体而言，坝基（肩）基岩强度较高，其湿抗压强度一般为 60～90MPa，变形模量为 20～35GPa，该坝线存在的主要工程地质问题如下。

（1）层间错动。坝线附近规模较大的层间错动有 F_{b86}、F_{b112}、F_{b113}、F_{b82} 等。F_{b86} 发育于 P_1m^{1-3} 层中部，在河床坝段出露于坝基上游，在左、右岸分别于 470.00～480.00m 高程进入坝基，在 550.00～590.00m 高程于坝趾处出露。该错动带宽 0.1～0.4m，风化深度约 7m，风化区内结构松散，溶蚀强烈。F_{b112}、F_{b113} 发育于 P_1m^{1-1} 层顶部，两者相距7m 左右，它们在河床坝踵附近出露，在高程 440.00m 左右进入坝基，于坝趾附近出露。F_{b82} 在河床坝段坝趾附近出露，在坝踵处埋深约 100m。

（2）NW—NWW 向断裂。走向 285°～315° 的陡倾角断裂，是坝线附近的主要断裂构造。规模较大、地表出露且与大坝关系较为密切的断层有 F_{37}、F_{100}、F_{35}、F_{155} 等。其中 F_{37} 位于左岸 440.00m 高程以下的坝基内，F_{100} 在右岸高程 520.00m 处出露，距拱端20～30m，地表溶蚀强烈，F_{155} 中孔出露于右岸 510.00～530.00m 高程坝基范围内，这几条断层在坝基分开挖时，已基本挖除。F_{35} 为平洞揭示的断层，埋深较大，对坝肩稳定不构成威胁。

（3）岩溶。Ⅱ坝线左右岸分别有 7 号、8 号岩溶系统，其规模比Ⅰ坝线处的 5 号、6号岩溶系统小。其中 7 号岩溶系统主要是一些沿 NW—NWW 向断裂发育的小型缝状溶洞，它们分布在坝肩高程 500.00m 以下，出口段在 F_{b86} 层间错动带附近。

右岸 8 号岩溶系统发育于 F_{b112}～F_{b113} 一带和 F_{b86} 附近，出口在 F_{b113} 附近。

（4）风化溶滤带。沿 P_1m^{1-2} 底部分布，此外，在 P_1m^{1-1} 层顶部及以上岩体中短小裂隙发育，消能区下游少部分基岩为软岩。

2.2.3.2　枢纽布置方案

1. 方案拟定

可行性研究阶段前期对Ⅱ坝线比较了三个枢纽布置方案，挡水建筑物均采用双曲拱坝，不同之处为厂房型式，即分别为坝身引水式明厂房、岸边引水式明厂房及地下厂房。泄洪建筑物均为坝身泄洪和左岸两条泄洪隧洞。坝线选择阶段根据最新的工程地质资料和可行性研究报告审查意见，又重新研究了三个布置方案，三个方案均采用河床集中泄洪消能及岸边引水式地面或地下厂房。

（1）Ⅱ-Z1方案。该方案采用双曲拱坝挡水、坝身泄洪、水垫塘集中消能、右岸布置引水式地面厂房的总体布置，如图2.2.4所示。双曲拱坝顶高程639.00m，最大坝高231m。坝身布置6个表孔、7个中孔，表孔堰顶高程615.00m，孔口尺寸12m×15m（宽×高）；中孔底坎高程分别为549.00m、539.20m，孔口尺寸6m×7m（宽×高）。表孔出口为跌流，中孔为挑流，下游采用复式梯形断面的水垫塘消能。电站厂房位于右岸峡谷出口下游约200m，主厂房轴线NE80°，主厂房地基为O_1m^3层砂页岩及灰岩。厂房尺寸181m×87.1m×70.6m（长×宽×高），进水口位于右坝肩上游，采用岸塔式结构。引水系统采用一机一洞布置，不设调压室。主要建筑物工程量见表2.2.4。

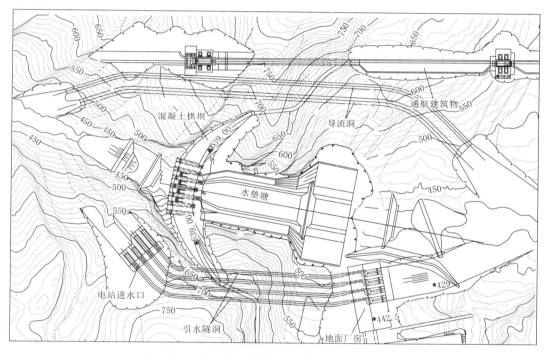

图2.2.4　Ⅱ-Z1方案枢纽布置平面图（单位：m）

表2.2.4　　　　　　　　　　　Ⅱ-Z1方案主要建筑物工程量

项目	明挖/万m³	洞挖/万m³	填方/万m³	混凝土/万m³	钢筋/万t	钢材/万t	帷幕灌浆/万m	固结灌浆/万m	接缝灌浆/万m²
大坝	342.7			365.9	2.32	0.89			16.8
厂房	628.5	40.6	25.9	80.2	3.74	1.14		2.16	3.31
航建	474.6	9.3	4.2	62.5	3.49	1.15			
基础处理	26.0	18.5		12.1	0.08		43.2	7.62	6.3
合计	1471.8	68.4	30.1	520.7	9.63	3.18	43.2	9.78	26.41

（2）Ⅱ-Z2方案。该方案采用双曲拱坝挡水、坝身泄洪、水垫塘集中消能、右岸布置引水式地下厂房的总体布置，如图2.2.5所示。主要建筑物工程量见表2.2.5。

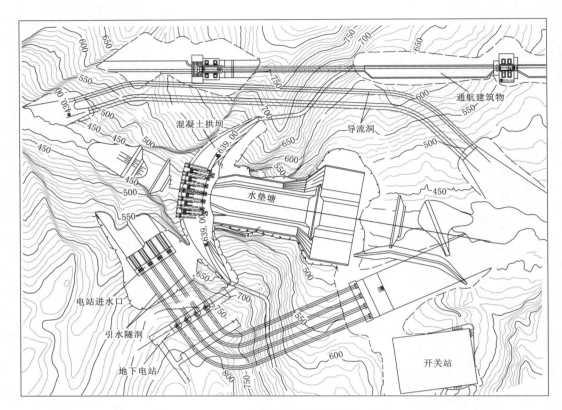

图2.2.5　Ⅱ-Z2方案枢纽布置平面图（单位：m）

表2.2.5　　　　　　　　　　　　　Ⅱ-Z2方案主要建筑物工程量

项目	明挖/万 m³	洞挖/万 m³	填方/万 m³	混凝土/万 m³	钢筋/万 t	钢材/万 t	帷幕灌浆/万 m	固结灌浆/万 m	接缝灌浆/万 m²
大坝	342.7			365.9	2.32	0.89			16.8
厂房	386.5	127.0	25.9	75.2	3.28	1.14		2.20	3.4
航建	474.6	9.3	4.2	62.5	3.49	1.15			
基础处理	26.0	18.5		12.1	0.08		43.2	7.62	6.3
合计	1229.8	154.8	30.1	515.7	9.17	3.18	43.2	9.82	26.5

（3）Ⅱ-Z3方案。该方案采用重力拱坝挡水、坝身泄洪、水垫塘集中消能、右岸布置引水式地下厂房的总体布置，如图2.2.6所示。主要建筑物工程量见表2.2.6。

2. 方案比选

Ⅱ坝线与Ⅰ坝线的思路基本一致，主要是比较各方案的主要建筑物型式，分述如下。

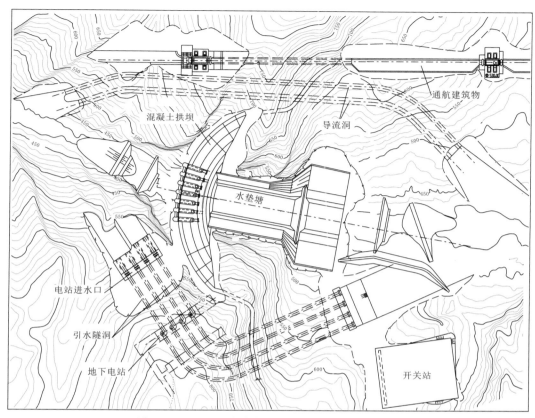

图 2.2.6　Ⅱ-Z3 方案枢纽布置平面图（单位：m）

表 2.2.6　　　　　　　　　Ⅱ-Z3 方案主要建筑物工程量

项目	明挖 /万 m³	洞挖 /万 m³	填方 /万 m³	混凝土 /万 m³	钢筋 /万 t	钢材 /万 t	帷幕灌浆 /万 m	固结灌浆 /万 m	接缝灌浆 /万 m²
大坝	381.6			426.0	2.13	0.89			20.6
厂房	386.5	127.0	25.9	75.2	3.28	1.14		2.20	3.4
航建	474.6	9.3	4.2	62.5	3.49	1.15			
基础处理	26.0	18.5		12.1	0.08		43.2	7.62	6.3
合计	1268.7	154.8	30.1	575.8	8.98	3.18	43.2	9.82	30.3

（1）Ⅱ-Z1 方案与Ⅱ-Z3 方案比较。该两个方案的主要差别是混凝土拱坝坝型不同，厂房型式不同。从坝型来看，Ⅱ-Z2 方案的双曲拱坝明显占优，比Ⅱ-Z1 方案和Ⅱ-Z3方案少近 60 万 m³，土石方开挖少 57 万 m³。从泄洪建筑物的布置来看，混凝土重力拱坝坝身泄洪时的泄洪振动力影响要比双曲拱坝小，但据双曲拱坝泄洪水弹性模型试验研究结果，泄洪振动影响不致构成危险。从厂房型式来看，两种厂房型式互有优劣，地面厂房明挖量大，而地下厂房洞挖量大，且施工难度较大，坝线选择阶段认为地面厂房较好。综上比较，Ⅱ-Z1 方案较优。

（2）Ⅱ-Z1 方案与Ⅱ-Z2 方案比较。该两方案的差别在于厂房型式的不同，与上述Ⅱ-Z1 方案和Ⅱ-Z3 方案比较结果基本一致，即认为Ⅱ-Z1 方案较优。综上比较，Ⅱ坝线以Ⅱ-Z1 方案为代表性方案。

2.2.4　坝线比较与选择

根据Ⅰ、Ⅱ坝线代表性的枢纽布置方案Ⅰ-Z1 和方案Ⅱ-Z1，从工程地质条件、水工布置、施工条件、运行条件等方面进行综合比较，选定坝线。

2.2.4.1　地质条件比较

（1）Ⅰ坝线正常蓄水位处河谷宽较Ⅱ坝线宽约百米，河道下游略弯曲，不如Ⅱ坝线河道顺直。

（2）Ⅰ坝线存在黏土岩、煤层、古岩溶带和Ⅲ$_{01}$夹层，其岩溶系统、风化—溶滤带、层间错动的规模大于Ⅱ坝线，Ⅰ坝线坝基变形量比Ⅱ坝线大。

（3）Ⅰ坝线坝基开挖深度、工程量、处理难度大于Ⅱ线，且深挖将带来开挖边坡稳定问题。

（4）Ⅰ坝线相对隔水层的埋藏深度比Ⅱ坝线深 30～40m，其防渗帷幕长度、防渗面积均大于Ⅱ坝线，并穿越 5～8 号岩溶系统。Ⅱ坝线帷幕只经过规模相对较小的 7 号、8 号岩溶系统。

（5）Ⅰ坝线水垫塘位于灰岩峡谷，Ⅱ坝线则大部分位于灰岩峡谷，少部分位于软岩区，泄洪消能区均需采取防冲和保护措施。综上比较，Ⅱ坝线的地质条件总体上优于Ⅰ坝线。

2.2.4.2　水工建筑物比较

两坝线代表性方案均采用相同的枢纽布置格局，只是厂房型式不同。两个方案的主要差别在于各自的地形、地质条件所适宜的大坝布置、泄洪消能方式、基础处理及厂房型式不同以及工程量的差异。

1. 拱坝布置

（1）坝基、坝肩抗滑稳定、变形稳定和基础处理方面，Ⅱ坝线优于Ⅰ坝线，具体表现为：

1）Ⅰ坝线 NE 倾 NW 的中等倾角结构面较Ⅱ坝线规模大，性状差，一般表现为厚度大，泥质物多，硬塑、软塑结构面较连续，强度和刚度等力学指标差，且在坝后出露较多，故Ⅱ坝线优于Ⅰ坝线。

2）上述中倾角结构面与 NWW 向结构面结合，构成坝肩的变形不稳定边界，其所造成的坝肩变形问题，Ⅰ坝线较Ⅱ坝线严重。

3）Ⅰ坝线坝肩岩溶形成的空间对大坝的变形稳定影响较Ⅱ坝线大。

4）Ⅰ坝线河床坝后存在倾向上游的顺层风化—溶滤带、Ⅲ$_{01}$软弱夹层及层间错动带等不利地质条件，较Ⅱ坝线不利。

5）为满足拱坝坝基、坝肩变形稳定要求，与Ⅱ坝线相比，Ⅰ坝线开挖深度较深，开挖量及基础处理量较大，基础处理难度较高。

6）Ⅰ坝线与Ⅱ坝线相比，Ⅰ坝线右岸坝后持力岩体有较大的临空面，临空高度为

50～70m，对抗滑稳定不利，且Ⅰ坝线河谷较宽。

（2）工程量方面，Ⅱ坝线优于Ⅰ坝线。Ⅰ坝线较Ⅱ坝线大坝开挖量多18万 m^3、大坝混凝土多16.8万 m^3。

综上所述，拱坝布置Ⅱ坝线优于Ⅰ坝线。

2. 泄洪消能布置

Ⅰ、Ⅱ坝线均采用坝身泄洪、水垫塘消能布置方案，但Ⅰ坝线河道轴线方向与拱坝中心线有一定偏斜，增加了泄洪建筑物布置的难度。Ⅰ坝线下游水垫塘消能区基岩为灰岩，水垫塘底板基础较为可靠，但由于河谷狭窄，岸坡陡峻，开挖及防护工程量较大。Ⅱ坝线水垫塘大部分地段位于灰岩峡谷，少部分地段为软岩区，对该段水垫塘底板的稳定不利，需加强工程保护措施，但其水垫塘的面积和体积均大于Ⅰ坝线，有利于消能。此外Ⅰ坝线峡谷出口河床及两岸的防护工程量较Ⅱ坝线大。

综上比较，泄洪消能布置Ⅱ坝线优于Ⅰ坝线。

3. 厂房布置

两坝线代表方案分别为地面和地下厂房，从两者的工程量比较看，Ⅰ坝线地下厂房比Ⅱ坝线地面厂房明挖量少约158万 m^3，洞挖量多84万 m^3，混凝土少6万 m^3，可见Ⅰ坝线并不占优。若Ⅰ坝线均采用相同的厂房型式，则Ⅱ坝线明显占优。

如都采用地面厂房时，Ⅰ坝线比Ⅱ坝线土石方明挖多21.7万 m^3，洞挖量多30万 m^3，混凝土多8万 m^3，如都采用地下厂房（厂房线 NE75°～80°）时，坝线明挖量少12万 m^3，洞挖多33万 m^3，混凝土多9.5万 m^3，且从宏观上看，受地形条件限制，无论采用哪条坝线，尾水出口只能位于峡谷出口处，故Ⅰ坝线隧洞洞线长，水能损失大。从厂房布置来看，总体上以Ⅱ坝线为好。

4. 渗控工程

两坝线防渗帷幕均下接志留系黏土岩，Ⅰ坝线防渗线路长，穿越岩层和地质构造多，尤其是不可避免要穿越规模较大的5号、6号岩溶系统，致使坝线渗控工程量大（帷幕灌浆进尺较Ⅱ坝线多15万 m），施工难度高，工期更紧迫。故Ⅱ坝线渗控工程条件明显优于Ⅰ坝线。

2.2.4.3 施工条件比较

由于两坝线的枢纽布置格局基本相同，且两坝线相距仅200m左右，故施工对外交通条件、施工导流方案、主体工程施工方法、施工总布置及施工控制性进度等方面基本相同。但Ⅰ坝线坝体工程量较大，无论采用何种导流方式，Ⅰ坝线主体工程施工强度均大于Ⅱ坝线。另外，Ⅰ坝线更加深入峡谷，场内及场外交通线路均长于Ⅱ坝线。而Ⅱ坝线靠近峡谷出口，进场施工道路较易布置。因此，从施工条件来看，Ⅱ坝线略占优势。

2.2.4.4 坝线比选结论

综上比较，Ⅱ坝线明显优于Ⅰ坝线，坝线选择专题报告推荐Ⅱ坝线为构皮滩水电站的选定坝线。1994年11月，水利水电规划设计总院在贵阳召开了"坝线选择讨论会"，会议认为"从地质、水工、施工综合比较来看，设计推荐的Ⅱ坝线是合适的"。

2.3 枢纽布置研究

2.3.1 工程总布置格局

构皮滩水电站由混凝土拱坝、泄水建筑物、电站厂房、通航建筑物及防渗帷幕等组成。根据坝址下游河道向左弯曲的河势和地形条件，通航建筑物宜定位于左岸，且与坝线选择无关，对其他建筑物型式及布置也基本不构成影响。因此，工程总体布置的主要研究对象是大坝及其泄洪消能型式，以及电站厂房型式及其布置。

因坝址河谷狭窄，汛期洪水峰高量大，在选定混凝土拱坝为基本坝型后，无论采用何种泄洪型式，通过坝身的泄洪流量均较大，坝后河床的消能负担也均较重。故无论采用何种厂房布置型式，厂房均只宜布置于右岸，且其尾水出口均不宜布置在坝下游消能区。这导致大坝与厂房型式的选取具有了相对独立性，即双曲拱坝或重力拱坝仅涉及坝身的泄洪消能布置，而不影响电站厂房的型式，故各主要建筑物本身的合理布置型式即构成了工程总布置的合理型式。原可行性报告审查意见为："同意河床泄洪，右岸布置电站厂房，左岸布置通航、导流建筑物的枢纽布置格局"。坝线选择讨论会纪要在同意上述枢纽总体布置格局上的基础上，进一步明确"Ⅱ坝线采用集中坝身泄洪、水垫塘消能方案是适宜的"。

2.3.2 枢纽布置方案比较

如上所述，挡、泄水建筑物布置不影响厂房和渗控工程的布置，可单独研究，并在选定挡、泄水建筑物布置基础上比较不同厂房布置型式及相应防渗线路，构成枢纽布置方案。

2.3.2.1 挡、泄水建筑物布置方案比选

挡水建筑物比较了双曲拱坝和重力拱坝，结果表明双曲拱坝较优。对于双曲拱坝，研究了三心圆、抛物线、对数螺线、椭圆及混合线五种拱型，以抛物线拱较优，并在此基础上对拱坝体型进行了进一步优化，推荐抛物线双曲拱坝方案为挡水建筑物采用方案。泄洪建筑物研究了岸边分流和坝身集中泄洪两种形式共 5 个布置方案。岸边分流方案土建工程量大，下游消能防冲技术难度高；坝身集中泄洪方案技术上可行，土建工程量较小，其不利影响可采取工程措施解决。综合比较，推荐采用坝身集中泄洪方案。

消能型式研究了水垫塘消能和挑流消能两种方案。水工模型试验成果表明，挑流方案使天然河床的冲刷深度达 $30\sim50\mathrm{m}$，冲坑宽度大于天然河床宽度，影响两岸边坡及坝肩稳定，需进行预挖冲坑及防冲保护，工程量较大。水垫塘消能方案可确保边坡稳定，其各项水力学指标均满足要求，国内已有多个类似工程的成功经验，技术上较为成熟可靠，运行检修方便，故推荐采用水垫塘消能方案。

综上所述，挡、泄水建筑物推荐抛物线双曲拱坝、坝身集中泄洪、水垫塘消能的布置方案。

2.3.2.2 厂房型式和布置方案比较

经对地下式和地面式厂房方案优化后，形成以右岸地下式厂房为特征的枢纽布置方案

一和以右岸地面式厂房为特征的枢纽布置方案二。

方案一：双曲拱坝坝身表、中孔集中泄洪，坝下水垫塘消能防护；右岸地下厂房；左岸三级垂直升船机；左岸导流隧洞；坝基垂直防渗帷幕。

厂房系统主要由引水渠、进水口、引水隧洞、地下厂房、尾水隧洞、主变洞、尾水调压室、尾水塔、尾水渠及开关站等组成，主厂房最大开挖尺寸 28.45m×27m×70.44m（长×宽×高），输水道长 922.21～1152.86m。

防渗帷幕线路：在河床部分，沿拱坝基础廊道布置；左岸出坝肩后，向下游接至韩家店组隔水岩层；右岸出坝肩后，先绕过地下厂房上游侧再向下游折转至韩家店组隔水岩层，线路全长 1756m。

方案二：双曲拱坝，坝身表、中孔集中泄洪，坝下水垫塘消能防冲；右岸地面厂房；左岸三级垂直升船机；左岸导流隧洞；坝基垂直防渗帷幕。

厂房系统主要由引水渠、进水口、引水隧洞、调压室、地面厂房尾水渠及开关站等组成，主厂房最大尺寸 199.50m×81.50m×73.35m（长×宽×高），输水道长 665～848m。

防渗帷幕线路：河床及左岸与方案一相同；右岸出坝肩后，略向上游偏移，绕过厂房调压井上游侧，再向下游转折接至韩家店组隔水层，线路全长 1402m。

两种厂房型式的工程地质、施工条件和对工期的影响等方面均无本质差别，在技术上都是可行的。构成两枢纽布置方案（两厂房方案）优劣对比的主要因素为：

（1）地下式厂房方案的洞挖量较地面式厂房方案的洞挖量多 47.27 万 m^3，帷幕灌浆进尺多约 12 万 m，但地面式厂房方案岩石明挖量多 414.42 万 m^3、混凝土多 33.70 万 m^3，金属结构工程量多 727539t。地下式厂房方案造价比地面厂房低 2.76 亿元。

（2）地下式厂房方案以直径 10m 的低压尾水洞通过软弱岩层地段；而地面式厂房方案，通过软弱岩层地段的压力引水管道水头高达 252.8m，管径为 11.5m，其软岩成洞和钢管焊接等施工难度大为增加。

（3）由于构皮滩水电站尾水位高，地面式方案实际上是水下全封式厂房，而不具备一般地面式厂房所具有的通风、采光、进厂交通方便等优点，因此，从电站运行条件比较，地面式厂房并不比地下式厂房优越。

（4）地下式厂房尾水洞出口开挖边坡高约 90m，基本未扰动其后的天然边坡；而地面厂房尾水侧开挖边坡高达 190m，与天然边坡组合成更高的边坡，高边坡处理和运行期维护难度均较大。

（5）地下式厂房对自然景观的破坏比地面式厂房要小。据以上关于两种厂房型式的比较，以地下式厂房为优。因此，推荐以右岸地下式厂房为特征的总体布置方案，即方案一。

2.3.3 增设岸边泄洪洞

构皮滩水电站洪水峰高量大，全部采用坝身集中泄洪，泄洪规模远超已建高拱坝水平，水垫塘单位水体承受的泄洪功率和水垫塘底板的动水压力均处于较高水平，为提高工程运行的安全性和灵活性，可行性研究报告审查后，对泄洪消能开展专题研究，研究了增设岸边泄洪洞方案。2002 年 12 月，《乌江构皮滩水电站泄洪消能专题报告》通过水电水利规划设计总院审查。该专题报告确定在左岸设置一条泄洪洞作为辅助泄洪通道，布置在左岸大坝和通航建筑物之间。泄洪洞结构型式采用短有压进水口接明流隧洞的型式，进口底板高程 590.00m，控制断面孔口尺寸 11m×12m（宽×高），泄洪洞为无压洞，洞线为直线，全长 570.4m，出口采用挑流消能型式，预挖坑位于左岸 1 号、2 号导流洞出口明渠处。

工程主体工程开工以后，施工进度基本满足设计总进度要求，且具备提前发电的潜力，为此贵州乌江水电开发有限责任公司于 2004 年 7 月 29 日在贵阳召开了"构皮滩水电站工程提前发电方案讨论会"，要求长江勘测规划设计研究院对提前发电方案的可行性进行研究。

根据提前一年发电的总进度安排，在 2008 年汛期，为满足坝体安全度汛的要求，存在大坝浇筑工期较紧的问题。由于大坝为提前发电的控制性关键项目，坝体施工形象与安全度汛、后期施工导流方案等密切相关，开展了降低泄洪洞进口高程并参与后期导流的研究工作。经分析论证，利用泄洪洞和放空底孔联合参与后期导流，可缓解 2007 年导流隧洞下闸封堵后大坝在 2008 年汛期的施工压力，为大坝增加 2 个月左右的施工工期，对 2008 年大坝安全度汛具有重要的实际意义，是争取构皮滩水电站 2008 年 12 月提前发电的关键措施之一，为此对泄洪洞的布置进行了修改，降低泄洪洞进口高程，使其能参与 2008 年施工期导流，以减轻大坝汛期施工进度的压力。

根据枢纽泄洪布置方案，参照国内已建高水头、大孔口弧形闸门设计资料，将泄洪洞进口高程由 590.00m 降低至 550.00m。泄洪洞进口高程降低后，与放空底孔一起参加后期导流，加大了施工后期度汛泄洪的能力，可有效降低大坝上游度汛水位，缓解 2008 年大坝施工压力。

2006 年 4 月，《乌江构皮滩水电站泄洪洞优化设计专题报告》完成泄洪洞进口高程方案研究，并通过审查。

2.3.4　枢纽布置方案

经上述研究，构皮滩水电站枢纽布置方案为：

（1）枢纽工程由大坝、泄洪消能建筑物、电站厂房、通航建筑物等组成。河床布置混凝土双曲拱坝，坝身表、中孔泄洪，坝下水垫塘消能；左岸布置 1 条泄洪洞、通航建筑物；右岸布置引水式发电系统。

（2）拦河大坝为抛物线型混凝土双曲拱坝，坝顶高程 640.50m，河床建基面高程 410.00m，最大坝高 230.5m。

（3）工程泄洪以坝身泄洪为主，岸边泄洪为辅，河床溢流坝段布置 6 个表孔、7 个中孔泄洪，坝下设水垫塘消能；左岸布置 1 条泄洪洞辅助泄洪。

（4）电站厂房为首部式地下厂房，布置在右岸，共安装 5 台 600MW 水轮发电机组，采用引水系统单机单洞、尾水系统二机一洞加一机一洞、主厂房和主变洞、调压室三大洞室平行的布置格局。

（5）通航建筑物为三级垂直升船机，布置在左岸煤炭沟至野狼湾一线，设计通航标准为 Ⅳ 级航道，可通行 500t 级船舶。

枢纽布置如图 2.3.1 所示。

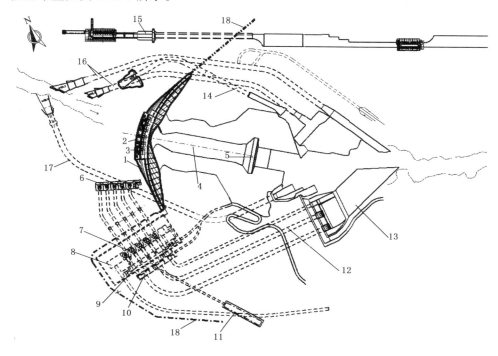

图 2.3.1　构皮滩水电站枢纽布置平面图

1—拱坝；2—表孔；3—中孔；4—水垫塘；5—二道坝；6—电站进水口；7—主厂房；8—安装场；
9—主变洞；10—尾调压室；11—地面开关站；12—尾水隧洞；13—尾水渠；14—泄洪洞；
15—通航建筑物；16—左岸导流洞；17—右岸导流洞；18—防渗帷幕线

3.1 坝址区岩溶发育特征

构皮滩水电站岩溶复杂发育，岩溶是该水电站最突出的地质问题。岩溶直接影响到坝线选择及建筑物布置，也影响到工程投资与建设工期。前期勘察始于 20 世纪 80 年代，经历了从规划到施工详图完整的勘察设计阶段，共完成钻孔 164 个，总进尺 34430.2m，平洞 79 个，总进尺 6985m。选择了适用于岩溶地区特点以及高山峡谷地形地貌特点的勘察方法，即以陡崖上开凿的多层人行交通洞（道）为平台，采用多方法、多手段，布置勘探平洞、铅直钻孔、平洞内水平孔、多角度放射性斜孔等，并利用钻孔综合测井、平洞弹性波测试、平洞及钻孔间 CT 等综合物探技术，钻孔及平洞内水文地质测试技术，岩溶示踪，岩石（体）室内试验及原位测试技术，形成立体、全方位的勘察体系，结合地下水均衡、岩溶地下水渗流模拟以及地下水同位素测试与分析等技术，查清了坝址区岩溶发育特征及与主体建筑物有关的主要岩溶。

3.1.1 岩溶发育普遍规律

3.1.1.1 地层岩性对岩溶发育的影响

岩性是岩溶发育的内在因素，各层组岩溶发育程度和岩溶的规模、形态均与其密切相关。地层岩性对岩溶发育的影响主要表现在两个方面：①连续层型由于碳酸盐岩厚度大、地下水活动的自由度也较大，因此，在其他条件相同的情况下，岩溶要比其他层组类型发育，如连续层型灰岩（$P_2 w^1$、$P_1 m^{2-3}$、$P_1 m^{2-2}$、$P_1 m^1$ 等层）较间互层状灰岩（$P_1 q$ 层）岩溶发育，比较大的溶洞、暗河主要分布于这些连续层型的灰岩地层中；②纯碳酸盐岩较不纯碳酸盐岩发育，石灰岩较白云岩岩溶发育，溶洞主要发育在 CaO 含量高，黏土质、酸不溶物含量低的较纯灰岩中，而在不纯灰岩中，溶洞发育较少。

3.1.1.2 断裂构造对岩溶发育的影响

断裂构造破坏了岩体完整性，为降雨入渗和地下水渗流创造了有利条件，促进了岩溶的发育。断裂对岩溶发育的影响，主要表现在以下两个方面：①控制岩溶的发育方向和形态，坝址区沿断裂发育的溶洞个数约占统计总数的 75.8%，因断裂发育方向的多样性导致岩溶发育的形态也各异，小到溶孔、溶穴，大到管道状、厅状、竖井状以及暗河等各种岩溶形态，多与断裂本身的发育方向及其组合特征有关；②影响岩溶的发育程度，由于断裂的影响，造成坝区岩溶发育具不均匀性特征，即在断裂较为密集部位和规模较大断裂附近，岩体的裂隙溶蚀率较高，溶洞分布较多，岩溶化程度高，而在岩体较为完整部位则岩溶化程度较弱。

3.1.1.3 新构造运动对岩溶发育的影响

自始新世以来，区内大面积间歇性抬升，不仅形成了本区多级剥夷面及深切峡谷地貌，而且控制了岩溶的空间分布和岩溶类型。各地文期岩溶发育特征如下。

（1）大娄山期：因受后期侵蚀改造，仅以小型岩溶洼地、漏斗等岩溶形态为主。

（2）山盆期：区内地壳处于较长期的相对稳定状态，发育有大型坡立谷、岩溶槽谷、岩溶洼地、溶丘、水平溶洞及暗河等岩溶形态。

（3）乌江宽谷亚期：受乌江峡谷迅速下切的影响，地下水袭夺地表水现象十分强烈，岩溶干谷、悬谷及断头河分布普遍，竖井、落水洞发育，如坝址南岸青菜沟中见溪流沿玉龙山灰岩下潜，烂泥沟（岩溶干谷）中断续有岩溶洼地及落水洞分布，谷口呈悬谷，高出乌江枯水面约 170m。

（4）乌江峡谷亚期：在急剧下切过程中曾有过多次相对稳定，相应发育水平岩溶形态，其分布高程与河谷阶地高程相对应，溶洞发育具成层性，大型水平溶洞主要分布在高程 430.00～445.00m、460.00～480.00m、500.00～515.00m 处，与河床高漫滩、Ⅰ～Ⅱ级阶地相对应，各层水平溶洞间多以竖井 、斜井及溶缝等相连通。如坝址区 K_{20}（四方洞）水平溶洞，发育高程 497.00m 与Ⅱ级阶地相当；K_{90} 水平溶洞，发育高程与Ⅰ级阶地高程相当。

3.1.2 岩溶发育特点

（1）各岩溶含水层具有各自独立的地下水运移和排泄系统。坝址区各可溶岩组与隔水岩组或相对隔水岩组相间分布，形成了相对独立的水文地质结构，除 P_2w^1 和 P_1m^2 层因 P_2w^1 层底部黏土岩层被溶塌，水力联系被沟通并形成统一的地下水运移和排泄系统外，其余含水层各自独立，彼此之间一般无水力联系。坝址发育的 8 个岩溶系统中，5 号与 6 号岩溶系统发育于 P_2w^1 和 P_1m^2 层，7 号与 8 号岩溶系统发育于 P_1m^1 层，W_{24} 发育于 P_1q 层，W_2 与 W_3 发育于 O_2sh+b 层，W_4 发育于 O_1m^2 层。

（2）岩溶以顺层发育为主。坝址区为横向谷，且层间错动发育，决定了岩溶发育的方向以顺岩层走向为主，NW、NWW 向断裂仅局部改变岩溶发育的方向。古侵蚀—强溶蚀带、层间错动以及不同岩性接触带为岩溶发育的主要部位，多具顺层发育特点。

（3）右岸岩溶比左岸发育。右岸处于中寨向斜的翘起端，横张断裂较左岸发育，且有岩溶干谷拦截地表水流，有利于降雨入渗和地下水渗流，因而其岩溶比左岸发育。主要表现为右岸岩溶系统较左岸相应层位的岩溶系统的规模大，溶洞数量亦较左岸多。

（4）深岩溶发育。坝址区处于乌江深切峡谷部位，补给区与排泄区的高差达 400m 以上，地下水存在较大的势差，有利于地下水沿断裂向深部循环，形成深岩溶。深岩溶在两岸及河床部位均有发育，但主要发育于近岸地带及河床靠岸边部位。在河床以下 50m 的范围内溶洞分布相对较多，约占揭露深岩溶总数的 55.9%，其余溶洞则主要分布于河床以下 50～110m 内，揭露的深岩溶发育的最低高程为 201.87m，低于河床高程近 210m（图 3.1.1）。在平面分布上，右岸深岩溶较左岸发育，其中 W_{24} 岩溶系统在距离岸边 500m 左右发育虹吸式主管道及分支溶洞，分布于高程 370.00～410.00m 段，低于河床高程近 40m，是右岸主要的深岩溶。

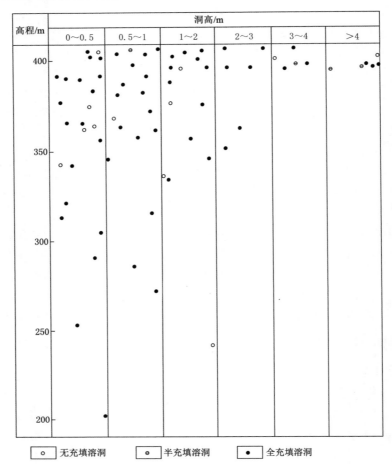

图 3.1.1　深部岩溶随深度分布状况（单位：m）

3.1.3　岩溶强烈程度与复杂性

3.1.3.1　岩溶发育的强烈程度

坝址区岩溶发育强烈，在坝址区 1.4km² 的范围内，地表溶沟溶槽发育，地表共发现溶洞 29 个，平洞、钻孔、施工开挖共揭露溶洞数量分别为 206 个、355 个、652 个，坝址区所有碳酸盐岩地层中均有溶洞分布。除 5 号、6 号、W_{24}、W_2、W_3、W_4 岩溶系统发育管道状溶洞外，其余多为分支溶洞，通过溶缝、溶隙等与主管道或本系统的其他溶洞相连通。分支溶洞以体积小于 10m³ 为主，约占总数的 66%，体积大于 1000m³ 的溶洞共 19 个，其中主体建筑物区 15 个。地下厂房区 W_{24} 岩溶系统主管道及分支管道总长近 1.3km，体积约 8 万 m³；大坝 K_{280} 溶洞体积近 2 万 m³；两岸导流隧洞揭露多个岩溶系统的主管道与分支溶洞；大坝防渗帷幕穿越 W_{24} 岩溶系统的主管道以及其他系统规模较大的溶洞；左岸 500.00m 高程灌浆平洞、左岸原上坝公路隧道以及右岸赶场坳隧道共出现了 3 处溶洞充填物塌空至地表的现象，塌空最大高度达 160m。坝址区 8 个岩溶系统管道状溶洞及体积大于 $1000m^3$ 的分支溶洞分布如图 3.1.2 所示。

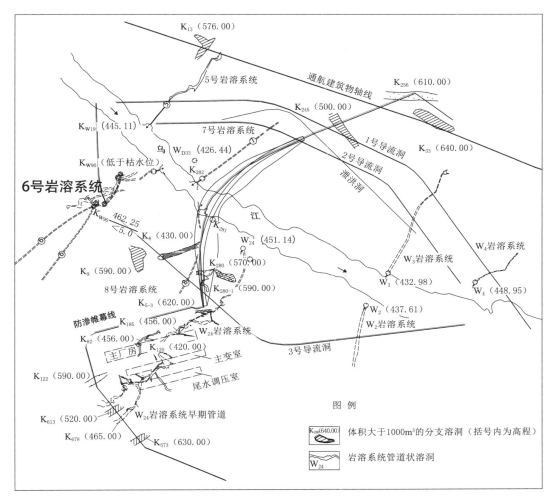

图 3.1.2　坝址区岩溶系统及体积大于 $1000m^3$ 的溶洞分布图

　　除岩溶洞穴外，沿断层、裂隙、层间错动及层面等结构面溶蚀夹泥现象极为普遍，夹泥宽度一般 0.01～0.2m，两岸溶蚀夹泥的断层与裂隙约占总数的 30.6%，岸坡卸荷带内岩溶化程度更高，F_{b91}、F_{b92}、F_{b86}、F_{b112}、F_{b113} 等层间错动具连续夹泥现象。

3.1.3.2　岩溶复杂性

　　（1）岩溶形态多样。坝址区岩溶形态多样，地表有溶蚀洼地、溶沟、溶槽，地下有溶洞、溶缝、溶隙，溶洞有水平巷道状、厅堂状、斜井（或竖井）状。溶洞充填状况具多样性，有全充填、半充填以及溶蚀空洞，充填物以黏土夹碎块石为主，部分为粉细砂与砂砾石，有杂乱无章的充填，也有具层理的有序堆积；沿层面及构造溶蚀夹泥的程度各异，除夹泥的厚度有别外，夹泥的连续性也存在差别。

　　（2）岩溶空间展布错综复杂。岩溶在垂向上具成层性，主要岩溶系统往往发育多层溶洞，最下一层多为过水管道，有水平状，亦有高差达 100m 的虹吸式管道。在同一平面上受 NW、NWW 向断裂影响，岩溶发育的方向具有不确定性，且分支管道发育。

（3）各岩溶系统活跃性不同。有正处于活跃期的 5 号、6 号岩溶系统，亦有已近衰退的 7 号、8 号岩溶系统以及处于衰退阶段的 W_{24} 岩溶系统。其地下水出露形式主要有暗河与岩溶裂隙泉，其出口在枯水位附近、低于枯水位以及高于枯水位均有。

（4）带来多种复杂的工程地质问题。岩溶破坏了岩体的完整性，降低了岩体强度，对边坡、洞室、地基稳定以及岩溶防渗等均有较大影响，存在边坡稳定、大型地下洞室围岩稳定、大坝变形与抗滑稳定、岩溶涌水涌泥以及高水头的岩溶防渗等诸多工程地质问题。

3.2　特高拱坝复杂岩溶坝基研究

3.2.1　岩溶对坝线与大坝建基面选择的影响

3.2.1.1　坝线选择与岩溶

可行性研究阶段对下坝址两条坝线进行了比较，Ⅰ坝线位于上游 $P_1 m^2$ 层，Ⅱ坝线位于下游 $P_1 m^1$ 层，两者相距 180m，坝基岩体均为强度较高的中厚层—厚层灰岩，均具备兴建高拱坝的条件，通过综合比较，最终选择了Ⅱ坝线方案，其中岩溶是坝线比较的重要因素。

（1）避开主要的岩溶系统。Ⅰ坝线大坝所在地层为强岩溶发育岩组，左右岸分别发育 5 号、6 号岩溶系统，其中左岸基本上避开了 5 号岩溶系统主干管道，右岸 6 号岩溶系统主干管道的出口段难以避开。Ⅱ坝线大坝所在地层为较强岩溶发育岩组，左右岸分别发育 7 号、8 号岩溶系统，左岸避开了 7 号岩溶系统的主管道，右岸无法避开 8 号岩溶系统，但两岩溶系统的规模远比 5 号、6 号小，且已近衰退，坝基岩溶处理的难度较Ⅰ坝线小。

（2）顺层溶蚀夹泥带的比较。Ⅰ坝线 F_{b91}、F_{b92} 等层间错动带及附近的古侵蚀—强溶蚀带，岩体破碎，岩溶化程度高，洞穴发育，$P_1 m^{2-1}$ 层中、下部及底部分别发育顺层风化—溶滤带，其底部为Ⅲ$_{01}$ 夹层组。Ⅱ坝线 F_{b112}、F_{b113} 层间错动以及 $P_1 m^{1-2}$ 层底部发育顺层风化—溶滤带等。上述顺层溶蚀夹泥带均对大坝变形稳定有一定影响，但Ⅰ坝线大坝基础处理的工程量要比Ⅱ坝线大。

（3）防渗线路的比较。两坝线均以下游 $S_2 h$ 层黏土岩为防渗依托，Ⅱ坝线防渗线路穿越 6 号、7 号、8 号及 W_{24} 岩溶系统，Ⅰ坝线防渗线路除穿越上述岩溶系统外，左岸还要穿过 $P_1 m^2$ 强岩溶层中的 5 号岩溶系统，岩溶工程地质条件较Ⅱ坝线复杂，且防渗线路较Ⅱ坝线长，岩溶处理的难度与工程量均比Ⅱ坝线大。

3.2.1.2　大坝建基面选择与岩溶

（1）挖除岸坡卸荷带。除满足拱坝的嵌深要求外，岸坡卸荷带是大坝建基面选择的主要控制因素。岸坡卸荷带内结构面发育，多具溶蚀，岩体岩溶化程度高，透水性一般较大，是完整性差或较差的岩体，不能作为拱坝坝基。$P_1 m^1$ 层岸坡卸荷带水平深度：左岸 480.00m 高程以上 20～30m、以下小于 15m，右岸 520.00m 高程以上 25～35m、

460.00~520.00m 高程段 20~25m、460.00m 高程以下 15~20m。

坝肩开挖水平深度一般为 25~40m，最大深度 66m，位于 510.00m 高程附近。拱肩槽开挖已基本挖除卸荷带及表层强溶蚀带，坝基（肩）岩体主要为 P_1m^1 层的中厚层、厚层状灰岩，岩质坚硬，岩体普遍较完整，结构面溶蚀率低。建基岩体以Ⅰ类、Ⅱ类为主，部分为Ⅲ类岩体，仅局部小范围存在Ⅳ～Ⅴ类岩体，除 K_{280} 溶洞外，需要处理的工程量小。

（2）大坝河床建基面避开溶蚀夹泥层间错动。大坝河床坝段坝基为 P_1m^{1-1} 层厚层—巨厚层灰岩，该层顶部发育有 F_{b112}、F_{b113} 溶蚀夹泥的层间错动，在 410.00m 高程及以下两层间错动位于坝基上游。在可行性研究阶段综合考虑顺河向凹槽等因素，选择了 408.00m 大坝建基面高程。在施工期，结合补充勘探资料，将大坝河床坝段建基面高程抬高至 410.00m。除河床中部顺河向凹槽外，410.00m 高程建基岩体工程地质条件与 408.00m 高程基本一致，均充分利用了 P_1m^{1-1} 层岩体，且避开了主要的层间错动（图 3.2.1）。

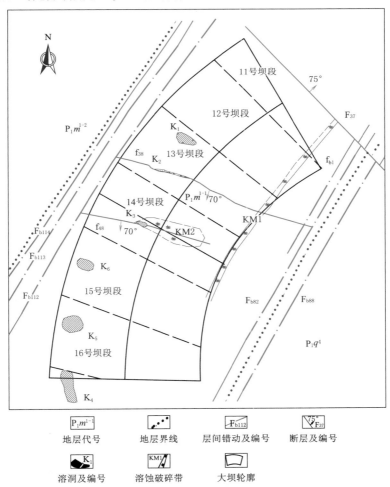

图 3.2.1 大坝河床坝段简易地质图

3.2.2 坝基岩体质量研究

坝基岩体为二叠系茅口组下段（P_1m^1）中厚层—厚层微晶生物碎屑灰岩，局部夹薄层、极薄层含炭泥质生物碎屑灰岩（表3.2.1）。河床坝段坝基主要坐落在 P_1m^{1-1} 层上，两岸坝基逐渐坐落在 P_1m^{1-2}、P_1m^{1-3} 层上，其中 P_1m^{1-1} 层为两岸拱座主要抗力岩体。

表 3.2.1 P_1m^1 各层岩性简表

地层代号	厚度/m	岩 性 特 征
P_1m^{1-1}	61.93～62.94	厚层—巨厚层块状微晶生物碎屑灰岩，顶部厚5m左右为薄—中厚层波—链状含炭、泥质生物碎屑灰岩夹微晶生物碎屑灰岩
P_1m^{1-2}	10.60～12.46	中厚层—厚层微晶生物碎屑灰岩，底部厚3m左右，为中厚层微晶生物碎屑灰岩与条带状硅质岩（燧石层）互层
P_1m^{1-3}	36.2	中厚—厚层微晶生物碎屑灰岩，中、下部夹薄、极薄层含炭、泥质生物碎屑灰岩

3.2.2.1 岩体基本质量

根据岩体的岩性、成层组合特征、结构体的块度及岩体完整程度等，在遵循《水力发电工程地质勘察规范》（GB 50287—2006）岩体结构分类原则基础上，将构皮滩坝基岩体结构划分为七类（表3.2.2）。虽然坝基岩层为沉积岩，但 P_1m^{1-1} 层大部分岩体层面不清晰，且结合紧密，呈巨厚层状，可以划入为块状结构，将层状结构划分为层块状与间互层状两类，层块状可对应于规范中巨厚层与厚层状结构，增加了适用于岩溶地区特点的架空结构。

表 3.2.2   坝 基 岩 体 结 构 类 型

岩体结构	基 本 特 征
块状结构	岩体呈块状，岩层层面不清晰，结合紧密，结构面一般1～2组，主要为Ⅳ级、Ⅴ级结构面。块径一般大于1m，部分0.5～1m。结构面的连续性一般较差，块间结合一般或结合好，属完整岩体
层块状结构	岩体呈厚层—中厚层状，结构面一般有3组，主要为Ⅳ级、Ⅴ级结构面。块径多为0.3～0.5m，部分大于0.5m，岩体较完整。以微透水为主，局部弱—中等透水性
间互层状结构	岩体呈中厚层、薄层状，结构面一般3组，主要为Ⅳ级、Ⅴ级结构面，少量为Ⅲ级结构面。块径多为0.1～0.3m，少数大于0.3m，岩体较破碎
镶嵌结构	坚硬及中等硬度但胶结好的构造岩组、断裂影响带、裂隙密集带。结构面发育，一般3～4组，其中有2～3组延伸性较好，以新鲜方解石或钙膜充填的硬性及次硬性结构面为主，少数为软弱结构面。岩块状块径一般小于0.1m，部分0.1～0.3m，块间呈镶嵌咬合，一般结合好，属完整性中等—较差（较破碎）岩体
碎裂结构	包括裂隙极发育且结合差的构造岩组、断裂影响带、裂隙密集带及风化破碎岩体等。岩体完整性差—较差（破碎），岩块间咬合差
散体结构	强烈风化溶蚀（溶滤）的破碎岩体或构造破碎带、影响带。由泥质物及大小不等的岩块、岩屑组成。岩块间咬合极差或无咬合
架空结构	强烈溶蚀形成岩溶洞穴，洞内后期充填或为空洞，洞周岩体呈架空状态

岩体基本质量是岩体所固有的、影响工程岩体稳定性的最基本属性，由岩石坚硬程度和岩体完整程度所决定。构皮滩水电站岩体基本质量分级划分采用了《工程岩体分级标

准》（GB 50218—94）（表 3.2.3）。

岩体基本质量为地基岩体质量鉴定验收和基础处理提供依据和指导，已全面应用于构皮滩工程设计和施工中，取得了良好的效果。

表 3.2.3　　　　　　　　　　　坝址区岩体基本质量分级表

岩体基本质量级别	岩体基本质量定性特征	岩体结构	岩石单轴湿抗压强度/MPa	岩体完整性系数（K_v）	岩体基本质量指标（BQ）	代表性岩石地层单元
I	坚硬岩，岩体完整	块状结构	70～90	＞0.75	550～560	P_1m^{2-3}、P_1m^{2-2}、P_1m^{2-1} 中上部、P_1m^{1-1} 厚层块状灰岩
II	坚硬岩，岩体较完整	层块状结构	60～90	0.55～0.75	450～540	P_2c、P_2w^{1-1}、P_1m^{2-3}、P_1m^{2-2}、P_1m^{2-1} 中上部、P_1m^{1-1} 中下部、P_1m^{1-2}、P_1m^{1-3}、P_1q^1、P_1q^2、P_1q^3、O_2sh 等中厚层、厚层灰岩
III	坚硬岩，岩体较破碎	层块状、间互层状或镶嵌结构	60～90	0.35～0.55	350～445	I、II 相应层位灰岩
III	较坚硬岩或软硬互层，岩体较完整	层块状、间互层状或镶嵌结构	30～60	0.55～0.75	350～445	P_2w^2、P_2w^{1-2}、P_1m^{2-1} 下部、P_1m^{1-2} 底部、P_1m^{1-1} 顶部、P_1q^4、S_1sh、O_1m^3 中下部、O_1m^2、O_2b 等薄—中厚层灰岩、泥质灰岩、砂岩等
IV	坚硬岩，岩体较破碎	间互层状或碎裂结构	60～90	0.15～0.35	250～340	I、II 相应层位灰岩及新鲜的 III$_{01}$ 夹层组、O_1m^3 上部砂页岩、O_1m^1 页岩等
IV	较坚硬岩，岩体较破碎—破碎	间互层状或碎裂结构	30～50	0.15～0.55	250～340	I、II 相应层位灰岩及新鲜的 III$_{01}$ 夹层组、O_1m^3 上部砂页岩、O_1m^1 页岩等
IV	较软岩或软硬互层，且以软岩为主，岩体较完整—较破碎	间互层状或碎裂结构	15～50	0.35～0.75	250～340	I、II 相应层位灰岩及新鲜的 III$_{01}$ 夹层组、O_1m^3 上部砂页岩、O_1m^1 页岩等
IV	软岩，岩体较完整	层块状结构	8～12	0.55～0.75	250～340	S_2h、S_1l 等层黏土层、粉砂质黏土岩
V	较软岩，岩体破碎。软岩，岩体较破碎—破碎。全部极破碎岩	碎裂结构、散体结构或架空结构	＜20		＜250	P_2w^{1-1} 底部黏土岩、风化泥化 III$_{01}$ 夹层组、P_1l、S_2h、S_1l、O_1m^1、O_1m^3 层风化破碎带、构造破碎并强烈溶蚀地带

3.2.2.2 岩体力学特性及物理力学参数建议值

1. 抗剪强度

岩体的抗剪强度由完整岩石以及结构面两部分共同发挥抗力，IV 级、V 级结构面切割岩体形成的结构体通过现场试验综合考虑其抗剪强度，规模相对较大的结构面单独做试验了解其抗剪强度。混凝土与基岩结合面的抗剪强度主要受混凝土强度控制，试验时沿结合面剪切破坏的仅占 14％～27％，其余的主要是沿混凝土试件破坏。

影响岩体抗剪强度的主要因素有岩性及组合特征、岩体裂隙发育程度、岩体风化等，抗剪强度符合普遍规律，在裂隙发育程度相近的情况下，其抗剪强度总体上表现为：厚层灰岩＞中厚层灰岩＞中厚层夹薄层含炭泥质灰岩＞砂页岩互层岩体＞页岩。同一层位的抗剪强度与裂隙发育程度、裂隙溶蚀率有关，岩体完整性越差、溶蚀率越高，其抗剪强度降低。O_1m^3 层抗剪强度与岩体中的钙质粉—细砂岩所占比例关系密切，钙质粉—细砂岩所占比例高，其抗剪强度则较高，反之则低。

结构面抗剪强度因黏土层充填的厚度和起伏程度不同而略有差别，但总体来看，其抗剪强度均较低。不同类型的结构面，其抗剪强度与结构面的溶蚀程度、起伏大小和粗糙度关系密切，抗剪强度由高至低依次为硬性结构面、次硬性结构面、软弱结构面。

2. 岩体的弹性模量与变形模量

岩体变形试验是采用刚性承压板法。从试件地质情况及试验成果来看，不同岩性的完整岩体，其弹性模量和变形模量从大到小依次为：厚层块状微晶灰岩，中厚层波—链状含炭、泥质生物碎屑灰岩，互层状砂、页岩，其中互层状砂、页岩的变形特征主要与砂岩和页岩所占比例有关，砂岩所占比例大，其变形模量则高，反之则低。

同种岩性的岩体，其变形特征则与岩体风化程度、裂隙发育程度及充填物胶结程度（溶蚀程度）关系密切，总体趋势符合普遍规律。构造岩及风化—溶滤带的变形特征与其溶蚀程度密切相关，溶蚀强烈，填泥厚度大，其变形模量低，反之则高。

3. 岩体和结构面物理力学参数建议指标

建议指标的取值是以试验成果为依据，结合分析各试件（块）实际的地质条件及其在各地质单元中的代表性综合选取的。其建议指标值见表 1.3.6 和表 1.3.7。

3.2.2.3　岩体质量划分

坝基岩体质量的划分是在岩体基本质量分类的基础上进行的，综合考虑岩体结构及岩性、断裂发育程度及充填物特征、风化及溶蚀程度等工程地质特征，以及岩体的强度指标、岩体完整性指标等，共划分为Ⅰ～Ⅴ级，依次为优质、良质、中等、差、极差岩体（表 3.2.4）。

3.2.2.4　岩体质量复核

在前期勘察过程中，充分利用平洞、钻孔揭示的地质资料以及物探测试成果，在大量的现场与室内试验基础上，根据上述岩体质量划分原则，将不同质量的岩体在建基面上分布的面积进行统计分析，其结果为Ⅰ类、Ⅱ类岩体占 61.6%，Ⅲ类占 30.5%，Ⅳ类、Ⅴ类占 7.9%。

据开挖揭示，坝基地层分界位置与前期成果一致，即右岸高程 545.00m、左岸高程 500.00m 以下大坝建基岩体主要为 P_1m^{1-1} 层，以质量较好的Ⅰ类、Ⅱ类岩体为主，以上主要为 P_1m^{1-3} 层，以Ⅲ类岩体为主，属中等岩体（图 3.2.2）。坝基Ⅰ类、Ⅱ类岩体约占建基面面积的 63.6%，Ⅲ类岩体约占 27.3%，Ⅵ类、Ⅴ类差或极差岩体占 9.1%。与前期成果相比，Ⅳ类、Ⅴ类岩体所占的比例有所增大，主要是由于河床坝段建基面在施工期抬高了 2m，使中部凹槽及溶蚀破碎带没有挖除，导致Ⅳ类、Ⅴ类岩体比例有所增大。总体而言，与前期成果是较吻合的。

表3.2.4　坝基及拱座岩体质量分级及评价简表

岩体基本质量级别	坝基及拱座岩体质量分类代号	岩体类型	岩体结构	结构面密度/(条/m)	块度/m	岩体波速/(km/s)	岩体完整性系数	湿抗压强度/MPa	岩/岩 f	岩/岩 c/MPa	混凝土/岩 f	混凝土/岩 c/MPa	岩体变形模量/GPa	岩体透水性	工程地质评价
I	优质岩体（I）	P_1m^1层巨厚层状微晶生物碎屑灰岩	巨厚层状结构	1~2	0.5~1	4.5~5.6	0.68~0.87	80~90	1.4~1.5	1.5~1.8	1.1~1.2	1.0~1.3	35	微透水	岩体强度高、稳定性好，是优质拱坝地基
II	II₁　良质岩体（II）	P_1m^1层厚层、中厚层微晶生物碎屑灰岩	厚层—中厚层状结构	2~3	0.3~0.5	4.2~5.4	0.6~0.73	70~80	1.2~1.3	1.4~1.6	1.0~1.1	1.0~1.2	30	以微透水为主。局部弱—中等透水	岩体完整性中等—完整，是良质坝基，只需做常规处理，工程量不大
II	II₂	P_1m^{1-3}层中、下部中厚层微晶生物碎屑生物碎屑泥质灰岩（未风化）	互层状结构	2~3	0.2~0.5	4.0~5.4	0.6~0.8	60	1.0~1.1	1.1~1.4	0.9~1.0	0.9~1.1	20	同II₁	
III	III₁　中等岩体（III）	同II₂，但含炭、泥质生物碎屑灰岩有风化现象	互层状结构	4~5	0.1~0.3	3.5~4.5	0.45~0.56	50~60	0.9~1.0	1.0~1.2	0.8~0.9	0.7~0.8	15	弱透水为主，局部中等透水	属中等岩体，应补强处理
III	III₂	P_1q^4层、P_1m^{1-1}层顶部及中厚层波状生物碎屑灰岩（未风化）	层状结构	2~3	0.3~0.5	4.0~5.0	0.65~0.8	50	0.9~1.0	1.0~1.2	0.9~1.0	0.9~1.0	15	微弱透水为主，局部弱透水	属适当开挖或强固利用。对大坝稳定有影响的软弱结构面应专门进行处理
III	III₃	胶结较好的构造岩及断裂密集带、裂隙密集带	镶嵌结构	>10	<0.1	4.2~5.0	0.45~0.6	40~50	1.0	1.2	0.9~1.0	1.0	10~15	弱—较强透水	
IV	差岩体（IV）	溶蚀且胶结差的构造岩组、断裂影响带、裂隙集中带	碎裂结构	>10	<0.1	2.8~4.0	0.2~0.4	<30					3~5	中—强透水	岩体破碎，强度低、不能利用，挖除或加固处理
V	极差岩体（V）	松散的构造破碎带及溶蚀强烈岩溶化的岩体	松散或架空结构	>10		<3.0	<0.2	<30						极不均一	坝基及拱座岩体出现时，应开挖回填处理

37

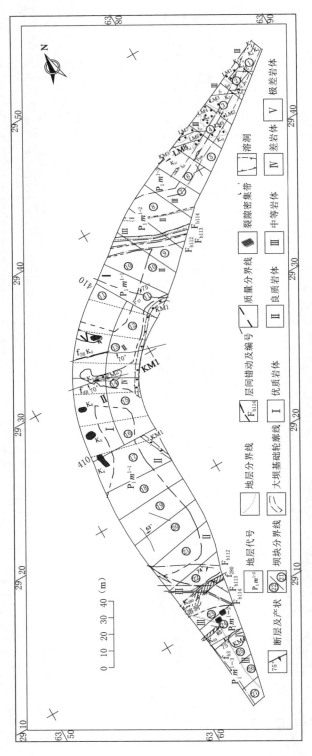

图 3.2.2　坝基岩体质量分级工程地质图

3.2.3 坝基岩溶地质缺陷研究

坝基岩溶地质缺陷主要有 NW、NWW 向溶蚀断裂、层间错动溶蚀夹泥、风化—溶滤带以及岩溶洞穴。在前期勘察过程中，采用了多层平洞、大量的钻孔（包括水平孔与斜孔），以及平洞间、钻孔间电磁波 CT，查清了大坝坝基及拱座岩体主要地质缺陷的类型及分布。开挖揭示坝基岩体地质缺陷与前期成果相比，类型与分布基本一致，尤其是 K_{280} 溶洞、溶蚀夹泥的层间错动、P_1m^{1-2} 层底部风化—溶滤带以及影响大坝抗滑稳定主要的 NW、NWW 向溶蚀断裂，其分布、性状与前期成果吻合。

3.2.3.1 主要岩溶地质缺陷

1. 岩溶洞穴

左岸坝基岩溶发育较弱，主要表现为顺结构面溶蚀夹泥，局部发育规模不大的缝状溶洞；右岸及河床坝段揭露有规模相对较大的溶洞，其中右岸 K_{280} 溶洞规模大、影响范围广（图 3.2.3），是工程处理的重点。大坝建基岩体中发育的主要溶洞见表 3.2.5。

表 3.2.5　　　　　　　　　　　　大坝建基岩体主要溶洞统计表

溶洞编号	岸别	分布坝块	分布高程/m	体积/m^3	地　质　简　述
K_{280}	右岸	22～23	600.00～510.00	约20000	该溶洞由地表 K_{280} 竖井状溶洞以及 D_{46}、D_{48}、D_{64} 等平洞揭露到的溶洞组成，属8号岩溶系统。在 545.00～565.00m 高程段出露并顺河向贯穿大坝建基面，且 510.00m 高程以上浅埋于建基面下。溶洞主要发育于 P_1m^{1-1} 层顶部的 F_{b112}、F_{b113} 层间错动及 P_1m^{1-2} 层底部的风化—溶滤带附近，总体顺 NWW 向陡倾角断层发育呈宽缝状，与 P_1m^{1-2} 层底部风化—溶滤带交汇部位呈竖井状，溶洞宽 3～5m，局部宽达 15m。此外，还发育有规模较大的分支溶洞（K_{280-1}），顺层发育呈斜井状，高差近 90m。溶洞均为黏土、砂及碎块石等全充填
K_{64}	右岸	24	575.00	240	发育于 P_1m^{1-3} 层底部，洞口呈圆形，直径约 2.5m，向上游斜向发育，在上游面附近高程降至 563.00m 左右。该溶洞顺 NWW 向陡倾角断层发育，以充填粉细砂为主
K_{5-3}	右岸	拱座岩体	600.00～655.00	2700	发育于 P_1m^1 层，顺 NWW 向陡倾角断层发育，呈缝状，宽 0.5～1.8m，在 5 号公路隧洞内与 F_{b112} 层间错动交汇部位溶洞呈厅状，宽达 8m。溶洞为黏土、粉细砂等全充填
K_1	河床	13	410.00	500	发育于 P_1m^{1-1} 层，沿 NW 向断层发育，受 F_{b112} 层间错动制约，呈缝状，长约 15m，宽 2.5～3.5m，深度大于 8m，为黏土全充填
K_4	河床	17	413.00	120	发育于 P_1m^{1-1} 层，竖井状，洞口呈圆形，直径 2.7m，深度大于 5m，但规模变小。为黏土全充填
K_5	河床	16	410.00	230	发育于 P_1m^{1-1} 层，竖井状，洞口呈圆形，直径 3.7m，深度大于 6m，但规模变小。为黏土全充填
K_6	河床	15	410.00	210	发育于 P_1m^{1-1} 层，竖井状，洞口呈圆形，直径 2.2m，深度大于 6m。为黏土全充填

2. 风化—溶滤带

大坝坝基分布两条风化—溶滤带，其中 P_1m^{1-2} 层底部的风化—溶滤带（KJ1）分布范

图 3.2.3　K_{280} 溶洞照片

围广，P_1m^{1-2} 层底部厚约 0.6m 的岩层中，见三层硅质条带（层）一侧的灰岩部分风化并溶滤成顺层链状断续分布的棕红色黏土，其单层厚 0.3～5cm，累计厚度 8～15cm，黏土层局部分布较连续，其底界距 P_1m^{1-1} 层顶部的 F_{b113} 约为 5m（厚度）。该层在水平深约 80m 的范围内分布较连续，性状差。左岸该层在 450.00m 高程自上游进入建基面，穿过建基面后于 517.00m 高程进入下游拱座岩体内；右岸于 505.00m 高程自上游进入建基面，穿过建基面后于 575.00m 高程进入下游侧拱座岩体内。

另一条风化—溶滤带（KM1）分布于河床坝段及两岸 430.00m 高程以下坝趾附近（图 3.2.4），顺层发育，厚度 0.5～0.8m，河床左侧性状较右侧差，右侧 410.00m 高程水平建基面已基本尖灭。带内岩体以蜂窝状风化溶蚀为主，河床左侧见连续夹泥层，宽 5～10cm，向下延伸深度约 30m。

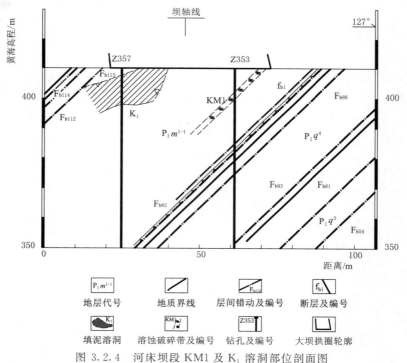

图 3.2.4　河床坝段 KM1 及 K_1 溶洞部位剖面图

3. 层间错动溶蚀夹泥

大坝建基岩体中的层间错动主要有 F_{b82}、F_{b112}、F_{b113} 及 F_{b86}，在 P_1m^{1-3} 层还发育有部分规模不大的层间错动。F_{b82}、F_{b86} 层间错动角砾岩一般胶结较好，仅局部溶蚀夹泥，对坝基稳定影响较小。F_{b112}、F_{b113} 发育于 P_1m^{1-1} 层顶部，两者相距 7m 左右，错动带宽一般 0.1~0.4m，由角砾岩及压碎岩组成；右岸 520.00~600.00m 高程段两层间错动溶蚀强烈，与 NW、NWW 向断裂交汇部位发育有规模较大的 K_{280} 溶洞；左岸 F_{b113} 溶蚀较强，具连续夹泥现象，540.00m 高程以下 F_{b112} 溶蚀较强，以上仅局部溶蚀；在河床坝段 F_{b112}、F_{b113} 出露于坝基上游，两岸逐渐进入坝基或处于拱端附近，见表 3.2.6。

表 3.2.6　　　　　　　F_{b112}、F_{b113} 距拱端距离及坝基下埋藏深度　　　　　　单位：m

岸别	高程	F_{b112}		F_{b113}		备　注
		距拱端距离	坝基下埋深	距拱端距离	坝基下埋深	
左岸	440.00	坝基下	0~10	坝踵处		距拱端距离为从内拱角计算
	470.00	坝基下	0~28	坝基下	0~21	
	500.00	5	5~50	坝基下	0~43	
	540.00	28	31~65	18	20~54	
	580.00	37	40~64	28	32~56	
	600.00	51	55~73	44	48~66	
右岸	440.00	坝基上游		坝基上游		
	470.00	坝踵处		坝基上游		
	500.00	坝基下	0~11	坝踵处		
	540.00	4	6~32	坝基下	0~21	
	580.00	17	19~39	6	7~28	
	600.00	24	26~43	12	13~30	

4. 溶蚀断裂

坝基岩体中溶蚀断裂以 NW、NWW 向陡倾角为主，规模一般不大，长度多小于 100m，F_{37} 断层规模相对较大，但角砾岩胶结较好，溶蚀轻微。右岸溶蚀断裂主要发育于 520.00~580.00m 高程段，其中 f_{280} 断层规模相对较大，沿其溶蚀发育 K_{280} 溶洞，517.00m 高程以下该断层仅局部溶蚀；河床坝段发育有 f_{38}、f_{48} 顺河向断层，上下游贯穿大坝建基面，沿断层发育缝状填泥溶洞。左岸溶蚀断裂主要发育于 P_1m^{1-3} 层，分布于 580.00~590.00m、600.00~615.00m 高程段坝趾附近及下游拱座岩体中，其中 f_7 断层规模相对较大，局部溶蚀成填泥缝。

5. 溶蚀破碎带

建基面共揭露 3 处溶蚀破碎带，其中河床坝段的 KM2 规模相对较大，另外两处分别位于左岸 550.00~560.00m 高程段坝踵部位、右岸 590.00~600.00m 高程坝趾附近，规模均较小。KM2 位于河床中部凹槽部位，宽 3~6m，面积约 $500m^2$，带内不规则短小及微裂隙发育，长度多小于 1m，沿裂隙普遍具溶蚀，黏土、钙质等充填为主，局部发育规模较小的溶洞，向下延伸至 405.00m 高程左右。

3.2.3.2　地质缺陷的不利影响

1. 对大坝抗滑稳定的影响

大坝布置利用了 P_1m^{2-1} 和 P_1m^{1-3} 层分界部位的凹状地形，将坝体嵌入岩体较深部位，增厚了抗力岩体，减少了下游横向陡崖所形成的临空面的影响，对拱座抗滑稳定有利。坝基及拱座岩体岩层倾向上游（NW），倾角 45°～55°，局部达 65°，缓倾角裂隙不发育，仅占裂隙总数的 1.5%，且规模较小、连续性差，大坝总体抗滑稳定条件较好。NW、NWW 向溶蚀断裂以及溶蚀夹泥的层间错动对拱座抗滑稳定有一定的不利影响，两岸拱座岩体中 NW、NWW 向陡倾角溶蚀断裂发育方向与拱端推力方向夹角较小，是对拱座抗滑稳定不利的侧向滑移面；岩层层面和层间错动可构成拱座岩体的横向切割面。经对不利组合块体稳定性验算，在大坝运行后，两岸屈服区均基本上沿溶蚀夹泥的层间错动、风化—溶滤带产生。

2. 对大坝变形稳定的影响

坝基及拱座岩体中较连续溶蚀夹泥的层间错动、风化—溶滤带以及规模较大的溶洞直接影响大坝的变形稳定。当出露于坝趾及其下游一定范围的软弱结构面变形模量较低时，软弱结构面不能有效将拱坝传来的力扩散至下游岩体，存在上游岩体处于极限平衡状态而下游岩体尚未充分受力的可能性。平面及三维有限元分析表明，构皮滩拱坝坝肩岩体中的 F_{b112}、F_{b113} 层间错动、P_1m^{1-2} 层底部的风化—溶滤带以及 K_{280} 溶洞的综合变形模量低，对坝体的应力及变形影响较大，具有如下特点：①软弱结构面在拱端下游分布的范围越大，对坝体位移、应力及拱端岩体塑性区的影响也越大；而分布于拱端上游的软弱结构面对之影响较小；②软弱结构面同样是位于拱端下游，但由于离拱端的远近不同，其影响程度亦不同，离拱端越远，对坝体位移、应力及拱端岩体塑性区的影响越小；③同一高程面上两岸拱端岩体中软弱结构面与拱端的相对位置存在差异（图 3.2.5），导致两端坝体应力、位移的不对称性，较大的不对称变形是拱坝结构设计中不允许的。

3. 对大坝渗流控制的影响

坝基岩体为碳酸盐岩，其透水性与岩溶、构造发育程度等密切相关，岩溶影响了岩体的完整性，形成局部强透水带，对大坝渗流控制的影响较大。

3.2.3.3　大坝抗滑与变形稳定条件复核

1. 河床坝基的抗滑稳定

河床坝基为 P_1m^{1-1} 层巨厚层灰岩，岩层倾向上游，倾角 45°～50°，缓倾角裂隙仅占裂隙总数的 1.5%，且规模较小、连续性较差。共见 73 条断层，大部分为钙质胶结较好的角砾岩，均为陡倾角断层，且多为长度小于 30m 的裂隙性断层，其中长度大于 50m 的有 2 条，即 F_{37}、f_{38} 断层，顺河向贯穿整个建基面，其中 F_{37} 断层构造岩钙质胶结紧密，f_{38} 断层大部分溶蚀夹泥，局部发育窄缝状溶洞。F_{b82} 层间错动出露于坝趾下游，在坝趾附近浅埋于建基面下，向上游埋深加大，该层间错动构造岩胶结紧密，仅局部溶蚀夹泥。

河床坝基岩体抗滑稳定的边界条件与前期成果基本一致，不存在可能构成浅层或深层滑动的边界条件，抗滑稳定条件较好。

2. 两岸拱座的抗滑稳定

大坝布置利用了 P_1m^{2-1} 和 P_1m^{1-3} 层分界部位的凹状地形，将坝体嵌入岩体较深部位，增厚了抗力岩体，减小了下游横向陡崖所形成的临空面的影响，对拱座抗滑稳定有利。

拱座岩体中，反倾向及缓倾角断裂不发育，仅于右岸 520.00～540.00m 高程段、左

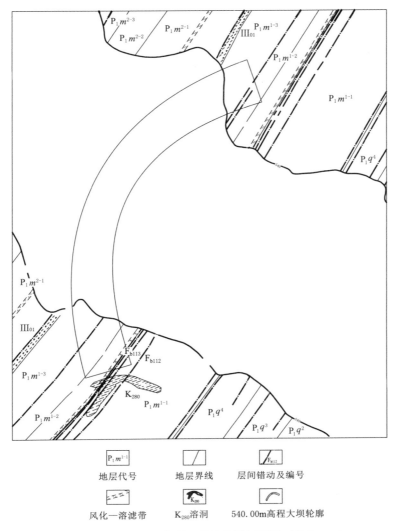

图 3.2.5　540.00m 高程工程地质平切面图（单位：m）

岸 580.00m、615.00m 高程平洞或建基面上 F_{b112}、F_{b113}、F_{b86} 附近见少量缓倾角裂隙，多为新鲜方解石充填，胶结较好，且其规模小，分布范围有限。因此两岸拱座岩体中，不存在连续性较好的反倾及缓倾结构面构成的底滑面，有利于大坝抗滑稳定。但两岸拱座岩体中，NW、NWW 向陡倾角断裂发育，且溶蚀强烈，其发育方向与拱端推力方向夹角较小，构成了对拱座抗滑稳定不利的侧向滑移面；NE 向裂隙发育较少，分布零散，且其倾角多在 45°以上，不能组合成连续性较好的横向切割面，但岩层层面和层间错动可构成拱座岩体的横向切割面。两岸拱座岩体中 NW、NWW 向陡倾角结构面连通率、主要的侧向与横向切割面与前期成果基本一致，拱座岩体中主要的结构面不利组合与前期成果一致。

3. 大坝变形稳定条件

影响大坝变形稳定的边界条件除岩体本身的强度外，其余主要为溶洞、溶蚀夹泥的层间错动、风化—溶滤带、溶蚀断裂等。岩体本身的力学性能与前期成果一致，满足建高拱坝的要求。

(1) 溶洞。前期成果中右岸坝基岩体中存在 K_{D48-8}、K_{D46-6}、K_{280} 竖井及河床左侧钻孔揭露的高 5.15m 的溶洞（K_1）规模相对较大，对大坝变形稳定的影响较大，这些溶洞均被开挖揭示，规模及分布位置与前期成果一致。K_{280} 溶洞为前期 K_{280}、K_{D46-6}、K_{D48-8} 等溶洞的统称，溶洞上下游贯穿建基面，大部分浅埋于建基面下，高差约 90m，体积近 20000m³，为影响大坝变形稳定的主要因素。此外，河床坝基 K_1、K_4、K_5、K_6、24 号坝段的 K_{64} 以及右岸 640.00m 高程 K_{5-3} 等 6 个溶洞规模相对较大，体积均大于 100m³，其余以体积小于 10m³ 的规模较小的溶洞为主，对大坝变形影响较小。

(2) 溶蚀夹泥的层间错动。F_{b112}、F_{b113} 层间错动在河床坝段出露于坝基上游，两岸逐渐进入坝基或处于拱端附近。两层间错动一般溶蚀较强，是影响拱座岩体变形稳定的主要因素。右岸 520.00～600.00m 高程段两层间错动溶蚀强烈，与 NW、NWW 向断裂交汇部位发育有规模较大的 K_{280} 溶洞；左岸 540.00m 高程以下在水平深度 30m 范围内两层间错动溶蚀强烈，70m 范围内 F_{b112} 仅局部溶蚀，540.00m 高程以上两层间错动局部溶蚀。

此外，两岸在 F_{b86} 层间错动附近发育 3～4 条规模不大的层间错动，局部溶蚀夹泥，对大坝变形影响不大。

(3) 风化—溶滤带。P_1m^{1-2} 底部的风化—溶滤带（KJ1）左岸该层 450.00m 高程自上游进入建基面，穿过建基面后于 517.00m 高程进入下游拱座岩体内；右岸于 505.00m 高程自上游进入建基面，穿过建基面后于 575.00m 高程进入下游侧拱座岩体内。两岸该风化—溶蚀带性状均较差，对大坝变形稳定不利，KJ1 溶蚀夹泥状况及分布与前期成果基本一致。

KM1 风化—溶滤带位于 425.00m 高程以下坝趾附近，呈条带状，其走向与岩层走向近一致，向上游倾斜，倾角 46°，厚 0.5～0.8m，延伸长度较大，总体表现为河床左侧性状较右侧差，右侧 410.00m 高程水平建基面已基本尖灭。带内岩体以蜂窝状溶蚀为主，棕红色黏土充填，岩体较破碎，河床左侧见连续夹泥层，宽 5～10cm，向下延伸深度较大，对大坝变形稳定有一定影响。

(4) 溶蚀断裂。

右岸：600.00m 高程左右坝趾附近的裂隙密集带范围不大，已作为溶蚀破碎带处理。470.00～510.00m 高程段坝趾附近 D_{46} 平洞揭露的 NW、NWW 向裂隙性断层较发育，大部分已被挖除，仅少部分出露于建基面或拱座岩体中。510.00～570.00m 高程段为 K_{280} 溶洞发育区域，NW、NWW 向陡倾角断层相对较发育，第二次开挖后已基本将溶蚀断层挖除，未挖除部分以局部溶蚀为主。

左岸：D_{15} 平洞为洞深 51～56.5m 的断裂密集带，裂隙普遍溶蚀填泥，分布于 460.00m 高程左右的拱端内拱角附近，距 460.00m 拱端约 18m。D_{35} 平洞、ZD7 置换洞揭露于 550.00～560.00m 段拱端内拱角附近发育断裂密集带，裂隙普遍溶蚀夹泥，部分在建基面 550.00～555.00m 坝趾附近出露。D_{55} 平洞洞深 45～55m、D_{57} 平洞洞深 82m 左右，裂隙发育密集，且多溶蚀填泥，其中 D_{55} 平洞揭露的断裂密集带在建基面出露，D_{57} 平洞揭露的断裂密集带距 585.00m 高程左右的拱端 35～40m。600.00～615.00m 高程段见一条规模相对较大的 NW 向陡倾角断层（f_7），左岸 ZD1 置换洞亦揭露该断层，沿断层溶蚀较强，局部呈溶蚀窄缝。

上述溶蚀断裂的分布及性状与前期成果基本一致。

3.2.3.4 地质缺陷工程处理

拱坝坝基处理的主要目的是解决渗流控制和强度变形问题。解决前一个问题的主要手段是设置帷幕和排水系统；解决后一个问题则是采用灌浆、补强、置换等多种手段，以提高软弱层带的弹性模量和抗剪强度。

对影响拱坝变形与抗滑稳定的地质缺陷，分别采取了浅层与深层处理。浅层处理主要包括对揭露溶洞及破碎岩体的清挖、固结灌浆、表层刻槽等；深层处理则主要是开挖置换洞（井）回填混凝土，形成传力柱。地质缺陷及处理措施见表 3.2.7。

表 3.2.7　　　　　　　　　　　　　地质缺陷及处理措施

地质缺陷类型	主要措施	辅助措施	地质缺陷类型	主要措施	辅助措施
溶洞	清挖	深层置换、固结灌浆	风化—溶滤带	深层置换	表层刻槽、化学灌浆
层间错动	深层置换	表层刻槽、固结灌浆	溶蚀破碎带	清挖	固结灌浆
断层	清挖	表层刻槽、固结灌浆	构造破碎带	清挖	固结灌浆

1. 坝基固结灌浆

为了减少各工序之间的相互干扰，加快施工进度，根据开挖揭示实际地质条件，构皮滩坝基采取了常规混凝土盖重与无盖重相结合的方式。对岩体完整性好、地质缺陷不发育的坝段采用单一的无盖重固结灌浆，这种灌浆方式是先利用加密灌浆孔对坝基表层 3m 的岩体进行低压灌浆，再利用表层岩体的盖重对深部基岩进行高压灌浆；对岩体完整性差以及地质缺陷较发育的坝段，则采用有混凝土盖重和无混凝土盖重相结合的灌浆方式，即先进行无盖重固结灌浆，然后对表层坝基岩体进行有盖重补充固结灌浆，这种复合固结灌浆方式效果良好，灌后岩体质量可满足坝基应力及承载力要求。

（1）灌浆后各坝段检查孔透水率均小于 3Lu，压水检查的合格率达 100%。

（2）坝基表层 3m 段岩体灌后声波波速提高幅度比 3m 以下大（图 3.2.6），这是由于

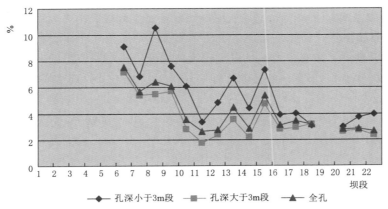

图 3.2.6　各坝段灌后表层与深层岩体声波波速百分比提高值

受爆破与开挖卸荷等因素影响，建基面表层 3m 段的声波波速平均值低于全孔的声波波速平均值。

（3）固结灌浆后，Ⅰ类、Ⅱ类岩体声波波速提高的百分比为 8%～16%，Ⅲ类岩体声波波速提高的百分比为 12%～17%（图 3.2.7），且灌后岩体声波波速低速部位所占的百分比减少的幅度较大。

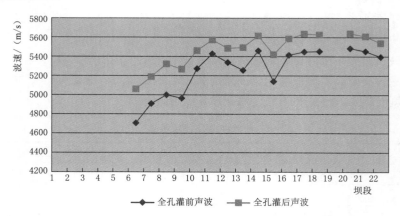

图 3.2.7　各坝段灌前、灌后岩体声波波速平均值对比

2. K_{280} 溶洞处理

K_{280} 溶洞规模大，且大部分浅埋于坝基下，对坝基承载力、抗滑和变形稳定、防渗等均有较大影响，为坝基需重点处理的地质缺陷，处理的方式以清挖为主，结合深层置换。溶洞的处理主要分五步进行：①在建基面范围内，从 565.00m 高程左右开口进行二次开挖处理（图 3.2.8），开挖的底板最低高程为 520.00m，已将主体溶洞基本挖除；②通过下游侧 580.00m 平台、YD8 与 YD10 置换洞清理大坝下游侧的主体溶洞；③通过 YD5、YD7、YD9、YD11 置换洞（井）对 525.00～590.00m 段 K_{280-1} 溶洞进行追挖回填；④对拱坝上游侧溶洞进行追挖处理，处理的范围按离上游面 5～10m 的距离控制；⑤对溶洞发育部位作加强固结灌浆处理。通过上述处理程序与措施，拱坝应力影响范围内的 K_{280} 溶洞已基本清理干净。

3. P_1m^{1-2} 层底部的风化—溶滤带（KJ1）深层置换处理

KJ1 风化溶滤强烈，具连续夹泥，采用平面及三维线性、非线性有限元法进行计算分析，其对拱坝变形稳定影响较大，且由于两岸夹泥带离拱端距离上的差异，导致变形位移的不对称，需进行工程处理。由于其呈面状分布于坝基下及拱座岩体中，挖除方案不可行，通过计算分析，选择了深层置换处理方案，即每隔 15～20m 高差设置水平置换洞，置换洞洞深按拱坝应力影响范围控制，一般为 50～100m，并在水平置换洞间沿层间错动倾向或视倾向方向设置置换斜井，使置换洞形成井字形布置，以增强整体传力效果。针对 KJ1，左右岸分别布置 7 层、8 层置换洞（图 3.2.9），其中右岸有两层位于 K_{280} 溶洞开挖范围，取消高程较低的两层；置换斜井根据两层置换洞之间风化—溶滤带的性状，选择溶蚀强烈、夹泥连续的部位布置，左右岸分别布置 6 条、4 条。对 F_{b112}、F_{b113} 层间错动也采用类似的深层置换处理方案。计算表明，溶蚀夹泥层间错动以及风化—溶滤带经深层置

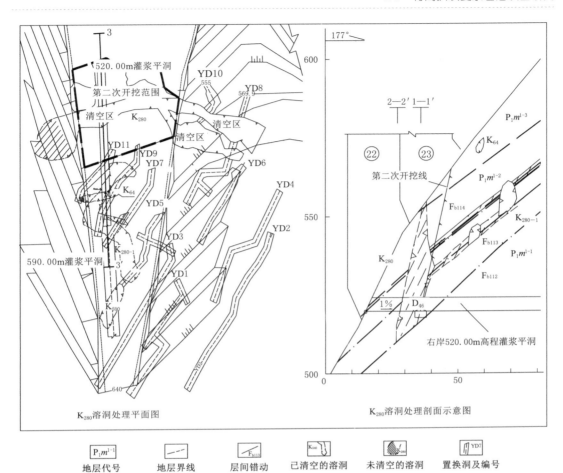

图 3.2.8 K$_{280}$ 溶洞分布及处理示意图

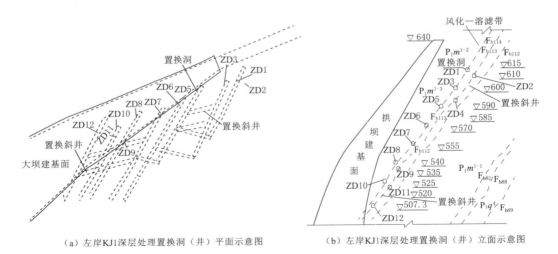

（a）左岸KJ1深层处理置换洞（井）平面示意图 　　（b）左岸KJ1深层处理置换洞（井）立面示意图

图 3.2.9 风化—溶滤带深层处理示意图

处理后，坝体、拱端及岩体的应力分布、位移分布及塑性区改善均效果明显，坝体应力基本呈对称分布，拱端应力趋于均匀，处理效果显著。对在坝基面出露夹泥带则主要采取了表层刻槽与固结灌浆的处理方式。

3.2.3.5　工程运行监测及检验

对地质缺陷进行处理以及坝基固结灌浆后，Ⅳ类、Ⅴ类岩体已全部进行了挖除回填混凝土处理，对Ⅲ类岩体进行了补强处理，各坝段岩体质量满足坝基要求，均达到或优于前期预测值。1～7 号、24～27 号坝段主要为 P_1m^{1-3} 层中厚层灰岩，所夹含炭、泥质生物碎屑灰岩多呈弱风化状态，灌前声波波速值多小于 5000m/s，灌后基本达到Ⅱ类岩体标准。

运行期，两岸拱座未发现有渗漏、管涌、开裂、滑坡、沉陷等异常现象，河床坝段坝趾冲蚀、淘刷现象不明显，与坝基距离最近的坝体基础廊道、两岸爬坡廊道基岩接合处未见错动、开裂、脱离，各坝段间未发现错动、不均匀沉降等异常迹象。4 号、9 号、14 号、19 号和 24 号坝段的基础廊道内 5 条倒垂线显示基础部位径向水平位移为 -0.54～6.73mm，切向水平位移为 -2.59～1.53mm，最大位移均出现在河床 14 号坝段，已趋于收敛，其余测点位移均较小，无明显异常现象。坝基垂直位移 6 个水准点实测垂直位移为 -0.37～3.79mm，各测点位移量均较小，变形已趋于收敛。左右拱座多点位移计测点均向孔底方向变形，最大压缩位移分别为 6.65mm、3.53mm，主要发生在蓄水初期，运行期测值基本稳定。拱座岩体中地质缺陷置换洞混凝土应力主要为压应力，洞轴向压应力约在 1.8MPa 以内，其他方向压应力约在 4.5MPa 以内，缺陷处理后能有效传递拱座推力。上述各项测值均在设计允许范围内，表明拱坝坝基是稳定的，坝基地质缺陷处理、各坝段变形与抗滑稳定条件等满足规范对建基要求的各项规定。

3.3　复杂岩溶地区高拱坝渗控工程地质研究

3.3.1　防渗依托层选择及渗控成败关键点

3.3.1.1　防渗依托层选择

大坝下游宽谷段分布有大面积的碎屑岩，尤其是与二叠系灰岩接触部位是一层厚度较大、隔水性能好的志留系黏土岩，是构皮滩工程得天独厚的天然防渗屏障（图 3.3.1）。

S_2h 层厚 46.96m，其岩性为黏土岩及粉砂质黏土岩。该层未被规模较大的断层切错，分布连续，且库内该层出露的高程均大于 640.00m，封闭条件较好。该层微新岩体的透水率均小于 1Lu，隔水性能好，是坝址可靠的隔水层。当考虑下伏厚达 70 余米且有一定隔水性能的石牛栏组（S_1sh）和龙马溪组（S_1l）与 S_2h 层联合作用时，则更增强了 S_2h 层作为防渗依托的可靠性。

为减少渗控工程量，招标设计阶段分析论证了利用 P_1q^4 层作为防渗依托层的可靠性，分析认为：①河床坝基下的 P_1q^4 层具有相对隔水性能，但该层厚度偏薄（仅 22.15m），埋藏较浅，且局部仍具弱透水性，而库水位较高，以其作为防渗依托层不甚理想；②右岸于 P_1q^4 层中发育规模较大的 W_{24} 岩溶系统，其防渗帷幕线路末端不宜以其作为防渗依托层；左岸在 2 号公路隧道附近，P_1q^4 层裂隙较发育，且多溶蚀，岩体完整性较差，岩体

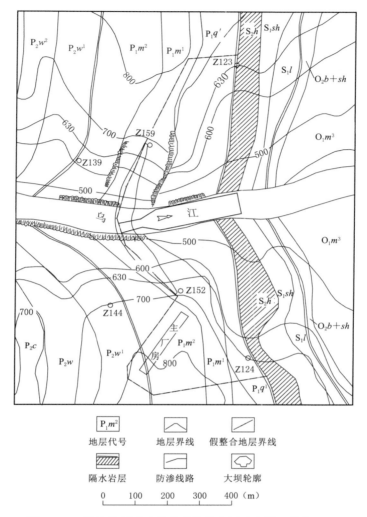

图 3.3.1 防渗依托及防渗帷幕线路布置示意图（单位：m）

透水性较强。因此，左岸在进场公路 2 号隧道附近的防渗线路端点亦不宜以 P_1q^4 层作为防渗依托层。

大坝渗控最终采取两岸以 S_2h 层黏土岩作为防渗依托，坝基下及两岸 S_2h 层埋深较大部位以透水率较小的相对隔水岩体作为悬挂帷幕的防渗方案。防渗线路长约 1756m，左、右岸分别设 4 层和 5 层灌浆平洞，帷幕灌浆钻孔进尺约 33.9 万 m，两岸山体帷幕后设有排水洞。

3.3.1.2　大坝渗控成败的关键点

防渗线路岩溶水文地质条件极为复杂，左岸防渗线路穿越 7 号岩溶系统；右岸防渗线路穿越 6 号、8 号岩溶系统及 W_{24} 岩溶系统。防渗线路揭露体积大于 $5m^3$ 的溶洞共 86 个，大于 $1000m^3$ 的溶洞共 9 个，其中有 7 个大于 $5000m^3$；约 12 个溶洞半充填或无充填，其余均为黏土、粉细砂等全充填。在高水头作用下大坝渗控工程的成败取决于对岩溶的处理效果，主要有以下关键点：①查明帷幕线上的溶洞并妥善处理，解决溶洞长期渗透稳定问题是帷幕成败的关键之一；②右岸绕厂房段帷幕遇 W_{24} 岩溶系统两期主管道，其中低高程岩溶主管道是系统过水管道，查明低高程主管道在帷幕线上的位置，并进行有效的封堵引排处理是帷幕成功的另一个关键点。

3.3.2　防渗下限的确定与调整

防渗帷幕线路两岸 S_2h 层埋深不大部位可接至该层黏土岩隔水岩层，作防渗封闭体，形成落底帷幕，但河床坝基及两岸 S_2h 层埋深较大部位悬挂帷幕段防渗帷幕下限的深度，除应符合设计规范规定要求外，还应充分考虑岩体的透水性，并应考虑结合稳定地下水位和岩溶发育下限。

前期勘察经对钻孔压水试验成果结合揭示的地质条件分析研究，对防渗帷幕线路上岩体透水性进行了详细的分级区划，以防渗帷幕下限的标准：坝基及近坝约 200m 段、绕厂房段满足基岩透水率 $q\leqslant1Lu$，其余部位满足基岩透水率 $q\leqslant3Lu$，确定界限作为悬挂帷幕段防渗帷幕下限。施工期通过对灌浆平洞、先导孔压水试验以及钻孔电磁波 CT 揭示获取成果的综合分析研究，对防渗帷幕线路上岩体透水性进行了进一步详细分级区划，并对防渗帷幕下限进行了复核研究，尤其是悬挂帷幕段下限。

招标设计阶段各部位的防渗帷幕下限（底线）高程具体为：①左岸由河床部位 240.00m 高程向山体侧抬高至 450.00m，相应的帷幕深度为 170～200m；②河床坝段为 240～280m，相应的帷幕深度为 130～170m；③右岸深部岩溶较发育，帷幕深度较左岸大，由河床部位 280.00m 高程向山体侧抬高至 390.00m，相应的帷幕深度为 170～250m（图 3.3.2）。

在施工期，仅对右岸 W_{24} 岩溶系统深岩溶发育部位的防渗下限进行了局部调整，如图 3.3.2 中阴影部分，分别是：①帷幕线路地下厂房系统 1～3 号引水隧洞下部 370.00m 高程附近发育有 W_{24} 岩溶系统分支管道，帷幕底线高程调整降低至 350.00m；②帷幕线路 W_{24} 岩溶系统低高程主管道在地下厂房系统附近最低点高程为 387.00m，相应部位帷幕底线高程调整降低至 370.00m。除此之外，防渗帷幕线路其余部位揭示的地质条件与前期勘察成果基本一致，防渗帷幕底线按原实施设计方案未做调整。

3.3.3　岩体透水性

根据防渗帷幕线路上实施的先导孔与物探测试孔钻孔压水试验，左岸、河床坝段、右岸分别进行 1561 段、471 段、2063 段，成果统计见表 3.3.1。总体而言，在帷幕灌浆前，左岸防渗线路上岩体渗透性等级以微—弱透水为主，除 570.00m 高程以上大部分位于河谷岸坡卸荷带内，其岩体透水率稍偏大，占压水试验总数的 53.9％外，其余占压水试验总数的 89.1％～94.9％；河床坝段防渗线路上岩体渗透性等级全部在弱透水以下；右岸防渗线路上岩体渗透性等级以微—弱透水为主，除因 610.00m 高程以上岩体完整程度相对较差，其岩体透水率略偏大，占压水试验总数的 60.9％外，其余占压水试验总数的 83.6％～98.6％。

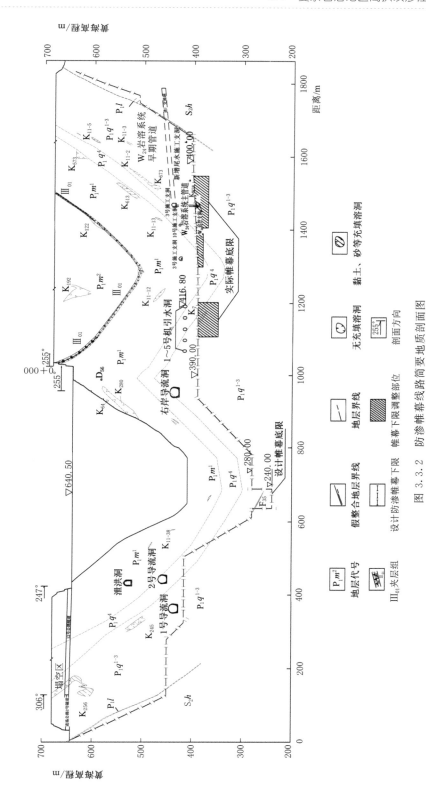

图 3.3.2　防渗帷幕线路简要地质剖面图

表 3.3.1　　　　　防渗帷幕线路上先导孔与物探测试孔钻孔压水试验成果统计表

位置	高程/m	岩体透水率及渗透性等级							
		$q \geqslant 100Lu$		$10Lu \leqslant q < 100Lu$		$1Lu \leqslant q < 10Lu$		$q < 1Lu$	
		强、极强透水		中等透水		弱透水		微、极微透水	
		段数	百分比/%	段数	百分比/%	段数	百分比/%	段数	百分比/%
左岸	640.50～570.00	49	10.7	162	35.4	211	46.1	36	7.8
	570.00～500.00	1	0.3	31	10.6	219	74.8	42	14.3
	500.00～435.00	0	0.0	43	9.4	412	89.7	4	0.9
	435.00 以下	1	0.3	17	4.8	313	89.2	20	5.7
	合计	51	3.3	253	16.2	1155	74.0	102	6.5
河床	410.00～230.00	0	0.0	0	0.0	398	84.5	73	15.5
右岸	640.50～590.00	30	12.1	67	27.0	149	60.1	2	0.8
	590.00～520.00	3	0.6	83	15.8	439	83.6	0	0.0
	520.00～465.00	6	1.3	48	10.1	410	86.1	12	2.5
	465.00～415.00	2	0.5	31	7.9	261	66.2	100	25.4
	415.00 以下	1	0.2	5	1.2	319	76.0	95	22.6
	合计	42	2.0	234	11.4	1578	76.5	209	10.1

通过利用防渗线路上所有钻孔压水试验资料综合分析，并结合前期勘探钻孔、平洞与施工期灌浆平洞揭露的地质资料，将防渗线路岩体按透水性进行分区，可以得出其总体特征与岩溶发育特征基本一致，帷幕灌浆前特征如下：①岩体透水性强弱从地层层位上总体表现为 $P_1m^{2-2} > P_1m^{2-1} > P_1m^1 > P_1q$；②岩体透水性从部位上总体表现为河床坝段明显较两岸弱，左岸除去河谷岸坡卸荷带外较右岸弱；③岩体渗透性等级均以弱透水为主，占比突出，并随着高程降低而减弱，且中等—强透水岩体主要分布于 570.00m 高程以上及构造破碎带、岩溶发育等部位，570.00m 高程以下以微—弱透水岩体为主。防渗帷幕线路岩体渗透性分级区划各分区面积及所占百分比见表 3.3.2。

表 3.3.2　　　　　岩体渗透性分级区划各分区面积及所占百分比统计表

位　　置	岩体透水率及渗透性等级							
	$q \geqslant 100Lu$		$10Lu \leqslant q < 100Lu$		$1Lu \leqslant q < 10Lu$		$q < 1Lu$	
	强、极强透水		中等透水		弱透水		微、极微透水	
	面积/m²	百分比/%	面积/m²	百分比/%	面积/m²	百分比/%	面积/m²	百分比/%
左岸	3942	3.5	14407	12.7	88396	78.1	6420	5.7
河床坝段	—	—	—	—	15621	89.1	1902	10.9
右岸	2740	1.2	30178	13	180898	77.8	18723	8.0

3.3.4　防渗线路溶洞及处理

右岸规模较大的溶洞有：6号岩溶系统的 K_{192}、K_{122}，8号岩溶系统的 K_{573}、K_{613}、K_{280}、K_{280-1}、K_{64}、K_{540}，W_{24} 岩溶系统的 K_{678}、K_{W24}；左岸规模较大的溶洞有 P_1q 层中发育的 K_{245}、K_{256}。

防渗线路揭露的溶洞中，体积大于 $1000m^3$ 的有 K_{W24}、K_{280}、K_{122}、K_{192}、K_{613}、K_{573}、K_{245}、K_{678}、K_{256} 等（图 3.3.2），其中 K_{W24}、K_{280}、K_{122}、K_{245}、K_{613}、K_{573}、K_{678}、K_{256} 体积大于 $5000m^3$，并对其各自进行了专门处理。此外，对防渗线路上揭露的规模较小的溶洞进行一般常规处理。防渗线路体积大于 $1000m^3$ 的主要溶洞特征及专门处理措施见表 3.3.3。由表可见，对右岸溶洞主要进行了开挖回填混凝土处理，对部分没能完全清理的溶洞进行了串孔冲洗，并进行了加密高压灌浆、磨细水泥灌浆、化学灌浆等方式处理；对左岸 K_{256} 溶洞采用高压旋喷墙加厚度1m的塑性混凝土防渗墙处理，对 K_{245} 溶洞，在帷幕下游侧50m处增设一条施工通道，对溶洞充填物继续实施高压充填灌浆，并进行了常规压水、疲劳压水、抗压强度、允许渗透比降等检查。

表 3.3.3　　　　　　　　　防渗线路上主要溶洞特征及处理措施

序号	溶洞编号	岸别	发育高程/m	发育层位	特　征　简　述	处理措施
1	K_{192}	右岸	640.00	P_1m^{2-2}	沿 NW 向裂隙发育，横穿整个 640.00m 高程灌浆平洞，宽 4~13m，高约 5m，以无充填为主，局部黏土夹碎石充填	追挖清理，回填混凝土
2	K_{122}	右岸	590.00	P_1m^{2-1}	位于 III_{01} 夹层组顶部 F_{b122} 层间错动附近，溶洞呈斜井状，主体部分宽 5~15m，高 2~6m，总体顺层、局部微切层发育，具有明显的不同岩性接触带岩溶分布特征，以无充填为主，局部底板堆积黏土及碎块石，在 550.00m 高程以下规模变小呈狭窄缝状	清理，回填混凝土
3	K_{573}	右岸	620.00~640.00	P_1m^{1-1}	发育于 F_{b82} 层间错动上盘，呈斜井状斜向山里，主体部分呈厅状，顺洞长约 15m，宽约 10m，深约 20m，于 640.00m 灌浆平洞左侧壁沿走向 NW 向长大结构面发育呈宽 0.5~1m 的溶缝，均无充填	清理，回填混凝土
4	K_{613}	右岸	500.00~560.00	P_1m^{1-1}	沿 P_1m^{1-1} 层底部 F_{b82} 层间错动发育，与走向 NW、NWW 向裂隙性断层交汇部位发育规模较大，溶洞发育区长约 20m，520.00m 高程灌浆平洞顶板以上高度达 40m，为黏土全充填	清理，回填混凝土，并钻孔冲洗、高压灌浆
5	K_{280}	右岸	517.00~600.00	P_1m^{1-1}、P_1m^{1-2}	发育于 F_{b112} 层间错动—P_1m^{1-2} 底部风化溶滤带附近，主体部分顺走向 NW 向陡倾角裂隙性断层发育，延伸范围受层间错动控制，呈宽缝状，宽度 3~13m，大坝拱肩槽内发育最低高程为 517.00m，高差近 90m，拱肩槽上游沿 P_1m^{1-2} 底部风化溶滤带发育，呈斜井状，均为黏土、粉细砂及碎块石等全充填，充填物具层理	追挖清理，回填混凝土，并进行高压灌浆处理

续表

序号	溶洞编号	岸别	发育高程/m	发育层位	特 征 简 述	处理措施
6	K_{280-1}	右岸	517.00～600.00	P_1m^{1-1}、P_1m^{1-2}	主要顺 P_1m^{1-2} 层底部的风化—溶滤带发育，呈斜井状，水平断面近似呈圆形，直径一般 2～5m。540.00m 高程以下规模变小，总体仍顺层、局部顺走向 NW 向陡倾角结构面发育，至 525.00m 高程左右直径约 1m，均为黏土、粉细砂充填，与 K_{280} 溶洞相通	通过置换洞与斜井对溶洞进行追挖置换混凝土，满足拱座稳定需要，帷幕进行高压灌浆处理
7	K_{678}	右岸	465.00	P_1q^3	受 F_{b54} 层间错动控制发育，主体呈缝状，宽 0.5～2.0m，黏土夹碎石全充填。465.00m 高程灌浆平洞开挖揭露后，顶拱以上充填物坍塌，塌落高度大于 10m，向上近铅直状发育，底板部位基本尖灭。为 W_{24} 岩溶系统早期岩溶主管道，下游侧与调压室揭露的溶洞相通	帷幕线上溶洞底部清理干净，回填混凝土，上部采用高压灌浆
8	K_{W24}	右岸	387.00	P_1q^3、P_1q^2	发育于 P_1q^3、P_1q^2 层，底板高程 387.00～395.00m，呈宽缝状、斜巷道状，局部呈厅状，规模较大，主要为砂砾石、碎块石及黏土等充填，充填物具层理，上部过水的管道较小	帷幕线上溶洞全部清理干净，回填混凝土，并实施地下水引排措施
9	K_{256}	左岸	590.00～640.00	P_1q^2、P_1q^3	沿 F_{b54} 层间错动上盘发育，呈斜井状，溶洞发育区长约 20m，在隧洞开挖过程中发生坍塌冒顶，黏土夹碎块石充填，640.00m 高程以下主要充填黏土、中粗砂—细砂	进行防渗墙与高压灌浆
10	K_{245}	左岸	470.00～500.00	P_1q^3	沿 F_{b81}、F_{b54} 层间错动发育，呈斜井状，规模较大，溶洞发育区长约 10m，500.00m 高程灌浆平洞在开挖过程中发生大量充填物塌方，对溶洞采取了回填混凝土紧急处理	用混凝土回填溶洞段灌浆平洞，之后钻孔冲洗与高压灌浆

3.3.5　防渗线路深岩溶主管道勘察及处理

W_{24} 岩溶系统低高程主管道是整个坝址也是右岸最主要的深岩溶，其主管道在防渗帷幕线上埋深 400m 余（低于河床枯水位 40m 余），前期勘察基本查明了 W_{24} 岩溶系统在主厂房部位的特征，进一步查明向山里侧发育的主管道难度大，可操作性小。在施工期，随着地下厂房三大洞室开挖及追挖揭示，W_{24} 在厂房区的发育特征进一步明朗，但向山里侧如何发育还是一个未知数，尤其是在防渗线路上的位置难以确定。由于该岩溶系统有地下水流，且汛期流量达 120L/s，如果用加密灌浆处理，有很多不确定性，质量也难以得到保障，查明该系统的主管道，进行封堵引排处理是最直接、也是最安全的。在不影响工期的情况下，充分利用已有成果资料分析其可能发育的位置，以施工支洞、进厂交通洞为勘探平台，采用最优最省工作量的勘察方案，仅通过 9 个钻孔（累计进尺 479m）、跨孔电磁波 CT 以及岩溶示踪、地下水同位素方法测试与分析等手段，并加强施工期隧洞开挖揭示的地质调查测绘与综合分析研究，准确查明了右岸 W_{24} 岩溶系统深岩溶低高程主管道在防渗帷幕线路上的具体位置（图3.3.3）。

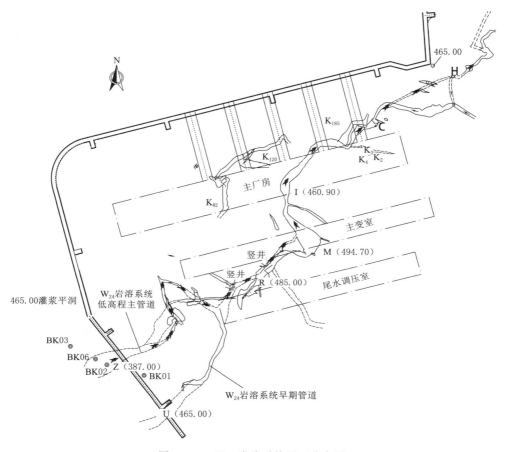

图 3.3.3　W_{24} 岩溶系统平面分布图

右岸防渗帷幕线路穿越 W_{24} 岩溶系统不同时期的两层主管道（图3.3.4），其中上层主管道经地下厂房系统调压井、465.00m 高程灌浆平洞揭示，在帷幕线上管道呈巷道状，宽 0.5～4m、高 5～20m，为黏土、粉细砂以及碎块石等全充填；下层管道为深岩溶过水管道。

W_{24} 岩溶系统低高程深岩溶主管道在防渗帷幕线上埋深 400m 余（低于河床枯水位40m 余），在帷幕线附近分布最低高程为 387.00m，为该岩溶系统下层过水管道在地下厂房系统附近的最低点，顺层发育呈斜巷道状，粉细砂夹粉质黏土等半充填，高 4～7m，宽 0.5～2m。

在准确查明 W_{24} 岩溶系统深岩溶主管道后，对深岩溶主管道的防渗工程由原复杂不确定的隐蔽帷幕灌浆改变为简单可靠的直接封堵的设计方案。选择了利用追挖支洞揭露帷幕上的主管道，对帷幕前后各 15m 范围的岩溶管道作清理回填混凝土处理，在施工期预留排水通道，并布置永久排水措施。

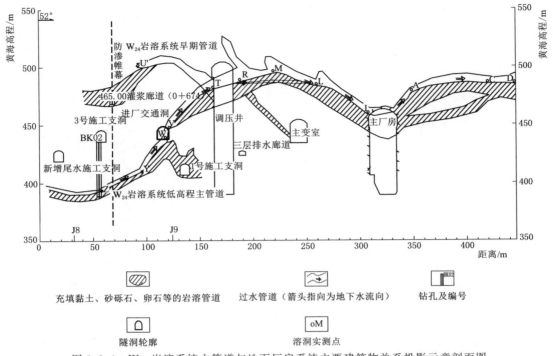

图 3.3.4　W_{24} 岩溶系统主管道与地下厂房系统主要建筑物关系投影示意剖面图

综合分析相关地质资料，认为 W_{24} 岩溶系统与库水连通的可能性并不大，岩溶主管道封堵后水位壅高，帷幕可能始终承受较高的水头作用，其耐久性及安全风险较大。

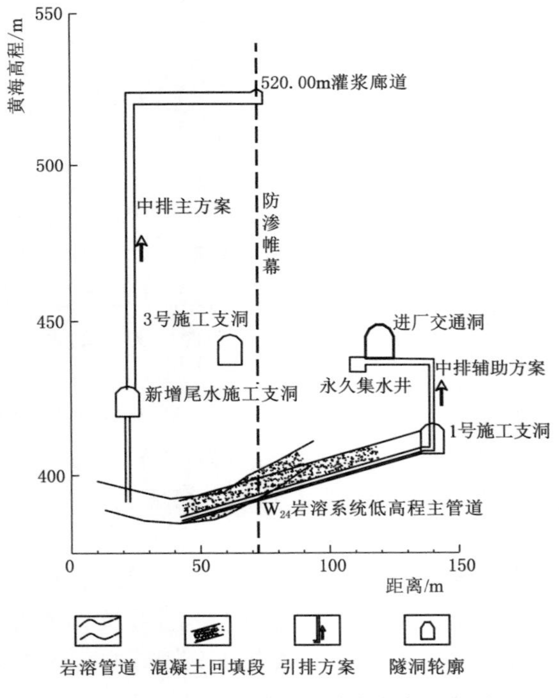

为了减少岩溶主管道封堵后水位壅高给帷幕带来风险，通过科学分析 W_{24} 岩溶系统与库水的连通性关系，提出了"低高程抽排、中高程自流、高高程拦截"的分高程控制排水降压处理措施建议，并顺利实施。

"低高程抽排"指将 W_{24} 岩溶系统低高程追挖支洞混凝土堵头内 $\phi200mm$ 排水管（施工期预埋）改变为永久排水通道，岩溶水通过低高程排水通道排泄至进厂交通洞高程约 440.00m 处永久集水井，并抽排至大坝下游。"中高程自流"指在帷幕上游 25m 部位设置竖井，并通过两根 $\phi500mm$ 钢管将岩溶水穿越帷幕引排至 520.00m 高程灌浆平洞，自流排泄至水垫塘（图 3.3.5）。"高高程

图 3.3.5　W_{24} 岩溶系统排水方案示意图

拦截"指通过 640.50m 高程灌浆平洞以及排水孔对可能壅高的地下水进行疏导、引排。

3.3.6 大坝渗流控制处理效果评价

帷幕灌浆完成后，对帷幕质量进行了第三方抽检，抽检方案是在综合分析了地质资料、灌浆资料、帷幕质量自检成果、物探测试资料等已有成果的基础上提出的。按压水段数统计，岩体透水性在灌浆后大大降低，93 个抽检孔进行了 1129 段压水试验，其中 1125 段压水合格，合格率为 99.65%，不合格段均为接触段透水率略微超标。帷幕质量总体良好。从帷幕灌浆抽检孔取芯结果看，钻孔取芯率大部分在 70% 以上，说明灌浆后的岩体完整性较好，少部分孔取芯率较低的原因主要为卸荷裂隙、层间错动、溶蚀发育或岩性软弱，总体看，灌浆对于改善岩体完整性和防渗性能效果显著。

构皮滩水电站自 2009 年初开始蓄水，2009 年 12 月 5 台机组全部投产，至今已安全运行 10 余年。水库自成库后，先期蓄水至库水位最高 624.61m，至 2014 年 7 月蓄水至库水位最高 629.93m（接近正常蓄水位），因此，防渗帷幕线路上右岸 W_{24} 岩溶系统主管道或分支溶洞的处理经历了多次高水头作用的考验，并未见异常现象，说明对该岩溶系统的处理及岩溶地下水引排效果良好。其岩溶地下水的来水量并没有随着水库蓄水及库水位上升而增大，无库水来源，表明该岩溶系统与水库未有通道连通。

构皮滩水电站水库蓄水运行多年后，大坝河床坝段坝基主排水幕扬压力折减系数小于设计允许值；两岸各层灌浆廊道（平洞）排水孔渗漏量总体符合岩溶地区工程特点，一般小于 50L/min，但右岸 520.00m 高程灌浆平洞渗漏量最大达 460L/min，局部地段渗流渗压略有异常，于 2009 年 7 月至 2010 年 4 月对其采用普通灌浆与渗漏量明显较大部位后期进行化学灌浆相结合，经过补强灌浆处理后，现渗漏量基本稳定在 150L/min 左右。

该水电站工程防渗帷幕线路虽然遇有多个岩溶系统的主管道或分支溶洞，岩溶水文地质条件复杂，增加了工程风险与处理难度，但是在防渗帷幕形成后，通过水库高水头蓄水检验，帷幕效果优良，各项指标均在设计允许范围内，表明对防渗依托层的选择、帷幕下限（底线）的确定以及对帷幕线路地质缺陷的界定与处理是合适的。

3.4 强岩溶发育区大型地下厂房地质研究

3.4.1 地下厂房三大洞室布置与岩溶条件

地下厂房三大洞室的布置除考虑地质岩性、地层产状以及地应力等因素外，同时还充分考虑了岩溶的影响。W_{24} 岩溶系统主管道斜穿地下厂房三大洞室（图 3.4.1 和图 3.4.2），在可行性研究阶段主厂房布置在乌江侧管道高点附近，主管道位于厂房顶拱之上，且距离较小，主变室顶拱则位于岩溶管道底部，显然 W_{24} 岩溶系统对洞室的影响较大。可行性研究修编过程中，将厂房向下游平移了 25m，使主厂房恰好位于虹吸式管道的底部，大部分在开挖范围内；岩溶主管道在主变室顶拱之上穿过，高差 36~41m。厂房平移后 W_{24} 岩溶系统对其影响程度大为减弱。

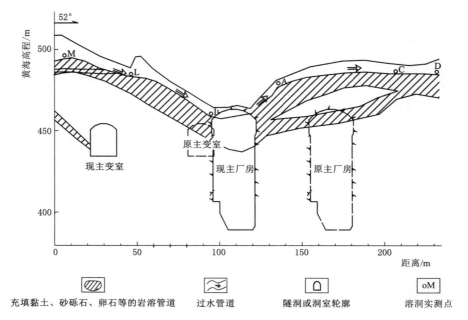

图 3.4.1　厂房平移前后岩溶主管道与建筑物的关系示意图

3.4.2　对 W_{24} 岩溶系统的认识

图 3.4.2　W_{24} 岩溶系统与地下厂房三大洞室的关系

对 W_{24} 岩溶系统的认识有一个逐步清晰的过程，主要分为三个阶段：①在可行性研究与招标设计阶段，通过洞探、钻探、物探、管道追索以及岩溶地下水示踪、地面汇水调查等多种勘察手段，基本查清了主厂房至岸边段 W_{24} 岩溶系统的发育特征；②在施工期，当厂房第一层及进厂交通洞开挖完成后，通过顺管道追踪实测，查清了三大洞室区岩溶主管道与主要分支管道的发育特征；③在施工期，当引水洞下平段施工支洞开挖完成后，通过补充钻孔与物探，准确查明两层主管道穿越防渗帷幕的位置，同时帷幕线至调压井之间的岩溶管道也更明朗。总体而言，与可行性研究阶段成果相比，虽然 W_{24} 岩溶系统的规模大而复杂，但其发育的总体规律是基本一致的，通过施工期及时进行补充勘察，成果提交没有影响工程进度，也没有出现重大设计变更。

W_{24} 岩溶系统主管道主要分布于 P_1q^4 层下部的 F_{b93} 层间错动与 P_1q^3 层的 F_{b54} 层间错动之间，基本顺层发育，局部受 NW 向断层切割向下延伸进入 P_1q^2 层。W_{24} 岩溶系统规模大，系统岩溶管道复杂多变，存在与河谷下切相对应的多层（期）管道；岩溶形态多样，有厅状、水平巷道状、缝状、竖井（或斜井）等。主管道从防渗帷幕至乌江岸坡出口直线距离约 550m，除发育有高约 60m、宽约 10m 的岩溶大厅外，还发育了规模较大的溶蚀缝以及岩溶斜井。主管道起伏较大，帷幕线下游侧至出口段主管道高差达 100m，总体上由两个较大的虹吸式管道组成，即防渗帷幕线至调压井段及主厂房部位（图 3.4.3），其中防渗帷幕线上是已知系统管道最低部位，高程 387.00m，低于枯水期河床水位近 44m。此外，系统分支管道较发育，部分分支管道的规模亦较大。

（a）宽缝状溶洞（高度近50m）

（b）厅状溶洞

（c）斜缝状溶洞（帷幕附近）

图 3.4.3 W_{24} 岩溶系统照片

W_{24} 岩溶系统地下水具有短时突变的特点，汛期地下水涌水量对近距离集中降雨较为敏感，对较大范围的降雨则表现出一定滞后性，一般在较大降雨后 6～8h 涌水量达到最大，丰水年涌水量最大约 120L/s。枯水期地下水清澈，汛期多浑浊，挟带有泥砂、砾石等。

3.4.3 影响围岩稳定的主要地质问题

3.4.3.1 岩溶

岩溶是影响大型地下洞室围岩稳定的主要因素，主要体现在破坏围岩的完整性、降低结构面的力学性能、溶洞自身充填物垮塌、涌水、涌泥等。构皮滩地下厂房三大洞室区岩溶发育，除遭遇 8 号岩溶系统的分支溶洞 K_{82} 以及 W_{24} 岩溶系统的主管道与分支管道外，还发育约 40％的溶蚀结构面，其中 W_{24} 岩溶系统由于规模大，管道复杂，对围岩稳定的影响较突出。

　　W_{24} 岩溶系统主管道斜穿地下厂房三大洞室。在洞室布置时充分考虑了该系统对洞室围岩的影响，使影响程度大幅度减弱。由于进厂交通洞截断了该系统岩溶水，在三大洞室开挖揭露岩溶主管道或分支管道后没有出现涌水现象。主厂房区主管道出露于顶拱开挖面附近，溶洞顶板最低点高程约 465.00m，接近厂房顶拱开挖高程（463.00m 高程），洞体大部分在顶拱起拱部位出露，存在溶洞充填物自身以及周边破碎岩体的稳定问题。主管道在主变室顶拱以上穿过，距离顶拱 36～41m，仅揭露到规模不大的分支管道，对围岩影响较小。在调压室（井）区域主管道穿越 1 号调压井，大部分位于开挖范围内，两侧壁溶洞近水平状，未出现涌泥现象。

　　计算分析认为，及时对洞室边墙水平距离 15m、顶拱高程以上垂直距离 20m 范围以内的所有岩溶管道予以清理，并作回填混凝土处理，能满足洞室围岩初期稳定要求。根据上述原则，三大洞室区共清理岩溶主管道与分支管道总长达 1.3km，体积近 8 万 m^3，处理效果与计算结果基本一致，溶洞发育区未出现围岩产生较大变形或破坏等现象。

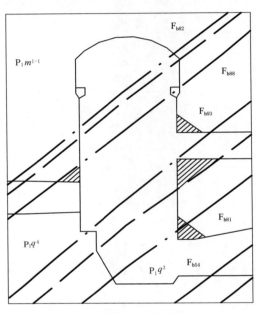

图 3.4.4　厂房开挖交叉面不稳定块体示意图

3.4.3.2　结构面及其组合的不稳定块体

　　三大洞室区层间错动发育，规模较大的层间错动主要有 F_{b82}、F_{b88}、f_{b2}、f_{b3}、F_{b93}、$F_{b93'}$、F_{b81}、F_{b54}、F_{b59}、F_{b63} 等，多分布于 P_1q 层中；厂房区断裂优势走向为 NW、NWW 向。厂房轴线与岩层走向交角为 35°～40°，其中下游边墙为斜交顺向结构，上游边墙为斜交逆向结构。在下游边墙层间错动与 NW 向断裂组合易形成不稳定块体，且多分布于洞井交叉部位（图 3.4.4）。调压井上游侧墙隔墩多面临空，受到 NW 向裂隙切割时存在掉块或不稳定块体，另外 NW 向结构面在该部位揭露时，经常会出现掉块或构成不稳定块体，导致隔墩成形较差。施工过程中对不稳定块体进行随机加强支护后，均处于稳定状态。

3.4.4　围岩工程地质分类

　　围岩工程地质分类是在综合分析影响岩体工程特性的众多地质因素的基础上，按相同或相近的介质特性和力学性质，把围岩进行归类的方法。围岩分类很好地表达了工程围岩在复杂地质背景条件下的内在质量，是围岩稳定性评价的基础。构皮滩水电站洞室围岩分类是依据水利水电地下洞室围岩分类的原则，结合区内岩组特征、岩体结构、现场及室内岩石（体）物理力学试验成果进行划分归类（表 3.4.1）。

表 3.4.1 构皮滩水电站地下洞室围岩分类表

| 围岩类别 | 岩体结构类型 | 岩质类型 | 岩体特征 | | 岩体力学特征 | | | | | | | 围岩分类总评分 | 稳定性评价 |
			岩体状态	结构面发育特征	岩体纵波速 V_p/(m/s)	岩体完整性系数 K_V	单轴湿抗压强度 R_b/MPa	变形模量 E_0/GPa	泊松比	单位弹性抗力系数 K_0/(MPa/cm)	坚固性系数 f		
I	巨厚层—厚层状结构	坚硬岩	巨厚层—厚层灰岩，裂隙不发育，岩体完整。岩溶不发育	无贯穿性软弱结构面，结构面一般未溶蚀	>5200	>0.75	90~80	35	0.20	220~160	9~8	100~85	稳定
II	厚层状结构	坚硬岩	厚层状灰岩。裂隙不甚发育，多短小。岩体完整—较完整。岩溶发育微弱	硬性结构面为主；结构面溶蚀轻微	5200~4500	0.75~0.50	80~60	30	0.20~0.25 (0.30)	160~110	8~6	85~65	基本稳定
III	中厚层状或互层状结构	坚硬岩—中硬岩	中厚层或互层状生屑灰岩、炭泥质灰岩。裂隙较发育，2~3组规则裂隙。岩体中等—较完整。岩溶弱发育	结构面多溶蚀贯穿性软弱结构面较发育，与其他结构面组合易成不稳定体	4500~3500	坚硬岩 0.50~0.35、中硬岩 0.75~0.45	70~50	20~15	0.30	110~50	7~5	65~45	稳定性差
IV	互层状、薄层状或碎裂结构	中硬岩或软岩	岩石较软弱，薄层或互层状。层面平直，层间结合差。岩体完整性差。岩溶发育	结构面多为软弱结构面，裂隙多短密集，胶结差，岩面小	3500~2500	中硬岩 0.45~0.20、软岩 >0.75	30~40	中硬岩 10~5，软岩 5~3	0.35	50~20	4~3	45~25	不稳定
V	层状、碎裂结构或散体结构	软岩	岩石软弱，裂隙发育，岩体呈碎裂或散体状态，碎块间无联结	结构面常不起控制作用。挤压破碎带发育，带面多为软弱面（带）	<2500		<20	<3	0.40	<20	<3	<25	极不稳定

按照上述围岩分类原则，在前期勘察阶段，在宏观评价围岩介质条件和物理力学特性的基础上，对洞室围岩进行了分类。其中以稳定条件较好的Ⅰ类、Ⅱ类围岩为主，约占围岩总面积的75%，稳定性差的Ⅲ类围岩约占15%，不稳定或极不稳定的Ⅳ类、Ⅴ类围岩约占10%。在施工过程中，在现场地质编录的基础上，通过对各地质因素的统计与综合分析，对三大洞室围岩进行了详细分类和评价，评价结果与前期勘察成果基本一致（表3.4.2）。

表 3.4.2　　　　　　　　　　地下厂房三大洞室基本条件及围岩分类统计表

洞室名称	基本地质条件	各类围岩面积占比	Ⅳ类、Ⅴ类围岩分布的位置	围岩变形情况
主厂房	围岩为 $P_1m^{1-1} \sim P_1q^2$ 层灰岩，多为坚硬岩，少量中硬岩。岩体新鲜完整，断裂构造岩多为方解石胶结紧密，溶蚀与局部溶蚀的结构面占其总数的34%，主要层间错动除 F_{b93}、F_{b81}、F_{b54} 在与NWW断裂交汇部位具有风化、溶蚀现象外，其他层间错动构造岩胶结较好，风化、溶蚀微弱。局部地段岩溶较发育，遇 W_{24} 岩溶系统的主管道与8号岩溶系统的分支溶洞	Ⅱ类围岩约占68.5%，Ⅲ类围岩约占17.2%，Ⅳ类、Ⅴ类围岩约占14.2%	Ⅳ类、Ⅴ类围岩主要是岩溶发育部位。分布于桩号0+075.000附近顶拱（K_{82}）、0+140.000附近下游侧墙上部、0+140.000～0+180.000 段上游侧墙上部	在开挖过程中未出现较大块体失稳，洞井交叉部位成形较差。在开挖过程中，主厂房上、下游边墙曾产生变形，主要是由于开挖卸荷所致
主变室	围岩为 $P_1q^4 \sim P_1q^2$ 层灰岩，除 P_1q^4 层及 P_1q^3 层围岩中炭、泥质生屑灰岩为中硬岩外，其余均为坚硬岩。围岩构造发育特征与主厂房相似，岩溶发育较弱，局部发育 W_{24} 岩溶系统规模不大的分支溶洞，其主管道位于顶拱之上，距顶拱开挖面36～41m，对围岩影响较小	Ⅱ类围岩约占68.4%，Ⅲ类围岩占30.6%，Ⅳ类、Ⅴ类围岩仅占1%	桩号0+050.000附近下游边墙	在主厂房开挖过程中，与主厂房间岩体变形现象为开挖卸荷所致
尾水调压室	调压室（井）主要位于 $P_1q^4 \sim P_1q^1$ 层，顶部廊道NE端部分位于 P_1m^{1-1} 层，以坚硬岩为主，夹中硬岩。调压井部位层间错动较发育，多为片状构造岩，一般胶结较好，溶蚀较弱；局部NW、NWW向断层较发育，沿断层局部溶蚀较强，裂隙一般以NW、NWW向为主，平均线密度1～3条/m，局部密集，多短小。W_{24} 岩溶系统主管道斜穿1号、2号调压井，其余部位岩溶发育较弱	Ⅱ类围岩占63%，Ⅲ类围岩占21%，Ⅳ类、Ⅴ类围岩占16%	桩号0+080.000附近 W_{24} 岩溶系统主管道分布区	围岩未见变形
1号尾水调压井		Ⅱ类、Ⅲ类围岩分别占总面积的60%、39.5%	高程 460.00～480.00m 段下游井壁 W_{24} 岩溶系统主管道分布区	未见规模较大的块体失稳破坏，闸墩成形较差
2号尾水调压井		Ⅱ类、Ⅲ类或Ⅳ类围岩各占50%左右	Ⅳ类围岩零星分布	未见规模较大的块体失稳破坏，闸墩成形较差
3号尾水调压井		Ⅱ类、Ⅲ类或Ⅳ类围岩各占62.8%、37.2%左右	Ⅳ类围岩零星分布	未见规模较大的块体失稳破坏，井壁成形较好

3.4.5　地下厂房围岩变形与支护

3.4.5.1　地下厂房上游侧岩锚梁的变形及处理

1. 变形特征及原因分析

岩锚梁施工完成后，在主厂房后续施工过程中，岩锚梁表面不同部位出现了横向裂缝，裂缝长度 0.2～1.6m，宽度一般 0.1～0.3mm，未发现贯穿性裂缝，开槽检查大多数裂缝深 10cm 左右，个别裂缝出现渗水。厂房上游边墙 0＋121.700～0＋126.300 段岩壁与梁体之间出现纵缝，最大宽度 17mm 左右，上游边墙 0＋120.000～0＋135.000 区域有10 根预应力锚杆发生断裂。变形裂缝基本上位于层间错动附近。

根据对主厂房围岩地质条件、厂房开挖支护程序等综合分析，导致围岩变形的主要原因是：主厂房上游侧墙围岩中普遍存在 F_{b88}、F_{b93}、F_{b54} 及 f_{b2} 等层间错动软弱结构面，层间错动倾向上游，为斜交逆向结构，局部 NW 向陡倾角裂隙发育，厂房开挖临空后，存在图 3.4.5 中阴影部位所示的岩体薄弱部位，在卸荷作用下层间错动下盘岩体位移比上盘岩体大，导致该部位岩锚梁梁体与岩壁接合面出现纵向裂缝，这是预应力锚杆集中在该部位断裂的主要原因。

2. 工程处理

（1）横向裂缝处理。对岩锚梁顶面裂缝小于 0.1mm 和只在侧面和底面出现的小于 0.2mm 的裂缝，涂刷与混凝土同色的水泥结晶材料以保护缝面、修补表层裂缝。对岩锚梁顶面大于或等于 0.1mm、侧面和底面大于或等于 0.2mm 的裂缝进行缝口凿槽，回填环氧砂浆并埋管灌浆。对从岩锚梁顶面延伸至侧面和底面的裂缝，对侧面和底面裂缝不进行缝口凿槽。

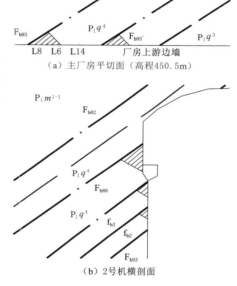

（a）主厂房平切面（高程 450.5m）

（b）2 号机横剖面

图 3.4.5　主厂房上游边墙受层间错动影响的岩体薄弱部位示意图

（2）纵向裂缝处理。对上游边墙 0＋126.000 附近（3 号机）岩锚梁与岩壁间纵向裂缝处理，原则上待岩锚梁荷载试验完成并宜在蜗壳安装平台浇筑完成，边墙变形趋于稳定后进行。裂缝处理结合预应力锚杆二次注浆对裂缝进行初次水泥砂浆灌浆，然后利用埋管补灌环氧基液。

（3）岩锚梁部位厂房边墙地质缺陷处理。对上游边墙该区域岩锚梁部位 $F_{b93'}$ 的下盘岩体共采用 3 排 2000kN 级预应力锚索加固，其中岩锚梁上部布置一排，下部两排。

（4）岩锚梁预应力锚杆断裂处理。采用无损检测对岩锚梁预应力锚杆进行全面检查，对已断裂及无损检测发现杆体异常的预应力锚杆，在该锚杆孔位旁边进行补打。

按要求处理完成后，变形裂缝没有继续发展，监测资料显示该区域的变形已收敛。

3.4.5.2　主厂房与主变室之间岩体的变形及治理

1. 变形特征及原因分析

2006 年 7 月 4 日，主厂房 1～3 号机已开挖至高程 406.00m，4 号、5 号机已开挖到位（高程 389.28m）时，主变洞上游侧混凝土喷层出现 19 条裂缝，裂缝主要沿 F_{b93}、F_{b81}、F_{b54}、F_{b59}、F_{b63}、f_{b1} 层间错动发育，局部沿 NW 向陡倾角裂隙发育；裂缝宽一般 1～3cm，最宽达 5cm，沿 F_{b81}、F_{b54} 发育的裂缝规模较大，贯穿了主变室。此外，沿 1 号母线洞的 F_{b81}、2 号母线洞的 F_{b54}、5 号母线洞的 F_{b59} 和 F_{b63} 等层间错动均有断续分布的裂缝，裂缝宽度一般 1～3cm，多表现为沿错动带产生张裂。产生裂缝的主要原因如下：

（1）主厂房与主变室距离仅 30m，洞间岩体向厂房方向为斜交顺向结构，随着主厂房高边墙开挖临空，岩柱向厂房一侧卸荷产生变形（图 3.4.6）。

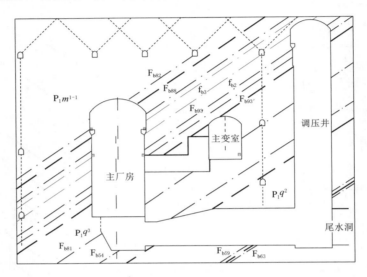

图 3.4.6　洞室群分布及洞间岩体结构示意图

（2）母线洞及尾水管自身体型结构较复杂，母线洞及尾水管的开挖，使得洞室间纵横交错，削弱了洞室间岩柱的整体性及强度，同时使得局部围岩应力变得更加复杂，对洞间岩柱整体稳定及洞室交叉部位局部岩体均不利。

（3）高程 424.70m 以上洞间岩柱设置对穿锚索进行加固，而以下部分未采用锚索加固，随着厂房的下挖，在厂房下游边墙形成高达 18～36m 的弱支护段，易产生向厂房一侧变形，从而改变其上部岩体应力状态，并引起岩柱在主变室一侧产生拉裂变形。

2. 工程处理

（1）增加主厂房下游侧高程 424.70m 以下围岩的锚索支护。

（2）加强主变洞、母线洞及尾水管部位岩体的支护，同时加强与母线洞交叉面的支护，控制局部岩体变形。

经上述工程处理后，变形裂缝未见继续发展迹象，监测资料亦显示围岩变形已收敛，处于稳定状态。

3.5　导流洞江水倒灌与涌水问题分析

构皮滩水电站共布置了 3 条导流隧洞，其中左岸布置 2 条（1 号、2 号），右岸布置 1

条（3号）。1号、3号导流隧洞为低洞，进、出口底板高程分别为430.00m、429.00m；2号为高洞，进、出口底板高程分别为450.00m、448.00m。隧洞断面采用平底马蹄形，开挖最大尺寸26.0m×22.8m（宽×高）。

3.5.1 地下暗河系统与导流隧洞的关系

构皮滩水电站两岸导流洞均需穿越3个不同的岩溶系统，其中两岸低高程导流洞的布置分别无法避开5号、6号地下暗河系统的主管道，其平面关系如图3.5.1所示，其空间位置关系如图3.5.2和图3.5.3所示。由图可见，左岸1号导流洞在进口段将揭穿5号岩

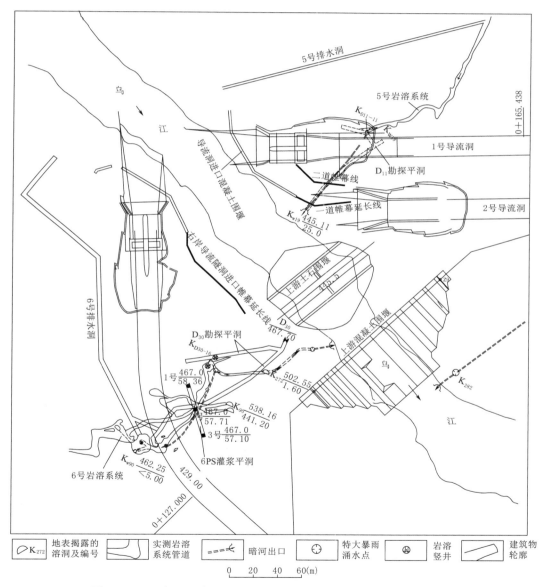

图3.5.1 两岸导流隧洞与5号、6号岩溶系统平面关系及工程处理图

65

溶系统的主管道，右岸导流洞在近进口段将揭穿 6 号岩溶系统的主管道。5 号、6 号岩溶地下暗河系统，暗河流量较大，长年不断。

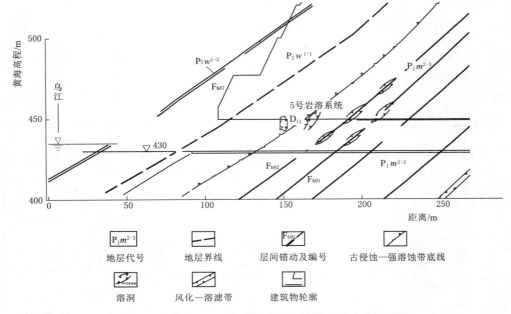

图 3.5.2　左岸 1 号导流隧洞进口段轴线工程地质剖面图

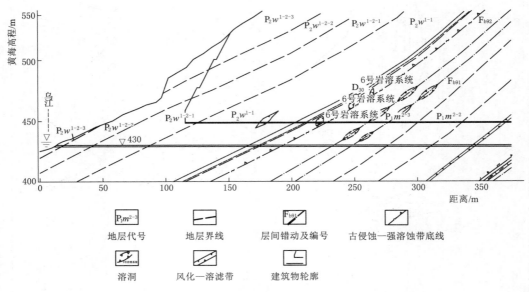

图 3.5.3　右岸导流隧洞（3 号）进口段轴线工程地质剖面图

5 号岩溶系统以 K_{w19} 暗河为主干管道，规模较大，出口高程 445.10m，高出河床枯水位约 15m；暗河平均水力坡降 2%，枯水期流量约 25L/s，洪水期出口被江水淹没，流量较大。6 号岩溶系统是坝址区规模最大的岩溶系统，由 K_{w90} 暗河及 K_{90} 溶洞构成系统的主体；K_{w90} 暗河是系统现今地下水径流和排泄的主要通道，暗河出口位于枯水位以下，实测最枯流量 5L/s，洪水期流量大于 120L/s，平均水力坡降 4% 左右。

5 号、6 号地下暗河系统与导流洞关系密切，如果不进行有效处理，对导流隧洞主要有如下影响：①揭穿岩溶系统的管道后，暗河水会涌入导流洞；②汛期江水上涨，江水会沿临江侧的岩溶管道或溶隙向导流洞倒灌。上述现象均会水淹导流洞，影响施工进度与安全。

3.5.2　地下暗河涌水及江水倒灌问题的处理

为保证导流隧洞的施工进度与安全，必须预先对 5 号、6 号岩溶系统进行工程处理。通过对暗河岩溶管道追踪实测、临江侧钻孔 CT、岩溶示踪测试等手段，查明了暗河岩溶管道的位置、发育特征及与导流洞的空间关系，分析了暗河向导流洞涌水及临江侧可能产生江水倒灌的部位，提出了"内截引排、外侧封堵"的预处理方案。"内截引排"是指在导流隧洞揭穿岩溶系统的管道之前，在导流隧洞山里侧适当位置堵截岩溶暗河水，再利用排水洞将地下暗河水引流至导流洞上游；"外侧封堵"是指在临江侧岩溶发育地段，对洪水期江水位以下岩溶管道进行封堵、帷幕灌浆等。具体布置方案如图 3.5.1 所示。

该方案的重点是确定合适的对暗河管道封堵的位置与高程，以便确定排水洞的布置方案，这就需要有准确可靠的地质资料，通过前期及施工期复核的地质资料，准确提出了对两个岩溶系统封堵点的位置与高程，并且提出了临江侧挡水帷幕的位置与深度的地质建议。由于采取有效的工程措施对地下暗河系统预先进行了处理，在导流洞揭露两岩溶系统的主管道时，没有发生岩溶暗河水涌入及江水倒灌现象，确保了工程的正常施工与安全，亦确保了工程按期完成大江截流。

对岩溶暗河水的处理主要是躲、排、堵、防。如果工期允许，就躲开汛期，在枯水期再来施工，或者先施工无涌水段，后施工涌水段；排水方式很多，有自流式的引排，有集中抽排，应从施工期长短去考虑，尽可能利用施工支洞、勘探平洞，或专设排水洞、排水孔；堵是有条件的，单一管道直接封堵可达到效果或暂时的效果，必要时还应设置挡水帷幕；防是防止地表水与某一含水层的地下水渗入或涌入。上述四种方法不可能单一使用，往往是综合使用，以期达到既经济又有效果的目的。

3.5.3　1 号导流洞涌水

2008 年 11 月 28—29 日构皮滩水电站 1 号、3 号导流洞相继下闸蓄水，12 月 2 日坝前水位 490.00m，坝身 4 个导流底孔与 2 个放空底孔过水，1 号导流洞承受 60m 的水头。12 月 3 日 11 时 30 分左岸 1 号导流洞围岩被击穿而涌水，涌水量为 40m^3/s 左右（图3.5.4）。

3.5.3.1　涌水途径及原因分析

1 号导流洞击穿涌水后，在 5 号岩溶系统排水洞进口部位形成漩涡，表明排水洞洞口为进水点，库水通过排水洞与 5 号岩溶系统相连通，并通过岩溶分支管道击穿导流洞围岩产生涌水（图 3.5.5）。综合分析围岩支护与岩溶发育情况，推测围岩被击穿部位位于桩号 k0+060.000～k0+120.000 段，地层为 P_1m^{2-3} 层。

（a）出口

（b）洞内

图 3.5.4　1 号导流洞涌水

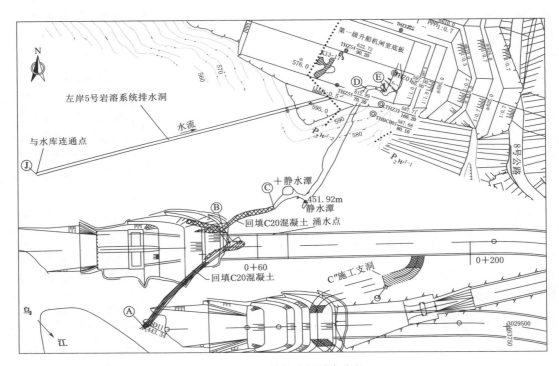

图 3.5.5　1 号导流洞涌水途径

1 号导流洞上游 120m 洞身段地质条件可分为两段：①桩号 k0－015.000～k0＋060.000 段工程地质条件较差—差，该段发育数条层间错动（F_{b91}、F_{b92} 等），裂隙长大且多溶蚀，溶洞较密集发育，多无充填，地下水活动较强。岩体类别以极不稳定的 Ⅴ 类为主，其次为稳定性较差的 Ⅲ 类围岩，洞段进行了厚度为 2.5m 全断面混凝土支护处理及深度 10m、压力为 0.7MPa 的固结灌浆处理。②桩号 k0＋060.000～k0＋120.000 段岩体较完整，溶洞欠发育，且规模小，地下水活动较弱，仅局部渗滴水，岩体以基本稳定的 Ⅱ 类围岩为主，局部围岩稳定性较差。该段除两侧墙进行了厚度 2.5m 混凝土支护外，顶拱采取挂网喷混凝土工程处理措施。

桩号 k0－015.000～k0＋060.000 段岩溶发育，已采取全断面衬砌；桩号 k0＋060.000～k0＋120.000 段仅边墙进行了衬砌。F_{b91}、F_{b92} 是 5 号岩溶系统主要发育的层间错动带，桩号 k0＋070.000 左侧顶拱附近发育有 F_{b91} 层间错动，该错动带附近发育 K_7 缝状溶洞，长 2.5m，宽 0.5m，深约 1m，黏土充填（图 3.5.6）；桩号 k0＋058.000～k0＋062.000 段顶拱在层间错动上盘发育有 K_8 溶洞，溶洞口为不规则椭圆形，长轴长 4m，宽1.5～1.8m，高约 2m，黏土充填。这两个溶洞为 5 号岩溶系统的分支管道，是最可能被击穿的部位。

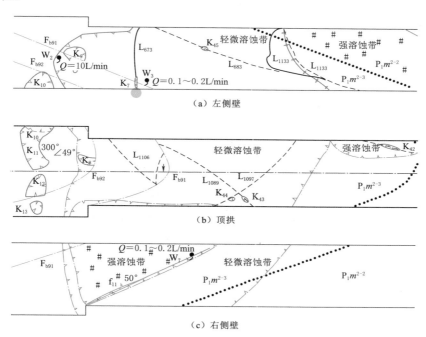

图 3.5.6　1 号导流洞桩号 k0＋050.000～k0＋120.000 段地质编录图

由于岩溶发育的复杂性，洞周揭露的小溶洞、溶缝或溶隙等可能与岩溶管道相连通，给导流工程带来较大隐患。为避免岩溶地区导流洞被击穿风险，除了对揭露的地质缺陷按设计要求进行处理外，进行全断面衬砌也是很有必要的。

3.5.3.2　工程处理

工程处理主要分两步进行。

第一步：在排水洞进口部位抛钢筋石笼，再抛石渣进一步填充空隙。第一步历时近 3个月，流量由 40m³/s 减小到 13m³/s 左右。共抛 200 多个钢筋笼、500 多床棉絮、近 3 万m³ 石渣（图 3.5.7）。

第二步：在导流洞永久堵头前浇筑临时堵头止水。临时堵头全长 45m，底部设 2 根直径 1.4m 与 1 根直径 2m 的排水钢管。首先在上游浇筑 15m 作为围堰，然后在下游 30m干地施工通仓浇筑（图 3.5.8）。

工程处理耗时近半年，直到 2009 年 5 月完成涌水处理工作。临时堵头浇筑完成后，关闭排水管闸阀，在临时堵头后施工永久堵头，与临时堵头共同受力。

（a）钢筋笼　　　　　　　　　　　　　　　　（b）石渣

图 3.5.7　排水洞进口区域抛钢筋笼与石渣

图 3.5.8　临时堵头施工

4.1 大坝设计特点和难点

虽然我国在岩溶地区已经成功建造了东风、乌江渡、隔河岩等水电站，积累了较丰富的岩溶地区建坝经验，但除构皮滩水电站外，当时国内岩溶地区已建的最高双曲拱坝是乌江干流上的东风拱坝，最大坝高仅 162m，于 1995 年 12 月建成。国外在岩溶地区已建的坝高超过 200m 的双曲拱坝也不多，高度超过构皮滩水电站的双曲拱坝只有 3 座，其中意大利的瓦依昂双曲拱坝，坝高 262m，1963 年因库区岸坡发生了大规模滑坡，水库报废；另外两座分别是格鲁吉亚的英古里坝（设垫座拱坝，坝高 272m，垫座高 60m）和洪都拉斯的埃尔卡洪坝（坝高 234m），其坝身泄洪规模远不及构皮滩拱坝，英古里坝最大泄量为 2664m³/s，埃尔卡洪坝 5900m³/s 左右，分别为构皮滩工程泄量的 1/10 和 1/5。据不完全统计，国内外已建高双曲拱坝工程实例见表 4.1.1，高双曲拱坝坝身泄洪技术指标见表 4.1.2。

表 4.1.1   国内外已建高双曲拱坝工程实例

工程名称	所在国家	坝基条件	坝高/m	坝顶弧长/m	厚高比	最大中心角/(°)	混凝土量/万 m³	备 注
锦屏一级	中国	砂板岩、大理岩	305	552	0.207	93.12	474	
小湾	中国	花岗岩	294.5	892	0.25	92.72	755	
白鹤滩	中国	玄武岩	289	709	0.22	97.09	810	
溪洛渡	中国	玄武岩	278	682	0.216	95.13	558	
乌东德	中国	灰岩	270	319	0.19	101.79	280	
拉西瓦	中国	花岗岩	250	468	0.196	97.7	254	
二滩	中国	正长岩、玄武岩	240	779	0.23	91.5	414	
构皮滩	中国	石灰岩	230.5	553	0.216	88.56	242	
英古里	格鲁吉亚	灰岩、白云质灰岩	272	758	0.29	—	396	周边缝、垫座（高 60m）
瓦依昂	意大利	石灰岩	262	190.5	0.086	94.5	35	周边缝、垫座（高 50m 左右）
莫瓦桑	瑞士	石灰质变质片岩	250.5	520	0.214	110	203	
埃尔卡洪	洪都拉斯	石灰岩	234	382	0.205	—	150	
契尔盖	格鲁吉亚	薄层灰岩	230.5	333	0.327	116.5	136	垫座（高 48m）
康特拉	瑞士	片麻岩、硅质灰岩	220	380	0.114	—	66	
姆拉丁其	黑山共和国	石灰岩	220	268	0.182	—	74	垫座

表 4.1.2　　　　　　　　　　　国内外高双曲拱坝坝身泄洪技术指标

工程名称	坝高/m	坝身泄流量/(m³/s)	坝身泄洪功率/MW	水头/m	表孔 个数/个	表孔 尺寸(宽×高)/(m×m)	中孔 个数/个	中孔 尺寸(宽×高)/(m×m)	深孔 个数/个	深孔 尺寸(宽×高)/(m×m)	底孔 个数/个	底孔 尺寸(宽×高)/(m×m)	开孔总面积/m²	开孔率/%
锦屏一级	305	10668	23200	221.68	4	11.5×10	—	—	5	5×6	2	5×6	670	0.67
小湾	294.5	15350	34000	226.36	5	11×15	6	6×5			2	5×7	1075	0.65
白鹤滩	289	29979	56026	190.7	6	14×15	—	—	7	5.5×8			1568	—
溪洛渡	278	31496	58750	188.6	7	12.5×13.5	—	—	8	6×6.7			1502	1.14
乌东德	270	26791	35200	134.1	5	12×16	6	6×7	—	—			1212	—
拉西瓦	250	6000	12500	213		13×9.5	—	—	2	5.5×6		4×6	460.5	0.58
二滩	240	16300	26600	166.3	7	11×11.5	6	6×5	—	—	4	3×5.5	1131.5	0.98
构皮滩	230.5	25840	37940	148.1	6	12×13	7	7×6	—	—	2	3.8×6	1275.6	1.55
东风	162	4864	—	—	3	11×7	2 1	5×6 3.5×4.5					307	1.11
英古里	271.5	2664	—	—	12	3.5×9.6			7	φ5			540.6	0.37
瓦依昂	262	—	—	—	16	6.8（宽）							—	—
埃尔卡洪	234	5900	—	—	4	15（宽）	3	φ4.8					—	—
卡博拉巴萨	163.5	13000	10950	86					8	6×7.8			374.4	

（1）拱坝体型和结构要适应坝身多孔口、大泄量要求。构皮滩水电站具有典型的"高拱坝、大泄量、窄河谷"特点，坝身最大泄量 25840m³/s，泄洪功率 37940MW，均居国内外已建双曲拱坝之首。要满足大泄量、多孔口坝身泄洪要求，如何在坝身确定合理的孔口数量、单孔规模、开孔面积以及尽量减少大孔口群对坝体的削弱和对坝体受力条件的影响是拱坝体型设计和结构设计的特点和难点。

（2）拱坝要适应地基不均匀特性。构皮滩拱坝坝基岩体除本身分层特性显著外，还受岩体中层间错动带、风化—溶滤带、溶蚀洞穴及溶蚀断裂等地质构造的影响，导致地基表现出较明显的各向异性非线性变形特性。两岸各级岩体强度和变形模量相差较大，分布呈现明显的不均匀性，直接受力岩体变形模量高低相差 3.5 倍。拱坝体型设计需适应地基不均匀性影响，以及对大坝开展静力和动力条件下的应力变形特性分析与安全评价。

（3）拱坝要适应地基强岩溶特性。坝址区岩溶强烈发育，岩溶总体特征为分布范围广、规模大、岩溶系统沿一定的层位和断裂呈带状分布。坝基及防渗范围内共揭露溶洞 136 个，其中溶洞体积大于 10000m³ 的有 6 个。强岩溶是构皮滩坝基的主要特征之一，如何克服强岩溶影响是拱坝坝基处理的难点。

（4）拱坝要适应快速施工要求。混凝土高拱坝施工是一个非常复杂的系统工程，由于拱坝自身的特点，对施工质量、混凝土温控以及外观有很高的要求，施工期坝体混凝土浇筑与接缝灌浆相互干扰影响大，最主要的问题体现在因接缝灌浆进度滞后造成的施工期未封拱单独坝段悬臂过高。悬臂高度限制过小，将影响混凝土浇筑进度；悬臂高度限制过大，会引起坝体施工期应力超标，严重时可能使坝体产生危害性裂缝，影响拱坝的结构安全。对于构皮滩拱坝，由于河谷狭窄、坝身孔口多，上述矛盾会更突出。如何使拱坝体型具有较好的适应性、降低接缝灌浆对坝体混凝土浇筑的制约，是拱坝体型和结构设计的难点。

4.2 拱坝体型设计

4.2.1 拱坝体型设计思路

拱坝体型设计是一个综合性问题，在优化分析中，既要满足常规约束条件，又要满足工程具体要求，同时加上工程经验判断，使拱坝体型在应力、稳定、坝体工程量及枢纽布置上得到最佳统一。在构皮滩拱坝体型设计中，根据工程具体条件，在总结和借鉴国内外拱坝设计经验的基础上，提出了"几何、应力、稳定约束条件控制体型，多程序、多方法对比优选体型，多因素综合比较确定体型"的拱坝体型设计思路，并应用于构皮滩拱坝设计实践中，取得了较好效果。设计流程示意如图4.2.1所示。

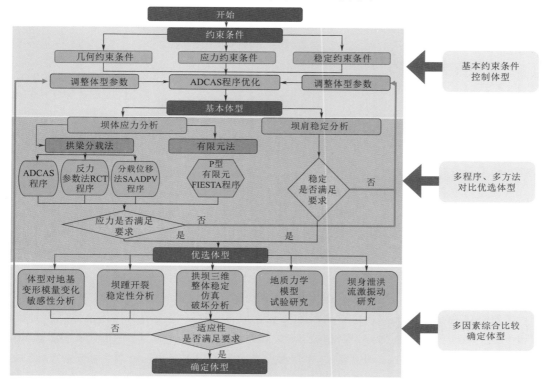

图 4.2.1　拱坝体型设计流程图

4.2.2　几何、应力、稳定约束条件控制体型

1. 几何约束条件

构皮滩拱坝洪水峰高量大，为减轻泄洪对下游两岸及河床的冲刷，泄洪中心线位置及走向宜与下游河床走势相协调，体型设计时，要求拱坝中心线与泄洪中心线相重合。

拱坝孔口多，规模大，坝体厚度不宜太薄，应有足够的刚度，以保证大坝结构安全，同时有利于坝顶泄洪设备布置，但从抗震角度考虑，坝顶厚度也不宜过大。

为减小表孔闸墩上游悬臂长度及便于中孔检修门工作，期望坝轴线与泄洪轴线曲率半径尽量接近；拱冠梁上游面凸点位置不高于底孔进口顶部高程；为保证表孔跌落水流不冲击中孔启闭机房，且为拱坝在表孔顶部连成整体创造条件，拱冠梁顶部宜尽量向下游倒悬。泄洪轴线曲率半径远大于坝轴线曲率半径，故体型优化时泄洪轴线曲率半径对坝轴线曲率半径的约束不做定量要求。

从坝踵梁向应力分布来看，增大上游面的倒悬度，会增加上游面梁向压应力，这对改善坝踵部位的应力状况是有利的。但从拱坝的施工经验来看，上游面倒悬度过大对施工将产生不利影响。在进行体型设计时，上游面下部倒悬度不宜过大，坝踵部位的应力状况在考虑模拟表孔闸墩后会得到明显的改善。

施工温控要求方面，为便于施工，双曲拱坝尽量不设纵缝。因此，体型设计要控制拱端最大厚度，不宜过大。

综合考虑坝体结构、泄洪布置和施工等因素，拟定几何约束条件如下：

（1）坝顶厚大于等于10m；拱端厚度小于等于60m。

（2）拱冠梁底部上游面倒悬度小于等于0.2。

（3）拱冠梁中、上部下游面倒悬度小于等于0.3。

（4）拱冠梁上游面凸点高程小于等于550.00m。

2. 应力约束条件

根据构皮滩拱坝地形地质条件，参照国内外高拱坝设计经验，综合考虑确定构皮滩拱坝应力约束条件如下：

（1）运行期荷载组合1、2坝面主压应力小于等于8.5MPa。

（2）运行期荷载组合1、2坝面主拉应力小于等于1.2MPa。

（3）施工期未封拱独立坝段主拉应力小于等于0.5MPa。

3. 稳定约束条件

在满足坝体强度要求的前提下，增大拱圈扁平度，使拱推力尽量转向山体内部，改善坝肩岩体抗滑稳定条件，提高坝肩稳定安全系数。

虽然坝体扁平度越大对坝体抗滑稳定有利，但过于扁平将会削弱坝体整体刚度对抗震不利（特别对于拱坝中上部）。根据构皮滩实际地形地质情况，大坝左岸坝基545.00m高程以上上游侧为P_1m^{1-3}层，中厚层、厚层微晶生物碎屑灰岩夹薄-极薄层波链状含炭泥质生物碎屑灰岩，该层岩石变形模量值较低，故坝体体型设计时应使坝基范围尽量少地坐落于该岩层上，也就是要求大坝体型在中上部不宜过于扁平。根据坝址地形地质条件确定稳

定约束条件如下：

（1）拱端下游面切线与基岩等高线夹角大于等于30°。

（2）最大中心角为75°～95°。

上述几何、应力、稳定约束条件是控制拱坝体型的基本条件，在此基础上初拟拱坝体型参数，采用拱坝优化程序提出基本体型。

4.2.3 多程序、多方法对比优选体型

1. 多程序对比优选体型

构皮滩拱坝体型设计以拱梁分载法为主，采用浙江大学编制的"基于径向纤维直线假设的全调整分载法拱坝应力分析及优化程序"ADCAS为基本设计工具。该程序以坝体混凝土总量为目标函数，采用约束变尺度法求解满足约束条件的体积最小的拱坝体型。

在设计过程中，为了优选较好的体型，除采用浙大ADCAS程序进行体型设计和优化外，另采用了中国电建集团北京勘测设计研究院有限公司编制的反力参数法RCT程序和长江科学院编制的分载位移法SAADPV程序等两个拱梁分载法程序对初拟体型进行对比计算，以不同程序计算结果差异较小且基本满足应力控制标准作为评判体型优劣的主要条件。

选定体型拱梁分载法各程序特征应力见表4.2.1，施工期特征应力见表4.2.2。

表4.2.1　　　　　选定体型拱梁分载法各程序特征应力表　　　　单位：MPa

荷载组合	项　　目		ADCAS程序	RCT程序	SAADPV程序
正常蓄水位+温降	上游面	最大主压应力	5.16	5.46	5.67
		部位	高程425.00m左拱端	高程515.00m拱冠	高程575.00m拱冠
		最大主拉应力	−0.88	−0.92	−0.68
		部位	高程515.00m右拱端	高程545.00m右拱端	高程545.00m右拱端
	下游面	最大主压应力	6.88	7.10	6.25
		部位	高程485.00m左拱端	高程408.00m拱冠	高程485.00m左拱端
		最大主拉应力	−0.36	−0.75	−1.08
		部位	高程425.00m左拱端	高程408.00m左拱端	高程408.00m左拱端
正常蓄水位+温升	上游面	最大主压应力	5.02	4.84	4.97
		部位	高程425.00m左拱端	高程515.00m拱冠	高程515.00m拱冠
		最大主拉应力	−1.00	−1.00	−0.92
		部位	高程515.00m右拱端	高程545.00m右拱端	高程545.00m右拱端
	下游面	最大主压应力	7.00	7.39	7.06
		部位	高程485.00m左拱端	高程408.00m拱冠	高程485.00m左拱端
		最大主拉应力	−0.14	−0.70	−1.09
		部位	高程425.00m左拱端	高程408.00m左拱端	高程408.00m左拱端

续表

荷载组合	项 目		ADCAS 程序	RCT 程序	SAADPV 程序
死水位＋温升	上游面	最大主压应力	5.56	4.65	4.99
		部位	高程 425.00m 左拱端	高程 425.00m 拱冠左侧	高程 408.00m 左拱端
		最大主拉应力	−0.51	−0.60	−0.51
		部位	高程 515.00m 右拱端	高程 515.00m 右拱端	高程 515.00m 右拱端
	下游面	最大主压应力	4.58	5.71	5.42
		部位	拱冠梁底	高程 408.00m 拱冠	高程 408.00m 拱冠
		最大主拉应力	−0.34	−0.50	−0.96
		部位	高程 617.00m 右拱端	高程 408.00m 右拱端	高程 408.00m 左拱端
校核洪水位＋温升	上游面	最大主压应力	5.04	5.12	5.51
		部位	高程 575.00m 拱冠	高程 515.00m 拱冠	高程 575.00m 拱冠
		最大主拉应力	−1.18	−1.24	−1.09
		部位	高程 515.00m 右拱端	高程 545.00m 右拱端	高程 545.00m 右拱端
	下游面	最大主压应力	7.45	7.86	7.75
		部位	高程 545.00m 右拱端	高程 408.00m 拱冠	高程 485.00m 左拱端
		最大主拉应力	−0.06	−0.67	−1.24
		部位	高程 425.00m 左拱端	高程 408.00m 左拱端	高程 408.00m 左拱端

注 表中"—"表示拉应力。

表 4.2.2　　　　　施 工 期 特 征 应 力 表　　　　单位：MPa

封拱期号	工 况	最大主压应力	部 位	最大主拉应力	部 位	单独坝段最大拉应力	部 位
1	封拱初始状态	4.85	上游坝面高程 410.00m 左拱端	−0.42	拱冠底下游面	−0.42	拱冠底下游面
	横缝部分灌浆＋温降	5.19	上游坝面高程 410.00m 左拱端	−0.16	下游坝面高程 410.00m 左拱端		
	横缝部分灌浆＋温升	5.90	上游坝面高程 410.00m 左拱端	−0.39	下游坝面高程 455.00m 左拱端		
	2007 年汛期洪水位	5.05	上游坝面高程 410.00m 左拱端				
2	封拱初始状态	6.33	上游坝面高程 410.00m 左拱端	−0.52	下游坝面高程 455.00m 左拱端		
	2008 年汛期洪水位	6.01	上游坝面高程 410.00m 左拱端	−0.11	上游坝面高程 455.00m 右拱端		
	导流洞下闸后常遇水位	6.32	上游坝面高程 410.00m 左拱端	−0.63	上游坝面高程 455.00m 右拱端		
	分期洪水位	5.24	上游坝面高程 410.00m 左拱端	−0.44	上游坝面高程 455.00m 左拱端	−0.02	上游坝面高程 554.00m 拱冠

封拱期号	工况	最大主压应力	部 位	最大主拉应力	部 位	单独坝段最大拉应力	部 位
3	封拱初始状态	6.61	上游坝面高程410.00m左拱端	−0.37	下游坝面高程505.00m右拱端		
	初期发电高水位	4.12	上游坝面高程410.00m左拱端	−0.40	上游坝面高程488.00m右拱端		
	分期洪水位	4.70	下游坝面高程488.00m左拱端	−0.45	上游坝面高程455.00m右拱端		
4	封拱初始状态	4.61	上游坝面高程410.00m左拱端	−0.12	上游坝面高程602.00m拱冠右侧	−0.12	上游坝面高程602.00m拱冠右侧
	初期发电水位	4.09	上游坝面高程410.00m左拱端	−0.45	上游坝面高程488.00m右拱端	−0.10	上游坝面高程617.00m拱冠右侧
	2009年汛期洪水位	7.04	下游坝面高程505.00m右拱端	−0.87	上游坝面高程505.00m右拱端	−0.22	上游坝面高程617.00m拱冠右侧
5	封拱初始状态	4.79	上游坝面高程410.00m左拱端	−0.18	下游坝面高程575.00m右拱端	−0.10	上游坝面高程617.00m拱冠右侧

注 表中"—"表示拉应力。

计算成果表明：

（1）持久状况基本作用效应组合下，各程序坝体最大主压、主拉应力分别为7.00～7.39MPa和−1.00～−1.09MPa；校核洪水情况坝体最大主压、主拉应力分别为7.45～7.86MPa和−1.18～−1.24MPa，各程序应力特征值差别不大，仅下游面最大主拉应力数值和出现部位稍有差异，各工况各程序坝体应力均满足应力控制标准要求。

（2）施工期封拱及蓄水过程中，坝体最大主压应力为7.04MPa，出现在2009年汛期遇校核标准洪水时下游高程505.00m左拱端；最大主拉应力为−0.87MPa，出现在2009年汛期遇校核标准洪水时上游高程505.00m右拱端；未封拱单独坝段最大拉应力为−0.42MPa，出现在一期封拱初始状态，此时坝体浇筑高程为520.00m，相应悬臂高度达112m。各工况应力均满足安全标准要求，且施工适应性良好。

2. 多方法对比优选体型

现行拱坝应力分析基本方法为建立在伏格特地基假定基础上的拱梁分载法。其基本假定前提视坝基为各向同性弹性体，与基础实际存在一定的差异，且不能模拟坝身闸墩和孔口对拱坝体型的影响。为此，采用拱梁分载法和有限元法进行对比计算，以拱坝体型同时满足拱梁分载法和有限元法应力控制标准作为评判体型优劣的主要条件。

有限元计算中采用从意大利引进的P形有限元FIESTA程序进行对比验证。计算模型模拟了表孔、中孔、底孔及闸墩等细部结构，地质条件模拟了各地层及Ⅲ$_{01}$夹层和主要层间错动带，相应参数采用中值，其余参数、计算工况同拱梁分载法。地基计算范围沿上、下游方向分别取2.2倍和2.0倍坝高，横河向以高程408.00m拱冠计为2.0倍坝高，坝基下部为1.08倍坝高。计算网格均采用20节点六面体单元和15节点三棱柱单元，其中，地基划分单元9728个，坝体划分单元12666个，总自由度约29.6万个，有限元模型如图4.2.2和图4.2.3所示。

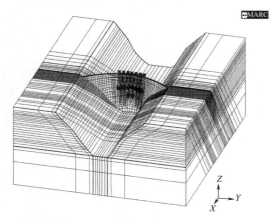

图4.2.2 大坝-坝基三维有限元计算模型

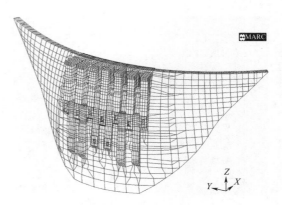

图4.2.3 大坝三维有限元计算模型

按等效应力法处理后的有限元坝体特征应力计算成果见表4.2.3。计算成果表明：坝身设置闸墩和孔口对坝体局部应力有一定影响；坝体除局部点主拉应力在基本荷载组合下为−1.55MPa（高程490.00m左拱端），超出控制标准1.50MPa的3%外，其余应力均满足安全标准要求。

通过多程序、多方法对比分析，优选体形能同时满足多个拱梁分载法程序和有限元法的应力控制标准，适应性较好。

表4.2.3　　　　　　　　　　　有限元坝体特征应力计算成果表　　　　　　　　　单位：MPa

计算工况		上　游　面		下　游　面	
		最大主压应力	最大主拉应力	最大主压应力	最大主拉应力
正常蓄水位＋温降	数值	7.31	−1.22	8.64	−0.07
	部位	高程545.00m右边墩附近	高程490.00m左拱端	高程545.00m右拱端附近	高程615.00m右边墩附近
正常蓄水位＋温升	数值	6.60	−1.55	8.93	−0.06
	部位	高程545.00m右边墩附近	高程490.00m左拱端	高程490.00m左拱端	高程615.00m右边墩附近
死水位＋温升	数值	5.08	−1.45	5.27	−0.59
	部位	高程425.00m左拱端附近	高程490.00m左拱端	高程450.00m左拱端	高程640.50m拱冠
校核洪水位＋温升	数值	7.31	−1.71	10.09	−0.11
	部位	高程545.00m右边墩附近	高程545.00m右拱端	高程545.00m右拱端附近	高程615.00m右边墩附近

注　"−"表示拉应力。

4.2.4　多因素综合比较确定体型

在优选体型的基础上，通过体型对坝基变形模量变化敏感性分析、拱坝整体安全度分析、坝身泄洪流激振动研究等多因素综合比较，最终确定拱坝体型。

1. 体型对坝基变形模量变化敏感性分析

如前所述，拱坝体型设计和应力分析的基本方法——拱梁分载法采用伏格特地基假定，和实际地基条件存在一定出入，对优选体型进行坝基变形模量变化敏感性分析是必要的。

选取正常蓄水位＋温升工况，采用 ADCAS 程序进行坝体对坝基变形模量变化敏感性分析。

（1）变形模量浮动范围拟定。坝基岩体变形模量设计值见表 4.2.4，考虑坝基地层分布情况、层间错动带分布情况和拟定加固处理措施及不同工况拱端推力方向差异，确定坝基变形模量在设计值的±20%内变化。

表 4.2.4   拱梁分载法坝基岩体变形设计参数表

高程/m	左 岸		右 岸	
	变形模量/GPa	泊松比	变形模量/GPa	泊松比
640.50 以上	8	0.32	15	0.3
605.00～640.50	8	0.32	15	0.3
575.00～605.00	8	0.32	20	0.3
545.00～575.00	8	0.32	20	0.3
515.00～545.00	15	0.3	25	0.25
485.00～515.00	20	0.3	28	0.25
455.00～485.00	25	0.25	28	0.25
425.00～455.00	30	0.2	30	0.2
408.00～425.00	30	0.2	30	0.2
408.00 以下	28	0.25	28	0.25

（2）左右岸各分段变形模量同步变化。当 $\lambda=0.8\sim1.2$（$\lambda=$计算变形模量/设计变形模量）时坝体特征应力见表 4.2.5，由该表可见，上游面最大主拉应力及下游面最大主压应力随 λ 值的增大而增大，但数值均满足控制标准要求。

表 4.2.5   左右岸各分段变形模量同步变化坝体应力特征值表

λ	0.8	1.0	1.2
上游面最大主拉应力/MPa	−0.86	−1.00	−1.13
部位	高程 515.00m 右拱端上游	高程 515.00m 右拱端上游	高程 485.00m 左拱端上游
下游面最大主压应力/MPa	6.72	7.00	7.22
部位	高程 485.00m 右拱端下游	高程 485.00m 左拱端下游	高程 485.00m 左拱端下游

（3）右岸变形模量不变，左岸变形模量浮动。如表 4.2.6 所示，左岸变形模量浮动时，坝体特征应力均满足控制标准要求。

（4）左岸变形模量不变，右岸变形模量浮动。如表 4.2.7 所示，右岸变形模量浮动时，坝体特征应力均满足控制标准要求。

表 4.2.6　　　　　右岸变形模量不变、左岸变形模量浮动坝体应力特征值表

λ	0.8	1.0	1.2
上游面最大主拉应力/MPa	−1.01	−1.00	−1.15
部位	高程 515.00m 右拱端上游	高程 515.00m 右拱端上游	高程 485.00m 左拱端上游
下游面最大主压应力/MPa	6.81	7.00	7.31
部位	高程 515.00m 左拱端下游	高程 485.00m 左拱端下游	高程 485.00m 左拱端下游

表 4.2.7　　　　　左岸变形模量不变、右岸变形模量浮动坝体应力特征值表

λ	0.8	1.0	1.2
上游面最大主拉应力/MPa	−0.98	−1.00	−1.10
部位	高程 485.00m 左拱端上游	高程 515.00m 右拱端上游	高程 485.00m 右拱端上游
下游面最大主压应力/MPa	7.13	7.00	6.92
部位	高程 485.00m 左拱端下游	高程 485.00m 左拱端下游	高程 485.00m 左拱端下游

（5）坝基各分段间变形模量不同变化。主要分析各高程坝基各部位间变形模量不均匀改变时，对坝体应力的影响。表 4.2.8 为坝基上、中、下 3 个区段间的变形模量差异变化组合方式，应力成果见表 4.2.9，可见变形模量各种变化坝体应力均满足控制标准要求。

表 4.2.8　　　　　　　　坝基各分段间变形模量变化组合表

组合序号	1	2	3	4	5	6
上段	变化	不变	不变	变化	不变	变化
中段	不变	变化	不变	变化	变化	不变
下段	不变	不变	变化	不变	变化	变化

表 4.2.9　　　　　　　变形模量分区不同步变化坝体特征应力

组合序号	λ	0.8	1	1.2
1	上游面最大主拉应力/MPa	−0.99	−1.00	−1.01
	部位	高程 515.00m 右端	高程 515.00m 右端	高程 515.00m 右端
	下游面最大主压应力/MPa	7.13	7.00	6.91
	部位	高程 485.00m 左端	高程 485.00m 左端	高程 485.00m 左端
2	上游面最大主拉应力/MPa	−0.88	−1.00	−1.16
	部位	高程 515.00m 右端	高程 515.00m 右端	高程 485.00 左端
	下游面最大主压应力/MPa	6.64	7.00	7.44
	部位	高程 575.00m 右端	高程 485.00m 左端	高程 485.00m 左端
3	上游面最大主拉应力/MPa	−1.19	−1.00	−0.98
	部位	高程 515.00m 右端	高程 515.00m 右端	高程 515.00m 右端
	下游面最大主压应力/MPa	7.17	7.00	6.98
	部位	高程 485.00m 左端	高程 485.00m 左端	高程 485.00m 左端

组合序号	λ	0.8	1	1.2
4	上游面最大主拉应力/MPa	−0.83	−1.00	−1.17
	部位	高程515.00m右拱端	高程515.00m右拱端	高程485.00m左拱端
	下游面最大主压应力/MPa	6.38	7.00	7.35
	部位	高程485.00m左拱端	高程485.00m左拱端	高程485.00m左拱端
5	上游面最大主拉应力/MPa	−0.88	−1.00	−1.14
	部位	高程515.00m右拱端	高程515.00m右拱端	高程485.00m左拱端
	下游面最大主压应力/MPa	6.72	7.00	7.32
	部位	高程575.00m右拱端	高程485.00m左拱端	高程485.00m左拱端
6	上游面最大主拉应力/MPa	−1.04	−1.00	−0.98
	部位	高程485.00m右拱端	高程515.00m右拱端	高程515.00m右拱端
	下游面最大主压应力/MPa	7.30	7.00	6.78
	部位	高程485.00m左拱端	高程485.00m左拱端	高程485.00m左拱端

（6）结论。以上分析表明优选体型对坝基变形特征适应良好。

2. 拱坝整体安全度分析

拱坝整体安全度是评判拱坝安全储备的主要指标，是高拱坝特别是200m以上特高拱坝设计必须要考虑的主要因素之一。根据拱坝的规模和重要性，主要包括坝踵开裂稳定性分析、拱坝三维整体稳定仿真破坏分析、地质力学模型试验研究等。以下简述分析条件和主要结论，具体详见第4.5节。

（1）坝踵开裂稳定性分析。采用工程类比法，以完建蓄水、坝踵运行情况良好的二滩拱坝为"基准"，通过将构皮滩拱坝与二滩拱坝在同样条件下进行完全同等的计算，依据二者结果的对比，对构皮滩拱坝坝踵开裂的稳定性做出了评价。

1）简化模型分析（均质地基、温度荷载采用美国悬务局计算公式、不考虑孔口及闸墩影响的计算模型）。

二滩拱坝在处于最高水位时坝踵并未发现开裂迹象，尽管在蓄水过程中离上游坝踵1.5m的应变计产生了480 $\mu\varepsilon$ 的拉应变，但总应变仍呈受压状态，坝基渗透扬压力观测资料也表明渗压低于设计扬压力水平。

出于安全考虑，假定二滩上游坝踵区处于开裂前的临界状态，这时二滩坝踵区实际可以抵抗6.04MPa的计算表观拉应力。据此推算，构皮滩拱坝在同等条件下坝踵开裂深度（假定构皮滩坝体混凝土也能承担6.04MPa的计算表观拉应力）将不会超过底宽的2.5%，即不会超过1.25m深度，离防渗帷幕还有相当距离，而且这是考虑缝面作用全水头渗压的结果。若不考虑渗压作用水头，则开裂深度将不会超过底宽的2%。

从两座拱坝坝踵开裂深度与缝端主拉应力关系曲线的对比可以看出，构皮滩拱坝坝踵开裂后缝端主拉应力会很快下降，有利于坝踵开裂稳定性。综合分析，认为构皮滩和二滩两座拱坝坝踵的开裂稳定性相当。

2）仿真模型分析（考虑了非均匀地基、温度荷载按设计规范规定的方法计算、模拟孔口和闸墩设置对坝踵应力计算结果的影响）。

在综合考虑上述三种因素的基础上，对构皮滩拱坝坝踵开裂进行不考虑渗压干缝条件下上游坝踵开裂计算和考虑渗压全水头作用条件下上游坝踵开裂计算。从计算结果可知，考虑以上三种因素的仿真模型坝踵最大主拉应力由简化模型的 6.92MPa 减小到 4.12MPa，约减小了 40%。

（2）拱坝三维整体稳定仿真破坏分析。采用三维非线性有限元 TFINE 程序对拱坝及基础整体在正常运用及超载情况下坝体和基础工作性态进行了研究。

计算模型模拟了坝体及地形、地质条件，地质上除分区模拟地层外还模拟了 III_{01} 夹层和层间错动，岩体及结构面力学参数取中值。模型计算全部采用 8 节点实体单元计算，单元总数 8177 个；节点总数 9875 个；坝体单元数 432 个。计算岩体采用 Drucker – Prager 屈服准则（D–P 准则），坝体混凝土采用四参数强度准则。采用增量刚度弹塑性方法构建本构关系，并采用常刚度迭代，按弹塑性断裂方法进行非线性迭代。

1）正常运行情况。考虑正常蓄水位＋温降、正常蓄水位＋温升、死水位＋温升和校核洪水位＋温升四种荷载组合分别考虑层间错动不加固和加固情况共 8 个计算工况。

计算结果表明，坝体位移在正常蓄水位＋温降工况下最大，坝体顺河向最大位移为 80.3mm，出现在下游面拱冠梁高程 640.50m；左右拱端最大位移分别为 15.0mm 和 12.8mm，位于下游面高程 480.00m，加固后左右拱端变形对称性增强，整体变形减少。

坝体上游面拉应力在正常蓄水位＋温降工况下最大，上游面最大主拉应力 1.63MPa，位于高程 420.00m 左拱端；上游面最大压应力－5.97MPa，出现在高程 560.00m 的拱冠梁偏左处，加固后上游面拉应力改善明显。下游面除在坝下部高程 460.00m 拱冠梁处有 0.7MPa 左右拉应力外，其他部位没有出现拉应力，左右岸压应力基本对称。

坝体下游面压应力在正常蓄水位＋温升工况下最大，最大主压应力 9.98MPa，出现在高程 420.00m 左拱端；建基面几乎全部受压，且对称性比加固前有改善，最大主压应力为 8.26MPa，较加固前减小。建基面的切向剪应力显示比较对称，相对加固前左岸局部的切向剪应力减小。

右岸坝肩加固后点安全度从 1.5～2 提高到 2～3；另外加固后左右岸安全度较接近，说明加固后左右岸刚度对称性增强，利于坝体稳定，左岸底部高程的安全度也得到改善。

2）超载情况。在正常蓄水位＋温升组合基础上进行增量法超载计算，层间错动不加固计算了 1～7 倍水压力超载 7 个工况，层间错动加固计算了 1～9 倍水压力超载 9 个工况。计算表明，层间错动不加固时拱坝超载能力达到 $6P_0$～$7P_0$；加固后超载能力增强，在 $6P_0$ 后出现拐点，$7P_0$～$8P_0$ 非线性变形梯度增加，超载能力能达到 $8P_0$～$9P_0$（P_0 为正常容重水压力）。

（3）地质力学模型试验研究。施加在模型上的荷载为水压力和泥沙压力，荷载由设计荷载 P_0 逐级超载直至破坏。模型试验主要成果如下：

1）在设计荷载下，拱冠梁顶部最大顺河向位移为 62.1mm，两岸坝肩整体变形比较对称，位移值不大，坝肩山体中的夹层、层间错动带及裂隙相对位移小于 3mm。

2）在超载情况下，开始时坝体右岸变形比左岸稍快，$5.0P_0$ 以后，坝体变形基本保持对称。坝体荷载变形曲线在 $2.4P_0$ 以后出现第一拐点，坝体开始进入塑性阶段；在

$4.4P_0$ 以后出现第二拐点,坝体开始进入破坏阶段;在 $6.0P_0$ 以后,坝体下游面出现可见裂缝;到 $8.6P_0$ 以后坝体最终破坏。

3)在超载情况下,左右岸山体中的夹层、层间错动带和裂隙相对位移很小,没有明显滑动现象,说明层间错动带的处理效果较明显,坝肩整体稳定性较好。

3. 坝身泄洪流激振动研究

采用水弹性模型试验方法对构皮滩拱坝坝身泄洪流激振动问题进行了研究,主要成果如下:

(1)校核水位表中孔联合泄洪时所诱发的坝体振动响应最大,其径向振动位移均方根值为 $79.07\mu m$,发生在 5 号闸墩测点;其振动加速度均方根值为 $0.0285m/s^2$,发生在 6 号闸首侧向;其振动应力最大值为 $0.03MPa$,发生在顺拱向的 YS1 测点。振动位移均方根响应平均振级在校核水位表中孔联合泄洪、设计水位表中孔联合泄洪、表孔单独泄洪和中孔单独泄洪工况依次为 $43.22\mu m$、$32.78\mu m$、$31.71\mu m$ 和 $26.35\mu m$。

(2)闸墩振动响应研究表明,闸墩随坝体基频振动为主,闸墩侧向振动位移响应平均振级约为闸墩尾径向振动位移响应平均振级的 $1/3$。

(3)坝体的径向、切向和垂直向振动位移响应 80% 以上是由泄洪孔口的脉动荷载诱发的;坝体径向振动加速度响应的 60% 以上也是由孔口的脉动荷载诱发的。其余由水垫塘内脉动荷载诱发。

(4)坝身泄洪流激振动是以基频为主产生振动的,振动呈"拍振"状态。闸墩侧向局部模态和拱坝第 $2\sim6$ 阶模态有时也会被激发,但对坝体的振动贡献很小。

(5)因模型阻尼比的不完全相似,对振动测试成果进行修正后(根据东江拱坝实测阻尼比修正),各工况比较,校核水位表中孔联合泄洪工况下坝体振动最大,最大径向振动位移为 $547.36\mu m$,均方根值为 $125.72\mu m$,比二滩拱坝($185.0\mu m$)和小湾拱坝($193.0\mu m$)的小,最大动应力为 $0.048MPa$,大坝的泄洪振动属有感振动,不会对大坝安全造成危害。

综合分析,优选体型对地基条件具有较好的适应性,拱坝整体安全度较高,泄洪流激振动不影响拱坝安全,因此,优选体型可以作为推荐体型。

构皮滩拱坝根据上述思路确定的最终体型特征值参数见表 4.2.10,拱坝体型平面示意图如图 4.2.4 所示,拱坝上游展示图如图 4.2.5 所示。

表 4.2.10   **最终体型特征值参数表**

特 征 项 目	参数值	特 征 项 目		参数值
坝顶高程/m	640.50	最大中心角/(°)		88.56
最大坝高/m	230.5	最大拱端厚度/m		58.43
拱冠顶厚/m	10.25	厚高比		0.216
拱冠底厚/m	50.28	顶拱中心线拱冠处平均曲率半径/m		298
河谷宽高比	2.13	最大倒悬度	上游面	0.19
顶拱上游面弧长/m	552.55		下游面	0.30
弧高比	2.38	柔度系数		12.1
顶拱中心角/(°)	79.25	混凝土工程量/万 m^3		240.8

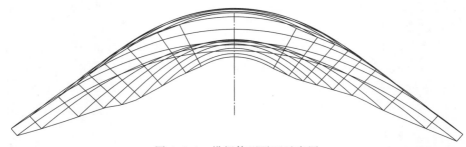

图 4.2.4　拱坝体型平面示意图

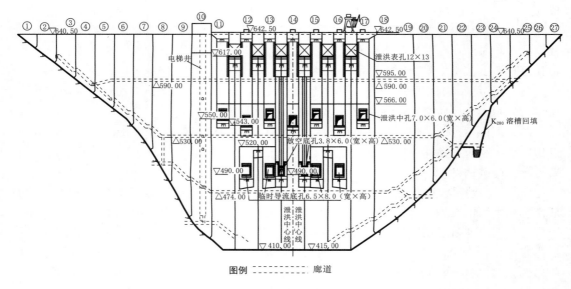

图例 ----------- 廊道

图 4.2.5　拱坝上游展示图（单位：m）

①～㉗—坝段编号

4.3　拱坝结构设计

4.3.1　坝体混凝土分区设计

结合坝体应力计算成果和坝址区的自然条件以及表孔、中孔、放空底孔及导流底孔等泄洪建筑物抗冲磨要求，将坝体混凝土分为 $C_{180}35$、$C_{180}30$、$C_{180}25$、C25、C35、C40 和 C50 共 7 个区，各区混凝土主要设计指标与使用部位见表 4.3.1 和图 4.3.1。

表 4.3.1　　　　混凝土强度等级及主要设计指标与使用部位

强度等级	级配	抗渗等级	抗冻等级	限制最大水胶比	最大粉煤灰掺量/%	极限拉伸值/10^{-4}		使用部位
						28d	90d	
$C_{180}25$	三、四	W12	F200	0.50	30	≥0.82	≥0.88	拱坝坝体中、上部
$C_{180}30$	三、四	W12	F200	0.50	30	≥0.85	≥0.90	拱坝溢流坝段、上部基础

续表

强度等级	级配	抗渗等级	抗冻等级	限制最大水胶比	最大粉煤灰掺量/%	极限拉伸值/10^{-4} 28d	极限拉伸值/10^{-4} 90d	使用部位
$C_{180}35$	二、三	W12	F200	0.45	20	≥0.85	≥0.90	拱坝坝体、孔口周边
	三、四	W12	F200	0.45	30	≥0.85	≥0.90	拱坝基础
$C_{90}35$	二	W12	F200	0.45	30	≥0.88	≥0.90	闸墩
C20	二	W8	F100	0.55	20	≥0.85		坝肩地质缺陷深层处理，微膨胀混凝土
C25	二、三	W8	F200	0.50	20	≥0.80		启闭机房
C30	二	W8	F150	0.45	—	≥0.85		启闭机房、坝顶预制构件
C35	二、三	W8	F150	0.45	20	≥0.85		启闭机房、导流底孔回填
	二	W12	F200	0.42	15	≥0.90		表孔抗冲磨层、过渡层
C40、C50	二			0.40	—	≥0.90		预制钢筋混凝土构件、预制预应力钢筋混凝土构件、预应力闸墩锚头、导流底孔及放空底孔抗冲磨层

注 1. 表中混凝土强度等级设计龄期分三种，下标表示龄期（d），无下标为28d龄期；28d龄期的强度保证率为95%，其余的强度保证率为85%。

2. 长龄期极限拉伸值按90d控制，28d复核。

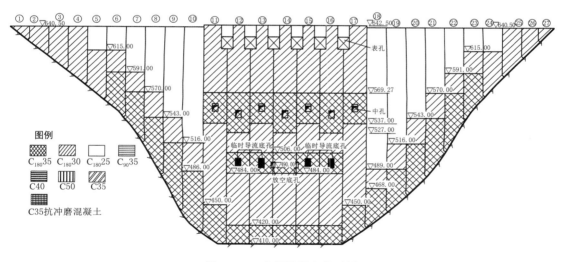

图 4.3.1 大坝混凝土分区图
①～㉗坝段编号

4.3.2 坝体分缝与接缝灌浆设计

1. 坝体横缝布置

坝体不设施工纵缝，横缝布置避免穿过表、中孔闸墩及表孔齿坎。坝体横缝采用分段垂直缝，高程 410.00～505.00m 和 535.00～640.50m 为铅垂缝，高程 505.00～5350.00m 为扭曲过渡缝；缝面与各高程拱圈中心线径向力求一致，控制其夹角不大于 15°；横缝在坝肩基础 3m 范围内，与基岩面的夹角不小于 65°。横缝面内设置梯形铅直键槽。

坝体顶拱上游面弧长 552.55m，坝体自左岸至右岸共布置了 26 条横缝，共计 27 个坝段。其中 1～10 号、18～27 号坝段为非溢流坝段，11～17 号为泄洪坝段。各坝段顶拱上游面弧长分别为：1 号坝段为 21.61m，2～10 号坝段为 20.00m，11～17 号坝段均为 24.00m（沿泄洪轴线弧长），18～25 号坝段为 20.00m，26 号坝段为 17.00m，27 号坝段为 16.48m。

2. 接缝灌浆设计

每条横缝靠基础的第一层灌区高度为 6m，以上至高程 542.00m 之间每层灌区高度为 9m，高程 542.00m 以上每层灌区高度为 12m，最高坝段共设 23 层灌区，灌区面积为 200～550m^2。接缝灌浆总面积为 100461m^2。

灌区须符合下列条件才能施灌：灌区两侧坝块混凝土龄期宜大于 180d，温度必须达到设计规定值；除顶层灌区外，灌区上部宜有 6～9m 厚混凝土压重，且其温度应满足设计封拱温度要求（表 4.3.2）；接缝的张开度不宜小于 0.5mm，小于 0.5mm 的应按细缝处理。

表 4.3.2　　　　坝体设计封拱温度

高程/m	640.50	615.00	575.00	545.00	515.00	485.00	455.00	425.00	410.00
封拱温度/℃	15	15	13	13	12	12	12	12	12

灌浆一般安排在 12 月中旬至次年 4 月低温季节进行。灌浆压力以灌区层顶（排气槽）压力 0.3MPa 作为控制值，以进浆管口（灌区层底）压力 0.4～0.55MPa 作为辅助控制值。

4.3.3　坝体廊道与交通设计

1. 坝顶布置

坝顶最小宽度 10.25m，其中公路路面宽不小于 7.0m。非溢流坝段上游侧设电缆沟，下游侧设供水管沟。电缆沟、供水管沟盖板兼作人行道板。上游侧设 1.2m 高防浪墙，下游侧设安全护栏。10 号坝段坝顶设有 10kV 变电所和集控楼及电梯井机房。

为避免门机大梁阻水，溢流坝段（11～17 号坝段）上游设 21.5m 宽门机平台，平台顶高程 642.50m。表孔工作门启闭机房设置在门机平台下游表孔闸墩上。为加强坝顶整体性，提高抗震能力，表孔顶部拱坝体型轮廓部位高程 623.00～640.50m 以实体混凝土深梁连接各闸墩，此连接梁兼作坝顶交通及表孔弧门支撑。包含门机平台，溢流坝段坝顶最大宽度为 46.0m。

2. 坝内廊道与交通

为满足基础灌浆、坝体接缝灌浆、排水、观测检查、交通等要求，在坝体高程 415.00m 及两岸坝肩设置基础灌浆廊道，在高程 470.00m、530.00m、590.00m 设置了 3 层纵向水平廊道，水平廊道在两岸坝肩与各基础廊道相连。纵向廊道上游壁离上游坝面距离控制在 0.05～0.1 倍的坝面作用水头范围内，且不小于 3.0m，所有廊道均位于坝体压应力区域内。有帷幕灌浆要求的廊道尺寸为 3.0m×3.5m（宽×高），其余廊道为 2.0m×

2.5m（宽×高），断面形式均为城门洞型。

在 10 号坝段坝内布置了电梯、楼梯竖井以及电缆和通风竖井，这些竖井总外形轮廓为 9.0m×2.5m（长×宽）。各层纵向廊道均布置了连接廊道与电梯井相通。

在坝下游面高程 506.00m 及 570.00m 布置坝后交通桥。在电梯井坝段布置横向水平交通廊道连接电梯井与各纵向廊道。自坝顶至坝底于下游拱端利用下游贴角设置人行台阶作为监测的补充通道，这些台阶与坝后桥及边坡各级马道相通。

大坝对外交通主要通过坝顶公路与左、右岸上坝公路相连。

4.3.4 坝体止水和排水设计

为了降低坝体内的渗透压力，在坝体上游面混凝土内埋设排水管，排水管与纵向廊道相通，管距 3.0～3.5m，内径 20cm。

横缝面上游设置两道铜止水，横缝面下游高程 495.00m 以下设置一道铜止水，高程 495.00m 以上设置一道塑料止水兼作止浆片。各横缝上、下游止水在建基面处分别埋入止水基座。坝体各廊道周围的施工横缝面内设置了止水、止浆片。表孔溢流面横缝面布置一道铜止水片，上游与坝面止水相焊接。放空底孔顶面和底面横缝处布置一道铜止水片，分别与上下游坝面止水及门槽处埋件焊接。由于坝基两岸边坡较陡，为防止坝体与基岩脱开漏水，陡坡坝段沿迎水面基础周边布置了一道陡坡止水铜片，并兼作坝基接触灌浆止浆埝，与横缝止水相交处连接成封闭系统。

为抽排坝体及基础渗水，在 12 号坝段布置一个集水井。坝体渗水及基础渗水均通过各纵向廊道及基础廊道排入集水井，由水泵排至水垫塘。集水井平面尺寸 8.0m×4.5m（长×宽），底部高程为 405.90m，泵房地面高程为 415.00m，集水井设计集水量为 300m³/h。抽水系统选用 3 台流量为 250m³/h 的井用潜水泵，其中 2 台工作、1 台备用。

4.3.5 拱坝结构措施研究

4.3.5.1 坝身孔口对拱坝应力的影响研究

1. 研究方案

构皮滩拱坝坝身设置 15 个泄水孔口，孔口规模（孔口面积、开孔率）当时居国内外已建双曲拱坝之首，孔口规模、形式和孔口布置对拱坝结构和应力的影响是拱坝设计需要研究的主要内容之一。采用三维有限元法进行分析研究，计算中模拟了表孔、中孔、底孔、闸墩等细部结构和主要地质条件，对不同孔口尺寸、位置等布置方式对坝体应力的影响分 4 个方案（表 4.3.3）进行了对比计算。

表 4.3.3　　　不同方案的表孔、中孔、底孔个数及孔口尺寸（宽×高）

孔口类型	方案一		方案二		方案三		方案四	
	个数/个	尺寸/(m×m)	个数/个	尺寸/(m×m)	个数/个	尺寸/(m×m)	个数/个	尺寸/(m×m)
表孔	6	12×16	6	12×16	6	12×16	6	12×14
中孔	7	7×6	7	6×5	5	7×6	7	7×6
底孔	2	4×6	2	4×6	2	4×6	2	4×6

2. 计算模型

各方案的计算模型都详细模拟了表孔、中孔、底孔及闸墩等细部结构，对于临时导流底孔，只模拟了其闸墩。方案一、方案二、方案四孔口布置位置相同，坝体网格划分相似，故列出方案一、方案三的有限元网格，如图 4.3.2 和图 4.3.3 所示。所有方案地基网格划分相同，地基计算范围沿上、下游方向分别取 2.2 倍和 2.0 倍坝高，横河向以高程 408.00m 拱冠计为 2.0 倍坝高，坝基下部为 1.08 倍坝高。地基底面和四周垂直边界的约束条件，除上游面不加约束外，其余均为三向固定约束。计算网格均采用 20 节点六面体单元和 15 节点三棱柱单元，其中，地基划分单元 9728 个，方案一、方案二、方案三、方案四坝体划分单元分别为 12295 个、12673 个、12421 个、12666 个，总自由度约 29.6 万个。

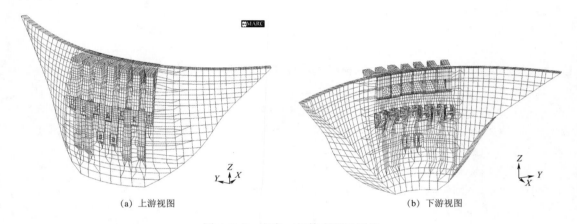

(a) 上游视图　　　　　　　　　　　　　　(b) 下游视图

图 4.3.2　方案一坝体有限元网格

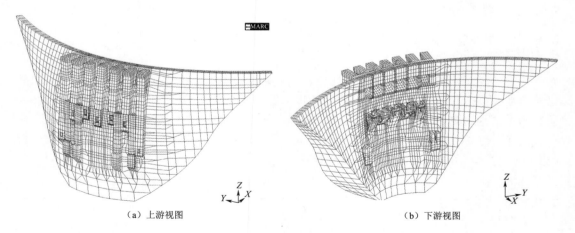

（a）上游视图　　　　　　　　　　　　　　（b）下游视图

图 4.3.3　方案三坝体有限元网格

3. 计算结果

（1）坝体位移。各方案的位移规律是一致的，坝体径向位移均以正常水位＋温降荷载组合为最大。方案一、方案二、方案四之间位移相差很小，方案三的位移在高程

490.00m 以上拱冠附近比其他方案的位移略大。各荷载组合作用下坝体最大径向位移均出现在方案三，四种荷载组合作用下分别为 23.0mm、64.5mm、55.1mm、62.7mm，死水位＋温升荷载组合出现在高程 520.00m 拱冠，其他荷载组合出现在高程 640.50m 拱冠附近。

（2）坝面应力（非孔口或闸墩周边应力集中区）。各方案的最大主应力规律是一致的。不同的孔口布置方案对拱端应力的影响很小，对坝面应力影响也很小。

1）上游面最大拉应力。各方案之间上游面的最大拉应力值相差不超过 0.06MPa，出现部位基本相同。死水位＋温升荷载组合，上游面最大拉应力值为 1.49MPa，出现在高程 490.00m 左拱端；正常水位＋温降荷载组合为 1.23MPa，出现在高程 490.00m 左拱端；正常水位＋温升荷载组合为 1.56MPa，出现在高程 490.00m 左拱端；校核水位＋温升荷载组合为 1.71MPa，出现在高程 545.00m 右拱端。

2）上游面最大压应力。死水位＋温升荷载组合作用下，各方案的最大压应力值均出现在高程 425.00m 左拱端附近，方案一为 5.57MPa，其他三个方案为 5.08MPa。在正常水位＋温降荷载组合、正常水位＋温升荷载组合和校核水位＋温升荷载组合作用下，方案三的最大压应力值大于其他三个方案，其数值分别为 8.64MPa、7.58MPa 和 8.36MPa，出现在高程 575.00m 2 号中孔闸墩附近；方案二、方案四的最大压应力值基本相同，三种荷载组合分别为 7.3MPa、6.6MPa 和 7.3MPa，出现在高程 545.00m 右边墩附近；方案一的最大压应力值比方案二、方案四的略小，且出现在高程 535.00m 拱冠附近。

3）下游面最大拉应力。各方案都出现在死水位＋温升荷载组合，最大值为 0.73MPa（方案三），出现在高程 640.50m 拱冠。其他三种荷载组合拉应力很小或没有出现拉应力。

4）下游面最大压应力。各方案的最大压应力值相差很小，出现的部位相同。死水位＋温升荷载组合，下游面最大压应力值为 5.29MPa，出现在高程 450.00m 左拱端；正常水位温降荷载组合为 8.64MPa，出现在高程 545.00m 右拱端附近；正常水位＋温升荷载组合为 8.94MPa，出现在高程 545.00m 左拱端；校核水位＋温升荷载组合为 10.09MPa，出现在高程 545.00m 右拱端附近。

方案三的上游坝面应力在高程 490.00～586.00m 2 号中孔至 4 号中孔之间较其他方案的应力大，主要是因为将原方案的中间两底孔及其闸墩取消后，少了闸墩的约束，孔间部位坝体总厚度变薄，坝体在此区域变形较其他方案大，因此上游面最大压应力数值较大。

（3）孔口周围坝面应力。减小中孔尺寸（方案二）对表孔和底孔周围应力几乎没有影响；对中孔周围应力有一定的有利影响，上游面孔口周围最大主拉应力由方案一的 1.6MPa 减小为 1.32MPa，下游面也由方案一的 1.25MPa 减小为 1.10MPa。

将两侧中孔降低高程改为底孔并取消原 2 个底孔（方案三）对表孔和底孔周围应力影响很小，但是由于少了原底孔闸墩的约束，导致上游面中孔周围最大主拉应力增大为 3.7MPa，对孔口应力不利。

抬高堰顶高程（方案四）对表孔、中孔、底孔周围的坝面应力影响很小。

4. 研究结论

（1）坝身孔口对拱坝总体变形和应力水平影响较小，不改变拱坝控制性应力指标。

（2）不同孔口布置方案对坝体应力分布无本质性影响，应力水平基本相当。

（3）不同孔口布置方案对孔口周边应力影响较大，应力集中现象明显，须采取加固措施。

4.3.5.2 中孔预应力闸墩锚索型式研究

1. 中孔预应力闸墩结构布置

中孔弧门支承结构型式采用跨孔口并与两侧闸墩固结的深梁结构型式，支撑大梁断面为梯形，尺寸为 $(4.5\sim3.5)$m×6.0m（宽×高）。仅常规止水起作用时，中孔弧门在正常蓄水位下弧门总推力为 53000kN（短期作用），在充压止水正常工作后，弧门总推力为 47000kN（长期作用）。

由于弧门推力巨大，中孔下游闸墩采用预应力结构型式，每孔两侧闸墩立面各布置两排 U 形主锚索，支撑大梁上布置 3 排直线形次锚索。主锚索关于弧门推力方向对称布置，与弧门推力方向的最大夹角为 9°。

2. 预应力闸墩主锚索结构型式

在水利水电工程中，预应力闸墩主锚索结构一般可分为直线形和 U 形（也称环形）两种，以下分别介绍其结构型式和特点。

直线形锚索根据锚固端结构型式的不同又分为两种：①在锚固端设置拉锚洞，采用锚具进行锚固；②将锚索分为锚固段和张拉段，锚固段位于锚固端，在张拉段张拉前先灌浆，浆液凝结后即成为锚固端。直线形锚索在已建水利水电工程中应用较多，其优点是穿索施工较容易，但其缺点也十分明显：对于设置拉锚洞的直线形锚索，拉锚洞周边应力集中明显，且拉锚洞对闸墩结构削弱较多，不利于闸墩受力；在结构布置上，拉锚洞与流道、闸门槽等结构布置容易互相冲突；另外，拉锚洞本身的施工和后期封堵都较复杂，对工期影响较大。对于设置锚固段的直线形锚索，需要进行 2 次灌浆，对大吨位锚索，其锚固效果还需要进一步论证，且锚固段一旦失效，将很难补救。

U 形锚索在大型水电工程中的应用始于二滩拱坝中孔预应力闸墩，有多个拱坝工程在可行性研究和招标设计时中孔预应力闸墩也采用 U 形锚索，其结构型式是将两根直线形锚索合二为一，在锚固端采用圆弧形连接，成为一个 U 形结构，如图 4.3.4 所示。与直线形锚索相比，U 形锚索的优点是不需要设置拉锚洞和二次灌浆，简化了施工程序，且锚固端为圆弧形，闸墩受力更均匀；其缺点是穿索难度很大，锚索圆弧段圆心角一般都大于 180°，而总长是直线形锚索的 2 倍多，使得锚索长度长、重量大，穿索路径曲折，另外，穿索施工位于悬臂闸墩上，需要多个人在缆机、卷扬机等大型机械配合下施工，穿索施工难度很大。根据二滩工程的经验，U 形锚索的穿索需要经过编索、梳理、盘卷、调运、卷扬机牵引等多个工序，由于钢绞线在孔道内互相打绞，经常需要重复穿索。

3. 构皮滩预应力闸墩结构创新设计

由于传统 U 形锚索与直线形锚索相比优点突出，且有成功应用的经验，U 形锚索已经成为高拱坝外伸悬臂闸墩锚索的首选形式，但传统 U 形锚索穿索施工难度大的缺点在一定程度上制约了其推广应用。分析传统 U 形锚索穿索施工难度大的原因，主要是采用了整体穿索施工方案，若采用单根穿索，穿索阻力将大大减小，而且对单根钢绞线的操作比整束锚索要简便得多。

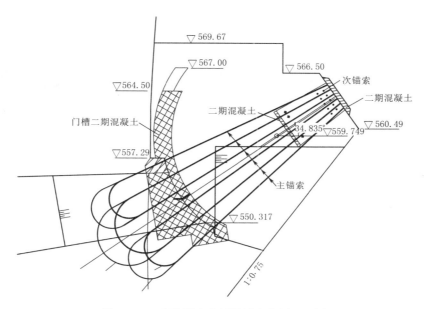

图 4.3.4　中孔预应力闸墩锚索布置立面图

单根穿索需要解决的两个关键问题：①孔道相互独立问题，若采用单根穿索而各钢绞线采用同一孔道，则穿索时各钢绞线在孔道内（特别是在圆弧段孔道）将互相摩擦打绞，增大穿索阻力，磨损钢绞线；②多根钢绞线在锚索两端的准确对位问题，为保证钢绞线受力均匀，各钢绞线在两端锚具上的位置应一一对应。

为解决穿索孔道相互独立的问题，分束 U 形锚索在 U 形段设计成分束管座，分束管座由多根小钢管弯曲后焊接在一起组成，形成多个 U 形小孔道，小钢管的数量根据锚索钢绞线根数决定；而直线段保持一根大钢管，与 U 形分束管座端头连接。对于钢绞线对应的问题，在预埋管座和钢管成孔时，对每根钢绞线预埋一根小钢丝牵引绳，并逐一编号，确保钢绞线两端能一一对应。

分束 U 形锚索由上、下锚固端，上、下直线段和弧形段组成。上、下锚固端主要由钢垫板和锚具组成，两端均采用张拉锚具；上、下直线段采用预埋单根大钢管成孔，锚索所有钢绞线均穿入大钢管内；弧线段采用分束管座成孔，分束管座由若干小钢管弯曲后叠合堆焊而成，每根小钢管内穿入一根钢绞线。分束 U 形锚索结构示意如图 4.3.5 所示。

分束 U 形锚索采用单根穿索法，在安装分束管座和直线段钢管时，在孔道内预埋牵引钢丝绳，每根钢丝绳对应一根钢绞线。钢丝绳两端采用与锚具孔位排布相同的限位板固定做好标记，以确保穿索时钢绞线两端位置能准确对应。穿索时，只需在上端将牵引钢丝绳与钢绞线连接，在下端用人工或小型卷扬机牵引即可完成穿索。现场实际穿索如图4.3.6 和图 4.3.7 所示。

为确保灌浆质量，构皮滩中孔预应力闸墩分束 U 形锚索采用真空灌浆方案。灌浆时，首先启动真空泵抽真空，使真空度达到－0.08～－0.1MPa 并保持稳定，然后启动灌浆泵，当灌浆泵输出的浆液达到要求的稠度时，将泵上的输送管接到钢垫板上的引出管上，开始灌浆，待抽真空端的透明网纹管中有浆液经过并进入储浆罐时，关掉真空泵，打开排气阀，当水泥浆从排气阀顺畅流出，且稠度与灌入的浆液一样时，使灌浆泵继续工作，在0.5~0.7MPa 下，持压 1~2min 后可结束灌浆。

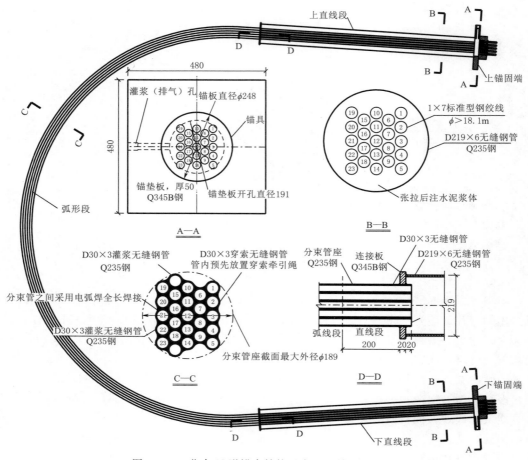

图 4.3.5　分束 U 形锚索结构示意图（单位：mm）

图 4.3.6　现场穿索场景之一

图 4.3.7　现场穿索场景之二

与传统 U 形锚索相比，分束 U 形锚索具有以下优点：

（1）穿索施工十分简便，可大大缩短工期并降低施工成本。传统 U 形锚索采用整体穿索法施工，穿索前需要编索、梳理，穿索时由于钢绞线互相打绞，经常需要重复穿索，穿索耗工耗时很多，而分束 U 形锚索采用单根穿索法施工，穿索操作可仅靠人工或小型卷扬机牵引即可完成。根据构皮滩中孔闸墩预应力锚索穿索施工统计，平均每根锚索穿索时间仅 110～120min，另外，分束 U 形锚索穿索施工不需要制作钢绞线梳理器、锚索转盘等专用设备；施工时不需要转扬机、缆机等机具配合，使用人员少，施工平台搭设简单，从而可以大大节省施工成本。

（2）钢绞线受力更均匀。在传统 U 形锚索的弧形段，钢绞线互相挤压在钢套管内壁，钢绞线受力很不均匀，而分束 U 形锚索弧形段采用分束管座成孔，各根钢绞线都置于各自独立的小管内，可保证各钢绞线受力均匀，如图 4.3.8 所示。

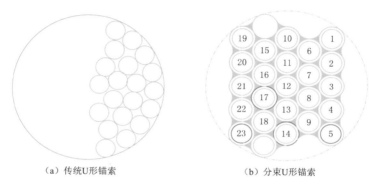

（a）传统U形锚索　　　　　　　　　（b）分束U形锚索

图 4.3.8　锚索弧形段断面对比

（3）真空灌浆，防腐性能更好。真空灌浆方式与传统灌浆相比，浆液密实度更高，防腐性能更好。

依托构皮滩工程研发的"预埋钢管和分束管座成孔、单根穿索法穿索、真空灌浆"的新式分束 U 形预应力锚索，施工简便，无需大型穿索机具和设备，节省工程施工辅助费用；穿索时间短，节约工期；锚索受力均匀，预应力损失较小。新式分束 U 形预应力锚索已成功应用于构皮滩工程，各项工艺达到了预期的效果，并获国家实用新型专利（专利号：ZL200720086811.3），值得国内外同类工程推广应用。

4.3.5.3　表孔连接大梁研究

1. 连接大梁的布置形式

构皮滩拱坝 6 个表孔闸墩之间采用固端连接大梁连接，连接大梁既作为表孔弧门的支撑结构和坝顶交通通道，也是大坝顶部拱圈的重要部分。如图 4.3.9 所示，大梁顶高程640.50m，底高程 623.00m，1 号、6 号表孔连接大梁顶宽 16m，底宽 7.6m，2～5 号表孔大梁顶宽 15m，底宽 6.6m。大梁顶部上游布置有油管沟、排水沟，下右侧布置有人行道和供水管沟及栏杆。

2. 连接大梁的分缝形式及处理措施

根据已建类似工程的经验，为避免连接大梁混凝土浇筑受两侧闸墩上的施工影响，加快连接大梁的施工进度，要尽早为表孔金属结构安装创造条件。构皮滩拱坝表孔连接大梁创新地采用了跨中分缝的方案，如图 4.3.10 所示。

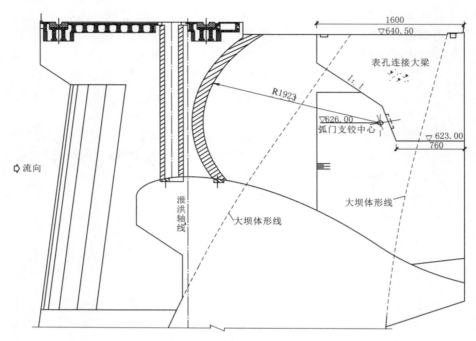

图 4.3.9　大坝表孔连接大梁剖面图（单位：高程为 m；其余为 cm）

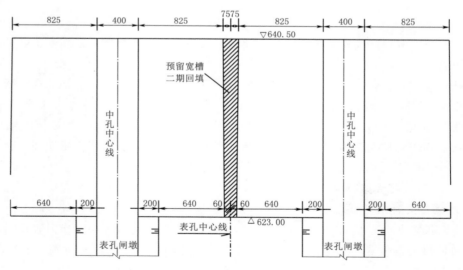

图 4.3.10　连接大梁下游立视（单位：cm）

该设计方案具有以下优点：

（1）连接大梁可以和闸墩同步浇筑上升，各坝段施工互不影响。

（2）在施工期，闸墩两侧大梁为悬臂结构，可以自由伸缩，从而充分释放施工期温度应力。

(3) 运行期大梁支座牢固可靠。

(4) 由于结构对称，跨中缝面剪力为零，缝面处理难度较小。

连接大梁分缝形式采用楔形宽槽，宽槽上底宽 2.2m，下底宽 1.9m，宽槽两侧缝面设键槽，两端梁体混凝土温度降至相应高程坝体接缝灌浆温度后对宽槽采用混凝土分层回填，浇筑层厚 3m。宽槽回填时，要求将两侧缝面凿毛，槽内钢筋采用焊接或套筒连接形式将宽槽两侧垂直流向钢筋连接。考虑宽槽的宽度较小，宽槽混凝土温度收缩量较小，其两侧缝面不设接缝灌浆系统。

宽槽回填前要求完成所有坝段连接大梁底高程以下的接缝灌浆，而剩余上部接缝灌浆需待宽槽混凝土龄期满 28d，且闸墩和坝体温度降到接缝灌浆温度才能进行。

3. 施工期应力分析及配筋

连接大梁在跨中分缝以后，闸墩两侧大梁为悬臂结构，最大外伸长度 7.9m，大梁与闸墩交界部位应力水平很高，施工期应力分析和配筋计算对大梁施工安全至关重要。运行期与施工期相比增加的荷载主要是拱向推力和弧门推力，在拱向推力作用下大梁主要轴向受压，弧门推力相对较小，大梁断面大。经计算分析，弧门推力在闸墩颈部和大梁内部产生的拉应力较小，故大梁配筋设计由施工期受力条件控制。

闸墩和大梁浇筑分层厚度为 1.5m，考虑底部两层混凝土由模板承重，第 3 层自重和相应施工荷载由底部 2 层承担，第 4 层自重和相应施工荷载由底部 3 层承担，依次类推。大梁施工期内力分析采用材料力学法按悬臂梁计算，配筋按矩形正截面受弯构件计算，考虑到混凝土浇筑层间间歇期为 7~10d，配筋计算时取混凝土强度为 7d 龄期的强度。

表孔连接大梁按上述措施顺利完成了混凝土浇筑和宽槽混凝土回填，施工过程中大梁部位没有产生裂缝，浇筑质量得到了可靠保证。这种设计方案较好地解决了相邻坝段不同步施工影响连接大梁施工的难题，属于国内外双曲拱坝工程首创。

4.4 坝肩抗滑稳定分析

根据地勘成果和开挖揭露的情况，构皮滩拱坝河床坝段坝基岩体中不存在可能构成浅层或深层滑动的边界条件。两岸坝基及拱座岩体中，反倾向及缓倾角断裂不发育，不存在由反倾及缓倾结构面构成的底滑面。两岸拱座岩体中，NW、NWW 向陡倾角断裂发育，且溶蚀较强烈，其发育方向与拱端推力方向夹角较小。平洞揭露的断层主要是规模较小的裂隙性断层，但多有不同程度的溶蚀，在两岸坝基及拱座岩体中均有分布，左岸主要分布有 f_{D35-8}、f_{D39-24}、f_{D17-3}、f_{D37-6} 和 f_{D15-9}，右岸主要有 f_{D46-12}。这些断层、裂隙可能构成拱座岩体向下游滑动的不连续侧向滑移面，是坝肩抗滑稳定的不利因素。

4.4.1 坝肩抗滑稳定安全标准及计算工况

1. 安全标准

采用刚体极限平衡法进行坝肩抗滑稳定计算，采用抗剪断承载能力极限状态设计。1级、2 级拱坝及高拱坝应满足下列承载能力极限状态设计表达式：

$$\gamma_0 \psi \sum T \leqslant \frac{1}{\gamma_d} \left(\frac{\sum fN}{\gamma_{mf}} + \frac{\sum CA}{\gamma_{mc}} \right) \tag{4.4.1}$$

令

$$K_h = \frac{\dfrac{1}{\gamma_d} \left(\dfrac{\sum fN}{\gamma_{mf}} + \dfrac{\sum CA}{\gamma_{mc}} \right)}{\sum T} \tag{4.4.2}$$

则式 (4.4.1) 变换为

$$K_h \geqslant \gamma_0 \psi \tag{4.4.3}$$

式中：γ_0 为结构重要性系数，对应于安全级别为 Ⅰ 级、Ⅱ 级、Ⅲ 级的建筑物，分别取 1.1、1.0、0.9；ψ 为设计状况系数，对应于持久状况、短暂状况和偶然状况，分别取 1.00、0.95 和 0.85；γ_d 为结构系数；T 为沿滑动方向的滑动力，10^3kN；f 为抗剪断摩擦系数；N 为垂直于滑动方向的法向力，10^3kN；C 为抗剪断黏聚力，MPa；A 为滑裂面的面积，m^2；γ_{mf}、γ_{mc} 为材料性能的分项系数。

各分项系数取值见表 4.4.1，将相关分项系数代入式 (4.4.3)，得抗滑稳定控制指标，见表 4.4.2。

表 4.4.1　　　　　　　　　　　坝肩抗滑稳定分项系数

结构重要性系数 γ_0			1.1
设计状况系数 ψ	持久状况		1.0
	短暂状况		0.95
	偶然状况		0.85
结构系数 γ_d（抗剪断表达式）	无地震情况		1.2
	地震情况		1.4
材料性能分项系数	无地震情况	γ_{mf}	2.4
		γ_{mc}	3.0
	地震情况	γ_{mf}	1.0
		γ_{mc}	1.0

表 4.4.2　　　　　　　　　　　拱坝坝肩抗滑稳定控制标准

设　计　状　况	持久状况	短暂状况	偶然状况
抗滑稳定指标 K_h 控制值	1.1	1.05	0.94

注　K_h 按式 (4.4.3) 计算。

2. 计算工况

短暂状况基本组合、死水位各种组合不是抗滑稳定的控制工况，故只进行以下工况稳定计算：

(1) 持久状况基本组合。

工况 1：正常蓄水位＋温降。与坝体应力计算相同，该工况取下游水位为水垫塘检修水位，即 412.00m。

工况 2：正常蓄水位＋温升。该工况下游水位取为二道坝坝顶高程即 444.50m。

(2) 偶然状况偶然组合。

工况 7：校核洪水位＋温升。

扬压力：上游脱开面处取上游水位，下游临空处取下游水位（下游水位以上临空处渗压取 0），在主排水幕处渗透压力折减系数取 0.3，其间以直线相连。未考虑封闭抽排水垫塘对抗力体下游水位的降低作用和水垫塘两岸山体排水洞对山体地下水的降低作用。

4.4.2 平面抗滑稳定分析

1. 边界条件

平面抗滑稳定分析以坝踵为上游脱开面；因为坝基（肩）没有特定的缓倾及反倾向结构面，故假定底滑面为水平面；侧滑面为随机的 NW、NWW 向裂隙，由试算确定最不利的方向，因该组裂隙倾角均较陡（多在 60°以上，部分近直立），故假定侧滑面为铅垂面；临空面为开挖后地表坡面。

平面抗滑稳定计算边界条件示意图如图 4.4.1 所示。

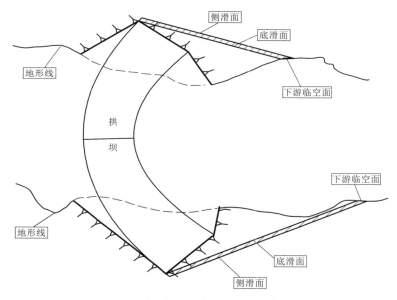

图 4.4.1 平面抗滑稳定计算边界条件示意图

2. 参数选取

坝基岩体力学参数和结构面力学参数见表 1.3.6 和表 1.3.7。

底滑面抗剪断强度参数采用其所穿过的岩体面积的抗剪断强度加权平均值。平面刚体极限平衡法的底滑面宽度与单位高拱圈相对应，故按面积加权平均与按长度加权平均是相同的。

侧滑面抗剪断强度与裂隙连通及溶蚀情况有关。根据勘探平洞所揭露的 NW、NWW 向裂隙统计，裂隙的连通率、溶蚀等情况见表 4.4.3。侧滑面抗剪断参数采用该面各构成成分强度的长度加权平均值。

3. 成果分析

岩体物理力学和结构面抗剪断参数分别取下限和上限进行计算。计算成果表明，两岸高程 545.00m 以上均满足坝肩抗滑稳定要求且裕度较大。高程 545.00m 以下岩体按抗剪断参数上限计算时，两岸坝肩均满足抗滑稳定要求。

表 4.4.3　　　　　　　　　　侧滑面构成表（长度百分比）

部　位	完整岩石/%	裂　隙/%		
		方解石充填	局部风化溶蚀	溶蚀填泥
左岸高程 540.00m 以下	32	35	28	5
左岸高程 540.00m 以上	57	26	16	1
右岸高程 480.00m 以下	39	43	18	0
右岸高程 480.00～540.00m	25	23	35	17
右岸高程 540.00m 以上	68	20	12	0

高程 545.00m 以下岩体按抗剪断参数下限计算的成果见表 4.4.4。当抗剪断参数取下限时，静力工况左岸高程 455.00m 和右岸高程 425.00m 抗力稍小于作用效应，其余各高程均满足坝肩抗滑稳定要求；设计地震和校核地震各工况两岸坝肩均满足抗滑稳定要求。

表 4.4.4　　　　　　　平面抗滑稳定计算成果（抗剪断参数下限）　　　　单位：10kN/m

岸坡	高程/m	作用效应和抗力	工　况						
			持久状况基本组合		偶然状况偶然组合				
					校核洪水	设计地震		校核地震	
			1	2	7	8	9	11	12
左岸	545.00	作用效应	7746	7644	7368	8094	8009	12529	12435
		抗力	15462	15294	15630	34727	39149	49078	56000
	515.00	作用效应	11930	11876	10981	13482	13441	18327	18294
		抗力	13227	13129	13534	27681	30611	34965	39287
	485.00	作用效应	14440	14447	12799	17047	17099	17689	17741
		抗力	14527	14519	14565	28790	31987	28270	31428
	455.00	作用效应	14810	14828	12469	17906	17998	18679	18771
		抗力	14117	14214	12132	27806	31262	27436	30862
	425.00	作用效应	11986	11884	9359	12912	12926	13045	13059
		抗力	13381	13572	11508	29356	33175	29296	33110
右岸	545.00	作用效应	7436	7365	7138	8642	8607	8732	8697
		抗力	10563	10416	10870	15614	17680	15580	17643
	515.00	作用效应	11828	11831	10947	13761	13790	13880	13909
		抗力	12758	12647	12993	17197	18990	17137	18926
	485.00	作用效应	15313	15343	13677	16456	16574	16546	16665
		抗力	15909	15865	15895	25009	27759	24963	27710
	455.00	作用效应	18426	18414	15568	17128	17284	17206	17362
		抗力	19399	19497	16504	31766	35663	31728	35622
	425.00	作用效应	16342	16191	12880	12438	12635	12528	12725
		抗力	15388	15606	12990	34186	38783	34146	38740

施工阶段，根据左岸高程 455.00m 和右岸高程 425.00m 建基面附近裂隙玫瑰花图（图 4.4.2），按照侧滑面方向与裂隙优势产状方向裂隙数量的比例，重新考虑侧滑面的连通率（调整后参数详见表 4.4.5）。

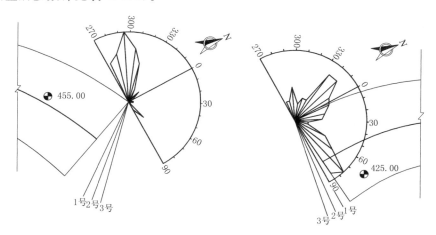

图 4.4.2　左岸高程 455.00m 和右岸高程 425.00m 高程建基面附近裂隙玫瑰花图

表 4.4.5　　　　　　　　　侧滑面构成表（长度百分比）

部　　位	完整岩石/%	裂　　隙/%		
		方解石充填	局部风化溶蚀	溶蚀填泥
左岸高程 455.00m	60	21	14	5
左岸高程 540.00m 以下其余部位	32	35	28	5
左岸高程 540.00m 以上	57	26	16	1
右岸高程 425.00m	60	28	12	0
右岸高程 480.00m 以下其余部位	39	43	18	0
右岸高程 480.00～540.00m	25	23	35	17
右岸高程 540.00m 以上	68	20	12	0

注　左岸 455.00m 高程和右岸 425.00m 高程数据是按开挖揭露裂隙统计情况调整后的数据，其余数据同可行性研究阶段数据。

左岸高程 455.00m 2 号侧滑面与拱端径向夹角为 20°，走向 138.68°（或 318.68°），该侧滑面即是表 4.4.4 左岸高程 455.00m 不满足抗滑稳定要求的代表侧滑面，1 号、3 号侧滑面所代表块体抗滑稳定满足要求，其与 2 号侧滑面夹角均为 5°。由图 4.4.2 可见，该 3 个侧滑面均不在裂隙优势产状方向，相应左岸高程 455.00m 裂隙连通率达 68%（优势产状方向约为 295°）。考虑计算侧滑面走向和裂隙优势产状方向的差异，则 2 号侧滑面方向裂隙连通率将大幅下降（2 号侧滑面方向裂隙数量约为优势产状方向裂隙数量的 30%），出于安全考虑，将侧滑面方向裂隙连通率按 40% 考虑复核该高程的坝肩抗滑稳定（计算结果详见表 4.4.6），满足安全标准要求。高程 545.00m 以下均满足抗滑稳定要求。

右岸高程 425.00m 1 号侧滑面与拱端径向夹角为 5°，走向 90.12°（或 270.12°），该侧滑面即是表 4.4.4 右岸高程 425.00m 不满足抗滑稳定要求的代表侧滑面。由图 4.4.2

可见，优势产状方向（约 78°）超过了拱端径向方向，不存在抗滑稳定问题。图中 2 号、3 号侧滑面与 1 号侧滑面夹角分别为 5°和 10°，1 号、2 号侧滑面均不满足抗滑稳定要求且 1 号最不安全，3 号侧滑面满足要求。由图 4.4.2，1~3 号侧滑面间裂隙数量不足优势产状方向（连通率 61%）裂隙数量的 10%，出于安全考虑，将侧滑面方向裂隙连通率也按 40%考虑复核该高程的坝肩抗滑稳定（计算结果详见表 4.4.6），满足安全标准要求。

表 4.4.6　　　　　　　平面抗滑稳定静力计算成果（抗剪断参数下限）　　　单位：10kN/m

岸坡	高程/m	工况 1		工况 2		工况 7	
		作用效应	抗力	作用效应	抗力	作用效应	抗力
左岸	545.00	7746	15462	7644	15294	7368	15630
	515.00	11930	13227	11876	13129	10981	13534
	485.00	14440	14527	14447	14519	12799	14565
	455.00	14810	15152	14828	15249	12469	13167
	425.00	11986	13381	11884	13572	9359	11508
右岸	545.00	7436	10563	7365	10416	7138	10870
	515.00	11828	12758	11831	12647	10947	12993
	485.00	15313	15909	15343	15865	13677	15895
	455.00	18426	19399	18414	19497	15568	16504
	425.00	16342	16409	16191	16627	12880	14011

4.4.3　空间抗滑稳定分析

1. 边界条件

由于抗力体中不存在典型定位块体和半定位块体，对地质分析中以平洞揭露的不完全连通的 NW、NWW 向小断层为侧滑面、切割水平岩体的平面为地滑面、坝踵铅垂柱面为上游脱开面、下游水垫塘开挖后地表为临空面所围成的块体进行抗滑稳定计算。

块体计算边界条件如图 4.4.3 所示。

上游脱开面为大致沿坝踵的铅垂柱面；侧滑面左岸为通过 f_{D15-9}、f_{D17-3} 与 f_{D37-6} 组合、f_{D35-8} 与 f_{D39-24} 组合等小断层组合的 3 个假定不连续切割面，这些切割面范围假定为从拟定底滑面延伸至地表坡面；底滑面为水平面，其高程根据地质勘探揭露的小断层产状及其分布偏安全选定；下游临空面为地表坡面。

右岸 f_{D46-12} 小断层原设计坝基下部分已在施工中随 K_{280} 的处理而挖除并回填了与坝体连成一体的混凝土，已不存在构成侧向切割面的条件。

2. 参数选取

底滑面、侧滑面抗剪断参数用该面各类岩层参数下限，面积加权平均值。计算中从小断层占侧滑面面积 100%算起，若不满足要求，则逐步降低百分比，直至完全满足要求为止。通过分析地质资料来判断此时小断层占侧滑面百分比取值的合理性，最终判断所分析块体的稳定性。

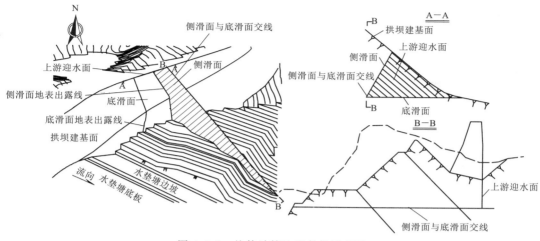

图 4.4.3　块体计算边界条件示意图

3. 成果分析

左坝肩块体抗滑稳定计算成果见表 4.4.7。计算成果表明，由小断层或其组合形成侧

表 4.4.7　　　　　　　　　　　　　左坝肩各块体抗滑稳定计算成果

		高程/m	540.00		470.00	450.00
底滑面		f	1.24		1.22	1.25
		c/MPa	13.40		13.20	13.50
侧滑面		结构面	f_{D34-8}、f_{D39-24} 倾角80°	f_{D35-8}、f_{D39-24} 倾角54°	f_{D17-3}、f_{D37-6}	f_{D5-9}
		f	0.35	0.25	0.5	0.45
		c/MPa	0.15	0.20	0.40	0.29
		断层面积/%	90	100	100	80
工况	1	作用效应/10kN	287998	213699	741062	659496
		抗力/10kN	450125	411324	884156	677474
	2	作用效应/10kN	282037	209736	738486	654489
		抗力/10kN	441784	404611	882249	680162
	7	作用效应/10kN	281364	209423	663635	574800
		抗力/10kN	455811	373361	809165	579249
	8	作用效应/10kN	267049	235287	1026183	697590
		抗力/10kN	1304538	1205750	2138265	1442529
	9	作用效应/10kN	264066	232620	1023755	695374
		抗力/10kN	1294556	1195658	2133412	1447932
	11	作用效应/10kN	306971	264809	1073982	725892
		抗力/10kN	1292933	1199722	2115257	1429308
	12	作用效应/10kN	303987	262142	1071555	723676
		抗力/10kN	1282951	1189632	2110404	1434712

滑面的块体抗滑满足稳定要求，根据实际开挖揭露的各断层出露情况，其占侧滑面面积的比例均低于计算比例，计算成果更偏安全。

4.5　拱坝及基础整体安全性研究

4.5.1　拱坝坝踵应力及开裂稳定性分析

由于拱坝坝踵应力及开裂受多种复杂因素的影响，采用不同的力学模型、不同的计算方法、不同的有限元网格划分尺寸，将会得到不同的分析结果。这给拱坝坝踵开裂稳定性的判断带来一定的困难。采用工程类比法，以完建蓄水、坝踵运行情况良好的二滩拱坝为"基准"，通过将构皮滩拱坝与二滩拱坝在同样条件下进行完全同等的计算，依据二者计算结果的对比，对构皮滩拱坝坝踵开裂的稳定性做出了评价。

4.5.1.1　简化模型下构皮滩拱坝与二滩拱坝坝踵开裂稳定性对比

简化模型采用均质地基，温度荷载采用美国垦务局计算公式，不考虑孔口及闸墩影响，计算得到无缝面渗压（干缝）条件下坝踵不同开裂深度竖向正应力及最大主应力分布如图 4.5.1 和图 4.5.2 所示，在同等条件下构皮滩与二滩等拱坝坝踵开裂深度与缝端主拉应力关系如图 4.5.3 所示。

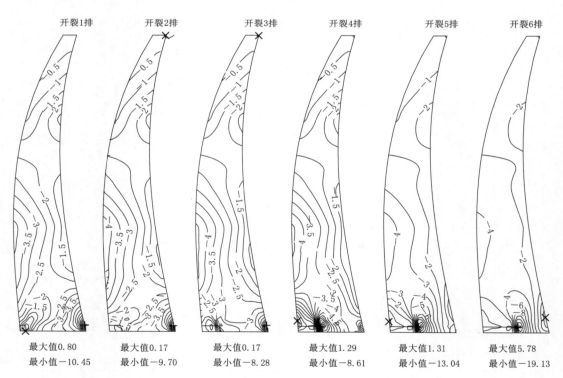

开裂1排	开裂2排	开裂3排	开裂4排	开裂5排	开裂6排
最大值0.80	最大值0.17	最大值0.17	最大值1.29	最大值1.31	最大值5.78
最小值−10.45	最小值−9.70	最小值−8.28	最小值−8.61	最小值−13.04	最小值−19.13

图 4.5.1　无缝面渗压开裂过程 z 向应力分布图（单位：MPa）
注　图中"×"为应力最大值出现位置，"+"为应力最小值出现位置。

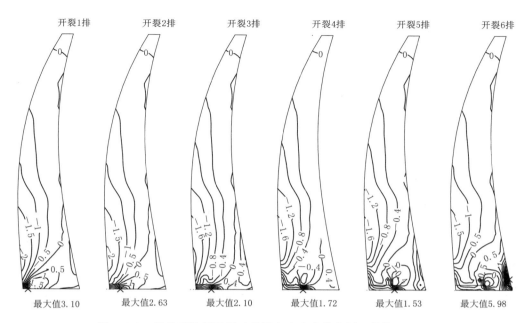

图 4.5.2 无缝面渗压开裂过程最大主应力分布图（单位：MPa）

注 图中"×"为应力最大值出现位置。

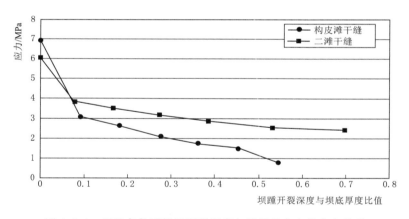

图 4.5.3 干缝条件下坝踵开裂深度与缝端最大主拉应力关系

有缝面渗压（湿缝）条件下坝踵不同开裂深度竖向正应力及最大主应力分布如图 4.5.4 和图 4.5.5 所示，在同等条件下构皮滩与二滩等拱坝坝踵开裂深度与缝端主拉应力关系如图 4.5.6 所示。

上游坝踵的形变观测资料反馈证明，二滩拱坝在处于最高水位时坝踵并未发现开裂迹象，尽管在蓄水过程中离上游坝踵 1.5m 的应变计产生了 480 με 的拉应变，但总应变仍呈受压状态，坝基渗透扬压力观测资料也表明渗压低于设计扬压力水平。

出于安全考虑，假定二滩上游坝踵区处于开裂前的临界状态，从图 4.5.3 和图 4.5.6 可以看出，这时二滩坝踵区实际可以抵抗 6.04MPa 的计算表观拉应力而不开裂。据此推

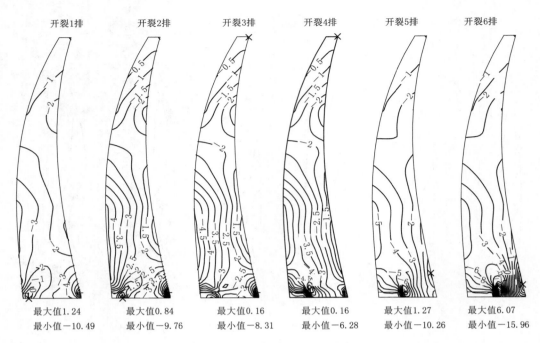

图 4.5.4　有缝面渗压开裂过程竖向正应力分布图（单位：MPa）

注　图中"×"为应力最大值出现位置，"＋"为应力最小值出现位置。

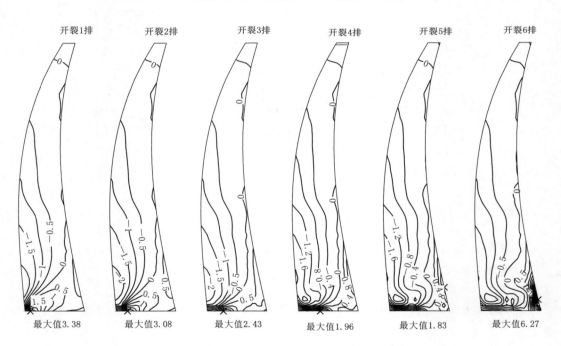

图 4.5.5　有缝面渗压开裂过程最大主应力分布图（单位：MPa）

注　图中"×"为应力最大值出现位置。

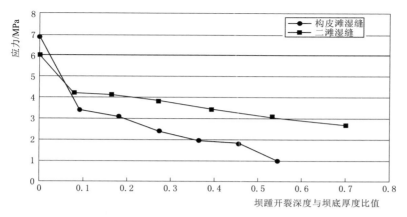

图 4.5.6　缝面全水头条件下坝踵开裂深度与缝端最大主拉应力关系

算，构皮滩拱坝在同等条件下坝踵开裂深度（假定构皮滩坝体混凝土也能承担 6.04MPa 的计算表观拉应力）将不会超过底宽的 2.5%，即深度不会超过 1.25m，离防渗帷幕还有相当距离，而且这是考虑缝面作用全水头渗压的结果。若不考虑渗压作用水头，则开裂深度将不会超过底宽的 2%。

从两座拱坝坝踵开裂深度与缝端主拉应力关系曲线对比还可看出，虽然构皮滩拱坝的曲线起点高于二滩拱坝，但曲线的斜率陡于二滩拱坝。这表明，对于构皮滩拱坝即使坝踵开裂了，缝端主拉应力也会很快降下来，这对构皮滩拱坝坝踵开裂稳定性来说是一个有利的因素。

综上所述，构皮滩和二滩两座拱坝坝踵的开裂稳定性相当，不会影响防渗帷幕的安全。

4.5.1.2　仿真模型与简化模型坝踵开裂稳定性对比

针对构皮滩拱坝的实际情况，分别考虑了非均匀地基、温度荷载按设计规范规定的方法计算、模拟孔口和闸墩设置对坝踵应力计算结果的影响。在综合考虑上述三种因素（简称"仿真模型"）的基础上，对构皮滩拱坝坝踵开裂进行不考虑渗压干缝条件下上游坝踵开裂计算和考虑渗压全水头作用条件下上游坝踵开裂计算。

从计算结果可以知，和未考虑以上三种因素计算结果相比，非均匀地基特别是坝踵上游附近 III_{01} 夹层影响，考虑了实际孔口和闸墩的影响，温度荷载按规范计算特别是考虑了封拱温度场低于多年平均温度场的影响，均使坝踵拉应力有所降低。

不考虑缝面渗压（干缝）条件下坝踵不同开裂深度竖向正应力及最大主应力分布如图 4.5.7 和图 4.5.8 所示。

考虑缝面渗压（湿缝）条件下坝踵不同开裂深度竖向正应力及最大主应力分布如图 4.5.9 和图 4.5.10 所示。

简化模型与仿真模型缝端主拉应力对比如图 4.5.11 和图 4.5.12 所示。与简化模型相比，仿真模型坝踵最大主拉应力由 6.92MPa 减小到 4.12MPa，约减小了 40%。从这两幅图的两条曲线对比看，仿真模型除曲线起点降低至 4.12MPa 外，其后的衰减规律与简化模型没有太大的本质变化，仍显示缝端主拉应力衰减速率较快的特点。

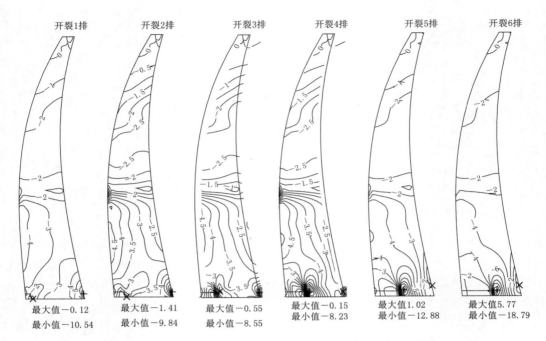

图 4.5.7　无缝面渗压开裂过程竖向正应力分布图（单位：MPa）

注　图中"×"为应力最大值出现位置，"+"为应力最小值出现位置。

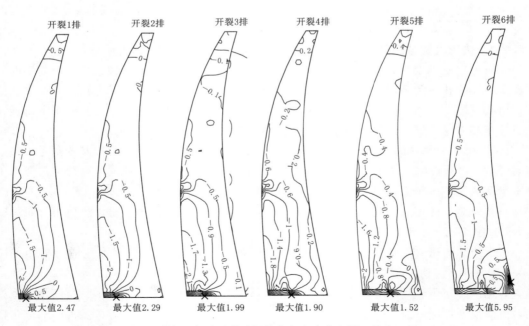

图 4.5.8　无缝面渗压开裂过程最大主应力分布图（单位：MPa）

注　图中"×"为应力最大值出现位置。

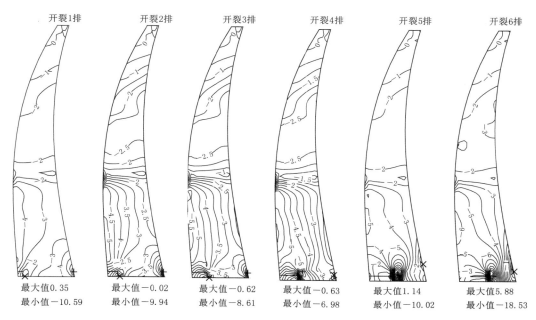

图 4.5.9　有缝面渗压开裂过程竖向正应力分布图（单位：MPa）

注　图中"×"为应力最大值出现位置，"＋"为应力最小值出现位置。

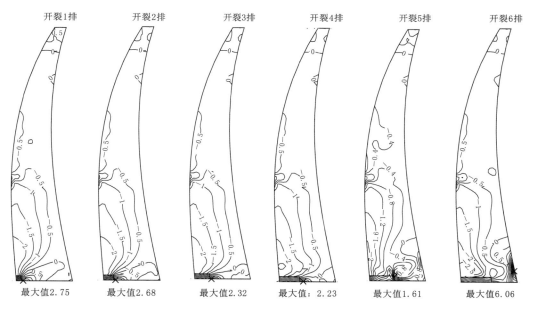

图 4.5.10　有缝面渗压开裂过程最大主应力分布图（单位：MPa）

注　图中"×"为应力最大值出现位置。

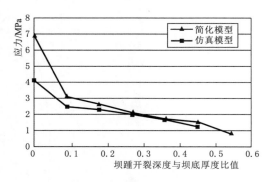

图 4.5.11　无缝面渗压作用坝踵开裂深度与缝端最大主拉应力关系

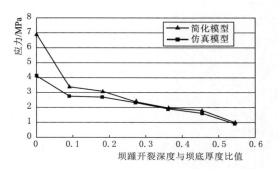

图 4.5.12　缝面作用全水头渗压坝踵开裂深度与缝端最大主拉应力关系

综上所述，根据工程类比法计算成果，构皮滩拱坝坝踵开裂稳定具有较大的安全储备。

4.5.2　拱坝三维整体稳定仿真破坏分析

为研究拱坝及其基础整体安全性，采用三维非线性有限元对拱坝及基础整体在正常运用及超载情况下坝体和基础工作性态进行了仿真研究。具体研究内容为：

（1）建立反映大坝、基岩构造的数值模型，模拟大坝及基岩的力学状态，非线性应力、变形及破坏。

（2）运用三维非线性有限元仿真 TFINE 程序，计算大坝及基础的正常运行，超载破坏状态，从而得出大坝及基础的稳定安全度。

（3）研究主要地质缺陷处理措施效果。

（4）结合工程类比。

4.5.2.1　计算模型

1. 计算网格

模型模拟了坝体及地形、地质条件。计算范围如图 4.5.13 所示，地质上除分区模拟

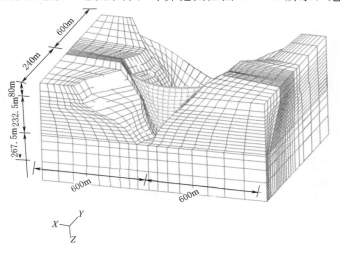

图 4.5.13　构皮滩拱坝数值计算范围示意图

地层外，还模拟了III_{01}夹层和层间错动（图4.5.14）。层间错动又模拟了按设计方案处理和不处理情况（图4.5.15）。

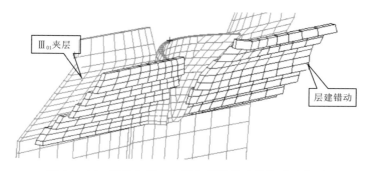

图 4.5.14 坝体与III_{01}夹层和层间错动的关系示意图

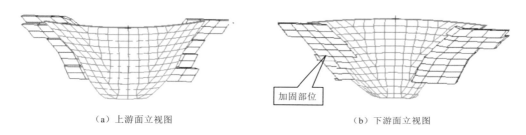

（a）上游面立视图　　　　　　　　　　　　　　（b）下游面立视图

图 4.5.15 坝肩加固处理示意图

对坝体及岩体均采用六面体单元进行模拟。模型计算全部采用8节点实体单元计算，单元总数为8177个；节点总数为9875个；坝体单元数为432个。

2. 计算参数

岩体及结构面力学参数取表1.3.6和表1.3.7中的值。

3. 强度准则及本构关系

岩体采用 Drucker - Prager 屈服准则（D-P准则），坝体采用四参数强度准则。采用增量刚度弹塑性方法构建本构关系，并采用常刚度迭代，按弹塑性断裂方法进行非线性迭代。

4. 点安全度评价方法

迭代完成后，根据岩体点应力状态采用 Mohr - Coulomb 条件计算点安全度。点安全度用于判断岩基内任意微小部分是否产生应力破坏。岩体中低于要求的点安全度曲面所围成的体积越小，岩体越安全。点安全度表示此点在最薄弱方向的安全度。

5. 拱坝极限承载能力评价方法

在正常蓄水位＋温升组合基础上，对上游水压力进行超载计算（水容重超载），求出拱坝极限承载能力。

运用三维有限元分析时，由于变形不能全部反映塑性变形状态，故远离极限荷载的下限。在计算时，采用位移收敛法或机构化法。

（1）收敛法。在三维有限元分析时，每次迭代必然要求每个节点都收敛，至不收敛时的荷载即为极限荷载。

（2）机构化法。在不断加载的状态下，拱坝结构逐渐由开裂到屈服直至成核破坏，大坝形成机构运动，屈服区连成一片，此时荷载也是极限荷载。

拱坝极限承载能力为上述两方法极限荷载的小值。

6. 计算工况

非超载情况考虑正常蓄水位＋温降、正常蓄水位＋温升、死水位＋温升和校核洪水位＋温升四种荷载组合分别考虑层间错动不加固和加固情况共 8 个计算工况。

超载计算在正常蓄水位＋温升组合基础上进行，层间错动不加固计算了 1～7 倍水压力超载 7 个工况，层间错动加固计算了 1～9 倍水压力超载 9 个工况。

4.5.2.2 计算成果

1. 正常运行情况

以下为典型工况-正常蓄水位＋温升组合加固和不加固两工况成果。

（1）坝体顺河向位移。

1）不加固：最大顺河向位移出现在下游面拱冠梁 580.00m 高程，为 61.8mm，从顺河向位移分布看，比较对称。左右拱端位移最大分别为 18.5mm 和 14.6mm，对应部位分别为下游 480.00m 和 560.00m 高程。

2）加固：最大顺河向位移出现在下游面拱冠梁 580.00m 高程，为 59.1mm，左右拱端位移最大分别为 14.8mm 和 12.7mm，对应部位与不加固情况相同。加固后左右拱端变形对称性增强，整体变形减少。

（2）坝体及建基面应力。

1）不加固：大坝应力分布对称，上游面最大主拉应力 1.01MPa，位于高程 420.00m左拱端；最大主压应力 3.9MPa，出现在 520.00m 高程的拱冠梁偏左处。下游面没有出现拉应力；下游面左右岸压应力基本对称，最大压应力 11.08MPa，出现在左建基面460.00m 高程处。建基面几乎全部受压，最大压应力 9.07MPa，只是在上游局部有小拉应力，建基面的切向剪应力显示比较对称，在左岸局部出现有相对较大切向剪应力。

2）加固：大坝应力分布对称，上游面最大主拉应力 0.87MPa，位于高程 420.00m 左拱端。加固后上游面拉应力改善明显。上游面最大主压应力 3.92MPa，出现在 500.00m高程的拱冠梁偏左处。下游面没有出现拉应力；下游面左右岸压应力基本对称，最大主压应力 9.98MPa，出现在高程 420.00m 左拱端处。建基面几乎全部受压，且对称性比加固前有改善，最大主压应力 8.26MPa，较加固前减小。建基面的切向剪应力显示比较对称，相对加固前左岸局部的切向剪应力减小。

（3）点安全度。部位加固前后点安全度列于表 4.5.1。

1）不加固：上游近坝安全度基本都在 1.5～2，没有太大变化；右岸中上部高程安全度要低于左岸相应部位。基础高程 420.00m 附近右岸强于左岸。建基面点安全度为1.5～5。

2）加固：加固后相应的安全度有所提高，特别是右岸坝肩提高明显，从 1.5～2 提高到 2～3；另外加固后左右岸安全度较接近，说明加固后左右岸刚度对称性增强，利于坝

表 4.5.1　　　　　　　　　　　　加固前后基础安全度对比

高　程/m		上游近坝	左坝肩	右坝肩
不加固	640.50	1.5～2	3	1.5～2
	620.00	1.5～2	3	1.5～2
	560.00	1.5～2	2～3	1.5～2
	500.00	1.5～2	2	1.5～2
	420.00	1.5	1.5～2	2
加固	640.50	1.5～2	3	2
	620.00	1.5～2	3	2～3
	560.00	1.5～2	3	2～3
	500.00	1.5～2	3	2
	420.00	1.5～2	2	2

体稳定，左岸底部高程的安全度也得到改善，可见加固效果明显。建基面点安全度相对未处理对应工况安全度范围没有明显改变，基本都在 3 左右（1.5～5），但是整个建基面点安全度分布要好于加固前的分布，也说明加固效果明显。

2. 超载情况

层间错动不加固和加固超载过程坝体及坝肩破坏过程见表 4.5.2 和表 4.5.3。

表 4.5.2　　　　　　　　层间错动未加固大坝整体稳定破坏仿真（增量法）

工况	上游坝面	下游坝面	左坝肩岩体	右坝肩岩体
$1P_0$	工作正常，无屈服区	工作正常，无屈服区	基本安全，无屈服区，	右坝肩整体安全度低于左坝肩
$2P_0$	上游局部有拉裂，坝踵应力增大，变形非线性	下游无屈服区第二主拉应力增大，变形非线性	安全基本无屈服，420.00m 高程附近局部拉应力增大	580.00～500.00m 高程出现局部屈服，整体安全度低于左岸
$3P_0$	坝踵开裂，左右拱端拉应力在 408.00～460.00m 高程集中增大	下游沿建基面表层屈服开裂，顶部高程出现裂纹	坝肩出现屈服，560.00～500.00m 高程沿近坝肩向山里局部开裂	右坝肩屈服拉开，出现岩体屈服开裂（上游坝踵）
$4P_0$	坝踵开裂扩展，左右拱端拉应力在 408.00～460.00m 高程开裂	下游沿建基面裂纹扩展，顶部高程出现裂纹扩展	坝肩出现开裂扩展，560.00～500.00m 高程开裂裂纹沿近坝肩向山里扩展	右坝肩开裂扩展，岩体开裂扩展（上游坝踵）
$5P_0$	下部开裂，上游坝踵开裂扩展	上部和下部高程开裂加快，坝面中部自然拱形成屈服	坝肩出现屈服，560.00～500.00m 高程沿层间错动向山里开裂扩展	右坝肩屈服（下游坝趾），中下部高程屈服明显，开始开裂滑移
$6P_0$	上部开裂，上游坝踵开裂裂纹扩展贯通	下游沿建基面表层出现开裂，坝面中上部高程屈服	坝肩出现屈服，中部高程开裂滑移	右坝肩屈服（下游坝趾），中下部高程继续开裂滑移
$7P_0$	下部裂缝扩展贯通	大面积屈服，变形加速增加，自然拱折断	开裂滑移	开裂滑移

表 4.5.3　　　　　　　　　　层间错动加固后大坝整体稳定破坏仿真（增量法）

工况	上游坝面	下游坝面	左坝肩岩体	右坝肩岩体
$1P_0$	工作正常，无屈服区	工作正常，无屈服区	基本安全，无屈服区	基本安全，无屈服区
$2P_0$	坝踵应力增大，变形非线性	工作正常，无屈服区	基本安全，无屈服区	基本安全，无屈服区
$3P_0$	上游坝面底部局部有拉裂，坝踵应力增大	下游无屈服区第二主拉应力增大，变形非线性	安全基本无屈服	安全基本无屈服
$4P_0$	坝踵开裂	下游面变形非线性，上部高程出现应力集中	坝肩出现局部屈服	坝肩出现局部屈服，上游靠坝踵应力集中
$5P_0$	坝踵开裂扩展，坝面上部高程出现应力集中	上部高程出现开裂	坝肩出现局部屈服，出现裂隙开裂	坝肩局部屈服（下游坝趾）
$6P_0$	坝踵开裂扩展，坝面上部高程出现开裂	上部高程出现开裂扩展，下部自然拱形成	坝肩出现屈服，出现裂隙开裂	坝肩屈服（下游坝趾），沿裂隙开裂扩展
$7P_0$	坝面上部高程开裂扩展，上游坝踵开裂扩展	上部高程开裂加快，坝面中部自然拱开始屈服	坝肩出现屈服，下游坝趾开裂扩展	右坝肩屈服（下游坝趾），开裂滑移
$8P_0$	上部开裂扩展加快，坝踵裂缝扩展加快	上部高程裂缝扩展贯通，坝建基面开裂扩展	坝肩出现屈服，下游坝趾开裂扩展加快	右坝肩屈服（下游坝趾），继续开裂滑移
$9P_0$	裂缝快速扩展，变形加速增加	大面积屈服，变形加速增加	开裂滑移	开裂滑移

由表 4.5.2、表 4.5.3 和图 4.5.16 可见，未加固大坝在给定参数下，在 $3P_0 \sim 4P_0$ 开始出现拐点，$4P_0 \sim 5P_0$ 后变形非线性梯度加大，超载能力能达到 $6P_0 \sim 7P_0$；加固后超载能力增强，在 $6P_0$ 后出现拐点，$7P_0 \sim 8P_0$ 非线性变形梯度增加，超载能力能达到 $8P_0 \sim 9P_0$。

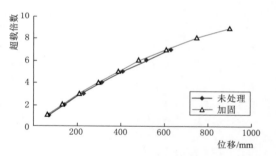

图 4.5.16　各级荷载与下游面拱冠梁特征点位移关系曲线

4.5.2.3　工程类比

清华大学多年研究的多座拱坝应力、基础变形及极限承载能力成果汇总列于表 4.5.4～表 4.5.7。综合对比，构皮滩拱坝整体安全度较高，与二滩拱坝相当，高于小湾拱坝。

表 4.5.4　　　　　　　　　　　拱坝坝体变形与应力值

工程名称	坝高/m	最大顺河方向变位/cm	最大主压应力/MPa	坝踵主拉应力/MPa
黑部川	125	16.9	7.8	
科尔布赖恩	150	17.34	9.8	0.87
铜头	75	2.0	2.4	0.9
东风	166	3.38	6.9	0.64
紧水滩	102	5.4	7.5	0.26

续表

工程名称	坝高/m	最大顺河方向变位/cm	最大主压应力/MPa	坝踵主拉应力/MPa
锦潭	123.3	4.47	6.2	1.0
英古里	271	22.3	12.4	
溪洛渡	278	15.75	15.02	
锦屏（2001年）	305	13.43	18.61	0.4
锦屏（2003年，加固）	305	9.12	6.67	0.63
小湾	292	21.8	12.7	0.46
二滩	245	13.41	11.7	0.2
构皮滩（加固，温降）	230.5	8.03	9.16	0.57
构皮滩（加固，温升）	230.5	5.91	9.98	0.34

表 4.5.5   拱坝基础（拱端）变形值

工程名称	坝高/m	最大值/mm	最小值/mm	差值/mm
铜头	75	14.3	5.8	8.5
李家峡	166	15.8	2.4	13.4
科尔布赖恩	150.0	15.0	3.0	12.0
英古里	271	22.0	6.0	16.0
东风	166	6.1	1.7	4.4
凤滩	148	5.0	2.0	3.0
拉西瓦	250.0	14.0	3.0	11.0
紧水滩	102	7	3	4
锦潭	123.3	36.6	3.1	33.5
溪洛渡	278	40.46	22.86	17.6
锦屏（2001年）	305	43.4	14.2	29.2
锦屏（2003年，加固）	305	25.2	2.1	23.1
小湾	292	35.6	11.2	24.4
二滩	245	23.8	6.0	17.8
构皮滩（加固，温降）	230.5	15	2.8	12.2
构皮滩（加固，温升）	230.5	14.8	3.3	11.5

表 4.5.6   大坝模型试验安全度（地质力学模型试验）

工程名称	坝高/m	弹性安全度	非线性开始安全度	极限荷载
凤滩	125	1.5	2.0	4.0
龙羊峡	165	1.25	1.5	3.4
紧水滩	102	1.87	3.9	9.0
东风（厚坝）	166	2.0	4.0	12
东风（薄坝）	166	2.0	3.8	8

续表

工 程 名 称	坝高/m	弹性安全度	非线性开始安全度	极 限 荷 载
李家峡	155	1.5	3.0	5.4
铜头（地基加固）	75	1.5	1.5	4.0
溪洛渡	278	1.8	5.0	6.5~8
锦屏（2001 年 7 月）	305	1.5~2	3~4	5~6
锦屏（基础处理）（2003 年 9 月）	305	2	4~5	6~7
小湾	292	1.5~2	3.0	7.0
二滩（模拟岩体黏聚力 c 值）	245	2.0	4.0	11~12
二滩（不模拟岩体黏聚力 c 值）	245	2.0	3.5	8.0
构皮滩（处理）（长江科学院）	230.5	2.4	4.4	8.6

表 4.5.7　　　　　　　　　　大坝安全度（由计算得出成果）

工程名称	点安全度 P.S.F	整体安全度 K	工程名称	点安全度 P.S.F	整体安全度 K
黑部川	2.5	5	东风	1.3	6.5
川治	1.8	7	紧水滩	2.3	10
川候	2.5	4	马尔帕赛	0.5	0.8
奈川渡	2.0	4.5	科尔不赖恩	0.7~1.5	3.2
龙羊峡	1.5	4	喀次	2.1	8
白山	1.8	4.5	石门子	2.5	6.5
铜头	1.5	4.5	溪洛渡	2.0	7~8
拉西瓦左岸Ⅱ号变形体	1.5	3.5	锦屏（2001 年）	1.5~2.5	5.0
李家峡左岸金三角体	1.2~1.8	5	锦屏（2003 年，加固）	1.5~3.5	6~7.0
英古里	2.0	6.5	小湾	1.5	7.0
伊泰普	2.0	3.5	二滩	2.0	8~9.0
龙滩	1.2	3.2	构皮滩（加固，温升）	2.0	8~9.0

4.5.3　拱坝地质力学模型试验研究

4.5.3.1　模型设计

模型比尺为 1:280，模拟了坝体与岩体，$Ⅲ_{01}$ 夹层、F_{b86}、F_{b112}、F_{b113}、F_{b114} 等层间错动以及 NW—NWW 向裂隙，模型如图 4.5.17 所示。施加在模型上的荷载为水压力和泥沙压力，荷载由设计荷载 P_0 逐级超载直至破坏。

4.5.3.2　主要试验成果

1. 设计荷载下的位移规律

设计荷载作用下的坝体变形如图 4.5.18 所示，主要规律为：

（1）坝体位移在总体上基本对称。

（2）最大径向位移发生在拱冠梁顶部，数值为 62.1mm。由于拱端下部附近存在 F_b

图 4.5.17　地质力学模型

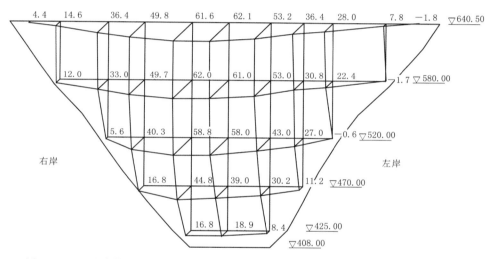

图 4.5.18　设计荷载作用下的坝体下游面径向位移（单位：高程为 m；其余为 mm）

层间错动带，上部拱端又坐落在变形模量较低的 P_1q^4 层上，离志留系中统 S_2h^1 的距离，右岸较左岸近，所以坝体位移右岸比左岸稍大。

（3）坝顶两端左、右岸切向位移均指向山里，分别为 19.6mm 和 18.2mm，比较对称。

2. 超载过程坝体位移

在超载过程中，随着荷载的不断加大，位移量也越来越大，顶拱荷载-位移关系图如图 4.5.19 所示，拱冠梁荷载-位移关系图如图 4.5.20 所示。

从图 4.5.19 可以看出，在超载初期，坝体以拱冠梁偏右岸位移变化较快，而到 $4.4P_0$ 以后，左右岸位移变化速率差不多。到超载后期，位移最大发生在拱冠梁上。从图 4.5.20 可以看出，上部位移比下部位移大，最大位移一直发生在顶部。在超载过程中，$2.4P_0$ 以前变化速率相近，$2.4P_0 \sim 5.2P_0$ 阶段变化速率比 $2.4P_0$ 以前快，而 $5.2P_0$ 到最

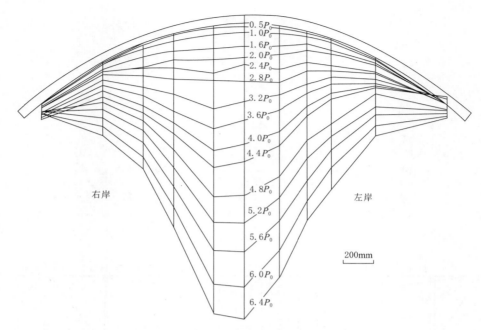

图 4.5.19 顶拱荷载-位移关系 (P_0 为设计荷载)

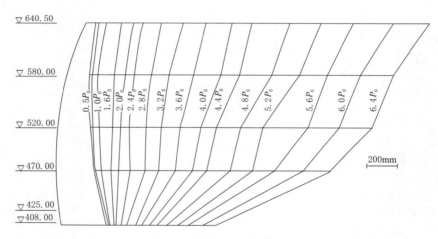

图 4.5.20 拱冠梁荷载-位移关系 (P_0 为设计荷载)

后破坏变化速率更快。

在超载过程中，左、右岸位移规律比较相似，但位移值不同，在 $5.0P_0$ 以前，右岸位移普遍比左岸大，$5.0P_0$ 以后两岸位移差别不大。主要原因是：超载初期，大坝两端山体均以压缩变形为主，由于右岸 F_b 层间错动带离坝肩较近，超载 $5.0P_0$ 以前，均以右岸变形大于左岸变形，但当坝体出现塑性变形以后，梁的作用减弱，坝体拱向推力加大，而右岸山体又比左岸雄厚，此时，坝体位移又出现了左岸变化率大于右岸，最后两岸位移趋于一致。

3. 坝体及坝基破坏情况

在超载过程中，大坝及坝基逐步破坏的情况为：

（1）在设计荷载下，坝体左右岸变形比较对称，最大位移为 62.1mm，发生在拱冠梁顶部。

（2）在超载情况下，开始坝体右岸变形比左岸稍快，$5.0P_0$ 以后，坝体基本保持对称。

（3）从荷载变形曲线可见：坝体在 $2.4P_0$ 以后出现第一拐点，说明坝体开始进入塑性阶段。在 $4.4P_0$ 以后出现第二拐点，坝体开始进入破坏阶段，在 $6.0P_0$ 以后，坝体下游面出现可见裂缝，到 $8.6P_0$ 以后坝体最终破坏，大坝最终破坏性态如图 4.5.21 所示。

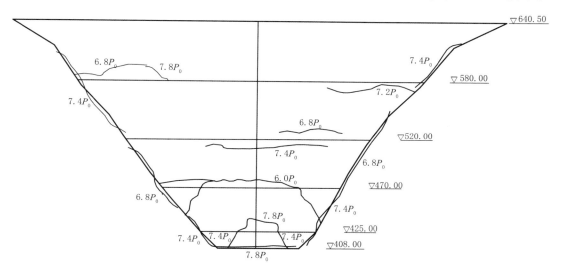

图 4.5.21　下游面坝体破坏示意图（P_0 为设计荷载）

（4）坝肩山体，在设计荷载作用下，两岸山体整体变形比较对称，位移值不大。

（5）坝肩山体中的夹层、层间错动带及裂隙在设计荷载作用下相对位移小于 3mm。

（6）在超载情况下，左右岸山体中的夹层、层间错动带和裂隙相对位移很小，没有明显滑动现象，说明层间错动带的处理效果较明显。

（7）坝肩在经过处理后，整体稳定性较好，没有明显的滑动通道，坝肩的抗滑超载安全度较高。

4.6　拱坝抗震性能研究

对大坝抗震性能，分别采用拱梁分载法和有限元法进行分析计算，并根据拱梁分载法计算的拱端推力，采用刚体极限平衡法分析两岸坝肩抗滑稳定安全性能。对于有限元分析，首先进行线弹性动力反应分析，分别采用反应谱法和时程法计算了不同工况下坝体的动力反应，并研究了水位、地震荷载时程频谱特性及无限地基辐射阻尼对坝体动力反应的影响。然后进行横缝非线性有限元动力分析，采用动接触边界模拟横缝的非线性力学行为，研究不同库水位、不同地震输入等因素对横缝张开度的影响。

4.6.1　拱梁分载法动力分析

1. 计算工况

地震和其他作用的作用效应组合属偶然状况，考虑了以下工况：

工况 1：正常蓄水位＋温降＋设计地震。

工况 2：正常蓄水位＋温升＋设计地震。

工况 3：死水位＋温降＋设计地震。

工况 4：死水位＋温升＋设计地震。

工况 5：正常蓄水位＋温降＋校核地震。

工况 6：正常蓄水位＋温升＋校核地震。

工况 7：死水位＋温降＋校核地震。

工况 8：死水位＋温升＋校核地震。

拱梁分载法动力计算采用浙江大学刘国华等编制的 ADCAS 程序完成，对坝体划分为 9 拱 18 梁进行应力计算，计算中模拟了表孔，未模拟闸墩及表孔顶部连接梁。

2. 计算结果

空库基频 1.99Hz，死水位基频 1.79Hz，正常蓄水位基频 1.46Hz。

动静力叠加后的坝体应力成果见表 4.6.1。计算成果表明，坝体最大主拉应力受死水位温升＋地震组合控制，在设计地震时坝体最大主拉应力为 2.86MPa，在遇校核地震时为 3.64MPa，超过了该部位 $C_{180}30$ 混凝土的拉应力控制标准 2.80MPa，其余工况下坝体拉应力和压应力均满足坝体混凝土应力控制标准的要求。

由于当时设计规范对校核地震工况尚无相应的应力控制标准，即使按设计地震控制标准判断，也仅在坝顶拱冠附近局部位置出现应力超标，范围不大。另外，根据横缝非线性有限元动力计算结果，在考虑遭遇校核地震时横缝最大开度为 3.7mm，也出现在坝顶拱冠部位，其最大张开值在横缝止水材料允许变形范围内，横缝张开后，坝体上游面的最大拉应力也处于较低水平。

表 4.6.1　　　　拱梁分载法动力分析应力计算成果表　　　　单位：MPa

计算工况		上　　游　　面		下　　游　　面	
		最大主压应力	最大主拉应力	最大主压应力	最大主拉应力
1	数值	7.80	−1.91	8.34	−1.79
	部位	表孔堰顶拱冠	高程 545.00m 右拱端	高程 485.00m 左拱端	表孔堰顶拱冠左侧附近
2	数值	6.80	−2.13	8.45	−1.88
	部位	表孔堰顶拱冠	高程 575.00m 拱冠	高程 485.00m 左拱端	表孔堰顶拱冠左侧附近
3	数值	6.69	−1.99	5.67	−2.32
	部位	高程 425.00m 左拱端	表孔堰顶拱冠	高程 485.00m 左拱端	表孔堰顶拱冠右侧附近
4	数值	6.54	−2.86	5.79	−2.00
	部位	高程 425.00m 左拱端	表孔堰顶拱冠	高程 485.00m 左拱端	表孔堰顶拱冠左侧附近

续表

计算工况		上 游 面		下 游 面	
		最大主压应力	最大主拉应力	最大主压应力	最大主拉应力
5	数值	8.77	−2.56	8.74	−2.43
	部位	表孔堰顶拱冠	高程 575.00m 拱冠	高程 485.00m 左拱端	表孔堰顶拱冠左侧附近
6	数值	7.77	−2.82	8.86	−2.51
	部位	表孔堰顶拱冠	高程 575.00m 拱冠	高程 485.00m 左拱端	表孔堰顶拱冠左侧附近
7	数值	6.95	−2.76	6.04	−2.96
	部位	高程 425.00m 左拱端	表孔堰顶拱冠	高程 485.00m 左拱端	表孔堰顶拱冠右侧附近
8	数值	6.80	−3.64	6.16	−2.68
	部位	高程 425.00m 左拱端	表孔堰顶拱冠	高程 485.00m 左拱端	表孔堰顶拱冠左侧附近

注 "−"表示拉应力。

4.6.2 线弹性有限元动力分析

线弹性有限元静动力反应分析分别采用反应谱法和时程法计算了不同工况下坝体的动力反应，并研究了水位、地震荷载时程频谱特性及无限地基辐射阻尼对坝体动力反应的影响。

4.6.2.1 计算条件

线弹性有限元动力反应分析采用 ABAQUS 程序完成。对于反应谱法动力分析，地震荷载采用抗震设计规范提供的标准谱；对于地震时程，采用了标准谱生成的地震波，另外再加一组 Koyna 实测地震波，共计 2 组 6 条地震时程。对于地震动水压力，将地震动水压力折算为与单位地震加速度相应的坝面附加质量（即采用 Westergaard 公式）。

4.6.2.2 设计地震作用下坝体动力分析

1. 自振特性

拱坝在正常蓄水位和死水位条件下的 1 阶自振频率分别为 1.5Hz 和 1.9Hz，第 1、第 2 阶频率非常接近；同样地基条件下，低水位的前 10 阶自振频率比高水位的同阶自振频率值要大 10%~25%，符合拱坝动力特性的一般规律；前 6 阶振型参与系数主要以横河向或顺河向的水平向地震为主。这些规律与拱梁分载法计算得出的结果基本一致。

拱坝的第 1 阶、第 3 阶振型为对称振型，第 2 阶振型为反对称振型，水位变化、地基均匀与否，对振型变化的规律基本不产生影响。

2. 反应谱法和时程法动力分析

采用反应谱法和时程法进行动力对比计算，分 6 种工况进行比较，分别为工况 1 和工况 4、工况 2 和工况 5、工况 3 和工况 6，地基条件采用非均匀地基，反应谱法地震荷载采用规范标准反应谱，时程法地震荷载采用由规范谱反演的人工时程。具体计算对比工况如下：

工况 1：反应谱法，分缝自重＋水压（630.00m 水位）＋泥沙压力（491.31m）＋设计温降＋设计地震（0.116g），非均匀地基。

工况 4：时程法，分缝自重＋水压（630.00m 水位）＋泥沙压力（491.31m）＋设计温降＋设计地震（0.116g），非均匀地基。

工况2：反应谱法，分缝自重＋水压（630.00m水位）＋泥沙压力（491.31m）＋设计温升＋设计地震（0.116g），非均匀地基。

工况5：时程法，分缝自重＋水压（630.00m水位）＋泥沙压力（491.31m）＋设计温升＋设计地震（0.116g），非均匀地基。

工况3：反应谱法，分缝自重＋水压（590.00m水位）＋泥沙压力（491.31m）＋设计温升＋设计地震（0.116g），非均匀地基。

工况6：时程法，分缝自重＋水压（590.00m水位）＋泥沙压力（491.31m）＋设计温升＋设计地震（0.116g），非均匀地基。

动力结果与静力结果按最大可能发生情况进行叠加，以上6种工况下拱坝坝面动位移、坝面主应力极值见表4.6.2。

表4.6.2　　　　　　　不同工况顺河向最大动位移、应力极值比较

工况	水位/m	分析方法	最大动位移/cm	上游坝面最大应力/MPa		下游坝面最大应力/MPa	
				主拉应力	主压应力	主拉应力	主压应力
1	630.00	反应谱法	3.40	5.85*	−7.14	2.38	−9.65*
				2.5**			−7.0**
4		时程法	4.16	6.94*	−7.42	1.6	−11.27*
				2.5**			−8.0**
2	630.00	反应谱法	3.40	5.80*	−7.03*	2.38	−10.01*
				2.5**	−6.41**		−7.5**
5		时程法	4.16	6.89*	−7.15*	1.48	−11.62*
				2.5**	−6.73**		−8.0**
3	590.00	反应谱法	2.90	3.70*	−8.67*	3.11	−8.39*
				2.92**	−4.90**		−6.0**
6		时程法	2.84	4.43*	−8.65*	2.19	−9.09*
				2.22**	−4.98**		−6.5**

注　上标*说明此应力极值点位于应力集中区；相应地，不考虑局部应力集中区，其余区域的应力极值用上标**标注。"−"表示压应力。

从表4.6.2可见，正常蓄水位（工况1和工况4、工况2和工况5）、死水位（工况3和工况6）3组工况下，采用反应谱法与时程法计算得到的坝面动位移和动应力分布规律基本一致，对于受动力作用主导的大坝上部坝体拉应力，反应谱法得到的应力普遍略高于时程法，两者的压应力则相差不大，说明采用反应谱法进行动力分析基本上可以反映设计地震作用下结构的动力反应水平。

坝体动力响应的主要结论如下：

（1）动位移以顺河向位移为主，正常蓄水位情况下的动位移明显大于低水位的动位移。

（2）在正常蓄水位工况、静、动荷载联合作用下，除静力荷载引起的坝踵区高拉应力

仍然存在并基本保持原有水平外，上、下游坝面 $1/3\sim1/2$ 坝高以上的区域由于动力作用都产生明显的拉应力；较大的主压应力主要发生在下游面，和单独静力作用相比，动静联合作用下的压应力有所增大。因此，坝体主拉、主压应力均由动力工况控制。

（3）相同水位下，温升和温降荷载对于静、动荷载联合作用下坝体的总体反应影响不大，温度荷载的影响规律与静力分析结果是一致的。

（4）对比正常蓄水位、死水位工况下相应高应力区的范围，在死水位工况下坝体上下游上部坝体的主拉应力都大于正常蓄水位情况，说明高水位时上游水压的压紧作用缓解了上部坝体的动力反应，但高水位情况下整个坝体的压应力以及坝踵附近的拉应力还是高于死水位工况，这是静力作用占主导地位的结果。

3. 地震频谱特性影响分析

在正常蓄水位和死水位各工况下，对地震荷载分别采用规范谱（抗震设计规范提供的标准设计反应谱）反演地震时程波和 Koyna 地震时程波进行对比计算，共比较了 3 组工况，分别为工况 4 和工况 8、工况 5 和工况 9、工况 6 和工况 10，具体计算工况如下。

工况 4：规范谱地震波时程法，分缝自重＋水压（630.00m 水位）＋泥沙压力（491.31m）＋设计温降＋设计地震（0.116g），非均匀地基。

工况 8：Koyna 地震波时程法，分缝自重＋水压（630.00m 水位）＋泥沙压力（491.31m）＋设计温降＋设计地震（0.116g），非均匀地基。

工况 5：规范谱地震波时程法，分缝自重＋水压（630.00m 水位）＋泥沙压力（491.31m）＋设计温升＋设计地震（0.116g），非均匀地基。

工况 9：Koyna 地震波时程法，分缝自重＋水压（630.00m 水位）＋泥沙压力（491.31m）＋设计温升＋设计地震（0.116g），非均匀地基。

工况 6：规范谱地震波时程法，分缝自重＋水压（590.00m 水位）＋泥沙压力（491.31m）＋设计温升＋设计地震（0.116g），非均匀地基。

工况 10：Koyna 地震波时程法，分缝自重＋水压（590.00m 水位）＋泥沙压力（491.31m）＋设计温升＋设计地震（0.116g），非均匀地基。

以上 6 种工况下拱坝坝面动位移、坝面主应力极值见表 4.6.3。

表 4.6.3　　　　　　不同地震荷载顺河向最大动位移、应力极值比较

工况	水位/m	地震荷载	最大动位移/cm	上游坝面最大应力/MPa		下游坝面最大应力/MPa	
				主拉应力	主压应力	主拉应力	主压应力
4	630.00	规范谱	4.16	6.94[*]	-7.42	1.6	-11.27[*]
				2.5[**]			-8.0[**]
8		Koyna	6.07	6.83[*]	-8.18	2.02	-11.56[*]
				2.5[**]			-8.0[**]
5	630.00	规范谱	4.16	6.89[*]	-7.15[*]	1.48	-11.62[*]
				2.5[**]	-6.73[**]		-8.0[**]
9		Koyna	6.07	6.78[*]	-7.46[*]	1.79	-11.79[*]
				2.50[**]	-7.38[**]		-8.0[**]

工况	水位/m	地震荷载	最大动位移/cm	上游坝面最大应力/MPa		下游坝面最大应力/MPa	
				主拉应力	主压应力	主拉应力	主压应力
6	590.00	规范谱	2.84	4.43*	-8.65^*	2.19	-9.09^*
				2.22**	-4.98^{**}		-6.5^{**}
10		Koyna	3.30	4.24*	-8.66^*	2.23	-8.84^*
				2.43**	-4.81^{**}		-6.5^{**}

注 上标*说明此应力极值点位于应力集中区;相应地,不考虑局部应力集中区,其余区域的应力极值用上标**标注。"一"表示压应力。

从计算结果看,构皮滩拱坝对 Koyna 地震的反应比对规范谱地震的反应要激烈一些,表现在:

(1) Koyna 地震波的反应相比规范谱地震波的反应,各向动位移要大。

(2) 从拱冠梁上游面顶点的加速度时程看,Koyna 地震情况下的加速度峰值大于规范谱地震情况下的峰值。

(3) Koyna 地震波的反应相比规范谱地震的反应,上游坝面主拉应力区的范围稍大,且相同部位主拉应力要大;下游坝面主拉应力区增大,相同部位主拉应力水平也明显增加。对两条地震,上、下游坝面主压应力分布基本接近,但对 Koyna 地震波的反应比规范谱地震波的反应稍大一些。

根据两组地震波的加速度谱对比,Koyna 地震波反应谱在高频段比较"尖",放大系数明显高于规范谱,可能是导致动力反应较大的原因。

4. 无限地基辐射阻尼影响研究

采用弹簧-阻尼边界模型模拟地基边界条件,对地基辐射阻尼的影响研究,共选用了2组计算工况进行对比,分别为工况5和工况11、工况6和工况12,具体计算工况如下。

工况5:时程法,分缝自重+水压(630.00m 水位)+泥沙压力(491.31m)+设计温升+设计地震(0.116g),无质量截断地基。

工况11:时程法,分缝自重+水压(630.00m 水位)+泥沙压力(491.31m)+设计温升+设计地震(0.116g),有质量无限地基(辐射阻尼)。

工况6:时程法,分缝自重+水压(590.00m 水位)+泥沙压力(491.31m)+设计温升+设计地震(0.116g),无质量截断地基。

工况12:时程法,分缝自重+水压(590.00m 水位)+泥沙压力(491.31m)+设计温升+设计地震(0.116g),有质量无限地基(辐射阻尼)。

以上四种工况坝面动位移、主应力极值见表 4.6.4。

考虑地基辐射阻尼影响后,构皮滩拱坝对规范谱地震时程的反应有比较明显的降低;坝面高应力区的范围大大缩小(但形态相似),总体反应水平明显降低,对于不同反应分量,降低幅度为 10%~30%;在死水位工况,地基辐射阻尼对拉应力的"削峰"作用,对上游面极值超过了 40%,对下游面极值也超过了 15%。因此,对于构皮滩拱坝,地基辐射阻尼对地震能量的耗散作用相对来说比较明显,这对坝体的抗震安全是有利的。

表 4.6.4　　　　　　　　　不同地基模拟方式顺河向最大动位移、应力极值比较

工况	水位/m	地震荷载	最大动位移 /cm	上游坝面最大应力/MPa		下游坝面最大应力/MPa	
				主拉应力	主压应力	主拉应力	主压应力
5	630.00	无质量截断地基	4.16	6.89*	−7.15*	1.48	−11.62*
				2.5**	−6.73**		−8.0**
11		有质量无限地基	2.60	6.70*	−6.67*	0.84	−11.09*
				2.5**	−5.84**		−8.0**
6	590.00	无质量截断地基	2.84	4.43*	−8.65*	2.19	−9.09*
				2.22**	−4.98**		−6.5**
12		有质量无限地基	1.98	3.93*	−8.32*	1.85	−8.62*
				1.32**	−4.44**		−6.5**

注　上标*说明此应力极值点位于应力集中区；相应地，不考虑局部应力集中区，其余区域的应力极值用上标**标注。"−"表示压应力。

4.6.2.3　校核地震作用下坝体动力反应分析

采用振型叠加反应谱方法和时程法对校核地震下坝体动力反应进行对比计算，考虑非均匀地基条件下两种运行水位的工况，分析中取前 30 阶振型进行叠加计算，动力结果按照最大可能出现拉、压应力与静力结果进行叠加，对比计算工况如下。

工况 1：反应谱法，分缝自重＋水压（630.00m 水位）＋泥沙压力（491.31m）＋设计温降＋校核地震（0.148g），非均匀地基。

工况 4：时程法，分缝自重＋水压（630.00m 水位）＋泥沙压力（491.31m）＋设计温降＋校核地震（0.148g），非均匀地基。

工况 2：反应谱法，分缝自重＋水压（630.00m 水位）＋泥沙压力（491.31m）＋设计温升＋校核地震（0.148g），非均匀地基。

工况 5：时程法，分缝自重＋水压（630.00m 水位）＋泥沙压力（491.31m）＋设计温升＋校核地震（0.148g），非均匀地基。

工况 3：反应谱法，分缝自重＋水压（590.00m 水位）＋泥沙压力（491.31m）＋设计温升＋校核地震（0.148g），非均匀地基。

工况 6：时程法，分缝自重＋水压（590.00m 水位）＋泥沙压力（491.31m）＋设计温升＋校核地震（0.148g），非均匀地基。

以上 6 种工况下拱坝坝面动位移、坝面主应力极值对比见表 4.6.5。

在校核地震作用下，坝体动力反应主要结论如下：

（1）与设计地震相比，校核地震作用下拱坝的动力反应明显增大，位移和拉应力增大约 30%，压应力变化不显著。不同强度地震作用下拱坝的反应分布规律比较相近。

（2）动位移仍以顺河向位移为主，正常蓄水位情况下的动位移明显大于低水位的动位移。

（3）静、动荷载联合作用下，除静力荷载引起的坝踵区高拉应力仍然存在并基本保持原有水平外，上、下游坝面 1/3～1/2 坝高以上的区域由于动力作用都产生明显的拉应力；较大的主压应力主要发生在下游面，和单独静力作用相比，动静联合作用下的压应力有所

减小，因此，坝体主压应力由静力工况控制。

表 4.6.5　　　　　　　　　不同工况顺河向最大动位移、应力极值比较

工况	水位/m	分析方法	最大动位移/cm	上游坝面最大应力/MPa 主拉应力	上游坝面最大应力/MPa 主压应力	下游坝面最大应力/MPa 主拉应力	下游坝面最大应力/MPa 主压应力
1	630.00	反应谱法	4.34	5.96*	7.81	3.20	−9.80*
				3.0**			−7.5**
4		时程法	5.30	7.34*	−8.05	2.27	−11.85*
				3.0**			−8.0**
2	630.00	反应谱法	4.34	6.18*	−7.31*	3.1	−10.17*
				3.0**	−7.05**		−7.5**
5		时程法	5.30	7.29*	−7.46*	2.24	−12.20*
				3.0**	−7.34**		−8.0**
3	590.00	反应谱法	3.70	4.02*	−8.99*	3.84	−8.50*
				3.72**	−5.14**		−6.5**
6		时程法	3.62	4.80*	−8.95*	2.14	−9.36*
				2.82**	−5.27**		−7.0**

注　上标 * 说明此应力极值点位于应力集中区；相应地，不考虑局部应力集中区，其余区域的应力极值用上标 ** 标注。"−"表示压应力。

（4）正常蓄水位下，温升和温降荷载对于静、动联合作用下坝体的总体反应影响不大，影响规律与静力分析结果是一致的。

（5）对比正常蓄水位、死水位下相应高应力区的范围，发现死水位情况下上、下游上部坝体的主拉应力都大于正常蓄水位情况，说明高水位时上游水压的压紧作用缓解了上部坝体的动力反应。但高水位情况下整个坝体的压应力以及坝踵附近的拉应力还是高于死水位工况，这是静力作用占主导地位的结果。

（6）总体来说，反应谱法计算得到的动位移与历程法计算得到的动位移分布规律基本一致，从位移值来看，不同工况下两种方法计算的结果互有大小，但是相差不大。说明两个方法具有可比性。

（7）从应力结果来看，反应谱法和时程法计算所得的应力分布规律比较相似，对于受动力作用主导的大坝上部坝体拉应力，反应谱法得到的应力水平普遍略高于时程法，压应力则差异不大，说明采用反应谱法进行动力分析基本上可以反映结构地震反应水平。

4.6.2.4　坝体动力反应的工程类比

将构皮滩拱坝线弹性分析计算结果（取非应力集中区极值）和二滩、白鹤滩等拱坝同等条件下的计算结果做了对比，见表 4.6.6 和表 4.6.7。所谓"同等条件"是指：①地基条件均为无质量、均匀截断地基；②采用同样的计算程序进行分析计算；③地震荷载采用各自工程的设计人工地震荷载；④水位及材料参数等采用各自工程的运行水位以及材料参数。

表 4.6.6　　　　三座拱坝线弹性分析坝面静动叠加应力最大值比较（高水位条件）

拱坝名	坝高 /m	人工地震峰值 加速度/g	上游坝面		下游坝面	
			主拉应力	主压应力	主拉应力	主压应力
构皮滩	230.5	0.116（设计）	2.5	−6.73	1.48	−8.0
		0.148（校核）	3.0	−7.34	2.24	−8.0
二滩	240	0.263	2.91	−10.40	2.79	−9.43
白鹤滩	284	0.325	4.5	−16.1	6.1	−14.5

注　"−"表示压应力。

表 4.6.7　　　　三座拱坝线弹性分析坝面静动叠加应力最大值比较（低水位条件）

拱坝名	坝高 /m	人工地震峰值 加速度/g	上游坝面		下游坝面	
			主拉应力	主压应力	主拉应力	主压应力
构皮滩	230.5	0.116（设计）	2.22	−4.98	2.19	−6.5
		0.148（校核）	2.82	−5.27	2.14	−7.0
二滩	240	0.263	3.56	−5.47	3.95	−7.0
白鹤滩	284	0.325	5.0	−12.3	5.3	−11.5

注　"−"表示压应力。

从以上 3 座拱坝的分析计算结果看，构皮滩拱坝的静动叠加应力水平在这 3 座高拱坝中属于最低水平，拉应力水平低于另外两个拱坝，与同类拱坝相比，构皮滩拱坝具有较高的抗震安全度。即使遇校核地震，坝体最大拉应力亦低于另两座拱坝设计地震情况。

4.6.2.5　线弹性有限元动力反应分析主要结论

在线弹性条件下，对构皮滩拱坝进行动力反应分析，并研究各种因素的影响规律，可得出以下结论：

（1）自振特性分析表明，构皮滩拱坝-地基-库水系统的基频对于正常蓄水位（630.00m）和死水位（590.00m）库水位情况分别为 1.53Hz 和 1.90Hz，高低水位对于自振频率的影响约 10%～25%；第 1、第 3 阶振型为对称振型，第 2 阶振型为反对称振型；地基非均匀性对自振特性影响不大。

（2）反应谱法计算结果表明，构皮滩拱坝动位移以顺河向位移为主，正常蓄水位动位移明显大于低水位情况。静、动荷载联合作用下，除静力荷载引起的坝踵区高拉应力仍然存在并基本保持原有水平外，上、下游坝面 1/3～1/2 坝高以上的区域由于动力作用都产生明显的拉应力；较大的主压应力在上、下游面都有出现，压应力极值主要发生在低高程的坝肩附近。对比正常蓄水位、死水位下相应高应力区的范围，死水位情况下上、下游上部坝体的主拉应力都大于正常蓄水位情况，说明高水位时上游水压的压紧作用缓解了上部坝体的动力反应，但高水位情况下整个坝体的压应力以及坝踵附近的拉应力还是高于死水位工况，这是静力作用占主导地位的结果。

（3）相比于设计地震（峰值加速度 0.116g），校核地震（0.148g）作用下拱坝的地震反应水平显著增大，位移和坝体主要区域拉应力值增加了 30% 左右，压应力差异不是很大；不同强度地震作用下拱坝的动力反应基本规律是相似的，无论是位移还是应力分布图形都基本一致。

（4）在同等强度地震荷载作用下，反应谱法与时程法所得的拱坝坝面动位移和应力分布规律基本一致，两者计算所得的位移值可能互有大小，但差异不大。对于受动力作用主导的大坝上部坝体拉压应力，反应谱法得到的应力普遍略高于时程法，说明两个方法具有可比性，采用反应谱法进行动力分析基本上是可以反映结构地震反应水平的。

（5）采用等效均质地基和实际非均匀地基进行分析，对构皮滩拱坝动力反应影响不大，无论从反应分布规律还是量值来看，两者都非常相近，说明采用等效均质地基进行简化可以满足工程要求。

（6）不同频谱特性的地震输入对拱坝动力反应有较大影响。本书选用的实测 Koyna 地震时程反应谱在主要频段的动力放大系数明显高于规范标准谱，因此分析所得的动力反应相比规范谱地震也有显著增大。

（7）考虑地基辐射阻尼影响后，构皮滩拱坝对规范谱地震时程的反应有比较明显的降低，一方面表现在坝面高应力区的范围大大缩小（但形态相似），另一方面是反应的总体水平显著降低，尤其是在死水位工况，地基辐射阻尼对拉应力的"削峰"作用，对上游面极值超过了 40%，对下游面极值也超过了 15%，因此，对于构皮滩拱坝，地基辐射阻尼对地震能量的耗散作用相对来说比较明显，这对坝体的抗震安全是有利的。

（8）将构皮滩拱坝线弹性分析计算结果（取非应力集中区极值）和二滩、白鹤滩等拱坝在同等条件下的计算结果进行对比，构皮滩拱坝的静动叠加应力水平在这三座高拱坝中属于较低水平，拉应力水平低于另外两个拱坝，与同类拱坝相比，构皮滩拱坝具有较强的抗震能力。

4.6.3　横缝非线性有限元动力分析

横缝非线性有限元动力分析，在计算分析中完全模拟构皮滩拱坝的实际横缝条数与布置，给出横缝可能的最大张开度与开度历程，以及应力重分布规律等分析结果，并研究了不同库水位、不同地震输入等因素对横缝张开度的影响，根据以上研究成果，综合评价大坝在强震作用下，考虑横缝张开时坝体的抗震安全性能。

4.6.3.1　计算条件

计算分析采用有限元程序 ABAQUS 完成，有限元模型与线弹性静动力分析采用的模型相同，横缝的数量和分缝位置与坝体实际分缝相同。横缝接触状态的改变在力学上属于边界条件非线性问题，采用动接触边界模拟横缝的非线性力学行为。

坝体和地基材料参数与线弹性有限元静动力分析采用的参数相同，地基条件采用无质量人工截断地基。对于横缝，取其抗拉强度为零，横缝切向给定足够刚度不允许发生缝面滑移。

4.6.3.2　库水位变化对坝体横缝非线性反应的影响

枢纽在运行过程中库水位经常发生变化，水位的升降一方面会影响静水压荷载的大小；另一方面会影响拱坝-地基-库水系统的自振特性和动水压力的大小，从而影响拱坝的动力反应。

1. 计算工况

为分析比较不同水位情况下拱坝动力非线性反应的规律，研究何种水位工况是影响拱坝安全运行的控制工况，选取以下 4 种工况进行对比计算。

工况 1：分缝自重＋水压（630.00m 水位）＋泥沙压力（491.31m）＋设计温升＋设计地震（0.116g），非均匀地基。

工况 2：分缝自重＋水压（590.00m 水位）＋泥沙压力（491.31m）＋设计温升＋设计地震（0.116g），非均匀地基。

工况 3：分缝自重＋水压（630.00m 水位）＋泥沙压力（491.31m）＋设计温升＋校核地震（0.148g），非均匀地基。

工况 4：分缝自重＋水压（590.00m 水位）＋泥沙压力（491.31m）＋设计温升＋校核地震（0.148g），非均匀地基。

2. 计算结果

各工况下坝体动力反应极值见表 4.6.8。

表 4.6.8 不同库水位顶拱顺河向最大动位移、应力极值及最大横缝开度比较

工况	地震	水位 /m	最大动位移 /cm	上游坝面最大应力/MPa				下游坝面最大应力/MPa				横缝最大开度 /mm
				拱向		梁向		拱向		梁向		
				拉应力	压应力	拉应力	压应力	拉应力	压应力	拉应力	压应力	
1	设计	630.00	4.02	3.13* 0.41**	−6.44	2.52	−4.03	−0.38	−10.16	0.88	−8.62	0.51
2	设计	590.00	3.40	2.28* 0.60**	−4.62	1.03	−4.86	0.18	−6.71	0.85	−7.24	2.16
3	校核	630.00	5.13	3.46* 0.55**	−7.04	2.97	−4.32	0.07	−10.63	1.30	−8.90	1.74
4	校核	590.00	4.43	2.57* 0.72**	−4.95	1.44	−5.11	0.38	−7.04	1.09	−7.52	3.66

上标 * 说明此应力极值点位于应力集中区；相应地，不考虑局部应力集中区，其余区域的应力极值用上标 * * 标注。"—"表示压应力。

3. 主要结论

（1）库水位的控制工况。高、低水位下横缝最大开度的分布规律相似，横缝张开明显的区域都在拱冠附近；设计地震条件下和校核地震条件下，最大横缝的张开度都是低水位工况控制，正常蓄水位（630.00m）工况下最大横缝张开度比死水位（590.00m）工况要小得多；在最不利工况，即校核地震与死水位条件下，横缝最大开度也很小，只有 3.66mm。

正常蓄水位时横缝闭合的时段比较多，而在死水位情况下，大部分时段横缝会张开，且在整个地震过程中呈现出渐开渐合的剧烈响应现象。显然，若考察拱坝横缝张开在何种情况下最危险，应以死水位工况作为控制工况。

计算结果还显示，在死水位工况时，横缝张开范围明显大于正常蓄水位工况，横缝张

开条数多于正常蓄水位工况，对于同一横缝的张开区域也大于正常蓄水位工况。死水位时如遭遇设计地震或校核地震，坝体上游面横缝的张开分别发生在坝顶以下大约 1/3 和 1/2 坝高的坝体区域。

综合以上几方面计算结果，当考虑拱坝横缝张开时，应以死水位工况作为控制工况。

（2）坝体最大动位移。不同地震大小、不同水位下位移分布规律很相似，校核地震下坝顶最大动位移稍大于设计地震下坝顶最大动位移；对于同样的地震水平，库水位高低变化对坝顶最大动位移的影响很小；坝体向上游方向的动力响应略大于向下游方向的反应，但差别不大。

（3）坝体应力分布特点和应力水平。不同水位下坝体的应力分布图形相似，下游面拱向、梁向基本以压应力为主，库水位变化时，各应力等值线图的极值点位置没有发生明显变化，如拱向最大压应力基本都发生在坝体中上部；梁向最大压应力的极值点都出现在坝的下部靠近底部位置。

高水位是坝体压应力水平的控制工况，低水位是坝体拉应力水平的控制工况。设计地震条件下，拱坝主要坝体区域的最大拉应力发生在坝体上部的上游梁向，约为 1.0MPa，高水位工况的坝踵处有 2.5MPa 的拉应力，应属静荷载影响的应力集中现象。设计地震条件下坝体主要区域的最大压应力为 6～7MPa，出现在上下游拱向。坝肩附近局部可能出现较大的高拉、压应力量值，为应力集中影响。校核地震条件下，相应的坝体控制性拉、压应力分别为 1.4MPa 和 7MPa。

4.6.3.3　不同地震频谱特征对坝体非线性地震反应的影响

由于地震荷载有很大的随机性，对于相同概率水准的地震，虽然其加速度峰值相同，但是地震加速度时程也可以具有不同的反应谱形态与不同的曲线线形。为研究不同频谱特征的地震荷载对构皮滩拱坝的非线性动力反应的影响，分别以规范谱地震和 Koyna 地震作为地震荷载输入，比较分析不同地震荷载对坝体非线性反应的影响，以全面评价大坝的抗震安全性。

1. 计算工况

对比计算基准工况选择死水位设计温升工况，地基条件为非均匀地基，具体计算工况如下。

工况 2：分缝自重＋水压（590.00m 水位）＋泥沙压力（491.31m）＋设计温升＋设计地震（0.116g），规范谱地震，非均匀地基。

工况 6：分缝自重＋水压（590.00m 水位）＋泥沙压力（491.31m）＋设计温升＋设计地震（0.116g），Koyna 地震，非均匀地基。

2. 计算结果

各工况下坝体动力反应极值见表 4.6.9。

3. 主要结论

（1）最大张度。在不同谱形的地震作用下，拱坝的横缝张开分布规律相似，但规范谱地震作用时最大开度分布曲线比较"矮胖"，最大开度缝的位置在缝 12，最大开度值为 2.16mm；Koyna 地震时最大开度分布曲线比较"瘦高"，呈现单峰形态，最大开度缝的位置在缝 14，最大开度值为 3.18mm。

表 4.6.9　不同频谱特征地震作用下大坝动力响应极值比较（设计地震，死水位）

地震	最大动位移/cm	上游坝面最大应力/MPa				下游坝面最大应力/MPa				横缝最大开度/mm
		拱向		梁向		拱向		梁向		
		拉应力	压应力	拉应力	压应力	拉应力	压应力	拉应力	压应力	
规范谱	3.40	2.28*	−4.62	1.03	−4.86	0.18	−6.71	0.85	−7.24	2.16
		0.60**								
Koyna	3.11	2.16*	−4.63	0.95	−4.78	0.17	−6.34	0.48	−7.09	3.18
		0.62**								

注　上标 * 说明此应力极值点位于应力集中区；相应地，不考虑局部应力集中区，其余区域的应力极值用上标 * * 标注。"—"表示压应力。

中缝在地震反应过程中除张开度不同外，总体上开合过程比较相似。Koyna 地震作用下，上游面横缝张开反应比规范谱地震大。

综合来看，在 Koyna 地震作用下，其总体反应要大于规范谱地震的反应。但是由于构皮滩拱坝设计地震水平不高，横缝最大张开值都不大。

（2）最大动位移。规范谱地震和 Koyna 地震作用下，坝体动位移分布规律相似，且数值相差不大。

（3）应力水平。Koyna 地震作用下，应力分布规律与规范谱地震相似，极值略有减小，但相差不大。

上述分析表明，和规范谱地震作用下的坝体动力非线性反应相比，Koyna 地震作用下拱坝的横缝张开度有所增大，而应力反应略有减小，但相差不是很大。总体来说，Koyna 地震下构皮滩拱坝的动力非线性反应，与规范谱地震基本接近。

4.6.3.4　横缝非线性动力反应的工程类比

将构皮滩拱坝横缝非线性分析计算结果和二滩、拉西瓦、溪洛渡、大岗山等拱坝同等条件下的计算结果做了对比，见表 4.6.10 和表 4.6.11。所谓"同等条件"是指：①地基条件均为无质量、均匀截断地基；②采用同样的计算程序进行分析计算；③地震荷载采用各自工程的人工地震波；④水位及材料参数等采用各自工程的运行水位以及材料参数。

表 4.6.10　横缝非线性分析坝面应力、横缝开度最大值比较（高水位条件）

拱坝名	坝高/m	人工地震波峰值加速度/g	横缝最大开度/mm	上游坝面应力/MPa				下游坝面应力/MPa			
				拱向最大值		梁向最大值		拱向最大值		梁向最大值	
				拉应力	压应力	拉应力	压应力	拉应力	压应力	拉应力	压应力
构皮滩	230.5	0.116（设计）	0.51	0.41	−6.44	2.52	−4.03	−0.38	−10.16	0.88	−8.62
		0.148（校核）	1.74	0.55	−7.04	2.97	−4.32	0.07	−10.63	1.30	−8.90
二滩	240	0.263	0.60	0.49	−10.44	2.61	−5.90	0.32	−10.33	2.39	−11.0
拉西瓦	250	0.230	5.65	2.23	−8.72	3.24	−7.25	1.39	−8.14	2.98	−9.73
溪洛渡	278	0.321	4.42	1.55	−10.72	3.55	−7.63	1.16	−9.71	3.98	−10.05
大岗山	210	0.568	13.19	3.91	−13.76	4.32	−10.40	2.41	−11.49	6.44	−12.58

注　"—"表示压应力。

表 4.6.11　　　　横缝非线性分析坝面应力、横缝开度最大值比较（低水位条件）

拱坝名	坝高/m	人工地震波峰值加速度/g	横缝最大开度/mm	上游坝面应力/MPa				下游坝面应力/MPa			
				拱向最大值		梁向最大值		拱向最大值		梁向最大值	
				拉应力	压应力	拉应力	压应力	拉应力	压应力	拉应力	压应力
构皮滩	230.5	0.116（设计）	2.16	0.60	−4.62	1.03	−4.86	0.18	−6.71	0.85	−7.24
		0.148（校核）	3.66	0.72	−4.95	1.44	−5.11	0.38	−7.04	1.09	−7.52
二滩	240	0.263	7.0	0.37	−4.94	2.78	−4.96	0.29	−6.89	1.23	−8.0
拉西瓦	250	0.230	9.33	2.23	−7.65	3.48	−7.72	1.49	−7.69	4.07	−9.10
溪洛渡	278	0.321	11.60	1.37	−6.24	2.50	−8.96	1.84	−5.99	2.83	−7.83
大岗山	210	0.568	14.44	3.85	−12.79	4.53	−11.60	2.43	−10.84	7.05	−12.63

注　"−"表示压应力。

从 5 座拱坝的分析计算结果看，构皮滩拱坝的设计地震峰值加速度相对较小，其横缝开度和应力水平在这 5 座高拱坝中属于较低水平，与同类拱坝相比，构皮滩拱坝具有较强的抗震能力。

4.6.3.5　横缝非线性分析主要结论

（1）构皮滩拱坝在不同库水位、地基非均匀性、不同地震等条件下，横缝最大开度的分布规律非常相似，一般情况下沿顶拱出现多峰值区，在中缝附近（缝 12～缝 15）开度最大。

（2）死水位（590.00m）条件下，最大横缝张开度比正常蓄水位（630.00m）条件下的开度要大得多，横缝张开的时段也比正常蓄水位时要多，且在整个地震过程中呈现出渐开渐合的剧烈响应现象。因此，死水位工况为考虑横缝张开的控制工况。

（3）死水位工况下，坝体遭遇设计地震时横缝最大开度不超过 1mm，遭遇校核地震时最大开度也只有 3.66mm，横缝张开值较小。

横缝最大开度在上下游坝面的分布等值线在不同条件下，其规律基本相似。在死水位条件下，遭遇校核地震时，坝体上游面横缝张开范围大约位于 1/2 坝高以上，下游面则仅位于 1/4 坝高以上。

（4）在不同条件下，顶拱和拱冠梁剖面顺河向最大动位移分布很相似，最大位移出现在正常蓄水位工况，在设计地震作用下，最大顺河向动位移一般不超过 4.5cm，在校核地震作用下，最大动位移一般不超过 5.5cm。

（5）在不同条件下，坝体的应力分布规律基本相近，下游面拱向、梁向基本以压应力为主，梁向最大压应力的极值点都出现在坝的下部靠近底部位置，综合来看，控制性的拱向压应力极值高水位工况大于低水位工况，控制性的下游面梁向拉应力极值低水位工况大于高水位工况，高水位是坝体压应力水平的控制工况，低水位是坝体拉应力水平的控制工况。即使在校核地震作用下，构皮滩拱坝坝体主要区域最大拉应力不超过 1.5MPa，最大压应力约 7MPa，满足坝体应力控制安全标准。

（6）地基非均匀性对构皮滩拱坝的非线性动力反应影响不大，与等效均质地基相比，两个工况的动力反应规律非常相似，反应量值的最大差异也不超过 10%。因此，为简化有限元模型，采用等效均质地基进行计算分析也可满足工程精度要求。

（7）与规范谱地震相比，Koyna 地震 Y 向（顺河向）比较相近，在周期 0.8s 后偏低；

X 向（横河向）、Z 向（竖向）在高阶自振周期范围（$0\sim0.15$s）内显得又"高"又"瘦"，在低阶自振周期范围（$0.4\sim0.8$s）内也稍高于规范谱，因此，在 Koyna 地震作用下，坝体的横缝张开度略有增大，而应力极值稍有减小，但差异均不大。

（8）在同等计算条件下，与二滩、拉西瓦、溪洛渡、大岗山等拱坝相比，构皮滩拱坝横缝非线性分析的横缝开度和应力水平均处于较低水平，说明构皮滩拱坝在同类工程中具有较强的抗震能力。

4.6.4 地震作用下坝肩抗滑稳定分析

地震情况采用拟静力法进行分析，拱端推力采用拱梁分载法动力分析成果，将纯地震拱端推力按不利原则将其绝对值加减在静力拱端推力上。水平向地震惯性力按指向滑动方向考虑，竖向地震惯性力按指向上方考虑。

1. 计算工况——偶然状况偶然组合（地震）

工况 8：正常蓄水位＋温降＋地震（100 年超越概率 2%）。

工况 9：正常蓄水位＋温升＋地震（100 年超越概率 2%）。

工况 10：正常蓄水位＋温降＋地震（100 年超越概率 1%）。

工况 11：正常蓄水位＋温升＋地震（100 年超越概率 1%）。

2. 平面抗滑稳定分析

边界条件及参数见 4.4.2 节。

计算成果表明，两岸高程 545.00m 以上均满足坝肩抗滑稳定要求且裕度较大。高程 545.00m 以下岩体按抗剪断参数上限计算时，两岸坝肩均满足抗滑稳定要求。高程 545.00m 以下岩体按抗剪断参数下限计算的成果见表 4.6.12，计算成果表明，地震情况下各工况两岸坝肩均满足抗滑稳定要求。

表 4.6.12　　　　　　　　　平面抗滑稳定计算成果（抗剪断参数下限）　　　　　单位：10kN/m

岸坡	高程/m	工况 8		工况 9		工况 11		工况 12	
		作用效应	抗力	作用效应	抗力	作用效应	抗力	作用效应	抗力
左岸	545.00	8094	34727	8009	39149	12529	49078	12435	56000
	515.00	13482	27681	13441	30611	18327	34965	18294	39287
	485.00	17047	28790	17099	31987	17689	28270	17741	31428
	455.00	17906	27806	17998	31262	18679	27436	18771	30862
	425.00	12912	29356	12926	33175	13045	29296	13059	33110
右岸	545.00	8642	15614	8607	17680	15580	13880	13909	18926
	515.00	13761	17197	13790	18990	13880	17137	13909	18926
	485.00	16456	25009	16574	27759	16546	24963	16665	27710
	455.00	17128	31766	17284	35663	17206	31728	17362	35622
	425.00	12438	34186	12635	38783	12528	34146	12725	38740

3. 空间抗滑稳定分析

边界条件及参数见 4.4.3 节。

左坝肩块体抗滑稳定计算成果见表 4.6.13。计算成果表明，地震情况下由小断层或其组合形成侧滑面的块体抗滑满足稳定要求，根据实际开挖揭露的各断层出露情况，其占侧滑面面积的比例均低于计算比例，计算成果更偏安全。

表 4.6.13　　　　　　　　　　左坝肩各块体抗滑稳定计算成果

底滑面	高程/m	540.00		470.00	450.00
	f	1.24		1.22	1.25
	c/MPa	13.40		13.20	13.50
侧滑面	结构面	f_{D35-8}、f_{D39-24} 倾角 80°	f_{D35-8}、f_{D39-24} 倾角 54°	f_{D17-3}、f_{D37-6}	f_{D15-9}
	f	0.35	0.25	0.5	0.45
	c/MPa	0.15	0.20	0.40	0.29
	断层面积/%	90	100	100	80
工况	8 作用效应/10kN	267049	235287	1026183	697590
	8 抗力/10kN	1304538	1205750	2138265	1442529
	9 作用效应/10kN	264066	232620	1023755	695374
	9 抗力/10kN	1294556	1195658	2133412	1447932
	11 作用效应/10kN	306971	264809	1073982	725892
	11 抗力/10kN	1292933	1199722	2115257	1429308
	12 作用效应/10kN	303987	262142	1071555	723676
	12 抗力/10kN	1282951	1189632	2110404	1434712

4.6.5　大坝抗震安全性评价

（1）构皮滩大坝在正常蓄水位下，自振频率约 1.5Hz，死水位条件下自振频率约 1.9Hz，大坝自振频率较低。

（2）拱梁分载法及线弹性有限元法计算结果表明，在设计地震和校核地震作用的各工况下，坝体主压应力和主拉应力满足应力控制标准的要求；与同类工程相比，在同等计算条件下，构皮滩大坝主压应力和主拉应力处于较低水平。

（3）横缝非线性计算结果表明，构皮滩大坝在校核地震作用下横缝最大张开度 3.66mm，设计地震作用下横缝最大张开度 2.16mm，与同类工程相比，在同等计算条件下，横缝最大张开度处于较低水平。

（4）构皮滩大坝河床坝段坝基岩体中不存在可能构成浅层或深层滑动的边界条件，两岸坝基及拱座岩体中，反倾向及缓倾角断裂不发育，不存在由反倾及缓倾结构面构成的底滑面，抗滑稳定复核计算表明，坝肩抗滑稳定满足要求，且有较高的安全裕度。

4.7　坝体混凝土温控设计

4.7.1　坝体准稳定温度场

双曲拱坝坝体较薄，上部混凝土厚度小于 30m，因此大坝运行期温度场为随着外界温度变化的准稳定温度场。构皮滩水库正常蓄水位 630.00m，最大水深 220m，库容 56.9

亿 m³，多年平均年径流量 229 亿 m³，水库在正常蓄水位时，年径流量库水替换系数 α 为 4.0，属稳定性水库。根据国内外经验，以及其他相近的水库运行后的库水温实测值进行类比分析，水库库表水温年平均值为 18.0℃，库底年平均水温值为 12.0℃，高程 550.00～630.00m 范围为变温层，下游坝面水面以上考虑太阳辐射热影响后平均温度为 19.0℃，坝下游水面平均温度为 17.0℃，底部年平均温度为 14℃，水库库表水温的年变幅取气温年变幅，为 10.2℃。

根据以上温度边界条件，计算出坝体准稳定温度场。运行期坝体上下游面主要受水温和气温影响，而坝体各高程内部温度稳定在 14～18℃，随着高程的增加，坝体内部稳定温度略有增加。溢流坝段基础强约束区混凝土运行期平均温度最低值约 13.7℃，基础弱约束区平均温度最低值约 13.9℃。据此制定的坝体接缝灌浆封拱温度见表 4.7.1。

表 4.7.1　　　　　　　　　　　坝体设计封拱温度

高程/m	640.50	615.00	575.00	545.00	515.00	485.00	455.00	425.00	410.00
封拱温度/℃	15	15	13	13	12	12	12	12	12

4.7.2　坝体混凝土温度控制标准

1. 基础允许温差

大坝基础混凝土（$C_{180}35$）允许温差见表 4.7.2。

表 4.7.2　　　　　　　　　　基础允许温差标准　　　　　　　　　　单位：℃

控　制　范　围	长　边　尺　寸			
	<25m	26～35m	36～45m	>45m
基础强约束区（0～0.2）L	22～25	19～22	17～19	16～17
基础弱约束区（0.2～0.4）L	25～28	22～25	20～21	19～20

注　1. L 为浇筑块长边尺寸。

2. 填塘、陡坡部位基础允许温差应根据所在部位结构要求和陡坡、填塘特征尺寸等参照本表中基础约束区温差标准区别对待。混凝土浇平相邻基岩面，应停歇冷却至相邻基岩温度后，再继续上升。

2. 上下层温差

对连续上升坝体且高度大于 0.5L 时，允许老混凝土面上下各 $L/4$ 范围内上层最高平均温度与新混凝土开始浇筑下层实际平均温度之差为 17℃。

3. 表面保护标准

新浇混凝土遇日平均气温在 2～3d 内连续下降 6～8℃时，对基础强约束区及特殊要求结构部位龄期 3d 以上，一般部位龄期 5d 以上混凝土，必须进行表面保护。

中、后期混凝土受年气温变化和气温骤降影响，视不同部位和混凝土浇筑季节，结合中、后期通水情况，采取必要的表面保护措施。

4. 坝体允许最高温度

坝体设计允许最高温度见表 4.7.3。

表 4.7.3　　　　　　　　　　　坝体设计允许最高温度　　　　　　　　　　单位：℃

部　位		12月至次年2月	3、11月	4、10月	5、9月	6—8月
溢流坝段 11～17 号	基础强约束区	24	27	29～30	29～30	29～30
	基础弱约束区	24	27	30	32	32
	非约束区	24	27	30	33	36
非溢流坝段 1～5 号、 24～27 号	基础强约束区	25	28	32	32	32
	基础弱约束区	25	28	32	34	35
	非约束区	25	28	32	34	38
非溢流坝段 6～10 号、 18～23 号	基础强约束区	25	28	29～30	29～30	29～30
	基础弱约束区	25	28	32	32	32
	非约束区	25	28	32	33	38

4.7.3　坝体混凝土设计温控措施

1. 提高混凝土抗裂能力

对水泥、粉煤灰、骨料和外加剂等原材料的质量指标提出要求，并通过混凝土配合比来实现设计混凝土极限拉伸值，以满足坝体混凝土温控防裂要求。

2. 合理安排混凝土施工程序和进度

基础约束区混凝土宜安排在低温季节施工；基础约束区混凝土短间歇连续均匀上升，不得出现薄层长间歇；其余部位基本做到短间歇均匀上升；相邻坝段高差应符合设计允许高差要求，相邻坝段高差不大于 12m；最高与最低坝段高差不大于 21m；尽量缩短固结灌浆时间。

3. 降低浇筑温度，减少水化热温升

从降低混凝土出机口温度和减少运输途中及仓面浇筑过程中温度回升两方面来降低混凝土浇筑温度。降低混凝土出机口温度主要采取预冷骨料及加冰拌和等措施。降低水化热温升主要靠采用发热量低的大坝水泥及控制胶凝材料用量；选择较优骨料级配、掺优质粉煤灰和高效缓凝减水外加剂，以减少胶凝材料用量和延缓水化热发散速率。

4. 高温季节浇筑基础约束区混凝土

在高温季节或较高温季节浇筑混凝土时，采用预冷混凝土浇筑，主体建筑物基础约束区四级配混凝土浇筑温度不超过 12～14℃（相应出机口温度应达到 7℃）；脱离基础约束区四级配混凝土浇筑温度不超过 16～18℃（相应出机口温度应达到 12～14℃）。高温季节尽量利用夜间浇筑混凝土，为减少预冷混凝土温度回升，控制混凝土运输时间和仓面浇筑后覆盖前的暴露时间，混凝土运输机具应加保温设施，并减少转运次数。同时，为防止混凝土初凝及气温倒灌，在仓面设置喷雾设备，以降低仓面小环境的温度，同时在白天高温时段对已浇混凝土表面覆盖彩条布内夹保温材料等保湿材料。

5. 合理控制浇筑层厚及间歇期

浇筑层厚根据温控、浇筑、结构和立模等条件选定。原则上对于河床基础强约束区一般为 1.5m，河床脱离强基础约束区一般为 3.0m，在埋件、钢筋密集的孔口及悬臂部位如浇筑 3.0m 层厚存在温控与施工困难，可按一次立模两次浇筑方式施工，每次浇筑 1.5m。两岸陡坡坝段在仓面宽度 6m 以内采用 3.0m 层厚，其上基础强约束区一般采用 1.5m，脱离强基础约束区一般为 3.0m。3.0m 层厚混凝土需在层间中部 1.5m 处埋设高密聚乙烯类管材的水管。对于有严格温控防裂要求的基础约束区和重要结构部位，控制层间间歇期为 5～10d。

6. 通水冷却

（1）初期通水冷却：主要是高温季节削减混凝土水化热温升，确保坝体最高温度在允许范围内。4—11 月初期通水采用水温 10℃的制冷水，通水时间为 10～15d，水管通水流量不小于 20L/min。12 月至次年 3 月可通河水。

对于脱离约束区部位，也应采用初期通水的方式来降低坝体混凝土最高温度，通水时间为 10d 左右，水管通水流量不小于 20L/min，但对于抗冲磨等高标号部位应采用 6～8℃的制冷水。

（2）中期通水冷却：每年 9 月初开始对当年 5—8 月浇筑的大体积混凝土块体、10 月初开始对当年 4 月及 9 月浇筑的大体积混凝土块体、11 月初开始对当年 10 月浇筑的大体积混凝土块体进行中期通水冷却，以削减混凝土内外温差。中期通水一般采用江水进行，每年 10 月底前当江水温度较高时，也采用通制冷水，以混凝土块体温度达到 22℃为准，水管通水流量应达到 20～25L/min。

（3）后期通水是使坝体冷却至接缝灌浆温度进行接缝灌浆的必要措施。根据计算分析结果，构皮滩水电站拱坝下部需采用 6～8℃制冷水通水降温，上部可采取通江水和通制冷水相结合的措施，以满足大坝不同部位分期分批通水冷却达到封拱灌浆温度。

7. 表面保护

（1）拱坝上游表面敷设 30mm 厚的聚苯乙烯泡沫板进行永久保温，10 月至次年 4 月浇筑的混凝土模板拆除后立即敷设，5—9 月浇筑的混凝土 10 月上旬完成保温层敷设；拱坝下游及横缝表面每年 10 月上旬对尚未接缝灌浆浇筑块的暴露表面敷设 5cm 厚的高发泡聚乙烯塑料保温被保温；10 月到次年 3 月底浇筑的混凝土模板拆除后立即敷设保温被保温。

（2）在低温季节，如果模板拆除后混凝土表面温度将会下降 6℃以上，或预计可能发生气温骤降即推迟拆除模板；当环境温度低于 5℃或日平均低温低于 10℃时，混凝土浇筑封仓后立即覆盖 5cm 厚的高发泡聚乙烯塑料保温被保温；当低温下降到 0℃以下时，龄期低于 7d 的混凝土表面覆盖 5cm 厚的高发泡聚乙烯塑料保温被临时保护。

（3）在非高温季节，当预计日平均气温在连续两三天内下降 6℃以上时，龄期短于 28d 的混凝土表面即覆盖 5cm 厚的高发泡聚乙烯塑料保温被保护；每年 9 月底前，将坝体上所有的廊道和孔口挂帘封堵保温。

4.8 大坝基础处理设计

4.8.1 建基面开挖标准

拱坝建基面的选择主要决定于坝基岩体的承载力和完整性。

构皮滩拱坝建基面落于 P_1m 地层，为灰岩，其抗风化能力强，故建基面选择时不以岩体风化程度作为依据。Ⅰ类、Ⅱ类岩体可直接作为拱坝建基面，Ⅲ类岩体经灌浆处理亦可作为拱坝建基面。Ⅳ类岩体（主要分布于卸荷带）、Ⅴ类岩体（主要分布于层间错动带及岩溶洞室）不能作为建基面，而应予以挖除。由此确定的两岸建基面开挖标准为：挖除卸荷带岩体，对溶蚀断裂带等地质缺陷采用局部处理而不控制嵌深，局部范围内考虑体型的周边平顺变化以及拱座抗滑稳定需要适当予以调整。

坝址河床枯水期水面宽 50～60m，河床中有一顺河向凹槽，槽宽 10～20m，槽底高程 410.00～415.00m，覆盖层厚 2～8m，槽底基岩面高程 408.00～410.00m。凹槽两侧河床地面高程 420.00～427.00m，覆盖层厚 2～13m。综合考虑上述情况，招标设计及以前各阶段河床坝段建基面选定高程 408.00m，施工详图设计阶段调整为高程 410.00m。

4.8.2　主要地质缺陷处理方案及措施

构皮滩拱坝坝肩的主要地质缺陷为分布在两岸与岩层走向基本平行的夹层、层间错动带、NW 及 NWW 向裂隙、岩溶洞穴等，此外，两岸还分布有为查明坝址工程地质条件所开凿的大量勘探平洞。对分布在拱坝持力范围内对拱坝应力、变形及渗控要求有较大影响的岩溶洞穴及勘探平洞需进行回填处理。对分布在坝基及坝下游侧的 F_{b112}、F_{b113}、P_1m^{1-2} 底部风化—溶滤带（含 F_{b114}）需进行一定深度的混凝土置换处理；对坝基面出露的 NW、NWW 向裂隙主要通过固结灌浆措施改善其受力条件。同时，对出露于坝基面上的软弱结构面需进行严格的浅层处理，主要处理方法是在表部适当下挖后做混凝土塞，并对其周围及下部加强固结灌浆。以下主要介绍对分布于拱坝持力范围内对坝体应力及变形有较大影响的岩溶洞穴及层间错动带选定的处理方案及施工中的调整。

4.8.2.1　溶洞处理

根据地表及平洞揭露的规模较大且对大坝变形稳定影响较大的溶洞有：

（1）K_{D48-8} 溶洞。发育于 NW、NWW 向断裂与 F_{b112}、F_{b113} 交汇部位，呈竖井状，铅直高度约 55m，主要为黏土夹粉细砂充填。底高程 530.00m 左右，是右岸影响大坝变形稳定的控制性溶洞。

（2）K_{D46-6} 溶洞。发育于 D_{46} 平洞洞深 77m 处的上游支洞中，为一沿 NW 向断裂发育的宽缝状溶洞，粉砂质黏土、粉细砂及少量块石充填。分布在距拱端 20m 左右的拱座岩体中，对右岸 515.00m 高程左右拱座岩体变形稳定影响较大。

（3）K_{280}（K_{D56-3}）竖井。井口高程 591.00m，地表为浅碟状低凹地形。Z344 孔孔深 0～15m 揭露井内为黏土夹碎石、砾石充填；D_{56} 平洞（洞口高程为 580.85m）洞深 11.5～21m 揭露其宽度为 9.5m，粗砂、小碎石及黏土夹碎、块石充填。分布于 570.00～580.00m 高程距拱端内拱角 40～50m 的拱端下游岩体中，对拱座岩体变形稳定有一定影响。

施工图纸对上述 3 处溶洞处理以洞室清挖后回填混凝土为主，坝肩受力范围内的溶洞主要利用 D_{46}、D_{48} 及 D_{56} 勘探平洞进行处理。

坝肩及水垫塘边坡开挖过程中揭露，此 3 处溶洞已沿溶蚀断层连通，施工中将其统称为 K_{280}，是坝基及坝肩已发现的规模最大的溶蚀体。因其规模大性状差，将其处理方案修改为以明挖为主洞室清挖和加强灌浆为辅的方案。具体措施如下。

1) 挖除。按其与大坝位置关系及溶蚀情况,大体分为 4 部分处理:①通过下游侧 580m 马道顺溶槽掏挖、利用 YD8 与 YD10 置换洞追踪清挖大坝下游侧的主体溶洞;②在建基面范围内,从 565.00m 高程开口进行二次开挖处理,开挖的底板最低高程为 520.00m,将主体溶洞及溶蚀破碎岩体基本挖除;③通过 YD5、YD7、YD9、YD11 置换洞和 D_{46}、D_{48} 勘探洞对二次开挖后剩余的分支溶洞进行追挖;④对拱坝上游侧溶洞利用原勘探洞进行追挖处理,处理的范围按离上游面 5~10m 的距离控制。

2) 回填混凝土及回填灌浆和接触灌浆。建基面二次开挖部分,按填塘混凝土要求恢复原设计建基面形状,并结合固结灌浆于二次开挖正面坡和下游坡作接触灌浆处理。下游顺溶槽掏挖部分也按填塘混凝土要求进行回填。利用置换洞和勘探洞追挖处理部分,按置换洞要求回填混凝土,并结合加深固结灌浆作回填灌浆和接触灌浆。

坝下游及建基面下方的溶洞和溶蚀破碎岩体均已按设计要求清挖及回填完毕,工程蓄水运行以来各种监测结果均正常,未给大坝运行留下隐患。

4.8.2.2 层间错动带处理

1. 左岸部分深层处理

F_{b112} 层间错动带:在左岸高程 540.00m 以下,水平深度约 30m 范围内,F_{b112} 溶蚀强烈,但其在坝基开挖中已基本清除;30m 以外,仅局部溶蚀,发育少量小裂隙岩溶孔洞;在 540.00m 高程以上,F_{b112} 主要为钙质胶结较好的角砾岩,仅局部零星发育小孔洞,因此对左岸 F_{b112} 层间错动带不做深层置换处理。

F_{b113} 层间错动带:分别在 506.50m(结合 D_{17} 勘探平洞)、520.00m、535.00m、590.00m、610.00m,沿 F_{b113} 结构面走向布置 5 条水平置换洞,其断面尺寸为 2.5m×3.0m(宽×高);在高程 506.50~520.00m、520.00~535.00m、590.00~610.00m 间沿结构面倾向各设 2 条斜井,断面尺寸为 3.0m×2.0m(宽×高),间距 10~15m。

P_1m^{1-2} 层底部风化—溶滤带(含 F_{b114}):分别在 525.00m、540.00m、555.50m(结合 D_{35} 勘探平洞)、570.00m、585.00m、600.00m、615.00m 沿其结构面走向布置 7 条水平混凝土置换洞,断面尺寸为 2.5m×3.0m(宽×高)。

施工中发现风化—溶滤带在 525.00~555.00m 间溶蚀强烈,性状较原估计的差,故增设了斜井。

2. 右岸部分深层处理

右岸 F_{b113} 层间错动带:分别在高程 514.00m(结合 D_{46} 勘探平洞)、525.00m、541.00m(结合 D_{48} 勘探平洞)沿结构面走向方向布置 3 条水平置换洞,断面尺寸为 2.5m×3.0m(宽×高)。

右岸 F_{b112} 层间错动带:分别在高程 514.00m(结合 D_{46} 勘探平洞)、525.00m、541.00m(结合 D_{48} 勘探平洞)、555.00m、570.00m、585.00m、600.00m 和 615.00m 沿结构面走向布置 8 条水平置换洞,断面尺寸为 2.5m×3.0m(宽×高),并在高程 525.00m 以上各相邻平洞间沿结构面各设 2 条斜井,斜井断面尺寸为 3.0m×2.0m(长×宽),间距 10~15m。

施工揭露,F_{b112} 除与 K_{280} 交汇带溶蚀强烈已随 K_{280} 处理外,其余部位性状较好,取消了全部斜井。高程 514.00m、525.00m 和 541.00m 置换洞因 K_{280} 二次开挖而取消。

$P_1 m^{1-2}$ 层底部风化—溶滤带（含 F_{b114}）：分别在高程 555.00m、570.00m、585.00m、600.00m 和 615.00m 沿结构面走向布置 5 条水平置换洞，断面尺寸为 2.5m×3.0m（宽×高）。

上述平洞回填混凝土后，进行回填灌浆。

4.8.2.3　大坝坝基 KM1 溶蚀带

在建基面开挖过程中对 11～15 号、17 号坝段应力集中的坝趾区表层采取刻槽挖除破碎带的处理措施。建基面以下 20m 范围内未挖除的 KM1 溶蚀破碎带在基础灌浆平洞和坝趾部位水垫塘表面采用斜孔进行高压二次灌浆＋环氧化学灌浆处理。

化学浆材采用双组分环氧系列灌浆材料：A 液为环氧基液，主要组分为环氧树脂和反应型稀释剂；B 液为改性固化剂，环氧树脂浆材。化学灌浆采用"填压式灌浆法"自上而下分段灌浆，灌浆压力分别为：孔深小于 15m 时 3MPa，孔深为 15～25m 时 3.5～4MPa，孔深为 25～40m 时 4～6MPa。

化学灌浆结束后，在 11 号、12 号坝段化学灌浆孔集中区域各布置了一个检查孔，11 号坝段 11H－HJ－1 检查孔在孔深 35.5m 处发现化灌结石；12 号坝段 12H－HJ－1 孔在孔深 25m 处发现水泥结石，在孔深 28.3～30m 段有 1/4 孔径化灌封孔浆材。11 号、12 号坝段检查孔基岩段 134 个单孔声波波速测试段统计显示：$V_{p\min} = 4444\text{m/s}$，$V_{p\max} = 6061\text{m/s}$，平均值 $V_p = 5465\text{m/s}$；波速介于 4250～4750m/s 的测试段占 2.08%，波速介于 4750～5000m/s 的测试段占 7.64%，波速大于等于 5000m/s 的测试段占 90.28%。

综合分析认为：已经实施化学灌浆的部位，可以满足坝基固结灌浆处理要求。

4.8.3　坝基固结灌浆

构皮滩大坝基岩主要为 $P_1 m^{1-1}$、$P_1 m^{1-2}$、$P_1 m^{1-3}$ 灰岩，岩体强度高，总体具备作为高拱坝坝基的条件。但是，一方面坝基及拱座存在规模较大、溶蚀较强烈的溶蚀断层破碎带及溶槽等地质缺陷；另一方面受开挖爆破影响，建基面下一定深度范围内的浅层岩体会受到不同程度的损伤。受上述因素影响，基岩的整体性和岩体强度可能降低。为改善大坝的基础岩体的力学性能，提高其整体性，减少其不均匀变形，并增强表层基岩的防渗能力，对大坝基岩采取固结灌浆处理。

4.8.3.1　坝基固结灌浆的难点与处理思路

目前，在我国大中型水利水电工程基础处理中普遍采用有混凝土盖重固结灌浆，且已形成一套成熟的工艺及质量控制技术。但是，有盖重固结灌浆施工占压仓面，与坝体混凝土浇筑上升、陡坡坝段接触灌浆之间存在较大的相互干扰，一定程度上影响到工程的进度与质量，特别是对基础强约束区混凝土的均衡上升、温控、防裂等方面的影响突出。

针对有盖重灌浆的缺点，很多工程尝试了不同形式的无盖重（盖重混凝土厚度小于 3m，也称为薄盖重）固结灌浆方法：①垫层混凝土（一般厚 1～1.5m）封闭无盖重灌浆；②找平混凝土（30～50cm）或填塘混凝土封闭无盖重灌浆；③喷射薄层混凝土（8～15cm）封闭无盖重灌浆等。

构皮滩坝体混凝土量 215.82 万 m^3，高峰月浇筑强度 10.5 万 m^3，坝基固结灌浆进尺

18万 m。如果采用有盖重灌浆，固结灌浆与坝体混凝土浇筑上升、陡坡坝段接触灌浆之间相互干扰严重，特别是对基础强约束区混凝土的均衡上升、温控、防裂等方面的影响突出。现有的无盖重固结灌浆法，虽可以在一定程度上减少坝基固结灌浆与坝体混凝土上升之间的矛盾，节约直线工期，但仍存在如下缺点：薄混凝土盖重或喷混凝土（砂浆）封闭，仍将占用一定的直线工期；薄混凝土盖重或喷混凝土（砂浆）在等强或灌浆过程中易产生裂缝，灌后若不进行清除，将在大坝与基岩面间形成一"夹层"结构，给大坝安全带来隐患；若对其清除，则仍将费时费力。

针对当前有盖重与无盖重固结灌浆方法存在的突出问题，在对国内外固结灌浆工程开展了系统、深入地研究后发现：混凝土盖重并不是保证固结灌浆正常进行的必要条件；有盖重及各种无盖重固结灌浆法能够顺利完成灌浆作业的关键在于对岩体裂隙进行了有效封闭。因此，仅仅对裸露岩体裂隙进行封闭就进行固结灌浆，在理论上是可能的。裸岩无盖重固结灌浆思路如下：①通过某种材料的浆液沿裂隙口渗入一定深度，以实现对裂隙进行封闭的目的；因浆液仅作用在裂隙部位，无须对建基面进行全面积封闭，当然也不存在二次清理建基面的问题。②用于裂隙封闭的材料应具有较短的凝结时间，便于即封即灌；同时应具有较好的抗裂抗渗性能、与岩体之间的黏结性能，保证固结灌浆压力不会对其产生劈裂或挤出破坏。③裂隙封闭的施工方法应操作简便，便于快速施工，用于裂隙封闭的材料应是市场常见的材料且价格适中，便于推广应用。④固结灌浆方法应能适应裂隙封闭与裸岩灌浆的特点。

4.8.3.2 裸岩无盖重固结试验

为了落实裸岩无盖重固结灌浆的可行性，构皮滩工程在坝基固结灌浆开始前开展了裸岩无盖重固结灌浆现场试验。

1. 试验场地选择

理论分析及实践表明，采用涂刷方法进行裂隙封闭的岩体质量不能太差。如果岩体质量较差（如Ⅲ级、Ⅳ级岩体），则岩体完整性低。对过度密集的裂隙进行逐一封闭，工程量太大，也无法保证每条裂隙的封闭效果，不能实现有效、快速、经济地进行裂隙封闭的目标。

根据岩体完整性要求，采用涂刷法进行裂隙封闭的岩体一般限于岩体质量等级为Ⅰ级和Ⅱ级的岩体，其岩体特征应符合表4.8.1的要求。

表 4.8.1   岩体分级与基本特征关系表

岩体级别	定性特征	定量特征	质量指标（BQ）
Ⅰ	坚硬岩，岩体完整	$R_c>60$ 且 $K_v>0.75$	>550
Ⅱ	坚硬岩，岩体较完整	$R_c>60$ 且 $0.55<K_v<0.75$	$550\sim451$
	较坚硬岩，岩体完整	$30<R_c<60$ 且 $K_v>0.75$	

表4.8.1中，BQ值是定量综合反映岩体单轴抗压强度 R_c（MPa）和岩体完整程度 K_v（$0<K_v<1$）的指标，其经验公式为

$$BQ=90+3R_c+250K_v$$

为验证上述要求，选择构皮滩坝基右岸19号坝段下游坝趾（Ⅰ类、Ⅱ类岩体）和左

岸 2 号坝段坝基岩体（Ⅲ类岩体）进行裂隙封闭对比试验。

19 号坝段试验区位于该坝段建基面高程 455.00～475.00m 斜坡段，基岩为 $P_1 m^{1-1}$ 灰色厚层—巨厚层微晶生物碎屑灰岩，未见断层及层间错动发育，存在 NWW、NW 向两组长大裂隙，少量溶蚀充填钙泥质或黏土，岩溶发育较弱，为Ⅱ类岩体。试验区上游侧发育裂隙性断层 3 条，断层带除沿 f_8 局部溶蚀充填黏土及钙泥质外，其余均由方解石及钙质胶结角砾岩组成，胶结紧密，具体如图 4.8.1 所示。

2 号坝段试验区位于该坝段建基面高程 615.00～630.00m 斜坡段，基岩为 $P_1 m^{1-3}$ 灰色中厚—厚层微晶生物碎屑灰岩，夹薄、极薄层含炭、泥质生物碎屑灰岩，属Ⅲ类岩体。试验区及其附近发育 5 条裂隙性断层及 3 条层间错动带，断层带主要由钙质或方解石胶结的角砾岩组成，多溶蚀呈缝状。断层及层间错动带内岩体破碎，裂隙发育，完整性较差，具体如图 4.8.2 所示。

图 4.8.1　19 号坝段Ⅱ类岩体完整性较好

图 4.8.2　2 号坝段Ⅲ类岩体裂隙发育

2. 裸岩裂隙封闭材料

为了探索基岩裂隙封闭的有效方法，首先要探寻合适的裂隙封闭材料。借鉴化工、建筑等行业防水施工经验，试验研究了聚合物防水材料和水泥基渗透结晶防水材料用于岩体裂隙封闭的可行性。

聚合物防水材料是一种柔性防水材料，一般是作用在结构表面，通过大面积整体涂刷形成完整的防水薄膜。这种材料如果用于坝基裂隙封闭，将在建基面形成大面积的柔性膜，类似于喷射薄层混凝土的方式，后期仍需二次清理，既不合理也不经济。

水泥基渗透结晶型防水材料可以有效地渗透到岩体结构内部，适合作为基岩裂隙封闭的基本材料使用。其材料性能特点如下：①材料所产生的渗透结晶易渗入到岩体裂隙内部，具有很好的防渗性能；②防水涂层可承受 1～3MPa 的渗透压力；③材料的初凝时间一般在 1～2h 且养护简单；④不需要对基面找平，施工方法简单，省工省时。

3. 裸岩裂隙封闭方法

水泥基渗透结晶型防水材料用于建筑结构防水的施工方法包括刮涂法、涂刷法、抹压法、干撒法等方法。与建筑结构工程相比，岩体裂隙相对较密、面积较大，岩体裂隙封闭采用涂刷法较为适宜。其具体施工要点及工艺步骤如下：

（1）防水材料涂刷前，凿除建基面松动岩块，将基岩面清理干净。涂刷前用水淋湿施工面，达到潮而不湿的标准。

（2）涂刷前制备水泥基渗透结晶材料浆材，其配合比按厂家推荐的参数并结合初凝时间、气温、工人操作熟练程度等因素综合考虑，每次配量以 30min 可使用完毕为宜。

（3）沿基岩裂隙口涂刷防水材料，涂刷时用力均匀一致。裂隙较宽的部位应多次涂刷（必要时凿槽后再涂刷），以保证涂层浸入深度。多次涂刷时，两次涂刷的时间间隔可按 20min 控制。

（4）如果涂刷太厚以及基面过于湿润而造成的空鼓和裂缝，可手工清除后重新涂刷防水材料。

（5）基岩裂隙涂刷 1～2h 后（大于材料的初凝时间），即可进行预压水（是指常规灌前简易压水试验之前的压水，下同）检查裂隙封闭效果。预压水压力从 0 逐渐升至设计压水压力，对于外漏部位重新涂刷水泥基渗透结晶材料，直至裂隙完全封闭后才能进入灌浆作业程序。

4. 裸岩裂隙封闭效果

基岩裂隙表面封闭结束 12h 后，在 2 号坝段和 19 号坝段分别布置 5 个灌前检查孔（兼作物探测试孔）进行压水检查（压水压力 0.1MPa）。其中：19 号坝段发现有 1 条裂隙及其附近 1 个锚杆孔周围冒黄色泥水，经简单再次涂刷封闭后不再漏水；大部分孔压水过程中无外漏现象，进行试验性灌浆，也未发现建基面冒浆（图 4.8.3）。2 号坝段裂隙封闭效果不好，漏水较为严重（图 4.8.4）。

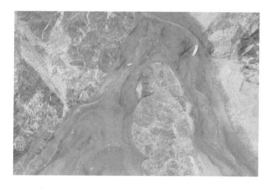

图 4.8.3　19 号坝段裂隙封闭效果良好　　　　图 4.8.4　2 号坝段裂隙封闭无效冒水

试验结果显示：对于Ⅰ类、Ⅱ类岩体，水泥基渗透结晶型防水材料产品可满足涂刷封闭要求；对于岩体破碎，裂隙发育，完整性较差的Ⅲ类岩体，不适合用水泥基渗透结晶型防水材料进行裂隙封闭。

4.8.3.3　坝基固结灌浆方案

根据拱坝坝基和拱座不同部位的应力情况及相应的工程地质条件，采取不同的基岩固结灌浆处理深度：河床 408.00m 高程以下为 12～15m；左岸 408.00～560.00m 高程、右岸 408.00～575.00m 高程为 20～25m；左岸 560.00m 高程以上、右岸 575.00m 高程为 15～18m。层间错动带、断层及其交汇区等地质缺陷部位适当加深相应固结灌浆孔深度，并在防渗帷幕前布置两排深固结灌浆孔，孔深 25～30m，以加强帷幕的防渗效果。

固结灌浆范围包括整个坝基及坝基轮廓以外 5～10m，其中坝基上游轮廓线以外按照 5m 左右控制，坝基下游轮廓线以外按照 10m 左右控制。岸坡坝段岩石条件较好的部位采用无混凝土盖重固结灌浆；地质条件较差的部位可采用无混凝土盖重灌浆和有混凝土盖重灌浆相结合的方式。具体为：大坝 1～6 号坝段、24～25 号坝段采用无盖重灌浆和有盖重灌浆相结合的灌浆方式，先按表层 3m 孔排距为 1.25m×2.5m（间距×排距）、深部孔排距为 2.5m×2.5m（间距×排距）进行无盖重灌浆，后对表层岩体进行有盖重补灌；大坝 18 号、22～23 号坝段、各坝段坝基轮廓线以外 2～3 排固结灌浆孔采用有盖重灌浆方式，孔排距为 2.5m×2.5m（间距×排距）；大坝 9～17 号、19～20 号、24～27 号等坝段采用无盖重灌浆方式，表层 3m 孔排距为 1.25m×2.5m（间距×排距），深部孔排距为 2.5m×2.5m（间距×排距）。

固结灌浆质量根据灌浆孔和检查孔的钻孔取芯、压水试验成果并结合测量岩体波速方法进行综合评定。固结灌浆合格标准需同时满足以下两个条件：

（1）灌后基岩压水透水率 $q \leqslant 3Lu$，检查孔接触段合格率为 100%，以下孔段合格率大于 85%；不合格孔段的透水率值不超过 4.5Lu 且不集中。

（2）Ⅰ类、Ⅱ类岩体灌后声波波速 90% 的测试值大于 5000m/s，小于 4500m/s 的测试值不超过 5%，且不集中；Ⅲ类岩体灌后声波波速 90% 的测试值大于 4750m/s，小于 4250m/s 的测试值不超过 5%，且不集中。

4.8.4　陡坡接触灌浆

对左岸 7～10 号、右岸 21 号、22 号陡坡（坡度大于 50°）坝段建基面进行接触灌浆，接触灌浆总面积为 10599m²。

接触灌浆系统布置：对有盖重固结灌浆的坝段，扫孔至建基面下 1.0m，钻孔埋管，引管至廊道或下游坝面；对无盖重固结灌浆的坝段，结合固结灌浆孔预埋灌浆盒，管路接至下游坝面贴角或接触灌浆施工栈桥附近或相邻廊道中，后期进行接触灌浆。

对基础面采用止水埂和止浆埂进行分区，单独灌区面积按不大于 500m² 控制。

接触灌浆压力同横缝灌浆压力。

陡坡接触灌浆除按横缝接缝灌浆要求外，还必须满足以下要求：

（1）灌区侧块混凝土及 6～9m 压重块的温度需达设计值。

（2）灌区一侧块混凝土龄期宜大于 6 个月。对特殊灌区，采取补偿混凝土变形等有效冷却措施情况下，混凝土龄期也不宜小于 4 个月。

（3）接触灌浆一般在相邻横缝接缝灌浆后 10d 进行，灌后 28h 方可进行帷幕灌浆。

4.9　大坝运行情况

自 2008 年 11 月水库蓄水以来，构皮滩拱坝已安全运行 10 余年。

构皮滩水电站导流洞于 2008 年 11 月底下闸，库水位从 440.00m 上升至 492.00m 左右，2009 年 6 月 8 日大坝导流底孔下闸，至 2009 年 7 月 31 日库水位上升至高程 595.00m 左右，完成水库蓄水，此后库水位变化范围为 585.73～629.73m，2014 年 7 月 17 日库水位最高，接近水库正常蓄水位 630.00m。坝前库水位特征值统计结果见表 4.9.1，库水位过程线如图 4.9.1 所示。

表 4.9.1　　　　　　　　　　坝前库水位特征值统计结果表

年份	最低水位		最高水位		年变幅 /m	年平均水位 /m
	水位/m	时间	水位/m	时间		
2008	438.28	2008－11－28	495.57	2008－12－03	57.29	468.74
2009	492.66	2009－01－01	596.14	2009－08－14	103.48	546.79
2010	585.73	2010－01－28	620.80	2010－11－05	35.07	601.52
2011	593.35	2011－07－30	618.68	2011－01－05	25.33	600.83
2012	598.55	2012－05－12	624.57	2012－07－28	26.02	607.71
2013	597.37	2013－01－31	614.94	2013－06－29	17.57	602.94
2014	594.10	2014－01－31	629.73	2014－07－17	35.63	611.90
2015	603.80	2015－05－29	626.86	2015－12－25	23.06	617.62
2016	596.89	2016－06－08	623.62	2016－01－01	26.73	608.55

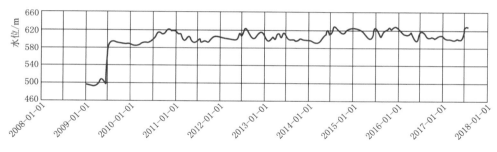

图 4.9.1　坝前库水位过程线

水库蓄水后的 2010—2016 年，库水位年平均值为 600.83～617.62m，多年平均水位为 607.30m，库水位年变幅为 17.57～35.63m。

从监测数据看，坝体变形趋于收敛，坝基渗流、混凝土应力应变等其他各项测值无明显的趋势性变化，大坝运行是安全的。

1. 变形

大坝基础垂线径向水平位移为 -0.54～6.73mm；切向水平位移为 -2.59～1.53mm。目前各测点水平位移均趋于稳定，无明显异常现象，说明拱坝基础是稳定的。

大坝顶部垂线径向水平位移为 -1.01～35.23mm，拱冠最大，向两岸逐渐减小，呈对称分布；切向水平位移为 -15.55～9.87mm。坝顶径向水平位移受温度及水位变化影响较明显，温度升高时坝顶向上游方向位移，温度降低时坝顶则向下游方向位移；库水位升高时坝顶向下游方向位移，库水位降低时坝顶向上游方向位移。

坝顶水准点实测垂直位移为 -5.82～3.28mm。坝顶水准点垂直位移受温度影响较明显，在冬季各测点均呈下沉趋势，夏季呈上抬趋势。目前各测点垂直位移已趋于稳定的年变化过程，无明显趋势性变化。

坝基水准点实测垂直位移为−0.37～3.79mm，各测点位移量均较小，变形已逐渐趋于收敛，无明显趋势性变化。

左拱座多点位移计测点均向孔底方向变形，最大压缩位移为6.65mm。右拱座多点位移计向孔底方向最大压缩位移为3.53mm。拱座岩体压缩变形主要发生在水库初期蓄水过程中，运行期后变形测值基本稳定。

建基面处坝体与基岩接缝开度为−0.17～0.90mm。目前各测点接缝变形已基本趋于收敛，无明显增大性趋势。

坝体横缝变形主要发生在横缝灌浆之前，灌浆之后接缝开度均趋于稳定。

统计模型分析结果表明：拱冠14号坝段基础廊道处向下游径向位移的时效分量较小，并趋于稳定。左岸9号、拱冠14号（图4.9.2）及右岸19号坝段坝顶径向位移中，水位分量变幅最大，其次是温度分量，时效分量变幅最小。总的看来，坝顶径向位移符合拱坝的变形规律，时效分量较小，表明大坝目前基本处于弹性工作状态。

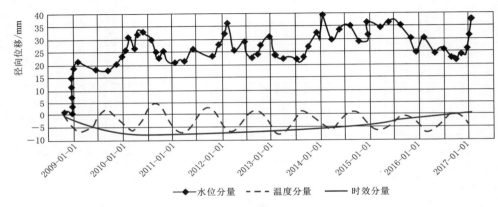

图 4.9.2　14 号坝段顶径向位移各分量过程线

2. 应力应变

坝体混凝土铅直向应力：蓄水前2009年6月7日铅直向应力为在−9.9～0.0MPa；蓄水后2009年8月31日铅直向应力为−8.6～0.3MPa，蓄水前后应力增量为−2.5～1.4MPa，多数测点为压应力增加；蓄水后的2009年8月至2017年6月实测铅直向应力为−9.9～0.4MPa。总的看来，蓄水后铅直向应力基本为压应力，拱冠14号坝段坝踵附近压应力最大，各坝段较大的铅直向压应力均在下部，上部较小。

坝体混凝土切向（坝轴向）应力：蓄水前2009年6月7日切向应力为−4.0～−0.2MPa；蓄水后2009年8月31日切向应力为−5.7～−1.6MPa，蓄水前后应力增量为−3.8～0.1MPa，平均压应力增量为1.9MPa，切向压应力增加明显；蓄水后的2009年8月至2017年6月实测切向应力为−9.2～−0.2MPa。总的看来，蓄水后切向应力基本为压应力，同高程拱端下游面处的切向压应力比上游拱端大。

3. 温度

坝基温度为15.95～24.25℃，年变幅较小。温度变化主要发生在施工期，进入运行期后温度变化较小，基本趋于稳定。

库水位附近坝面温度主要受外界气温影响，与外界气温呈正相关。库水位以下，近坝面温度随水深增加受气温影响渐小。当前温度测值为 11.65~35.10℃。

坝体中部混凝土温度受外界气温影响较小，中部混凝土温度变幅较表面附近温度计小。进入运行期，坝体内部混凝土温度逐渐趋于稳定的年变化过程，无明显异常现象。

库水温温度计测值为 12.4~23.9℃。温度测值随着水位深度增加，年变幅减小，受外界气温影响越小。

4. 渗流渗压

坝体基础廊道主排水幕处扬压力折减系数均在 0.1 以内，各测压管渗压水位均趋于稳定，无明显增大性趋势，主排水幕处扬压力折减系数远小于设计值 0.3。

2017 年 7 月，坝基帷幕后渗压计实测渗压折减系数最大为 0.14，各测点渗压水位均基本稳定，渗压折减系数均小于 0.3。

两岸灌浆平洞内测压管渗压水位目前均已趋于稳定，渗透系数均小于 0.3。

大坝 10~17 号坝段基础廊道渗漏量受库水位变化影响较小，最大渗漏量为 201L/min（2010 年 12 月 30 日），之后逐渐减小至约 100L/min 以内，大部分测值在 50L/min 左右，目前无明显增大性趋势。左、右岸灌浆平洞内渗漏量目前均已趋于稳定变化，右岸灌浆平洞渗漏量受库水位影响较明显。左岸灌浆平洞最大渗漏量为 251.04L/min（2009 年 11 月 4 日），右岸灌浆平洞最大渗漏量为 586.77L/min（2014 年 7 月 19 日），三者最大值之和为 1038.81L/min，远小于集水井设计集水量 300m³/h（5000L/min）和设计抽排能力 750m³/h（12500L/min）。

综上所述，大坝变形符合典型双曲拱坝变形规律，实测变形量小于设计计算量，应力基本为压应力，大坝基本处于线弹性工作状态；大坝排水幕处渗压折减系数小于设计值，坝肩抗滑稳定安全有保证，坝基渗漏量小于集水井设计渗漏量和设计抽排能力。

5.1 反馈分析内容与技术路线

构皮滩水电站自 2008 年蓄水以来，水库最高运行水位多次达到正常蓄水位，大坝已经受了多次加载卸载循环。由于大坝所处自然环境和承受荷载复杂，不论是设计或试验确定的材料参数，还是根据设计规范拟定的作用荷载，很难做到与实际状态完全相符。为全面掌握构皮滩大坝当前的运行性态，基于安全监测资料对坝体混凝土线膨胀系数、坝体弹性模量与坝基综合变形模量和坝体温度场进行了反演分析，并利用反演参数以及坝体温度场，研究大坝应力变形分布规律，综合判断大坝运行期应力变形性态。

（1）坝体混凝土线膨胀系数反演分析。混凝土线膨胀系数是研究坝体在温度作用下应力变形特征和规律的基本参数。

混凝土线膨胀系数主要通过埋设在坝体内的无应力计监测成果进行反馈分析，无应力计测值主要受温度、湿度以及自生体积变化的影响，首先确定组成无应力计变形的各个部分的物理意义，研究无应力计测值基本变化规律，其次分析各测点无应力计测值可靠性，在此基础上对各测点无应力计进行统计模型回归分析，得到混凝土实际线膨胀系数。

（2）坝体弹性模量与坝基综合变形模量反演分析。坝体弹性模量与坝基综合变形模量是影响坝体及坝基应力变形的主要力学参数。

依据与基岩和坝体物理力学参数有一定关系的效应量（位移、应力等）在结构边界上的值，应用反演理论和方法来推求这些待定量。根据正倒垂线的监测资料以及有限元法计算结果，利用 IDE-OSVR 反演分析坝体及坝基综合变形模量。

（3）坝体温度场反演分析。混凝土坝建成后，在外界温度作用下，初始温度和水化热的影响逐渐消失，坝体内部温度缓慢下降，一段时间后基本稳定。坝体越厚，达到稳定温度场的时间越长。此后，坝体温度取决于边界温度，即上游面的库水温度、下游面的空气温度、尾水温度和坝基温度等。具体分析步骤如下：

1）确定反馈计算的边界条件和初始条件。根据坝内温度计监测资料分析大坝温度空间分布规律，建立坝体三维温度场；利用气温及水温监测资料拟合气温以及库水温度变化规律，并利用坝面温度实测成果拟合分析上、下游坝面温度分布规律。

2）坝体温度场反馈分析。利用数值模拟技术，结合大坝温度实测资料，以拟合的坝面温度模型作为坝体表面温度的边界条件，计算不同时期坝体瞬态温度场，分析坝体温度变化过程。

3）坝体温度荷载计算。根据上述计算结果，计算拱坝各层温度荷载。

（4）基于反演参数的大坝应力变形计算分析。利用反演及反馈得到的力学参数以及坝体温度场，应用三维有限元分析模型和拱梁分载法两种方法，研究坝体在多种荷载作用下的应力变形分布规律，并对两种方法的计算成果进行对比分析。

坝体应力变形分析模拟大坝施工过程，主要计算工况如下。

持久状况工况 1：正常蓄水位＋温升＋自重＋泥沙压力。

持久状况工况 2：正常蓄水位＋温降＋自重＋泥沙压力。

持久状况工况 3：死水位＋温升＋自重＋泥沙压力。

偶然状况工况 4：校核洪水位＋温升＋自重＋泥沙压力。

上述研究内容相互关系及总体技术路线如图 5.1.1 所示。

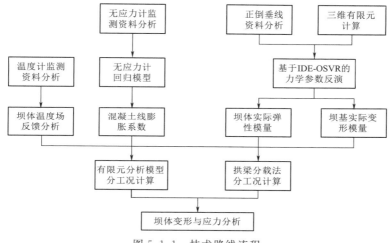

图 5.1.1　技术路线流程

5.2　坝体混凝土线膨胀系数反演分析

5.2.1　混凝土线膨胀系数反演分析方法

大坝混凝土应力应变监测主要采用工作应变计（组）和无应力计。工作应变计（组）测得混凝土的应变包括应力引起的应变以及不受外力作用时发生的无应力应变（也称自由体积变形）。大坝混凝土的自由体积变形采用无应力计测定，其主要由三部分组成，即由于温度变化引起的热胀冷缩变形、湿度变化引起的湿胀干缩变形以及水泥水化热作用引起的自生体积变形。混凝土线膨胀系数是研究坝体在温度作用下应力变形特征和规律的基本参数。

坝体混凝土线膨胀系数是通过无应力计实测资料计算反演的，无应力计的实测无应力应变主要受测点温度、自生体积及湿度变化的影响，其变形组成包括温度变形、湿度变形和时效变形，湿度变形很小，可以忽略不计，时效变形近似为混凝土自生体积变形，混凝土自生体积变形过线具有单调性，据此，正常无应力计观测资料按下式进行整理。

无应力计实测总应变 ε_0 可表示为

$$\varepsilon_0 = a_0 + a_1 T + a_2 t + a_3 \ln(1+t) + a_4 e^{kt} \tag{5.2.1}$$

式中：T 为从基准时间起算的温度变化量，℃；t 为从基准时间起算的混凝土龄期，d；k 为常数，取 0.01；a_0、a_2、a_3、a_4 为回归计算确定的系数；a_1 为混凝土温度线膨胀系数，$10^{-6}/℃$。

通过回归计算即可确定各测点的线膨胀系数和自生体积变形方程。

5.2.2　无应力计型式及可靠性分析

构皮滩大坝无应力计是采用《混凝土坝安全监测技术规范》（DL/T 5178—2003）的圆塔型外筒型式，但近年研究表明，包括小湾和拉西瓦等拱坝埋设的大量无应力计实测成果存在异常情况，一是无应力计筒太浅，坝体应力实际已影响到无应力计传感器部分，二是无应力计筒铁皮太薄，易受外力影响，不易埋设好，所以大量的无应力计实际是有应力的，不能合理算出混凝土线膨胀系数和自生体积变形，失去了无应力计的功能。鉴于此，2016 年修编的《混凝土坝安全监测技术规范》（DL/T 5178—2016）已根据有关研究成果，将无应力计的结构型式改为圆柱形。构皮滩大坝内共埋设 60 支无应力计，除去损坏的无应力计，目前埋设于坝体内部的未损坏的无应力计共有 50 支。

混凝土大坝坝体应力是必要的监测项目，混凝土的无应力计应变又是该监测项目中必测的物理量。无应力计的测值是否准确，关系到能否直接获得混凝土的实际应力。构皮滩大坝为混凝土拱坝，大体积混凝土中的湿度几乎不变，无应力计所测的变形中基本只有混凝土的温度变形和自生体积变形这两个部分。自生体积变形主要是水泥在水化过程中由于化学作用而产生的变形，随着水化过程的结束而逐渐趋向结束，混凝土自生体积变形无论是收缩还是膨胀都应是单调变化的，尤其不应该在水化过程基本结束后还发生周期性变化，但实测自生体积变形的变化值一般很小，但本监测项目监测数据波动较大，观测精度较低，因此，通过自生体积变形过程线来判断无应力计的工作状况比较困难。本章通过分析各无应力计所测温度与应变之间的关系并结合库水位变化过程线来判断无应力计测值是否异常，具体判断方法如下：

（1）正常工作的无应力计所测的温度与应变两者的相关性应比较好，应变与温度应呈现较明显的正相关关系。无应力计测值若出现温度保持不变，但应变持续变化的情况，应视为测值异常。

（2）正常工作的无应力计所测得的应变变化规律与库水位应不相关，不应随水位的变化而发生改变。无应力计若出现测值随库水位呈现较明显的正相关关系或负相关关系，应视为测值异常。

（3）正常工作的无应力计所测得的应变值与浇筑坝体所使用的混凝土材料特性有关，应变值的变化量应在合理的范围内。无应力计若出现测值不规律性突跳，变化幅度很大，应视为测值异常。

无应力计测值与温度、库水位的相关性采用 Pearson 相关系数来定量评价。Pearson 相关系数常用来衡量两个数据集合是否在一条线上，它用来衡量定距变量间的线性关系。其计算公式为

$$r = \frac{N\sum x_i y_i - \sum x_i \sum y_i}{\sqrt{N\sum x_i^2 - (\sum x_i)^2}\sqrt{N\sum y_i^2 - (\sum y_i)^2}} \tag{5.2.2}$$

式中：r 为点集 x 与 y 的相关系数；x_i、y_i 分别为点集 x 与 y 在 i 上的值；N 为点集数量。

相关系数 r 的绝对值越大，相关性越强，相关系数 r 越接近于 0，相关度越弱。通常情况下通过以下取值范围判断变量的相关强度：$r=0.8\sim1.0$，极强相关；$r=0.6\sim0.8$，强相关；$r=0.4\sim0.6$，中等程度相关；$r=0.2\sim0.4$，弱相关；$r=0.0\sim0.2$，极弱相关或不相关。

对于构皮滩大坝，首先根据无应力计监测资料计算得到的无应力计应变与温度和水位之间的相关性程度，再根据上述判断方法，对无应力计实测过程线进行定性分析，剔除测值存在不规律性突跳的异常测点。部分实测值与温度变化相关性较好的见图 5.2.1~图 5.2.6。依据上述判别方法，无应力计测值可靠性判别见表 5.2.1。

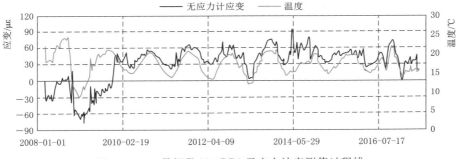

图 5.2.1　5 号坝段 N01DB5 无应力计实测值过程线

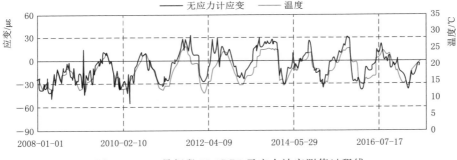

图 5.2.2　7 号坝段 N02DB7 无应力计实测值过程线

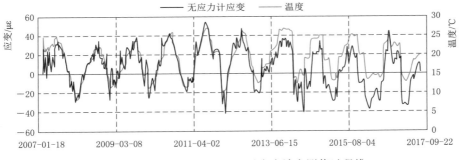

图 5.2.3　9 号坝段 N05DB9 无应力计实测值过程线

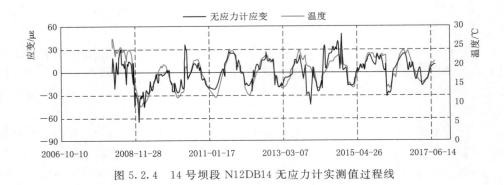

图 5.2.4　14 号坝段 N12DB14 无应力计实测值过程线

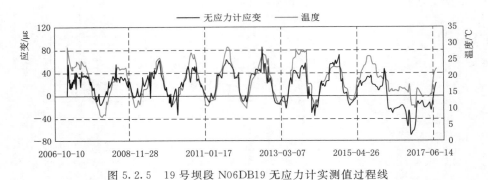

图 5.2.5　19 号坝段 N06DB19 无应力计实测值过程线

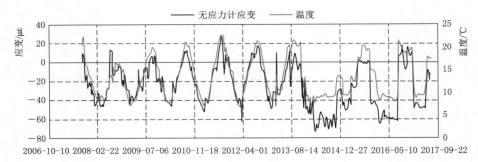

图 5.2.6　22 号坝段 N02DB22 无应力计实测值过程线

表 5.2.1　　　　　　　　　　　无应力计测值可靠性判定表

坝段	测点	与温度相关性	与水位相关性	测值是否不规律性突跳、变幅大	是否可靠
5 号	N01DB5	强相关	不相关	否	是
	N02DB5	中等程度相关	不相关	否	否
7 号	N02DB7	极强相关	不相关	否	是
8 号	N01DB8	弱相关	不相关	是	否
	N01DB08S	强相关	不相关	否	是
	N02DB08S	弱相关	不相关	是	否

续表

坝段	测点	与温度相关性	与水位相关性	测值是否不规律性突跳、变幅大	是否可靠
9 号	N01DB9	弱相关	不相关	否	否
	N03DB9	中等程度相关	不相关	是	否
	N04DB9	弱相关	不相关	是	否
	N05DB9	极强相关	不相关	否	是
	N06DB9	强相关	不相关	是	否
	N07DB9	强相关	不相关	否	是
	N08DB9	强相关	不相关	是	否
	N10DB9	极强相关	不相关	否	是
11 号	N01DB11S	强相关	不相关	否	是
	N02DB11S	强相关	不相关	否	是
14 号	N01DB14	强相关	不相关	否	是
	N03DB14	强相关	不相关	是	否
	N04DB14	中等程度相关	不相关	否	否
	N05DB14	强相关	不相关	是	否
	N06DB14	强相关	不相关	否	是
	N07DB14	强相关	不相关	是	否
	N08DB14	强相关	不相关	是	否
	N09DB14	极强相关	不相关	否	是
	N10DB14	极强相关	不相关	否	是
	N11DB14	强相关	不相关	否	是
	N12DB14	强相关	不相关	是	否
	N13DB14	强相关	不相关	是	否
16 号	N01DB16S	弱相关	不相关	否	否
17 号	N01DB17S	极强相关	不相关	否	是
	N02DB17S	极强相关	不相关	否	是
19 号	N01DB19	极强相关	不相关	否	是
	N02DB19	弱相关	不相关	否	否
	N03DB19	弱相关	不相关	是	否
	N04DB19	中等程度相关	不相关	否	否
	N05DB19	弱相关	不相关	是	否
	N06DB19	强相关	不相关	否	是
	N07DB19	弱相关	不相关	是	否
	N08DB19	极强相关	不相关	否	是
	N09DB19	强相关	不相关	否	是
	N12DB19	极强相关	不相关	否	是

坝段	测点	与温度相关性	与水位相关性	测值是否不规律性突跳、变幅大	是否可靠
20 号	N01DB20S	弱相关	不相关	是	否
21 号	N01DB21	弱相关	弱相关	是	否
	N01DB21S	弱相关	不相关	否	否
	N02DB21S	弱相关	不相关	否	否
	N02DB21	极强相关	不相关	否	是
22 号	N01DB22	强相关	不相关	否	是
	N02DB22	极强相关	不相关	否	是
24 号	N01DB24	强相关	不相关	否	是
	N02DB24	弱相关	不相关	否	否

从表 5.2.1 中可以看出，存在异常情况的无应力计共有 26 支，其中与温度相关性较差（相关性为中等程度相关或弱相关）的无应力总数为 18 支，占有异常无应力计总数的 69%；测值不规律突跳，变幅大的无应力计总数为 17 支，占异常无应力计总数的 65%；其中有 9 支无应力计既存在与温度相关性较差又存在测值不稳定的异常情况。

从表 5.2.1 中可以判断出测值可靠的无应力计共有 24 支，这些测点监测值与温度存在很强的相关性，无异常变化情况。

正常工作状态下的无应力计在各坝段的分布情况为：5 号坝段 1 支，占该坝段无应力计总数的 1/2；7 号坝段 1 支，占该坝段无应力计总数的 1/1；8 号坝段 1 支，占该坝段无应力计总数的 1/3；9 号坝段 3 支，占该坝段无应力计总数的 3/8；11 号坝段 2 支，占该坝段无应力计总数的 2/2；14 号坝段 5 支，占该坝段无应力计总数的 5/12；17 号坝段 2 支，占该坝段无应力计总数的 2/2；19 号坝段 5 支，占该坝段无应力计总数的 5/10；21 号坝段 1 支，占该坝段无应力计总数的 1/4；22 号坝段 2 支，占该坝段无应力计总数的 2/2；24 号坝段 1 支，占该坝段无应力计总数的 1/2；正常工作状态下的无应力计共计 24 支，占坝体无应力计总数的 24/50。正常工作的无应力计在河床坝段较多，岸坡坝段较少。根据无应力计测值的可靠性以及在坝体中的分布可以判断，采用上述无应力计测点进行坝体混凝土实际线膨胀系数分析是合理的。

5.2.3　线膨胀系数反演分析成果

根据上一节无应力计监测资料可靠性分析结果，将正常工作状态下的无应力计实测应变值与温度代入式（5.2.1）中进行统计模型回归分析，得到的回归系数 a_1 即为混凝土的线膨胀系数的估计值。对 24 组无应力计测值进行回归分析得到的线膨胀系数计算值见表 5.2.2。

由表 5.2.2 可知，统计模型回归分析得到的坝体混凝土线膨胀系数平均值为 6.18×10^{-6}/℃。复相关系数平均值为 0.90，复相关系数大于 0.90 的测点共有 11 个，全部测点的复相关系数均大于 0.85，拟合精度较高。

表 5.2.2 　　　　　　　　　　混凝土线膨胀系数回归计算值

坝　段	测　点	线膨胀系数/(10^{-6}/℃)	复相关系数
5 号	N01DB5	4.89	0.88
7 号	N02DB7	3.95	0.89
8 号	N01DB08S	7.31	0.87
9 号	N05DB9	4.13	0.96
	N07DB9	4.44	0.93
	N10DB9	4.38	0.90
11 号	N01DB11S	13.5	0.89
	N02DB11S	13.0	0.85
14 号	N01DB14	7.39	0.86
	N06DB14	4.84	0.87
	N09DB14	9.12	0.89
	N10DB14	6.61	0.97
	N11DB14	4.77	0.88
17 号	N01DB17S	8.03	0.85
	N02DB17S	8.34	0.86
19 号	N01DB19	6.41	0.93
	N06DB19	4.06	0.89
	N08DB19	4.07	0.93
	N09DB19	4.70	0.87
	N12DB19	6.47	0.92
21 号	N02DB21	4.05	0.91
22 号	N01DB22	4.11	0.90
	N02DB22	4.21	0.92
24 号	N01DB24	5.63	0.89
平　均　值		6.18	0.90

坝体混凝土线膨胀系数计算值分布图如图 5.2.7 所示。由线膨胀系数计算值的分布情

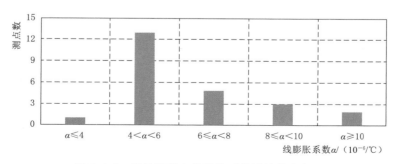

图 5.2.7　坝体混凝土线膨胀系数计算值分布图

况可知，共有 18 个测点的线膨胀系数计算值位于（4～8）$\times 10^{-6}$/℃，占参与回归分析测点总数的 75%，分布规律较好，说明计算所得的坝体混凝土线膨胀系数为 6.18×10^{-6}/℃ 是可靠的。设计阶段混凝土线膨胀系数取 6.0×10^{-6}/℃，本次反演得到的混凝土线膨胀系数与设计阶段仅相差 3%。

5.3 坝体与坝基综合弹性模量反演分析

5.3.1 反演分析基本原理和方法

采用基于 IDE - OSVR 的坝体、坝基材料参数反演方法，首先通过试验设计构造初始训练集，然后建立坝体、坝基位移与材料参数之间的复杂非线性关系动态 IDE - OSVR 模型，之后通过逐次反演和自动化验算误差产生"高质量"的新样本，增添至训练集使得 IDE - OSVR 模型能够动态在线学习，以进一步提高反演的精度。

5.3.1.1 在线支持回归机（OSVR）

支持回归机（SVR）是基于引入不敏感函数的支持向量机（SVM）转化而来的，因此 SVR 继承了 SVM 在训练小样本集时具有很好的稳定性和泛化能力以及对维数不敏感的优点。其基本思想是通过引入核函数，利用非线性映射将输入空间映射到高维特征空间，将低维的非线性问题转化为高维空间中的线性回归问题来解决。实质是一个凸二次规划的求解问题。

对于训练集 $(x_i, y_i), i = 1, 2, \cdots, n, x_i \in R^m, y_i \in R$。可通过一个非线性映射 $\varphi(\cdot)$ 将样本输入空间映射到高维特征空间，并构造最优线性函数 $f(x) = w^T \varphi(x) + b$，其中，$w$ 为权向量；b 为偏移量；参数可由结构风险最小化为原则得到，在模型的复杂性和学习能力中进行权衡，寻求最佳平衡。为降低对噪声的敏感程度，引入松弛变量，则问题等价于：

$$\min \frac{1}{2} \| w \|^2 + \frac{1}{2} C \sum_{i=1}^{l} \xi_i^2 \tag{5.3.1}$$

$$s \cdot t \cdot y_i = w^T \varphi(x_i) + b + \xi_i \quad (i = 1, 2, \cdots, l) \tag{5.3.2}$$

式中：ξ 为松弛变量，$\xi \geqslant 0$；C 为惩罚因子，$C > 0$，主要作用是对噪声容忍度与最大化间隔进行权衡，进而将数据拟合之间的平衡找到，C 越大，表示错分数据点对目标函数影响越大，算法对噪声的容忍度越小。

引入 Lagrange 乘子，建立 Lagrange 函数：

$$L(w, b, \xi, \alpha) = \frac{1}{2} \| w \|^2 + \frac{1}{2} C \sum_{i=1}^{l} \xi_i^2 + \sum_{i=1}^{l} \alpha_i [w^T \varphi(x_i) + b + \xi_i - y_i] \tag{5.3.3}$$

式中：α_i 为 Lagrange 乘子。

根据最优化理论转化为求对偶问题，由 KKT（Karush - Kulm - Tucker）条件

$$\frac{\partial L}{\partial w} = 0; \quad \frac{\partial L}{\partial b} = 0; \quad \frac{\partial L}{\partial \xi} = 0; \frac{\partial L}{\partial \alpha} = 0 \tag{5.3.4}$$

可求得

$$w = \sum_{i=1}^{l} \alpha_i \varphi(x_i); \quad \sum_{i=1}^{l} \alpha_i = 0; \quad \alpha_i = C\xi_i; \quad y_i - w^{\mathrm{T}} \varphi(x_i) - b - \xi_i = 0$$

消去 w 和 ξ_i，并引入核函数 $K(x_i, y_j)$，满足 Mercer 条件，可得线性方程组：

$$\begin{bmatrix} 0 & e^{\mathrm{T}} \\ e & Q + \dfrac{I}{C} \end{bmatrix} \begin{bmatrix} b \\ \alpha \end{bmatrix} = \begin{bmatrix} 0 \\ y \end{bmatrix} \tag{5.3.5}$$

式中，$e = [1, 1, \cdots, 1]^{\mathrm{T}}$；$I$ 为单位矩阵；$\alpha = [\alpha_1, \alpha_2, \cdots, \alpha_l]^{\mathrm{T}}$；$Q_{ij} = K(x_i, x_j)$。

可得回归模型：

$$f(x) = \sum_{i=1}^{l} \alpha_i K(x, x_i) + b \tag{5.3.6}$$

核函数 $K(x, x_i)$ 常用径向基（RBF）核函数，形式为

$$K(x, x_i) = \exp\left(-\frac{\|x - x_i\|}{2\sigma^2}\right) \quad (\sigma > 0) \tag{5.3.7}$$

OSVR 与 SVR 的区别是：OSVR 对于样本训练学习不是一次性离线完成的，而是通过样本数据的逐一加入反复优化，由此实现了动态学习。

影响 OSVR 精度的主要参数为惩罚因子 C 和核参数 σ。由于式（5.3.7）中核参数 σ 敏感性很高，利用式（5.3.8）进行变换：

$$h = \frac{1}{2\sigma^2} \tag{5.3.8}$$

利用改进的差分进化算法（IDE）对惩罚因子 C 和核参数 h 进行寻优计算。

5.3.1.2 基于 IDE 的 OSVR 模型参数优选

OSVR 用于反演坝体和坝基材料参数之前需要确定模型中的惩罚因子 C 和核参数 h。本节中运用改进的差分进化算法（IDE）进行参数寻优。

差分进化算法（DE）是由 Storn 和 Price 于 1997 年提出的一种启发式搜索算法。其算法过程如下：

（1）种群初始化，其初始化公式如下：

$$x_{ij}(0) = rand_{ij}(0,1)(x_{ij}^{U} - x_{ij}^{L}) + x_{ij}^{L} \quad (i = 1, 2, \cdots, N; j = 1, 2, \cdots, D) \tag{5.3.9}$$

式中：x_{ij}^{U} 和 x_{ij}^{L} 分别为 x_{ij} 取值的最大值和最小值；$rand(0,1)$ 代表 $[0,1]$ 间的随机数。

（2）变异。在 DE 算法中，先选定基向量 $x_{r1,j}$，然后从种群中任选两个向量 $x_{r2,j}$ 和 $x_{r3,j}$ 作差并乘上变异因子 F，最后两者相加产生变异向量 v_{ij}，此过程称为变异。其数学表示如下：

$$v_{ij}(g+1) = x_{r1,j}(g) + F[x_{r2,j}(g) - x_{r3,j}(g)] \tag{5.3.10}$$

式中：下标 r_1、r_2、r_3 为 $[1, N]$ 中互不相等的随机整数；F 为变异因子，且 $F \in [0,1]$。

（3）交叉。将目标向量 $x_i(g)$ 与变异向量 $v_i(g+1)$ 按式（4.1.11）更新生成 $u_i(g+1)$：

$$\begin{cases} u_i(g+1) = v_i(g+1) & (r_j \leqslant CR \,\|\, j = n_i) \\ u_i(g+1) = x_i(g+1) & (r_j > CR \,\&\, j \neq n_i) \end{cases} \tag{5.3.11}$$

式中：r_j 为 $[0,1]$ 间的随机数；CR 为 $[0,1]$ 间的交叉因子；n_i 为 $[1, 2, \cdots, D]$ 中

随机整数，以确保式样向量 $u_i(g+1)$ 至少选用变异向量 $v_i(g+1)$ 中的一个分量。

（4）选择。设适应度函数为 f，采用贪婪策略进行选择，其数学表示如下：

$$\begin{cases} x_i(g+1)=u_i(g+1) & (f[x_i(g)]\leqslant f[u_i(g+1)]) \\ x_i(g+1)=x_i(g) & (其他) \end{cases} \tag{5.3.12}$$

（5）终止。若 $g>G$（种群最大进化代数）或求解精度满足要求，则算法终止；否则，重复步骤（1）～（4）直至满足终止条件。

对标准 DE 算法效果有重要影响的参数主要有：

（1）种群总数 N。N 值要根据实际问题选定，一般取值范围为 $[20,50]$。N 值越大，种群多样性越强，搜寻到最优解的概率越大，但计算时间也随之越长。

（2）变异因子 F。F 值对变异操作中产生新的个体有重要影响，取值区间为 $(0,2)$。

（3）交叉概率 CR。CR 值对交叉操作产生重要影响，取值区间为 $(0,1)$。

由于变异因子 F 和交叉因子 CR 对 DE 算法的全局寻优能力和收敛性影响很大，为了更好地平衡 DE 算法全局寻优能力和收敛速度并避免早熟，本章设计一种自适应因子 λ 对基本 DE 算法中的变异因子 F 和交叉因子 CR 值的设置进行了改进，改进公式如下：

$$\lambda=\begin{cases} 2\left(\dfrac{g}{G}\right)^2 & \left(g\in\left[1,\dfrac{G}{2}\right]\right) \\ -2\left(\dfrac{g}{G}-1\right)^2+1 & \left(g\in\left[\dfrac{G}{2},G\right]\right) \end{cases} \tag{5.3.13}$$

$$F=F_{max}-\lambda(F_{max}-F_{min}) \tag{5.3.14}$$

$$CR=CR_{min}+\lambda(CR_{max}-CR_{min}) \tag{5.3.15}$$

式（5.3.13）中 G 为最大进化代数，g 为当前进化代数。式（5.3.14）中 F 为变异因子，根据经验公式，F_{max} 取 0.9，F_{min} 取 0.2。由此可得式（5.3.14）中变异因子的变化范围为 $[0.2,0.9]$，在种群进化前期 F 的值较大，这样可以增加种群的多样性使得 IDE 更容易找到全局最优点，在种群进化中后期，由于变异因子 F 的变小使得中后期的收敛速度得以加快，总体上使得良好的全局搜索能力在进化前期得以保持，而后期保持较好的收敛性。式（5.3.15）中 CR 为交叉因子，同理根据经验公式，CR_{max} 取 0.5，CR_{min} 取 0.1，由此可得式（5.3.15）中交叉因子 CR 的变化范围为 $[0.1,0.5]$。种群进化前期时 CR 的值较大，使得在保证种群多样性的同时收敛性得到适当增强，种群进化中后期 CR 的值较小，可以避免早熟现象并与变异因子一起平衡算法性能。

5.3.1.3　参数反演实施步骤

利用 IDE - OSVR 的反演方法能产生并逐一添加新的训练样本，通过动态学习建立位移与材料参数间复杂非线性关系的最优 IDE - OSVR 模型，以此提高反演计算的精度。基于 IDE - OSVR 的大坝坝体、坝基参数反演方法的主要步骤如下：

（1）根据初始样本集进行预处理，并通过对训练样本集的学习训练建立 IDE - OSVR 模型。

（2）输入实测点位移值至步骤（1）中的 OSVR 模型中得出待反演参数值。

（3）采用平均绝对误差来表征误差大小。对步骤（2）中的反演参数进行正计算，得出测点计算值并与实测值比较计算误差，若误差大于预定阈值，则进入步骤（4），若误差小于或等于预定阈值，则转向步骤（6）。

（4）将步骤（3）中验算的反演参数及其对应点的位移值作为一个新的样本点增添至训练样本集，并检查训练集样本数目是否大于预定最大值，若否，则转至步骤（2），若是，则转向步骤（5）。

（5）反演终止，并重新调整相关模型参数，并再次运行反演程序。

（6）反演完成，输出待反演的参数组合。

反演方法的流程如图5.3.1所示。

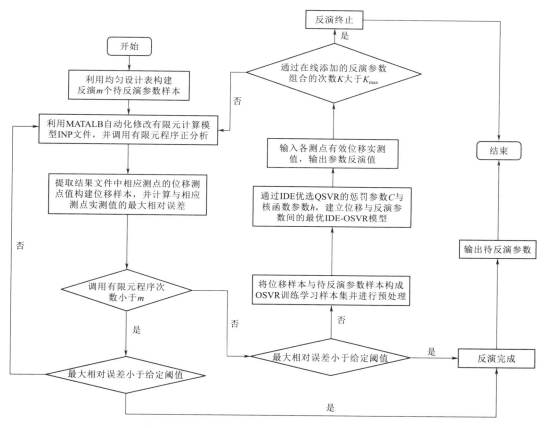

图5.3.1 基于IDE-OSVR的参数反演流程图

5.3.2 基于大坝监测资料分析的反演对象及时段选择

5.3.2.1 与反演相关的大坝监测资料分析

1. 水位监测资料分析

构皮滩水电站正常蓄水位为630.00m，死水位为590.00m，设计洪水位为632.89m，校核洪水位为638.36m，汛期限制水位为626.24m（6—7月）和628.12m（8月）；水库总库容为64.51亿 m³。2008 年 11 月 1 日至 2016 年 12 月 30 日期间上游库水位过程线如图5.3.2所示。从图中可以看出：2008 年 11 月 29 日，导流洞下闸，水库开始蓄水；在

2009年4月12日之前，上游水位一直稳定在490.00～495.00m，变化幅度约为5.00m。2009年6月8日，坝身导流底孔下闸，上游水位开始由510.00m升高到死水位590.00m。之后水位稳定，呈一定周期性变化，库水位在每年年初开始下降至较低水位，雨季开始后逐渐回升。2009—2016年间，历史最高水位变化范围为614.94～629.73m，均低于正常蓄水位，其中最高水位为629.73m，发生在2014年7月19日。2009—2016年间，上游水位年均值变化范围为546.79～617.62m，其中最大年均值为617.62m，出现在2015年；最小年均值为546.79m，出现在2009年。年变幅为17.57～103.48m，其中最大年变幅103.48m，发生在2009年；最小年变幅为17.57m，出现在2013年。2010—2016年间，水库多年平均水位为597.08m。

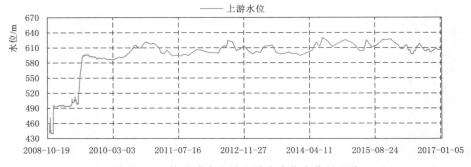

图5.3.2　构皮滩水电站上游库水位变化过程线

2. 气温监测资料分析

构皮滩水电站自动气象站于2005年11月16日投入正常运行。2008年1月1日至2016年12月31日坝区气温过程线如图5.3.3所示。气温呈明显的年周期性变化，最高气温一般出现在7—8月，个别年份出现在6月或9月；年最低气温多出现在12月至次年2月。历史最高气温为30.7℃，出现在2015年6月29日，最低气温为−1.6℃，出现在2011年1月2日。气温的年变幅为27.32～32.20℃，其中2011年的气温年变幅最大，达32.20℃；2010年日平均气温年变幅最小，其值为27.32℃。2016年气温的年均值最高，其值为17.58℃，2010年日平均气温的年均值最小，其值为15.28℃；多年平均气温为16.54℃。

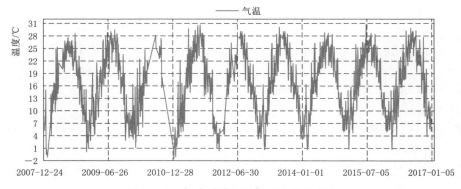

图5.3.3　构皮滩水电站气温变化过程线

3. 坝体、坝基垂线监测资料分析

对构皮滩大坝各垂线测点的径向位移监测资料进行分析，以进一步选取规律性较好，且能够反映库水位快速上升对大坝径向位移影响规律较好的测点，用于坝体弹性模量和坝基变形模量的反演工作。

（1）大坝径向位移空间分布规律。图 5.3.4 为坝体垂线径向位移高温典型日（2014年7月17日）分布图，图 5.3.5 为低温典型日（2015年1月14日）位移分布图。从图中可以看出，在左右岸方向，大坝径向位移分布呈河床中部坝段测值较大、两岸岸坡坝段测值较小的分布规律；大坝左右岸变形分布基本对称。在高程方向，530.00m 高程以下，大坝径向位移测值相对较小，且随着高程降低，测点测值下降较快；530.00m 高程以上，

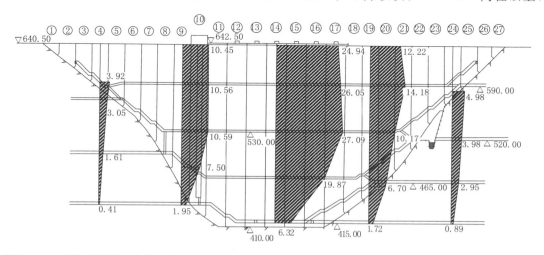

图 5.3.4 坝体垂线径向位移高温典型日（2014 年 7 月 17 日）分布图（单位：高程为 m；其余为 mm）
①～㉗—坝段编号

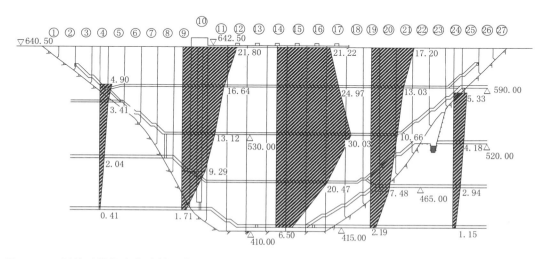

图 5.3.5 坝体垂线径向位移低温典型日（2015 年 1 月 14 日）分布图（单位：高程为 m；其余为 mm）
①～㉗—坝段编号

大坝径向位移测值相对较大，且随着高程增加，测点测值变化基本平稳。位于岸坡部位的4 号和 24 号坝段径向位移的量值很小。总的来说，构皮滩拱坝的径向位移分布符合混凝土拱坝变形的一般规律。

（2）河床 9 号坝段径向位移变化规律分析。图 5.3.6～图 5.3.10 为 9 号坝段正、倒垂线径向位移实测过程线。从图中可以看出，倒垂线 IP9 - 1 测点径向位移测值变化范围为 0.56～2.82mm；正垂线 PL9 - 1 测点径向位移测值变化范围为 0.62～9.93mm；正垂线 PL9 - 2 测点径向位移测值变化范围为 0.25～13.59mm；正垂线 PL9 - 3 测点径向位移测值变化范围为 -0.85～19.08mm；正垂线 PL9 - 4 测点径向位移测值变化范围为 1.62～22.57mm。库水位变化对径向位移有较大影响，具体表现为：库水位上升，坝体向下游变形增大或向上游变形减小，反之向下游变形减小或向上游变形增大，其变形规律与一般

图 5.3.6　9 号坝段正垂测点 PL9 - 4 径向位移过程线

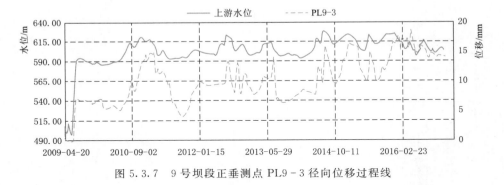

图 5.3.7　9 号坝段正垂测点 PL9 - 3 径向位移过程线

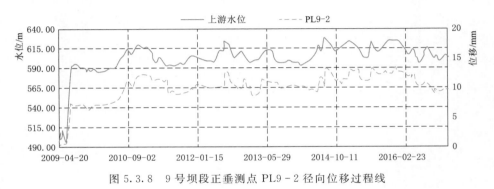

图 5.3.8　9 号坝段正垂测点 PL9 - 2 径向位移过程线

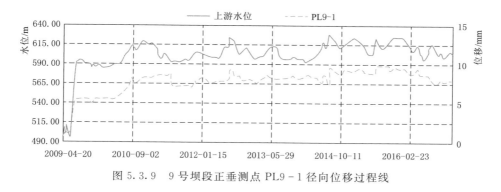

图 5.3.9　9 号坝段正垂测点 PL9-1 径向位移过程线

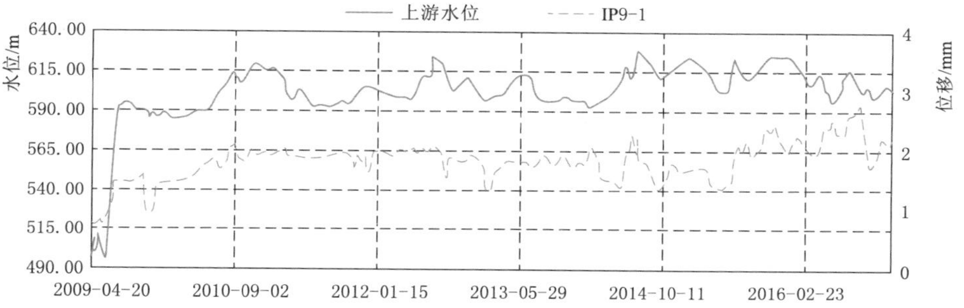

图 5.3.10　9 号坝段倒垂测点 IP9-1 径向位移过程线

混凝土拱坝变形规律相同。受温度影响，坝体径向位移总体上呈年周期变化，温升时，坝顶向下游水平位移减小或向上游水平位移增大；温降时，坝顶向下游水平位移增大或向上游水平位移减小。在每年 12 月至次年 1—2 月气温达到最低时，坝体径向位移向下游达到最大值，每年 7—9 月气温最高时，坝体径向位移向下游达到最小值。

（3）河床 14 号坝段径向位移变化规律分析。图 5.3.11～图 5.3.15 为 14 号坝段正、倒垂线径向位移实测过程线。从图中可以看出，倒垂线 IP14-1 测点径向位移测值变化范围为 0.94～6.73mm；正垂线 PL14-1 测点径向位移测值变化范围为 1.68～20.83mm；正垂线 PL14-2 测点径向位移测值变化范围为－0.11～30.32mm；正垂线 PL14-3 测点

图 5.3.11　14 号坝段正垂测点 PL14-4 径向位移过程线

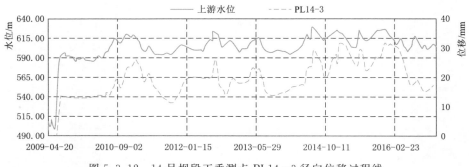

图 5.3.12　14 号坝段正垂测点 PL14 - 3 径向位移过程线

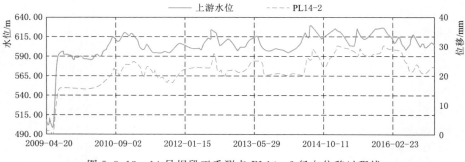

图 5.3.13　14 号坝段正垂测点 PL14 - 2 径向位移过程线

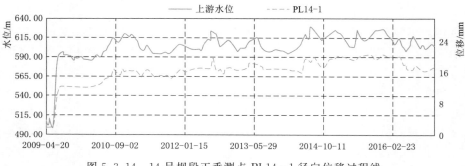

图 5.3.14　14 号坝段正垂测点 PL14 - 1 径向位移过程线

图 5.3.15　14 号坝段倒垂测点 IP14 - 1 径向位移过程线

径向位移测值变化范围为 $-2.33\sim31.89$mm；正垂线 PL14-4 测点径向位移测值变化范围为 $5.67\sim35.23$mm。库水位变化对径向位移有较大影响，具体表现为：库水位上升，坝体向下游变形增大或向上游变形减小，反之向下游变形减小或向上游变形增大，其变形规律与一般混凝土拱坝变形规律相同。受温度影响，坝体径向位移总体上呈年周期变化，温升时，坝顶向下游水平位移减小或向上游水平位移增大；温降时，坝顶向下游水平位移增大或向上游水平位移减小。在每年 12 月至次年 1—2 月气温达到最低时，坝体径向位移向下游达到最大值，每年 7—9 月气温最高时，坝体径向位移向下游达到最小值。

（4）河床 19 号坝段径向位移变化规律分析。图 5.3.16～图 5.3.20 为 19 号坝段正、倒垂线径向位移实测过程线。从图中可以看出，倒垂线 IP19-1 测点径向位移测值变化范围为 $-0.44\sim3.17$mm；正垂线 PL19-1 测点径向位移测值变化范围为 $0.04\sim11.45$mm；正垂线 PL19-2 测点径向位移测值变化范围为 $-1.47\sim13.83$mm；正垂线 PL19-3 测点径向位移测值变化范围为 $-1.52\sim18.91$mm；正垂线 PL19-4 测点径向位移测值变化范围为 $0.03\sim22.41$mm。库水位变化对径向位移有较大影响，具体表现为：库水位上升，坝体向下游变形增大或向上游变形减小，反之向下游变形减小或向上游变形增大，其变形规律与一般混凝土拱坝变形规律相同。受温度影响，坝体径向位移总体上呈年周期变化，温升时，坝顶向下游水平位移减小或向上游水平位移增大；温降时，坝顶向下游水平位移增大或向上游水平位移减小。在每年 12 月至次年 1—2 月气温达到最低时，坝体径向位移向下游达到最大值，每年 7—9 月气温最高时，坝体径向位移向下游达到最小值。

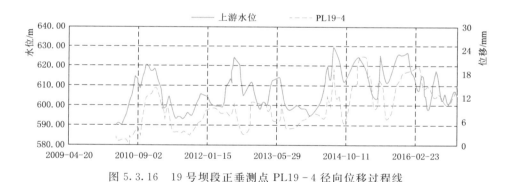

图 5.3.16 19 号坝段正垂测点 PL19-4 径向位移过程线

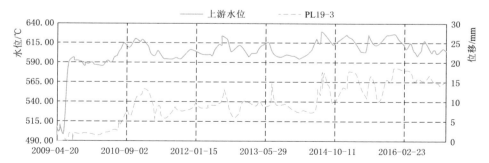

图 5.3.17 19 号坝段正垂测点 PL19-3 径向位移过程线

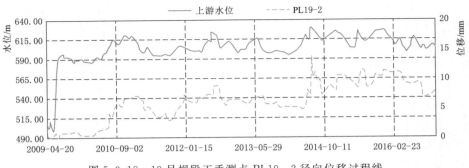

图 5.3.18　19 号坝段正垂测点 PL19 - 2 径向位移过程线

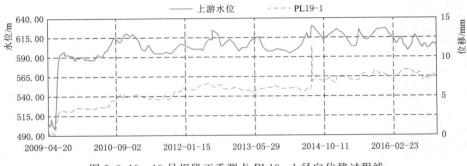

图 5.3.19　19 号坝段正垂测点 PL19 - 1 径向位移过程线

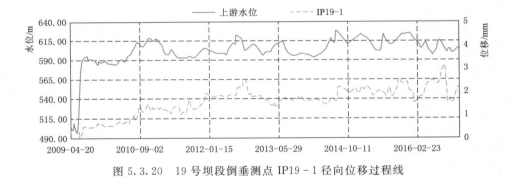

图 5.3.20　19 号坝段倒垂测点 IP19 - 1 径向位移过程线

5.3.2.2　典型坝段径向位移的统计模型分析

影响大坝径向位移的主要因素有水位、温度和时效等，根据吴中如院士的《水工建筑物安全监控理论及其应用》，采用下列统计模型：

$$\delta = \delta_w + \delta_T + \delta_\theta \tag{5.3.16}$$

式中：δ 为水平位移拟合值；δ_w、δ_T、δ_θ 分别为水压分量、温度分量和时效分量。

水压分量：根据坝工理论，拱坝坝体水平位移与上游库水位的 4 次方呈正相关，根据构皮滩拱坝实际运行情况，水压分量可表示为

$$\delta_w = \sum_{i=1}^{4} \alpha_i (h^i - h_0^i) \tag{5.3.17}$$

式中：h 为监测日上游水深，m；h_0 为起测日上游水深，m；$i=1$，2，3，4；α_i 为水压因子回归系数。

温度分量：采用多周期的谐波作为温度因子，温度分量表达式为

$$\delta_T = \sum_{i=1}^{n}\left[b_{1i}\left(\sin\frac{2\pi it}{365}-\sin\frac{2\pi it_0}{365}\right)+b_{2i}\left(\cos\frac{2\pi it}{365}-\cos\frac{2\pi it_0}{365}\right)\right] \tag{5.3.18}$$

式中：b_{1i}、b_{2i}（$i=1$，2）为温度分量因子的回归系数；t_0 为建模起始日至起测日的累计天数；t 为监测日至起测日的累计天数。

时效分量：时效分量的影响因素极为复杂，其表达式为

$$\delta_\theta = c_1\theta + c_2\ln\theta \tag{5.3.19}$$

式中：θ 为从始测日至监测日的累计天数除以 100；c_1、c_2 为回归系数。

综上所述，大坝水平位移的统计模型为

$$\begin{aligned}\delta = a_0 &+ \sum_{i=1}^{4}a_i(h^i-h_0^i)\\ &+\sum_{i=1}^{2}\left[b_{1i}\left(\sin\frac{2\pi it}{365}-\sin\frac{2\pi it_0}{365}\right)+b_{2i}\left(\cos\frac{2\pi it}{365}-\cos\frac{2\pi it_0}{365}\right)\right]\\ &+c_1\theta+c_2\ln\theta\end{aligned} \tag{5.3.20}$$

式（5.3.20）中的符号意义同式（5.3.16）～式（5.3.19），a_0 为常数。

1. 9 号坝段测点监测值统计模型分析

表 5.3.1 为 9 号坝段各测点径向位移统计模型拟合系数。从表中可以看出：各测点径向位移统计模型的复相关系数为 0.845～0.966，倒垂线 IP9-1 测点的复相关关系最低，为 0.845；正垂线 PL9-1 测点的复相关系数最高，为 0.966。其中，统计模型建模精度较高的测点有正垂线 PL9-1 和 PL9-2，它们的各个分量分离结果如图 5.3.21 和图 5.3.22 所示。从图中可以看出：

（1）水压分量：库水位升高，水压分量增大，坝体向下游位移增大；反之，库水位降低，水压分量减小，坝顶向下游位移减小或向上游位移。

（2）温度分量：温度变化对坝体水平位移有较大的影响，温度升高，温度分量减小，坝顶向上游位移；反之，温度降低，温度分量增大，坝顶向下游位移。

（3）时效分量：各径向位移测点的时效分量已经基本稳定或趋于收敛。

表 5.3.1　　　　　　　9 号坝段各测点径向位移统计模型拟合系数

系数	IP9-1	PL9-1	PL9-2	PL9-3	PL9-4
a_0	1.73	7.62	7.37	1.50	1.87×10^1
a_1	-3.92×10^{-1}	-2.24	-3.96	-4.25	6.87×10^1
a_2	3.22×10^{-3}	2.00×10^{-2}	3.55×10^{-2}	3.72×10^{-2}	-6.49×10^{-1}
a_3	-1.10×10^{-5}	-7.61×10^{-5}	-1.37×10^{-4}	-1.41×10^{-4}	2.61×10^{-3}
a_4	1.32×10^{-8}	1.06×10^{-7}	1.95×10^{-7}	2.00×10^{-7}	-3.81×10^{-6}
b_{11}	-3.17×10^{-2}	-1.64×10^{-1}	-2.83×10^{-1}	-1.19	-3.36
b_{21}	-8.09×10^{-2}	6.78×10^{-2}	1.08×10^{-1}	0	-2.52

系数	IP9－1	PL9－1	PL9－2	PL9－3	PL9－4
b_{12}	-5.07×10^{-2}	0	-1.09×10^{-1}	0	0
b_{22}	0	1.09×10^{-1}	1.39×10^{-1}	-4.02×10^{-1}	0
c_1	-1.43×10^{-2}	4.23×10^{-2}	-1.24×10^{-1}	1.58×10^{-1}	2.65×10^{-1}
c_2	2.95×10^{-1}	1.47	2.17	0	-8.36×10^{-1}
复相关系数	8.45×10^{-1}	9.66×10^{-1}	9.55×10^{-1}	8.94×10^{-1}	8.60×10^{-1}
标准差	1.94×10^{-1}	5.24×10^{-1}	8.86×10^{-1}	1.82	2.42

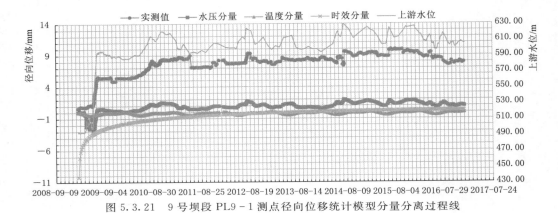

图 5.3.21　9 号坝段 PL9－1 测点径向位移统计模型分量分离过程线

图 5.3.22　9 号坝段 PL9－2 测点径向位移统计模型分量分离过程线

2. 14 号坝段测点监测值统计模型分析

表 5.3.2 为 14 号坝段各测点径向位移统计模型拟合系数。从表中可以看出：各测点径向位移统计模型的复相关系数为 0.908～0.976，正垂线 PL14－4 测点的复相关关系最低，为 0.908；正垂线 PL14－1 测点的复相关关系数最高，为 0.976。

其中，统计模型建模精度较高的测点有倒垂线 IP14－1、正垂线 PL14－1、PL14－2 和 PL14－3，上述测点的各个分量分离结果如图 5.3.23～图 5.3.26 所示，这些分量可以用于本次反演分析。

表 5.3.2 14号坝段各测点径向位移统计模型拟合系数

系数	IP14-1	PL14-1	PL14-2	PL14-3	PL14-4
a_0	7.09	1.92×10^1	2.53×10^1	2.28×10^1	3.80×10^1
a_1	0	-7.53	-1.34×10^1	-1.74×10^1	1.18×10^2
a_2	0	6.91×10^{-2}	1.23×10^{-1}	1.63×10^{-1}	-1.11
a_3	0	-2.72×10^{-4}	-4.90×10^{-4}	-6.69×10^{-4}	4.44×10^{-3}
a_4	6.36×10^{-10}	3.96×10^{-7}	7.19×10^{-7}	1.02×10^{-6}	-6.46×10^{-6}
b_{11}	-1.27×10^{-1}	0	-4.10×10^{-1}	-1.29	-1.92
b_{21}	0	9.18×10^{-2}	4.39×10^{-1}	1.50	3.12
b_{12}	-3.89×10^{-2}	-2.58×10^{-1}	-4.49×10^{-1}	-6.07×10^{-1}	0
b_{22}	0	-2.13×10^{-1}	-3.13×10^{-1}	-4.82×10^{-1}	-4.49×10^{-1}
c_1	3.42×10^{-2}	2.01×10^{-2}	0	0	4.64×10^{-1}
c_2	5.73×10^{-1}	1.87	2.58	2.04	-1.49
复相关系数	9.67×10^{-1}	9.76×10^{-1}	9.58×10^{-1}	9.24×10^{-1}	9.08×10^{-1}
标准差	3.11×10^{-1}	8.51×10^{-1}	1.76×10^{-1}	2.66×10^{-1}	2.93×10^{-1}

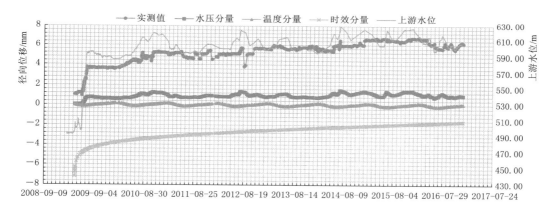

图 5.3.23 14号坝段 IP14-1 测点径向位移统计模型分量分离过程线

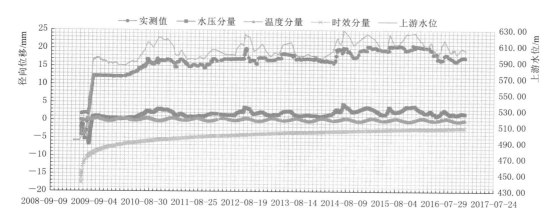

图 5.3.24 14号坝段 PL14-1 测点径向位移统计模型分量分离过程线

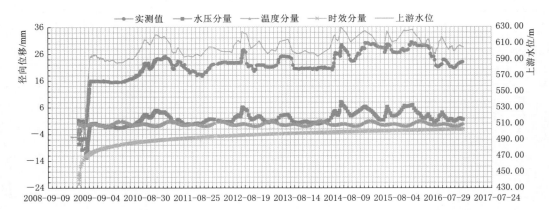

图 5.3.25　14 号坝段 PL14-2 测点径向位移统计模型分量分离过程线

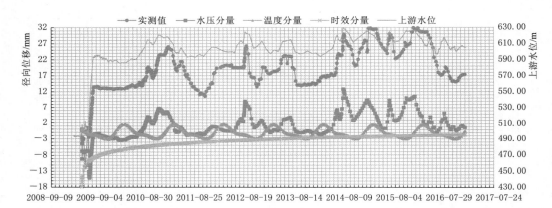

图 5.3.26　14 号坝段 PL14-3 测点径向位移统计模型分量分离过程线

3.19 号坝段测点监测值统计模型分析

表 5.3.3 为 19 号坝段各测点径向位移统计模型拟合系数。从表中可以看出：各测点径向位移监测值统计模型的复相关系数为 0.907～0.969，所有测点统计模型建模精度均较高。正垂线 PL19-4 测点的复相关系数最低，为 0.907；正垂线 PL19-1 测点的复相关系数最高，为 0.969。各测点各个分量分离结果如图 5.3.27～图 5.3.31 所示。

表 5.3.3　19 号坝段各测点径向位移统计模型拟合系数

系数	IP19-1	PL19-1	PL19-2	PL19-3	PL19-4
a_0	3.35	1.07×10^1	1.40×10^1	2.28×10^1	2.44×10^1
a_1	-9.68×10^{-2}	0	0	-1.14×10^{-1}	6.97×10^1
a_2	5.59×10^{-4}	0	-5.14×10^{-4}	0	-6.48×10^{-1}
a_3	-9.72×10^{-7}	0	0	0	2.57×10^{-3}
a_4	0	8.02×10^{-10}	1.11×10^{-8}	9.87×10^{-9}	-3.70×10^{-6}

续表

系数	IP19-1	PL19-1	PL19-2	PL19-3	PL19-4
b_{11}	0	-5.60×10^{-2}	-2.62×10^{-1}	-1.09	-2.79
b_{21}	-4.42×10^{-2}	-1.23×10^{-1}	2.25×10^{-1}	0	2.31
b_{12}	-4.72×10^{-2}	-1.63×10^{-1}	-2.55×10^{-1}	0	0
b_{22}	2.03×10^{-2}	0	0	-3.02×10^{-1}	-4.29×10^{-1}
c_1	2.99×10^{-2}	1.06×10^{-1}	1.44×10^{-1}	2.99×10^{-1}	3.00×10^{-1}
c_2	2.52×10^{-1}	5.83×10^{-1}	6.70×10^{-1}	5.06×10^{-1}	0
复相关系数	9.47×10^{-1}	9.69×10^{-1}	9.57×10^{-1}	9.40×10^{-1}	9.07×10^{-1}
标准差	2.13×10^{-1}	4.54×10^{-1}	9.48×10^{-1}	1.73	2.23

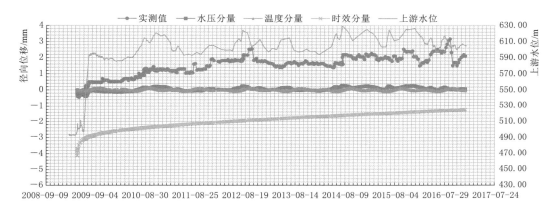

图 5.3.27　19 号坝段 IP19-1 测点径向位移统计模型分量分离过程线

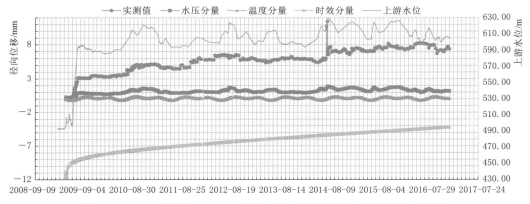

图 5.3.28　19 号坝段 PL19-1 测点径向位移统计模型分量分离过程线

5.3.2.3　反演测点与时段选择

经过对正、倒垂线径向位移监测资料的定性和定量分析，综合考虑各测点测值可靠性和时空规律、统计模型复相关系数和水压分量所占的比重，以及测点的布置位置（测点所测变形对反演目标的贡献程度）等因素，优选测点进行反演分析。

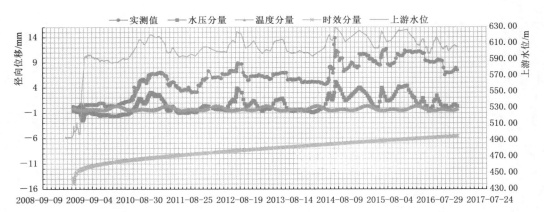

图 5.3.29　19 号坝段 PL19-2 测点径向位移统计模型分量分离过程线

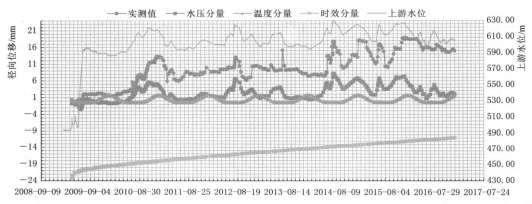

图 5.3.30　19 号坝段 PL19-3 测点径向位移统计模型分量分离过程线

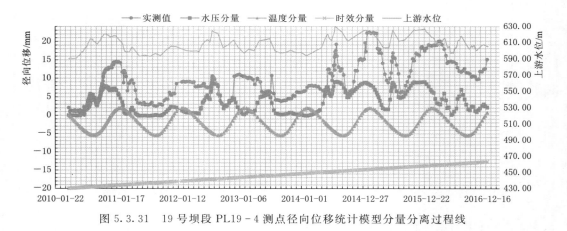

图 5.3.31　19 号坝段 PL19-4 测点径向位移统计模型分量分离过程线

考虑到反演算法的鲁棒性，需要避免选取过多测点而引发的过拟合现象，选取 14 号坝段 5 个测点 PL14-4、PL14-3、PL14-2、PL14-1、IP14-1 作为反演坝体弹性模量和坝基变形模量的典型测点。这些测点均位于拱冠梁断面，能较好地反映拱坝力学特性，测值较大，稳定和可靠性较高，且测值受到非确定性因素干扰较小，测点相关特性见表 5.3.4。

表 5.3.4 反演测点相关特性

测点	高程/m	统计模型复相关系数	统计模型标准差/mm	水压分量占比/%
PL14-4	640.00	0.908	0.293	47.07
PL14-3	590.00	0.924	0.266	54.73
PL14-2	530.00	0.958	0.176	56.51
PL14-1	474.00	0.976	0.851	51.93
IP14-1	414.00	0.967	0.311	47.07

选取的水位变化反演时间段为 2014 年 10 月 14 日至 12 月 5 日，该时段上游库水位由 613.73m 上升至 620.98m。在库水压力作用下，14 号坝段坝体、坝基向下游变形，水位-位移相关性良好。

5.3.3 反演参数选择与有限元模型

5.3.3.1 反演参数选择

1. 坝体混凝土弹性模量

构皮滩大坝主要混凝土等级为 $C_{180}35$、$C_{180}30$ 和 $C_{180}25$。根据 2008 年《乌江构皮滩水电站下闸蓄水安全鉴定大坝建筑与金属结构设备安装工程施工自检报告》，大坝混凝土配合比见表 5.3.5。

表 5.3.5 构皮滩大坝混凝土配合比表

强度等级	使用范围	外加物掺量/%			水胶比	级配	砂率/%	单位材料用量/(kg/m³)										坍落度/cm
		煤灰	JM-Ⅱ	MA202				水	水泥	煤灰	砂	特大石	大石	中石	小石	JM-Ⅱ	MA202	
$C_{180}25$、$C_{180}30$	拱坝坝体	30	0.60	0.015	0.50	5:3:2	31	96	134	58	687		770	462	308	1.152	0.029	3～5
						3:3:2:2	25	85	119	51	570	517	517	344	344	1.020	0.026	3～5
$C_{180}35$	拱坝坝体孔口周边	20	0.60	0.015	0.45	6:4	36	114	202	51	757		815	542		1.518	0.038	5～7
						5:3:2	31	96	170	43	683		766	459	306	1.278	0.032	3～5
$C_{180}35$	拱坝坝体	30	0.60	0.015	0.45	5:3:2	30	96	149	64	659		775	465	310	1.278	0.032	3～5
						3:3:2:2	24	85	132	57	543	520	520	346	346	1.134	0.028	3～5
$C_{90}35$	预应力闸墩	30	0.60	0.015	0.45	6:4	35	114	177	76	734		824	549		1.518	0.038	5～7
$C_{180}25$、$C_{180}30$	拱坝坝体层间结合	30	0.60	0.015	0.50	5:3:2	32	100	140	60	703		753	452	301	1.200	0.030	4～6
$C_{180}35$					0.45		31	100	155	67	675		757	454	302	1.332	0.033	4～6

在施工过程中，构皮滩中心试验室对大坝、水垫塘、引水发电系统、渗控工程及泄洪洞等主体工程的混凝土进行了检测，其中大坝混凝土弹性模量等参数见表 5.3.6。

表 5.3.6　　　　　　　　　　构皮滩大坝混凝土检测成果

强度等级	混凝土使用部位	极限拉伸值/10^{-6}	弹性模量/GPa	抗渗等级
$C_{180}35$ 三级配	13 号坝段 KM1 溶槽	—	—	＞W12
	12 号坝段 410.00～410.30m	—	47.0	＞W12
	12 号坝段 410.30～411.50m	120	48.1	＞W12
$C_{180}35$ 四级配	18 号坝段 461.00～464.00m	—	—	—
	21 号坝段 515.50～518.00m	—	—	＞W12
$C_{180}30$ 四级配	15 号坝段 437.00～440.00m	94	47.2	＞W12

由以上可知，大坝混凝土主要采用 $C_{180}25$、$C_{180}30$ 和 $C_{180}35$ 三种强度等级，实际在配合比设计及施工时，由于受到最大水胶比的限制，$C_{180}25$ 和 $C_{180}30$ 采用相同的配合比，实际材料力学性质基本一致；表 5.3.6 显示，$C_{180}30$ 和 $C_{180}35$ 混凝土弹性模量的差异很小。因此，对于构皮滩大坝，坝体不同强度等级混凝土弹性模量之间的差别较小，整个坝体可以作为同一个弹性模量参数进行反演。

在设计阶段，根据《混凝土拱坝设计规范》（DL/T 5346—2006），持续弹性模量取试件瞬时弹性模量的 0.6～0.7 倍，拱梁分载法敏感性计算成果表明，弹性模量越高坝体最大主拉应力越小，出于安全考虑，坝体混凝土计算弹性模量为 25GPa。

在反演分析中，混凝土弹性模量在 25GPa 的基础上浮动一定范围进行计算，混凝土的容重为 24.0kN/m³，泊松比为 0.21，导温系数为 2.373m²/月，混凝土线膨胀系数采用上节反演结果 $6.18×10^{-6}$/℃。

2. 坝基岩体变形模量

构皮滩坝基和拱座主要岩性为二叠系下统茅口组下段（P_1m^1），厚 108～112m，分为 3 层。河床坝段坝基主要坐落在 P_1m^{1-1} 层上，两岸坝基逐渐坐落在 P_1m^{1-2}、P_1m^{1-3} 层上，而 P_1m^{1-1} 层则为两岸拱座主要抗力岩体。拱肩槽上、下游边坡亦主要为 P_1m^1 层岩体，两岸 640.00m 高程以上及拱肩槽上游侧边坡局部出露 P_1m^{2-1} 层。

在河床建基面分别布置 5m 深钻孔 113 个，10m 深钻孔 7 个，20m 深钻孔 17 个。根据单孔波速计算岩体的变形模量，以 5m 范围内波速计算值统计结果为：包括松弛层在内计算变形模量 E_{0j} 范围值为 8.09～49.63GPa，平均值为 32.34GPa；其中松弛层 E_{0j} 范围值为 8.09～39.23GPa，平均值为 21.91GPa，底层 E_{0j} 范围值为 9.16～49.63GPa，平均值为 34.98GPa。根据 17 个 20m 深钻孔单孔波速值计算变形模量，计算结果见表 5.3.7，可见，2～20m 范围且 E_{0j} 随着深度的增加而增大，变形模量大于 30GPa。

表 5.3.7　　　　河床建基面（P_1m^{1-1}）不同深度岩体波速和计算变形模量统计

深度/m	波速/(m/s)		计算变形模量 E_{0j}/GPa		备　注
	范围值	平均值	范围值	平均值	
0～2	5000～5470	5260	5.61～35.03	17.80	试验值
2～5	3570～6060	5370	9.16～49.63	32.35	24 个钻孔换算值
5～10	3570～6060	5390	9.12～49.63	32.63	
10～15	3080～6060	5340	6.54～49.63	31.74	17 个钻孔换算值
15～20	3700～5880	5390	10.02～43.97	32.70	

左岸从 557.00～640.00m 高程共布置了 120 个钻孔，右岸从 585.00～635.00m 高程共布置了 29 个钻孔，岩性为 P_1m^{1-3} 层中中厚层灰岩，根据单孔波速计算不同高程变形模量见表 5.3.8。统计说明，左岸变形模量范围值为 6.31～34.39GPa，平均值范围为 16.71～20.53GPa，右岸变形模量范围值为 6.10～34.39GPa，平均值范围为 20.16～25.40GPa，说明右岸岩体比左岸略好。

表 5.3.8 拱肩建基面岩体不同高程计算变形模量统计成果

岸别	地层层位	高程/m	波速/(m/s)		计算变形模量 E_{0j}/GPa	
			范围值	平均值	范围值	平均值
左岸	P_1m^{1-3}	577.00～582.00	3700～5880	5000	8.33～34.39	20.53
		572.00～577.00	3280～5880	4590	6.31～34.39	16.13
		567.00～572.00	3510～5880	4860	7.33～34.39	19.16
		562.00～567.00	3570～5880	4940	7.64～34.39	19.83
		557.00～562.00	3770～5880	4680	8.71～34.39	18.83
		552.00～557.00	3330～5880	4850	6.54～34.39	18.97
		547.00～552.00	3920～5880	4910	9.60～34.39	19.73
		600.00～610.00	3920～5880	5010	9.60～34.39	20.39
		615.00～620.00	3570～5880	4920	7.64～34.39	19.48
		620.00～625.00	3513～5556	4873	7.35～27.81	19.20
		625.00～630.00	3571～5556	4720	7.64～27.81	17.73
		630.00～640.00	3450～5880	4640	7.05～34.43	16.71
右岸	P_1m^{1-3}	585.00～590.00	3280～5880	5090	6.31～34.39	22.07
		590.00～595.00	3230～5880	4950	6.10～34.39	20.16
		595.00～600.00	3850～5880	5070	8.14～34.39	20.92
		600.00～605.00	4000～5880	5270	10.10～34.39	23.84
		605.00～610.00	3700～5880	5130	8.33～34.39	22.00
		615.00～620.00	4650～5880	5380	15.43～34.39	25.40
		625.00～630.00	3920～5880	5224	9.60～34.39	23.30
		630.00～635.00	3770～5880	5162	8.71～34.39	22.46

在设计阶段，坝基岩体变形模量计算参数见表 5.3.9，对比可知，实际测试波速换算变形模量大于设计值，由于实际测试仅有部分高程，在本次反演中以表 5.3.9 设计值为基础，向上浮动进行调整。

表 5.3.9 坝基岩体材料参数设计值

高 程/m	左 岸		右 岸	
	变形模量/GPa	泊松比	变形模量/GPa	泊松比
640.50 以上	8	0.32	15	0.30
605.00～640.50	8	0.32	15	0.30

续表

高　程/m	左　岸		右　岸	
	变形模量/GPa	泊松比	变形模量/GPa	泊松比
575.00～605.00	8	0.32	20	0.30
545.00～575.00	8	0.32	20	0.30
515.00～545.00	15	0.30	25	0.25
485.00～515.00	20	0.30	28	0.25
455.00～485.00	25	0.25	28	0.25
425.00～455.00	30	0.20	30	0.20
408.00～425.00	30	0.20	30	0.20
408.00 以下	28	0.25	28	0.25

5.3.3.2　反演数据准备

在建立 OSVR 模型之前需准备初始训练集和预测集的输入项。训练集输入项为不同水位条件下各测点位移有限元计算值增量。预测集的输入项为位移实测值增量。训练集的输出项为待反演材料参数的特定组合。为使参数组合在相对较少的样本下更具有代表性，应用将均匀试验设计方法和正交试验设计方法组合形成的混合试验设计方法优化设计材料参数组合。

正交试验设计方法由田口宏一等基于早期的方差分析法改进而来，是一种基于正交表安排试验的方法。基于正交表能科学地安排多因素试验，可选取具备均匀分散、齐整可比的试验组合，减小试验样本数量。正交表是规格化、标准化的表格，其表名一般为 $L_n(m^k)$，n 为选定的正交表的行数，即为试验方案的个数，m 为参加试验因素的水平数，k 为正交表的列数，表示试验因素最多不能超过 k。本章正交表选用 $L_{25}(5^6)$，见表 5.3.10。本章反演参数为 2 个，则选用表 5.3.10 中前两列进行试验方案设计。

表 5.3.10　　　　　　　　　　正交表 $L_{25}(5^6)$

方案号	列　　数					
	1	2	3	4	5	6
1	1	1	1	1	1	1
2	1	2	2	2	2	2
3	1	3	3	3	3	3
4	1	4	4	4	4	4
5	1	5	5	5	5	5
6	2	1	2	3	4	5
7	2	2	3	4	5	1
8	2	3	4	5	1	2
9	2	4	5	1	2	3
10	2	5	1	2	3	4

方案号	列　　数					
	1	2	3	4	5	6
11	3	1	3	5	2	4
12	3	2	4	1	3	5
13	3	3	5	2	4	1
14	3	4	1	3	5	2
15	3	5	2	4	1	3
16	4	1	4	2	5	3
17	4	2	5	3	1	4
18	4	3	1	4	2	5
19	4	4	2	5	3	1
20	4	5	3	1	4	2
21	5	1	5	4	3	2
22	5	2	1	5	4	3
23	5	3	2	1	5	4
24	5	4	3	2	1	5
25	5	5	4	3	2	1

均匀试验设计方法是方开泰提出的一种基于数论和统计学原理的适应多因素水平的试验设计方法。该方法保留均匀分散的特点，较少强调齐整可比，使试验组合更具代表性。标准化的均匀设计表的表名为 $U_n(m^k)$，相关含义与正交表类似。本章均匀表选用 $U_{37}(37^{12})$，见表 5.3.11，对应的使用表见表 5.3.12。本章反演参数为 2 个，应选用表 5.3.12 中的第 1、第 7 列进行试验方案设计。

表 5.3.11 　　　　　　　　　 均匀表 $U_{37}(37^{12})$

方案号	列　　数											
	1	2	3	4	5	6	7	8	9	10	11	12
1	1	7	9	10	11	12	17	23	26	29	30	33
2	2	14	18	20	22	24	34	9	15	21	23	29
3	3	21	27	30	33	36	14	32	4	12	16	25
4	4	28	36	3	7	11	31	18	30	5	9	21
5	5	35	8	13	18	23	11	4	19	34	2	17
6	6	5	17	23	29	35	28	27	8	26	32	13
7	7	12	26	33	3	10	8	13	34	18	25	9
8	8	19	35	6	14	22	25	36	23	10	18	5
9	9	26	7	16	25	34	5	22	12	2	11	1
10	10	33	16	26	36	9	22	8	1	31	4	34
11	11	3	25	36	10	21	2	31	27	23	34	30

续表

方案号	列　数											
	1	2	3	4	5	6	7	8	9	10	11	12
12	12	10	34	9	21	33	19	17	16	15	27	26
13	13	17	6	19	32	8	36	3	5	7	20	22
14	14	24	15	29	6	20	16	26	31	36	13	18
15	15	31	24	2	17	32	33	12	20	28	6	14
16	16	1	33	12	28	7	13	35	9	20	36	10
17	17	8	5	22	2	19	30	21	34	12	29	6
18	18	15	14	32	13	31	10	7	24	4	22	2
19	19	22	23	5	24	6	27	30	13	33	15	35
20	20	29	32	15	35	18	7	16	2	25	8	31
21	21	36	4	25	9	30	24	2	28	17	1	27
22	22	6	13	35	20	5	4	25	17	9	31	23
23	23	13	22	8	31	17	21	11	6	1	24	19
24	24	20	31	18	5	29	1	34	32	30	17	15
25	25	27	3	28	16	4	18	20	21	22	10	11
26	26	34	12	1	27	16	35	6	10	14	3	7
27	27	4	21	11	1	28	15	29	36	6	33	3
28	28	11	30	21	12	3	32	15	25	35	26	36
29	29	18	2	31	23	15	12	1	14	27	19	32
30	30	25	11	4	34	27	29	24	3	19	12	28
31	31	32	20	14	8	2	9	10	20	11	5	24
32	32	2	29	24	19	14	26	33	18	3	35	20
33	33	9	1	34	30	26	6	19	7	32	28	16
34	34	16	10	7	4	1	23	5	33	24	21	12
35	35	23	19	17	15	13	3	28	22	16	14	8
36	36	30	28	27	26	25	20	14	11	8	7	4
37	37	37	37	37	37	37	37	37	37	37	37	37

表 5.3.12　　　　　　　　　均匀表 $U_{37}(37^{12})$ 的使用表

因素数	列　号							均匀度偏差
2	1	7						0.0524
3	1	5	8					0.0931
4	1	7	10	11				0.1255
5	1	2	4	6	12			0.1599
6	1	2	3	4	6	12		0.1929
7	1	2	3	4	6	9	12	0.2245

本章综合正交表 $L_{25}(5^6)$ 和均匀表 $U_{37}(37^{12})$，形成 62 个材料参数组合，分别代入有限元模型进行计算，得到位移计算增量，组合成初始训练集，从而进行参数反演。

5.3.3.3 反演计算有限元模型

根据结构设计和地质资料，建立三维有限元模型，如图 5.3.32 所示。模型共建有单元 115151 个，节点 126174 个。坝体单元沿高程方向和坝轴线方向的网格尺寸均控制在 5m 左右，沿厚度方向的网格尺寸从坝顶的 3.5m 过渡到坝底的 16.5m。在坝体与基岩接触处设置 1m 厚的过渡层，以防止由于坝体内部应力集中产生的数值误差。模型上游范围从坝顶拱端上游面向上游取 1 倍坝高；下游范围从坝顶拱端下游面向下游取 1 倍坝高；左、右岸范围各从坝顶拱端向左、右岸方向取 1 倍坝高；基础深度范围从拱冠梁底向下取 1 倍坝高。

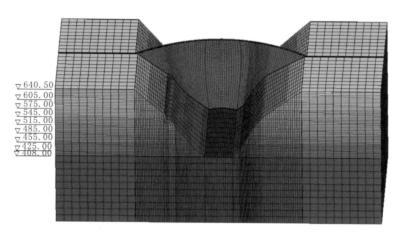

图 5.3.32 有限元计算模型

5.3.4 坝体与坝基综合变形模量反演

待反演参数按照坝体和坝基分别计算调整系数 k_d 和 k_b，即反演参数与原设计参数比值。调整系数变化范围为：坝体调整系数 $k_d \in [1,1.6]$，坝基调整系数 $k_b \in [1,1.6]$。按照综合正交表 $L_{25}(5^6)$ 和均匀表 $U_{37}(37^{12})$ 组成的混合设计，形成 62 个材料参数组合，分别带入有限元模型进行计算，得到径向位移实测值增量，组合成初始训练集，见表 5.3.13。

表 5.3.13 参数组合和计算径向位移增量

样本号	参数调整系数		径向位移增量/mm				
	坝体 k_d	坝基 k_b	PL14 - 4	PL14 - 3	PL14 - 2	PL14 - 1	IP14 - 1
1	1.00	1.22	9.28	7.54	4.41	2.05	9.28
2	1.01	1.46	8.88	7.20	4.17	1.91	8.88
3	1.03	1.18	9.08	7.38	4.33	2.02	9.08
4	1.04	1.42	8.68	7.04	4.10	1.88	8.68

样本号	参数调整系数		径向位移增量/mm				
	坝体 k_d	坝基 k_b	PL14-4	PL14-3	PL14-2	PL14-1	IP14-1
5	1.06	1.14	8.90	7.24	4.28	2.00	8.90
6	1.07	1.38	8.49	6.89	4.02	1.86	8.49
7	1.09	1.10	8.75	7.13	4.21	2.00	8.75
8	1.10	1.33	8.33	6.76	3.96	1.84	8.33
9	1.12	1.06	8.62	7.03	4.17	2.00	8.62
10	1.13	1.29	8.17	6.64	3.91	1.83	8.17
11	1.14	1.01	8.51	6.94	4.14	1.99	8.51
12	1.16	1.25	8.02	6.52	3.84	1.80	8.02
13	1.17	1.49	7.68	6.24	3.64	1.69	7.68
14	1.19	1.21	7.90	6.43	3.81	1.80	7.90
15	1.20	1.44	7.54	6.14	3.59	1.67	7.54
16	1.22	1.17	7.79	6.34	3.77	1.79	7.79
17	1.23	1.40	7.42	6.04	3.54	1.66	7.42
18	1.25	1.13	7.69	6.27	3.74	1.79	7.69
19	1.26	1.36	7.30	5.94	3.51	1.64	7.30
20	1.27	1.08	7.61	6.22	3.72	1.80	7.61
21	1.29	1.32	7.20	5.86	3.47	1.64	7.20
22	1.30	1.04	7.54	6.15	3.69	1.79	7.54
23	1.32	1.28	7.10	5.78	3.42	1.63	7.10
24	1.33	1.00	7.49	6.11	3.69	1.81	7.49
25	1.35	1.24	7.01	5.71	3.40	1.63	7.01
26	1.36	1.47	6.69	5.45	3.21	1.51	6.69
27	1.38	1.19	6.94	5.66	3.39	1.63	6.94
28	1.39	1.43	6.60	5.38	3.18	1.50	6.60
29	1.40	1.15	6.87	5.62	3.37	1.63	6.87
30	1.42	1.39	6.54	5.32	3.15	1.50	6.54
31	1.43	1.11	6.83	5.58	3.36	1.64	6.83
32	1.45	1.35	6.46	5.27	3.13	1.49	6.46
33	1.46	1.07	6.79	5.55	3.36	1.65	6.79
34	1.48	1.31	6.39	5.20	3.10	1.49	6.39
35	1.49	1.03	6.76	5.52	3.36	1.66	6.76
36	1.51	1.26	6.34	5.17	3.10	1.51	6.34
37	1.52	1.50	6.04	4.92	2.91	1.38	6.04
38	1.00	1.00	9.66	7.86	4.65	2.20	9.66

样本号	参数调整系数		径向位移增量/mm				
	坝体 k_d	坝基 k_b	PL14-4	PL14-3	PL14-2	PL14-1	IP14-1
39	1.00	1.13	9.41	7.64	4.49	2.10	9.41
40	1.00	1.25	9.23	7.50	4.38	2.02	9.23
41	1.00	1.38	9.09	7.38	4.29	1.96	9.09
42	1.00	1.50	8.97	7.27	4.21	1.92	8.97
43	1.13	1.00	8.64	7.05	4.20	2.03	8.64
44	1.13	1.13	8.41	6.83	4.05	1.92	8.41
45	1.13	1.25	8.22	6.68	3.93	1.83	8.22
46	1.13	1.38	8.08	6.56	3.84	1.78	8.08
47	1.13	1.50	7.95	6.45	3.76	1.73	7.95
48	1.26	1.00	7.85	6.40	3.85	1.87	7.85
49	1.26	1.13	7.62	6.21	3.70	1.78	7.62
50	1.26	1.25	7.43	6.06	3.59	1.71	7.43
51	1.26	1.38	7.29	5.93	3.49	1.64	7.29
52	1.26	1.50	7.16	5.83	3.41	1.58	7.16
53	1.39	1.00	7.22	5.90	3.58	1.76	7.22
54	1.39	1.13	6.99	5.71	3.43	1.66	6.99
55	1.39	1.25	6.81	5.56	3.31	1.59	6.81
56	1.39	1.38	6.66	5.43	3.22	1.53	6.66
57	1.39	1.50	6.55	5.33	3.14	1.47	6.55
58	1.52	1.00	6.71	5.49	3.35	1.66	6.71
59	1.52	1.13	6.49	5.30	3.21	1.57	6.49
60	1.52	1.25	6.31	5.14	3.09	1.49	6.31
61	1.52	1.38	6.16	5.02	3.00	1.44	6.16
62	1.52	1.50	6.04	4.92	2.91	1.38	6.04

采用 IDE 算法对 OSVR 模型参数 C_{best}、h_{best} 进行寻优。参数取值范围为 $C \in [2^{-5}, 2^{15}]$，$h \in [2^{-15}, 2^3]$。种群数量 NP 为 40，最大进化代数 G_{max} 为 100。每次迭代中，进行 10 折交叉验证计算适应度函数。

采用寻优后的模型参数，将初始训练集代入 OSVR 模型进行训练，之后代入预测集输入项进行预测，得到初始反演参数的调整系数 $k_d = 1.285$，$k_b = 1.566$。之后将初始反演参数代入有限元模型进行计算，可得平均绝对误差为 0.48mm，小于阈值 0.5mm，故满足终止条件，反演结束。径向位移计算值增量见表 5.3.14，径向位移实测值和反演后计算值增量如图 5.3.33 所示。可见反演精度较高。根据调整系数可得到反演的坝体和坝基材料参数见表 5.3.15 和表 5.3.16，与原设计值的对比见表 5.3.17 与表 5.3.18。

表 5.3.14   径向位移实测值增量和计算值增量差值   单位：mm

测 点	实测值增量	计算值增量	绝对误差	测 点	实测值增量	计算值增量	绝对误差
PL14-4	6.88	7.31	0.43	PL14-1	1.74	1.63	0.11
PL14-3	5.32	5.95	0.63	IP14-1	0.21	0.22	0.01
PL14-2	2.29	3.50	1.21				

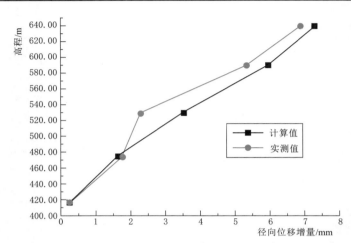

图 5.3.33   径向位移实测值和反演后计算值增量

表 5.3.15   坝体材料反演所得综合弹性模量

坝 体	泊松比	反演弹性模量/GPa
	0.21	32.12

表 5.3.16   坝基各材料反演所得综合变形模量

高程/m	左 岸		右 岸	
	泊松比	反演变形模量/GPa	泊松比	反演变形模量/GPa
640.50 以上	0.32	12.08	0.30	22.64
605.00～640.50	0.32	12.08	0.30	22.64
575.00～605.00	0.32	12.08	0.30	30.19
545.00～575.00	0.32	12.08	0.30	30.19
515.00～545.00	0.30	22.64	0.25	37.74
485.00～515.00	0.30	30.19	0.25	42.27
455.00～485.00	0.25	37.74	0.25	42.27
425.00～455.00	0.20	45.29	0.20	45.29
408.00～425.00	0.20	45.29	0.20	45.29
408.00 以下	0.25	42.27	0.25	42.27

表 5.3.17   坝体弹性模量反演值与设计值对比

坝 体	设计弹性模量/GPa	反演弹性模量/GPa
	25.00	32.12

表 5.3.18   坝基变形模量反演值与设计值对比

高程/m	左 岸		右 岸	
	设计变形模量/GPa	反演变形模量/GPa	设计变形模量/GPa	反演变形模量/GPa
640.50 以上	8	12.08	15	22.64
605.00～640.50	8	12.08	15	22.64
575.00～605.00	8	12.08	20	30.19
545.00～575.00	8	12.08	20	30.19
515.00～545.00	15	22.64	25	37.74
485.00～515.00	20	30.19	28	42.27
455.00～485.00	25	37.74	28	42.27
425.00～455.00	30	45.29	30	45.29
408.00～425.00	30	45.29	30	45.29
408.00 以下	28	42.27	28	42.27

5.3.5 反演成果检验

选取反演时间段以外的高温典型日（2014 年 7 月 17 日）坝体垂线径向位移实测值检验参数反演结果。上游水位为 629.73m，考虑荷载工况为正常蓄水位＋温升。有限元计算所采用的坝体、坝基材料参数取表 5.3.15 和表 5.3.16 中反演所得的参数，荷载包括坝体自重荷载、上下游水荷载、温度荷载、淤沙荷载等。图 5.3.34～图 5.3.38 为 2014 年 7 月 17 日坝顶以及各高程廊道测点的计算值与实测值对比图。图 5.3.39 为 2014 年 7 月 17 日 9 号、14 号、19 号坝段径向实测值与计算值挠曲线图。

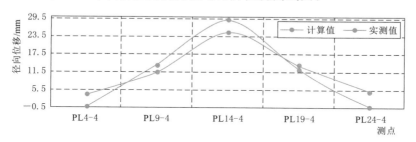

图 5.3.34 高程 640.00m 坝顶各测点实测值与计算值

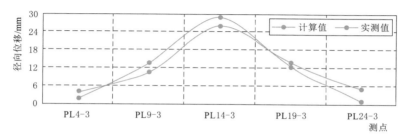

图 5.3.35 高程 590.00m 廊道各测点实测值与计算值

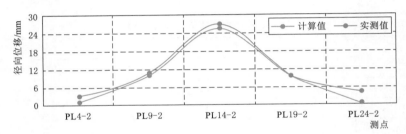

图 5.3.36　高程 530.00m 廊道各测点实测值与计算值

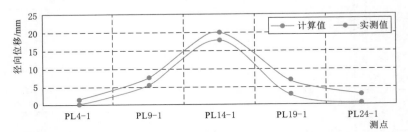

图 5.3.37　高程 470.00m 廊道各测点实测值与计算值

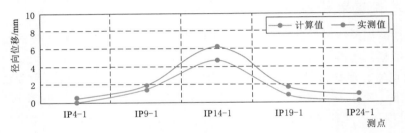

图 5.3.38　高程 413.00m 廊道各测点实测值与计算值

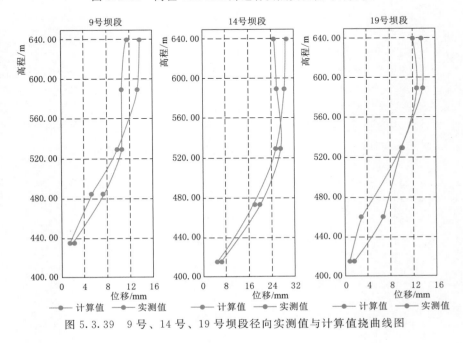

图 5.3.39　9 号、14 号、19 号坝段径向实测值与计算值挠曲线图

从上述实测值和计算值的比较可以看出，利用反演所得参数进行大坝变形有限元计算的结果与实测结果总体吻合，计算值与实测值的规律相似，量级相近。总体而言，反演结果可靠，能够反映工程的真实情况。

5.4 坝体温度场反演分析

5.4.1 基于实测温度资料的温度荷载

5.4.1.1 温度监测资料分析

1. 坝体近坝面混凝土温度

坝体上下游各高程距离坝面 0.1m、0.6m、1.6m、3.1m 处布设温度计监测坝面混凝土温度，其中上游 0.1m 处温度计兼测库水温度。历年监测成果表明：

（1）上游面近坝面温度计受气温影响较小，历年年变幅较小，测值稳定。下游面近坝面温度计受气温影响较大，历年年变幅稍大，测值与外界气温呈正相关。各测点最大温度值基本出现在 7—10 月，最小值出现在 1—3 月。

（2）近坝面混凝土温度测值为 11.65～35.1℃，最高温度出现在 16 号坝段 542.75m 高程距离下游坝面 0.1m 处（T54DB16）；最低温度出现在 12 号坝段 425.00m 高程距离下游坝面 0.1m 处（TH11DB12）。

2. 坝体内部混凝土温度

历年监测资料表明：

（1）目前，坝体内部温度计测值为 11.95～25.65℃，最高温度出现在测点 T05DB6（575.75m 高程，距上游坝面 15.77m）。

（2）坝体中部混凝土温度受外界气温影响较小，除已失效温度计，其余温度测值的变化均较为稳定。

（3）坝体中部温度计测值较坝体表面附近温度计测值变化幅度小，测值变化过程线较平稳。

（4）大坝蓄水之后的 2010—2016 年间，14 号坝段坝体内部混凝土平均温度为 16.68～16.91℃，多年平均温度为 16.79℃。

（5）混凝土温度的较大变化主要发生在施工期，进入运行期后，坝体内部混凝土温度逐渐趋于稳定的年变化过程，无明显异常现象。

3. 坝体横剖面温度分布

根据坝体温度测点的实际监测资料，绘制低温高水位、高温高水位工况下的坝体典型坝段（9 号、14 号、19 号）横剖面的温度分布图。通过资料分析发现，2015 年 1 月 13 日坝体温度较低而水位较高，2014 年 7 月 17 日坝体温度较高且水位也较高。故绘制前述两日的坝体横剖面的温度分布图（图 5.4.1～图 5.4.3）。

4. 坝体典型拱圈温度分布

根据坝体温度测点的实际监测资料，绘制低温高水位、高温高水位工况下的坝体典型

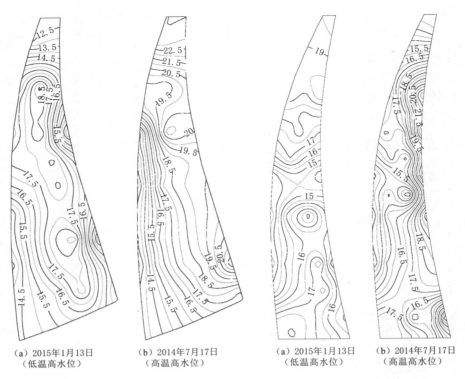

| (a) 2015年1月13日
（低温高水位） | (b) 2014年7月17日
（高温高水位） | (a) 2015年1月13日
（低温高水位） | (b) 2014年7月17日
（高温高水位） |

图 5.4.1　9 号坝段温度分布（单位：℃）　　　图 5.4.2　14 号坝段温度分布（单位：℃）

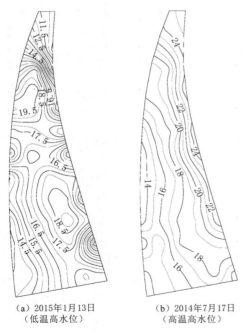

| (a) 2015年1月13日
（低温高水位） | (b) 2014年7月17日
（高温高水位） |

图 5.4.3　19 号坝段温度分布（单位：℃）

拱圈（614.00m、575.00m、515.00m、465.00m、425.00m）的温度分布图。各坝体典型拱圈的温度分布如图 5.4.4～图 5.4.8 所示。

5. 实测温度沿坝体厚度温度分布规律

温度测点实测资料表明，在拱坝正常运行期内，各测点的温度测值年变幅和年际变化逐渐趋于稳定。采用 2016 年的 1 月 15 日（冬季）、4 月 15 日（春季）、7 月 15 日（夏季）、10 月 15 日（秋季）四个典型日的温度测值，以 14 号坝段为典型坝段分析温度测值沿坝厚的分布规律，如图 5.4.9 和图 5.4.10 所示。

从图 5.4.9 和图 5.4.10 可以看出：坝体下游面温度主要受气温影响，夏秋两季坝体下游面温度较高，为 20～30℃；冬春两季较低，为 10～20℃。坝体内部温度受外界因素影响较小，常年维持稳定。坝体上游面温度主要受库水温影响，随着水深增加而逐渐趋于稳定，保持在 12～15℃。上游面温度在 425.00m 高程处偏高，这

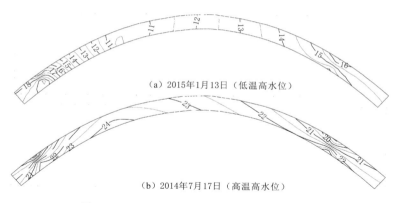

（a）2015年1月13日（低温高水位）

（b）2014年7月17日（高温高水位）

图 5.4.4　614.00m 拱圈温度分布（单位:℃）

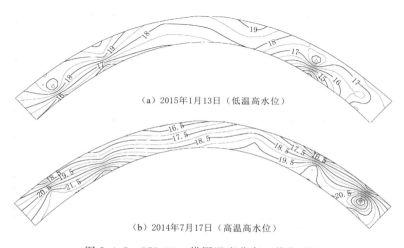

（a）2015年1月13日（低温高水位）

（b）2014年7月17日（高温高水位）

图 5.4.5　575.00m 拱圈温度分布（单位:℃）

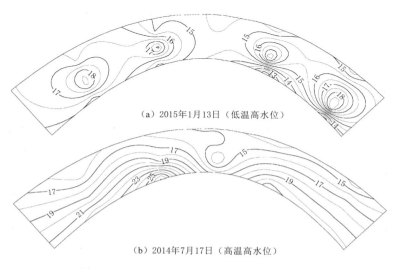

（a）2015年1月13日（低温高水位）

（b）2014年7月17日（高温高水位）

图 5.4.6　515.00m 拱圈温度分布（单位:℃）

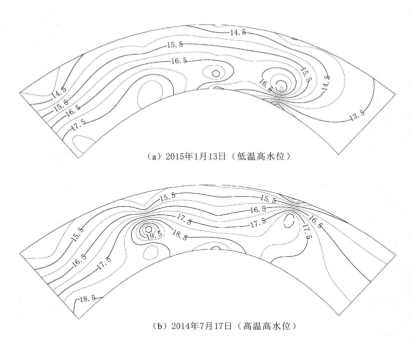

(a) 2015年1月13日（低温高水位）

(b) 2014年7月17日（高温高水位）

图 5.4.7 465.00m 拱圈温度分布（单位:℃）

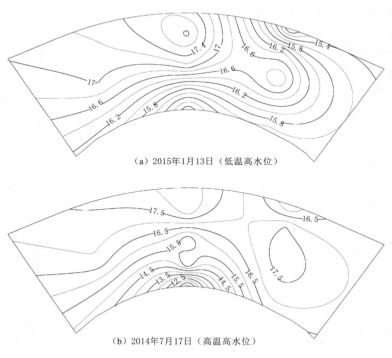

(a) 2015年1月13日（低温高水位）

(b) 2014年7月17日（高温高水位）

图 5.4.8 425.00m 拱圈温度分布（单位:℃）

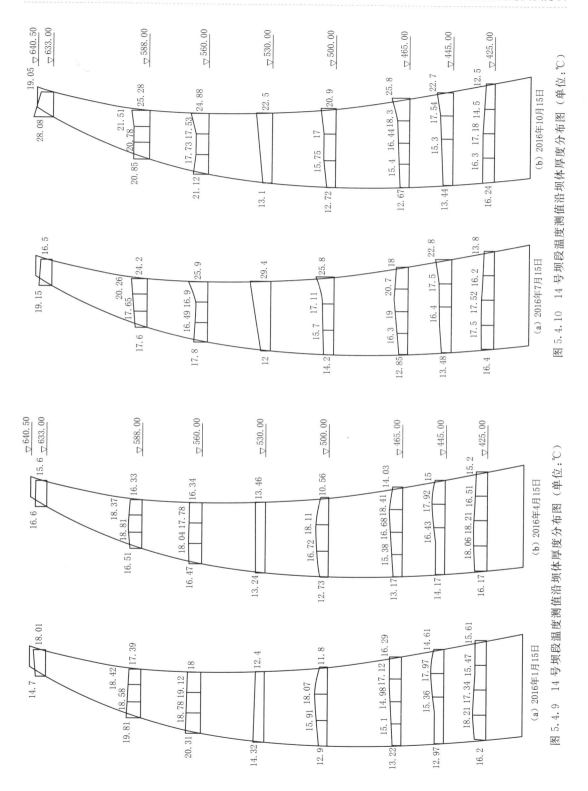

图 5.4.10 14 号坝段温度测值沿坝体厚度分布图（单位：℃）

(a) 2016年7月15日

(b) 2016年10月15日

图 5.4.9 14 号坝段温度测值沿坝体厚度分布图（单位：℃）

(a) 2016年1月15日

(b) 2016年4月15日

是由于库底泥沙淤积引起的。冬春两季，坝体温度沿坝厚分布主要为坝内较高，坝面较低；夏秋两季，库水位以上坝体温度沿坝厚分布主要为坝内较低，坝面较高，库水位以下主要为下游面最高，坝内次之，上游面最低。

6. 实测温度沿高程方向温度分布规律

图 5.4.11 为 2016 年 14 号坝段坝体上游面、坝体内部、下游面温度计测值沿高程分布图。

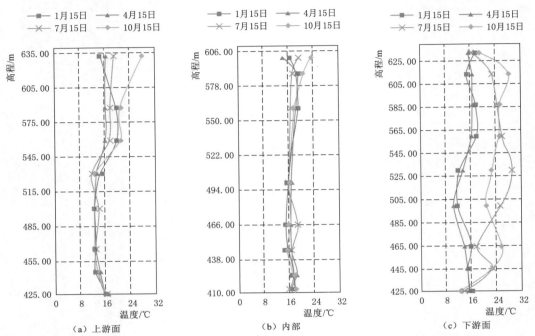

图 5.4.11　2016 年 14 号坝段坝体上游面、内部、下游面温度计测值沿高程分布图

从图 5.4.11 可以看出：

坝体上游面温度变化主要受库水温影响，在高程 540.00m 以下，坝体上游面温度基本恒定，这是由于在一定深度下，库水温度将不随深度的增加而降低，基本保持在 12℃左右；在高程 540.00m 以上，随着高程的升高，上游面温度的差异越大，这是由于库水温度和气温联合作用引起的，上游面中上部水面以下区域，水温随气温变化有滞后现象，一般滞后约 3 个月。

坝体内部的温度随高程的变化整体不明显，基本保持在 16℃左右，原因是坝体内部的温度在多年库水温和气温的作用下已趋于稳定。高程 600.00m 附近的坝体内部温度随时间变化比较明显，经初步分析是由于该温度测点距离上游表面较近，受库水温度变化影响较大；坝体内部温度总体上随时间变化影响较小。

坝体下游面的温度变化主要受气温的影响，表现为 1 月 15 日和 4 月 15 日数值较小，7 月 15 日和 10 月 15 日数值较大。受下游水位变化的影响，高程 450.00m 附近的下游面温度测值有一些波动。

7. 实测温度沿坝段分布规律

采用 2016 年的 1 月 15 日、4 月 15 日、7 月 15 日、10 月 15 日 4 个典型日的温度测值，以 500.00m 高程来分析坝体温度沿坝段的分布规律。图 5.4.12～图 5.4.14 分别为 2016 年 500.00m 高程坝体上游面、坝体内部、坝体下游面温度计测值沿坝段的分布图。

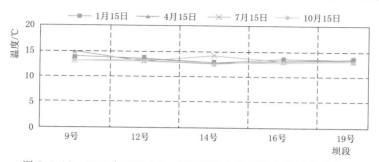

图 5.4.12　2016 年 500.00m 高程坝体上游面温度计测值分布图

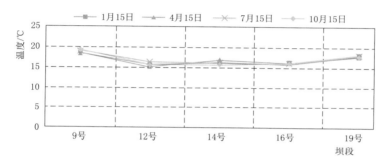

图 5.4.13　2016 年 500.00m 高程坝体内部温度计测值分布图

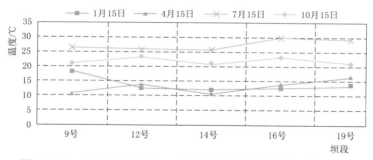

图 5.4.14　2016 年 500.00m 高程坝体下游面温度计测值分布图

从上述可以看出：上游坝面库水位以下部分，坝体温度主要受水温影响，同一高程，各坝段坝体混凝土温度测值相近，差值在 1℃ 内；坝体内部测点，内部温度受环境因素的影响很小，其随季节变化的幅度也较小；下游坝面，坝体混凝土温度主要受气温的影响，同一高程，各坝段坝体混凝土温度测值相近，但随季节变化的幅度较大，表现为夏秋两季温度较高，冬春两季温度较低，这一规律与气温变化规律基本一致。

5.4.1.2　基于温度监测资料的温度荷载

1. 温度荷载计算方法

温度荷载是与结构本身密切相关的一种间接作用，又称为温度作用，拱坝温度荷载的大小取决于坝体温度变化的幅度。温度变化包括温升和温降，分别使混凝土材料膨胀或收缩，从而产生两种不同性质的温度作用效应。

拱坝为薄壳体结构，坝面曲率对温度场的影响可以忽略，坝体温度沿厚度方向呈现非线性分布，可分解为三个部分，即沿坝厚的均匀温度变化 T_m、等效线性温差 T_d 和非线性温度变化 T_n，分别用下式表达：

$$T_m = \frac{1}{L} \int_{-L/2}^{L/2} T(x)\, \mathrm{d}x \tag{5.4.1}$$

$$T_d = \frac{12}{L^2} \int_{-L/2}^{L/2} x T(x)\, \mathrm{d}x \tag{5.4.2}$$

$$T_n = T(x) - T_m - T_d \frac{x}{L} \tag{5.4.3}$$

由于非线性温度变化 T_n 引起的应力具有自身平衡的性质，不影响结构整体的变位和内力，温度荷载计算一般仅考虑沿坝厚的均匀温度变化 T_m 及等效线性温差 T_d。

根据坝体各个高程的温度测值以及相应的封拱温度计算出实测温度场的 T_m 和 T_d。温度场计算工况同样分为温升和温降两个工况。由于薄拱坝坝体表面温度滞后现象不明显，而内部温度存在一定的滞后，考虑到滞后时间不一，朱伯芳院士（《大体积混凝土温度应力与温度控制》）建议温升、温降荷载计算按 7 月中旬至 7 月底、1 月中旬至 1 月底时段中某一日选取，而监测资料表明 7 月中旬至 7 月底、1 月中旬至 1 月底之间坝体温度变化较小，故选取 7 月中旬和 1 月中旬计算温度荷载。为此，温升工况的 T_m 和 T_d 选用 2016 年 7 月 15 日的实测温度值算得，温降工况选用 2017 年 1 月 15 日的实测温度值。

2. 温度荷载计算成果

基于实测温度资料的温升、温降工况 T_m、T_d 计算成果分别见表 5.4.1 和表 5.4.2。

表 5.4.1　　　　　　　　　　温 升 荷 载 T_m、T_d　　　　　　　　　　单位：℃

高程/m	温度荷载	4 号	6 号	9 号	10 号	12 号	14 号	16 号	17 号	19 号	20 号	22 号	24 号
633.00	T_m	8.94	7.72	6.50	5.27	4.04	2.81	3.83	4.86	5.88	6.90	7.932	8.94
	T_d	−3.03	−2.95	−2.89	−2.83	−2.77	−2.71	−2.76	−2.81	−2.86	−2.91	−2.96	−3.03
614.00	T_m	13.37	11.52	9.68	7.83	5.99	4.14	5.11	6.07	7.04	6.88	6.72	6.56
	T_d	0.57	0.73	0.91	1.08	1.25	1.42	0.74	0.06	−0.62	−1.65	−2.68	−3.71
575.00	T_m		12.38	8.25	7.11	5.96	5.94	6.93	7.92	8.91	8.62	8.32	
	T_d		8.52	9.44	8.35	7.25	6.73	8.50	10.28	12.06	13.21	14.35	
545.00	T_m			6.63	6.38	5.87	2.67	2.57	5.28	7.98	7.55		
	T_d			8.12	9.73	12.96	11.35	5.38	10.93	16.48	10.42		
515.00	T_m			6.13	5.92	5.49	4.67	6.10	6.23	6.36	6.49		
	T_d			10.01	10.70	12.07	8.77	13.53	11.57	9.60	7.64		
485.00	T_m				6.74	5.20	4.04	5.68	6.09	6.50			
	T_d				12.23	9.97	6.97	9.91	10.87	11.83			
445.00	T_m					5.08	5.19	5.25	5.20				
	T_d					2.80	5.75	6.17	4.41				
425.00	T_m					4.55	4.65	6.28	4.55				
	T_d					0.57	−2.53	6.72	0.57				

表 5.4.2　　　　　　　　　　　温 降 荷 载 T_m、T_d　　　　　　　　　　单位：℃

高程/m	温度荷载	4 号	6 号	9 号	10 号	12 号	14 号	16 号	17 号	19 号	20 号	22 号	24 号
633.00	T_m	0.69	0.47	0.25	0.03	−0.14	−0.30	−0.13	0.03	0.21	0.38	0.55	0.69
	T_d	4.06	4.20	4.34	4.48	4.73	4.97	4.83	4.69	4.55	4.41	4.27	4.06
614.00	T_m	2.74	−3.33	−2.80	−2.27	−2.07	−1.83	−1.58	−1.34	−1.10	−0.86	0.94	2.74
	T_d	6.79	1.75	−1.11	−3.97	−6.18	−6.34	−6.49	−6.64	−6.79	−6.94	−0.08	6.79
575.00	T_m		0.63	4.88	5.32	5.17	5.33	5.17	4.98	4.79	5.23	3.70	
	T_d		−3.41	0.55	−0.62	−2.15	−4.29	−2.15	−1.10	−0.05	−0.26	−4.40	
545.00	T_m			4.47	3.57	2.67	2.55	2.13	2.38	2.62	2.42		
	T_d			−0.24	1.08	2.41	−1.27	−0.13	−1.74	−3.35	−4.04		
515.00	T_m			4.91	4.48	4.04	3.53	3.99	4.49	4.98	5.13		
	T_d			1.94	1.90	1.85	−0.10	1.76	2.41	3.05	3.00		
485.00	T_m					3.27	3.18	3.09	3.89	4.18	4.46		
	T_d					2.56	1.41	0.26	3.53	2.43	1.34		
445.00	T_m						3.80	3.98	4.36	3.89			
	T_d						4.02	2.45	2.27	3.24			
425.00	T_m						3.88	4.13	4.35	3.88			
	T_d						−0.47	−3.04	−0.17	−0.47			

5.4.2　基于瞬态温度场的温度荷载

5.4.2.1　气温、库水温变化过程拟合

1. 气温变化过程拟合

气温的年变化过程按式（5.4.4）计算：

$$T_a = T_{am} + A_a \cos \frac{\pi}{6}(\tau - \tau_0) \tag{5.4.4}$$

式中：T_a 为气温，℃；T_{am} 为年平均气温，℃；A_a 为气温年变幅，℃；τ 为时间变量，月；τ_0 为初始相位，月。

根据构皮滩拱坝工程坝址区附近气象站的气温实测资料，绘制日气温随时间的变化过程线，如图 5.4.15 所示。日气温变化范围为 −1.6～30.7℃，呈现出年周期变化的规律，气温测值比较可靠。

由实测气温资料整理出 2008—2016 年的月平均气温与年平均气温见表 5.4.3。

根据表 5.4.3 月平均气温，采用式（5.4.4）拟合参数 T_{am}、A_a、τ_0，得到的气温公式如下：

$$T_a = 16.51 + 9.94 \cos\left[\frac{2\pi}{12}(\tau - 6.62)\right] \tag{5.4.5}$$

2. 库水温变化过程拟合

库水温的年变化过程按式（5.4.6）拟合：

$$T(y,\tau) = T_m(y) + A(y)\cos\omega(\tau - \tau_0 - \varepsilon) \tag{5.4.6}$$

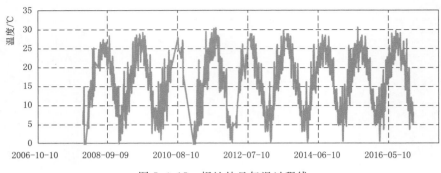

图 5.4.15　坝址处日气温过程线

式中：$T(y,\tau)$ 为水深 y 处 τ 时刻的水温，℃；$T_m(y)$ 为水深 y 处的年平均水温，℃；$A(y)$ 为水深 y 处的温度年变幅，℃；τ_0 为气温最高时间；y 为水深，m；τ 为时间，月；$\omega=2\pi/P$ 为温度变化的圆频率；P 为温度变化的周期，12 个月；ε 为相位差，月。

表 5.4.3　　　　　　　　　　构皮滩拱坝月平均气温与年平均气温汇总表

月份	气温/℃									
	2008 年	2009 年	2010 年	2011 年	2012 年	2013 年	2014 年	2015 年	2016 年	月平均
1	3.3	5.5	7.2	1.9	3.5	7.6	7.6	8.0	8.0	5.8
2	5.4	11.2	7.9	9.3	5.1	5.7	5.7	9.1	9.2	7.6
3	13.0	12.6	12.1	9.2	9.8	12.4	12.4	12.7	12.5	11.9
4	17.2	15.5	14.4	16.2	18.0	17.8	17.8	17.9	18.1	17.0
5	20.8	20.1	19.7	20.9	20.7	21.0	19.5	21.4	21.0	20.6
6	23.1	23.9	22.2	23.3	22.3	25.1	23.3	24.6	24.8	23.6
7	25.2	25.7	25.9	26.6	27.7	27.7	25.2	24.6	27.2	26.2
8	24.4	26.2	24.8	27.0	26.0	26.0	24.7	24.7	25.8	25.5
9	22.6	23.8	22.4	23.1	21.4	21.4	23.5	23.5	22.9	22.7
10	18.2	17.9	14.1	18.2	16.4	16.4	19.1	19.1	19.2	17.6
11	12.4	10.5	8.8	15.8	13.9	13.9	12.2	12.2	13.2	12.5
12	8.3	6.8	3.4	6.4	7.2	7.2	7.6	7.6	8.9	7.0
年平均	16.2	16.6	15.3	16.5	16.0	16.9	16.6	17.1	17.6	16.5

混凝土与水发生接触时，混凝土表面的对流换热系数较大，因此可认为库水温近似等于混凝土表面温度。构皮滩拱坝缺少库水温实测资料，采用埋设在 14 号坝段上游表面的温度计测值来代替库水温实测值。

2006—2009 年为水库蓄水期，坝体上游面温度主要受气温影响；在运行初期，库水位尚未稳定，坝体上游表面温度计测值不能准确反映库水温，因此选择运行一段时间库水位稳定后的温度测值来代替库水温。高程 560.00m 以上，库水温呈现年周期变化规律，温度变幅随着水深的增加而逐渐减小。水库运行稳定后在高程 560.00m 以下，水温变化不明显，终年维持在一个比较稳定的低温，约为 13℃。

根据测点年平均值来拟合水深 y 处的多年年平均水温, 拟合曲线如图 5.4.16 所示。

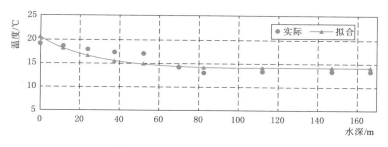

图 5.4.16 $T_m(y)$ 拟合曲线

图 5.4.16 中拟合曲线与真实值比较接近, 拟合公式能够反映真实的 $T_m(y)$ 变化趋势。

拟合得到公式为

$$T_m(y) = 14.11 + 6.47e^{-0.04y} \tag{5.4.7}$$

根据各个高程测点温度的年平均变幅来拟合水深 y 处的温度年变幅 $A(y)$。拟合曲线如图 5.4.17 所示。

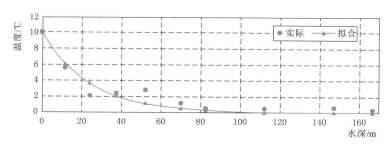

图 5.4.17 $A(y)$ 拟合曲线

图 5.4.17 中拟合曲线与真实值比较接近, 拟合公式能够反映真实的 $A(y)$ 变化趋势。

拟合得到公式为

$$A(y) = 9.94e^{-0.042y} \tag{5.4.8}$$

根据各个高程测点的实测值与气温的相位差, 拟合任意水深 y 处的相位差 ε。拟合曲线如图 5.4.18 所示。

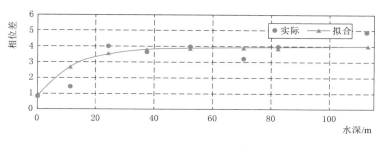

图 5.4.18 ε 拟合曲线

图 5.4.18 中拟合曲线与真实值比较接近，拟合公式能够反映真实的 ε 变化趋势。拟合得到公式：

$$\varepsilon = 3.95 - 3.1e^{-0.085y} \tag{5.4.9}$$

根据式（5.4.6）～式（5.4.9），τ_0 取值与气温公式相同，库水温公式表达为

$$T(y,\tau) = 14.11 + 6.47e^{-0.04y} + 9.94e^{-0.042y}\cos\frac{\pi}{6}(\tau - 10.57 + 3.1e^{-0.085y}) \tag{5.4.10}$$

根据气温公式和水温公式绘制气温与水温年变化图，如图 5.4.19 所示。

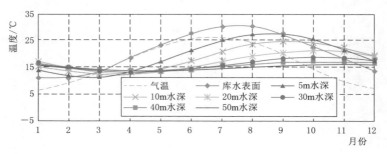

图 5.4.19 气温与水温年变化图

由图 5.4.19 可知：水温呈现年周期性变化规律，温度变幅以表面最大，随着水深的增加，变幅逐渐减小。与气温相比，水温的变化有滞后现象，相位差随水深的增加而逐渐增大。由于日照的影响，表面水温略高于气温。

5.4.2.2 边界条件、初始条件及计算参数

1. 边界条件

（1）库水接触边界。混凝土与水接触时，表面温度等于已知水温，即混凝土表面温度 T 为时间的已知函数：

$$T(\tau) = f(\tau) \tag{5.4.11}$$

水温 $f(\tau)$ 的表达式即为式（5.4.10）。

（2）空气接触边界。混凝土与空气接触时，假定经过混凝土表面的热流量 q 与混凝土表面温度 T 和气温 T_a 之差成正比，即

$$q = -\lambda\frac{\partial T}{\partial n} = \beta(T - T_a) \tag{5.4.12}$$

式中：β 为对流换热系数也称表面放热系数，$\beta = 40\sim 80\text{kJ}/(\text{m}^2\cdot\text{h}\cdot\text{℃})$。

2. 初始条件

初始条件为计算初始瞬时坝体混凝土内部的温度分布，初始温度场选择坝体封拱时的稳定温度场。根据四川二滩国际工程咨询有限责任公司的《贵州乌江构皮滩水电站枢纽工程专项验收监理报告》以及贵州构皮滩工程八九联营体的《大坝建筑与金属结构设备安装工程专项验收报告》记载，实际的封拱温度与设计的封拱温度非常接近，绝大多数部位相差不到 0.3℃，且实际的封拱温度控制在设计的封拱温度之下，故采用设计的封拱温度。坝体设计封拱温度见表 4.7.1。

3. 计算参数

计算采用的混凝土热力学参数采用设计阶段试验成果，见表 5.4.4。

表 5.4.4 混凝土热力学参数

水泥品种	骨料品种	导热系数 ［W/(m·℃)］	比 热 ［J/(kg·℃)］	导温系数 /(m²/h)
中热 42.5	灰岩人工料	2.10	948	0.0030

5.4.2.3 坝体瞬态温度场计算成果

构皮滩水库为多年调节水库，库水位消落到死水位运行的间隔时间长，死水位运行时间短，且外界温度变化向混凝土内部传播时间长，因此，坝体瞬态温度场计算时，水位取正常蓄水位。

正常蓄水位下，拱坝运行期的瞬态温度场如图 5.4.20～图 5.4.31 所示，选择 1 月 15 日（冬季）、4 月 15 日（春季）、7 月 15 日（夏季）和 10 月 15 日（秋季）进行分析。

图 5.4.20 1 月 15 日坝体上游面温度
分布图（单位：℃）

图 5.4.21 1 月 15 日坝体下游面温度
分布图（单位：℃）

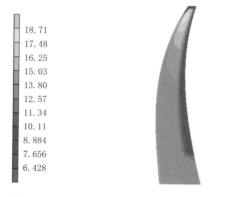

图 5.4.22 1 月 15 日坝体内部拱冠梁
剖面温度分布图（单位：℃）

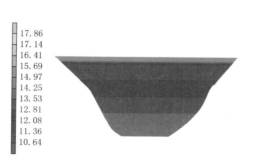

图 5.4.23 4 月 15 日坝体上游面温度
分布图（单位：℃）

图 5.4.20～图 5.4.22 为 1 月 15 日坝体上、下游面以及拱冠梁的温度分布图。坝体温度沿高程分层分布，相同高程处坝体温度基本保持相同。坝体上游面温度呈现出由高高程向低高程逐渐升高的分布规律。上游面温度最低值出现在坝顶，约为 6.43℃，这是由

于坝顶受低温的影响引起的；在库水位以下，由于水体的比热较大，保温效果较好，上游坝面温度较高，约为 15.03℃。坝体下游面温度表现为下游水位以上温度低，下游水位以下温度高；下游面温度在下游水位以上约为 6.43℃，下游水位以下约为 15.03℃。在拱冠梁剖面上，最高温度出现在坝顶内部，其量值约为 18.71℃，且表现为由坝顶内部向四周逐渐降低的分布规律。

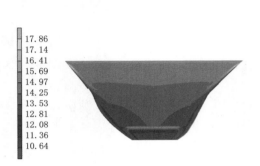

图 5.4.24　4 月 15 日坝体下游面
温度分布图（单位：℃）

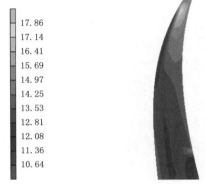

图 5.4.25　4 月 15 日坝体内部拱冠梁剖面
温度分布图（单位：℃）

图 5.4.26　7 月 15 日坝体上游面
温度分布图（单位：℃）

图 5.4.27　7 月 15 日坝体下游面
温度分布图（单位：℃）

图 5.4.28　7 月 15 日坝体内部拱冠梁
剖面温度分布图（单位：℃）

图 5.4.29　10 月 15 日坝体上游面
温度分布图（单位：℃）

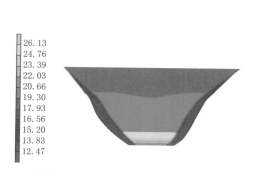

图 5.4.30 10 月 15 日坝体下游面
温度分布图（单位：℃）

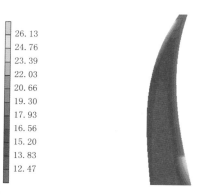

图 5.4.31 10 月 15 日坝体内部拱冠梁
剖面温度分布图（单位：℃）

图 5.4.23～图 5.4.25 为 4 月 15 日坝体上、下游面以及拱冠梁的温度分布图。坝体上游面温度呈现出沿高程分层分布的规律；上游面的最低温度出现在坝体 3/4 高程处，其量值约为 10.64℃，向坝顶和低高程逐渐升高。坝体下游面温度呈左右岸大致对称，且由坝顶向坝底逐渐降低的分布规律；下游面最低温度出现在坝底，其量值约为 10.64℃，最高温度出现在坝顶，其量值约为 15.69℃。在拱冠梁剖面上，最高温度出现在坝顶内部，约为 17.86℃，且表现为由坝顶内部向四周逐渐降低的分布规律。

图 5.4.26～图 5.4.28 为 7 月 15 日坝体上、下游面以及拱冠梁的温度分布图。坝体上游面温度呈现出由坝顶向坝底逐渐降低的分布规律；上游面温度最高值出现在坝顶附近，量值约为 29.15℃，这是由于坝顶受高气温影响引起的；在库水位以下，上游面温度主要受水温影响，沿高程基本不变，约为 12.45℃。坝体下游面温度呈左右岸对称，且下游水位以上温度高、下游水位以下温度低的分布规律；下游面温度最高值出现在约 1/4 高程处，其量值约为 29.15℃，向高高程和坝底逐渐降低。在拱冠梁剖面上，坝体温度表现为由下游面、坝顶和上游面 3/4 高程向内部和坝底逐渐降低的分布规律。

图 5.4.29～图 5.4.31 为 10 月 15 日坝体上、下游面以及拱冠梁的温度分布图。坝体上下游面温度呈现出沿高程分层分布的规律。坝体上游面最高温度出现在 625.00m 高程附近，量值约为 26.13℃，向坝顶和低高程逐渐降低；上游面 1/2 高程以下出现温度最低值，约为 12.47℃。坝体下游面最高温度出现在 1/4 高程处，量值约为 26.13℃，向坝底和高高程逐渐降低。在拱冠梁剖面上，坝体温度表现为由下游面 1/4 高程和上游面 3/4 高程向内部和坝底逐渐降低的分布规律。

根据本节计算的瞬态温度场，选取 1 月 15 日的温度值计算温降荷载，选取 7 月 15 日的温度值计算温升荷载。计算选取高程为 640.50m、615.00m、575.00m、545.00m、515.00m、485.00m、455.00m、425.00m、410.00m，与设计温度荷载选取的高程一致，每层沿坝厚方向取 4 个节点，提取节点处的温度值计算温升、温降时的 T_m、T_d。

5.4.2.4 基于瞬态温度场的温度荷载

温升、温降工况的 T_m、T_d 计算成果分别见表 5.4.5 和表 5.4.6。

表5.4.5　温升荷载 T_m、T_d

单位:℃

高程/m	温度荷载	1号	2号	3号	4号	5号	6号	7号	8号	9号	10号	11号	12号	13号	14号	15号	16号	17号	18号	19号
640.50	T_m	11.50	11.41	11.41	11.41	11.41	11.41	11.42	11.42	11.42	11.42	11.42	11.42	11.42	11.42	11.41	11.41	11.41	11.41	11.46
	T_d	-0.01	-0.01	0.00	0.01	0.02	0.03	0.04	0.04	0.05	0.05	0.05	0.04	0.04	0.03	0.02	0.01	0.00	-0.02	-0.01
614.00	T_m		3.97	3.93	3.97	4.02	4.07	4.12	4.16	4.20	4.20	4.19	4.16	4.12	4.08	4.04	3.99	3.95	3.99	
	T_d		3.36	3.35	3.36	3.37	3.38	3.40	3.42	3.43	3.43	3.43	3.42	3.41	3.39	3.37	3.36	3.36	3.37	
575.00	T_m			3.77	3.57	3.57	3.59	3.63	3.68	3.74	3.74	3.73	3.69	3.65	3.61	3.59	3.57	3.70		
	T_d			8.19	8.15	8.14	8.13	8.14	8.15	8.18	8.18	8.18	8.17	8.15	8.14	8.14	8.15	8.20		
545.00	T_m				3.09	2.82	2.81	2.85	2.91	2.99	3.00	2.97	2.91	2.86	2.82	2.78	2.86			
	T_d				9.02	8.86	8.86	8.88	8.90	8.97	8.98	8.96	8.92	8.89	8.87	8.84	8.86			
525.00	T_m					3.50	3.34	3.38	3.45	3.55	3.57	3.52	3.44	3.37	3.32	3.29				
	T_d					9.10	9.07	9.10	9.13	9.23	9.23	9.21	9.15	9.10	9.07	9.04				
485.00	T_m						3.28	3.20	3.26	3.37	3.39	3.34	3.25	3.18	3.13					
	T_d						9.14	9.13	9.18	9.30	9.31	9.27	9.19	9.12	9.07					
455.00	T_m							3.19	3.22	3.32	3.33	3.28	3.19	3.14						
	T_d							9.24	9.28	9.41	9.41	9.37	9.28	9.20						
425.00	T_m								2.39	2.43	2.43	2.40	2.41							
	T_d								5.42	5.46	5.45	5.44	5.48							
410.00	T_m									1.88	1.89	1.87								
	T_d									2.83	2.83	2.83								

表 5.4.6 温降荷载 T_m、T_d

单位:℃

高程/m	温度荷载	1号	2号	3号	4号	5号	6号	7号	8号	9号	10号	11号	12号	13号	14号	15号	16号	17号	18号	19号
640.50	T_m	−8.63	−8.47	−8.47	−8.47	−8.47	−8.48	−8.48	−8.48	−8.49	−8.49	−8.49	−8.48	−8.48	−8.48	−8.47	−8.47	−8.47	−8.47	−8.60
	T_d	0.03	0.05	0.01	−0.04	−0.07	−0.10	−0.12	−0.14	−0.16	−0.16	−0.16	−0.14	−0.13	−0.10	−0.07	−0.03	0.01	0.06	0.03
614.00	T_m		0.81	0.81	0.85	0.89	0.94	0.97	1.00	1.01	1.02	1.01	0.99	0.97	0.94	0.90	0.85	0.80	0.80	
	T_d		−0.78	−0.77	−0.77	−0.77	−0.77	−0.79	−0.80	−0.82	−0.83	−0.82	−0.81	−0.80	−0.79	−0.77	−0.78	−0.79	−0.80	
575.00	T_m			1.84	1.69	1.67	1.69	1.71	1.74	1.78	1.78	1.77	1.75	1.72	1.70	1.68	1.67	1.81		
	T_d			0.23	0.27	0.25	0.25	0.24	0.23	0.22	0.22	0.22	0.23	0.24	0.25	0.25	0.26	0.29		
545.00	T_m				1.42	1.30	1.27	1.30	1.36	1.43	1.44	1.42	1.36	1.31	1.27	1.24	1.31			
	T_d				0.45	0.45	0.43	0.42	0.42	0.42	0.42	0.42	0.43	0.43	0.43	0.43	0.46			
525.00	T_m					2.09	2.01	2.04	2.13	2.24	2.25	2.21	2.12	2.04	1.97	1.94				
	T_d					0.52	0.48	0.47	0.46	0.47	0.47	0.47	0.47	0.47	0.47	0.48				
485.00	T_m						1.95	1.90	1.99	2.12	2.14	2.09	1.97	1.87	1.81					
	T_d						0.54	0.47	0.46	0.48	0.48	0.48	0.47	0.47	0.47					
455.00	T_m							1.98	2.04	2.17	2.18	2.12	2.00	1.92						
	T_d							0.64	0.63	0.64	0.63	0.63	0.64	0.64						
425.00	T_m								2.15	2.21	2.22	2.18	2.17							
	T_d								0.77	0.77	0.77	0.77	0.85							
410.00	T_m									1.99	2.00	1.97								
	T_d									−0.07	−0.07	−0.06								

199

由表 5.4.5 和表 5.4.6 可知，同一高程各坝段由瞬态温度场计算的温度荷载（以下简称"瞬态温度荷载"）T_m、T_d 基本相同，故取拱冠梁处的 T_m、T_d 与设计温度荷载进行对比分析，见表 5.4.7 和表 5.4.8、图 5.4.32 和图 5.4.33。

表 5.4.7　　　　　　　　　　　　　设计与瞬态温升荷载对比

高程/m	设计温升荷载/℃		瞬态温升荷载/℃	
	T_m	T_d	T_m	T_d
640.50	8.56	0.00	11.42	0.05
614.00	3.61	8.02	4.20	3.43
575.00	3.71	10.40	3.74	8.18
545.00	3.19	10.84	2.99	8.97
525.00	4.10	10.40	3.55	9.23
485.00	4.04	10.08	3.37	9.30
455.00	4.00	9.84	3.32	9.41
425.00	1.71	4.50	2.43	5.46
410.00	0.40	1.08	1.88	2.83

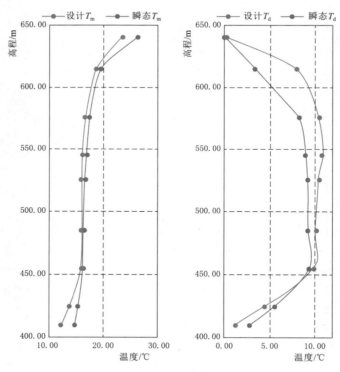

图 5.4.32　设计与瞬态温升荷载对比

由图 5.4.32 看出，温升时设计与瞬态的 T_m 基本相同，仅在坝顶与坝底处稍有差异，相差 2～3℃。瞬态 T_d 整体上比设计值小，在低高程上较为接近；在高程 614.00m 处相差最大，设计 T_d 比瞬态 T_d 高约 5℃。总体上，瞬态温升荷载比设计值小。

表 5.4.8   设计与瞬态温降荷载对比

高程/m	设计温降荷载/℃		瞬态温降荷载/℃	
	T_m	T_d	T_m	T_d
640.50	−1.07	0.00	−8.49	−0.16
614.00	0.37	−0.78	1.02	−0.83
575.00	1.85	1.82	1.78	0.22
545.00	1.74	2.73	1.44	0.42
525.00	2.83	3.22	2.25	0.47
485.00	2.90	3.57	2.14	0.48
455.00	2.95	3.84	2.18	0.63
425.00	1.09	0.95	2.22	0.77
410.00	0.25	0.21	2.00	−0.07

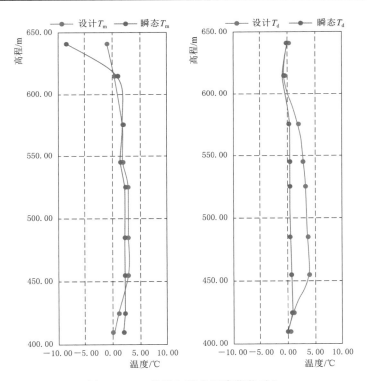

图 5.4.33 设计与瞬态温降荷载对比

由图 5.4.33 看出，温降时设计与瞬态的 T_m 基本相同，仅在坝顶处有较大差异，最大差 6℃左右。设计与瞬态的 T_d 在高高程和低高程上基本相同；在中间高程，瞬态 T_d 整体上比设计值小，其中在高程 455.00m 处相差最大，约为 3℃。总体上，瞬态温降荷载比设计值小。

5.4.3 温度荷载对比分析

基于实测温度资料计算的温度荷载（以下简称"实测温度荷载"）与基于瞬态温度场计算得到的拱冠梁处的温度荷载（以下简"称瞬态温度荷载"）的对比见表 5.4.9～表 5.4.10 和图 5.4.34～图 5.4.35。

表 5.4.9　　　　　　　　　　　　　　瞬态与实测温升荷载对比

高程/m	瞬态温度荷载/℃		实测温度荷载/℃		
	T_m	T_d	高程/m	T_m	T_d
640.50	11.42	0.05	633.00	2.81	−2.71
614.00	4.20	3.43	614.00	4.14	1.42
575.00	3.74	8.18	575.00	5.94	6.73
545.00	3.00	8.98	545.00	2.67	11.35
525.00	3.57	9.23	515.00	4.67	8.77
485.00	3.39	9.31	485.00	4.04	6.97
455.00	3.33	9.41	445.00	5.19	5.75
425.00	2.43	5.45	425.00	4.65	−2.53
410.00	1.89	2.83	633.00	2.81	−2.71

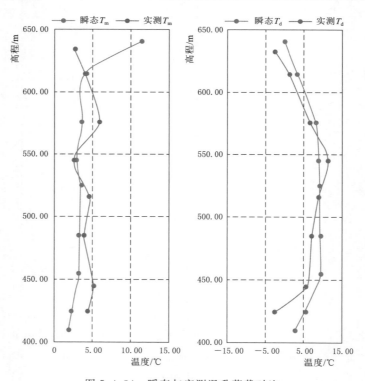

图 5.4.34　瞬态与实测温升荷载对比

表 5.4.10　　　　　　　　　　　　　瞬态与实测温降荷载对比

高程/m	瞬态温度荷载/℃		实测温度荷载/℃		
	T_m	T_d	高程/m	T_m	T_d
640.50	−8.49	−0.16	633.00	−0.30	4.97
614.00	1.02	−0.83	614.00	−1.83	−6.34
575.00	1.78	0.22	575.00	5.33	−4.29
545.00	1.44	0.42	545.00	2.55	−1.27
525.00	2.25	0.47	515.00	3.53	−0.10
485.00	2.14	0.48	485.00	3.09	0.26
455.00	2.18	0.63	445.00	3.98	2.45
425.00	2.22	0.77	425.00	4.13	−3.04
410.00	2.00	−0.07	633.00	−0.30	4.97

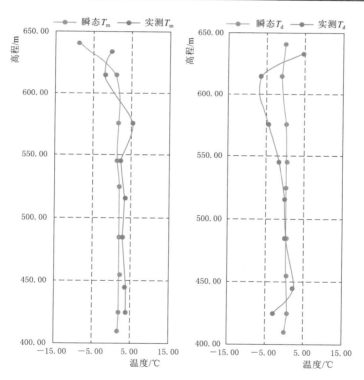

图 5.4.35　瞬态与实测温降荷载对比

由表 5.4.9 和图 5.4.34 可以看出，温升时瞬态与实测的 T_m 基本相同，仅在坝顶处有较大差异。实测 T_d 整体上比瞬态值小 3～4℃，仅在中间高程 545.00m 上实测 T_d 比瞬态值大约 3℃。总体上，实测温升荷载比瞬态值小。

由表 5.4.10 和图 5.4.35 可以看出，温降时瞬态与实测的 T_m 基本相同，仅在坝顶处有较大差异。瞬态与实测的 T_d 在中低高程上基本相同；在高高程上，实测 T_d 整体上比瞬态值小，其中在高程 614.00m 处相差最大，约为 5℃。总体上，实测温降荷载比瞬态值小。

5.5　基于反演参数的大坝应力变形分析

5.5.1　计算参数与应力控制标准

5.5.1.1　计算参数

混凝土线膨胀系数采用反演结果 $6.18 \times 10^{-6}/℃$。坝体、坝基物理力学参数为反演所得的坝体、坝基材料参数，见表 5.3.15 和表 5.3.16。

主要计算荷载包括：上下游水压力、自重、温度荷载、淤沙压力。

自重荷载包括坝体、基岩自重，坝体混凝土重度为 24.00kN/m³，基岩重度为 26.00kN/m³。

静水压力包括上下游水压力，水的重度为 9.81kN/m³。水库运行期，正常蓄水位为 630.00m，死水位为 590.00m，相应下游水位二道坝坝顶高程均为 444.50m，水垫塘底高程均为 412.00m；设计洪水位为 632.89m，校核洪水位为 638.36m，相应下游水位分别为 482.80m 和 488.80m。

本节计算坝体应力所施加的温度场及温度荷载为第 6 章由温度实测资料计算出的实际温度场和实际温度荷载。

淤沙压力包括上游水平淤沙压力和上游面倾斜时作用在该面上的淤沙重量，淤沙浮重度为 7.5kN/m³、内摩擦角为 12.5°。

5.5.1.2　计算工况

（1）持久状况基本组合。

基本工况 1：正常蓄水位上下游静水压力＋温升＋自重＋泥沙压力。

基本工况 2：正常蓄水位上下游静水压力＋温降＋自重＋泥沙压力。

基本工况 3：死水位上下游静水压力＋温升＋自重＋泥沙压力。

（2）偶然状况偶然组合。

特殊工况：校核洪水位上下游静水压力＋温升＋自重＋泥沙压力。

5.5.1.3　坝体应力控制标准

构皮滩拱坝为 1 级建筑物，相应结构安全级别为Ⅰ级。根据《混凝土拱坝设计规范》（DL/T 5346—2006），得到坝体抗压、抗拉强度极限状态应力控制标准，见表 5.5.1。

表 5.5.1　　　　坝体抗压、抗拉强度极限状态应力控制标准　　　　单位：MPa

设计状况	计算方法	$C_{180}25$		$C_{180}30$		$C_{180}35$	
		主压应力	主拉应力	主压应力	主拉应力	主压应力	主拉应力
持久状况	拱梁分载法	5.68	1.07	6.82	1.2	7.95	1.2
	有限元法	7.1	1.4	8.52	1.5	9.94	1.5

设计状况		计算方法	C₁₈₀25		C₁₈₀30		C₁₈₀35	
			主压应力	主拉应力	主压应力	主拉应力	主压应力	主拉应力
短暂状况		拱梁分载法	5.98	1.12	7.18	1.35	8.37	1.58
		有限元法	7.48	1.47	8.97	1.77	10.47	2.06
偶然状况	校核洪水情况	拱梁分载法	6.68	1.26	8.02	1.51	9.36	1.76
		有限元法	8.36	1.65	10.03	1.97	11.7	2.3

注　混凝土抗拉强度标准值取抗压强度的8%。

5.5.2　拱梁分载法应力变形分析

拱梁分载法计算得到4个工况下的坝体最大径向位移见表5.5.2。计算成果表明：持久状况基本作用效应组合下，坝体最大径向位移由正常蓄水位＋温降组合控制，极值为70.20mm，发生在坝体高程拱冠梁坝顶处；校核洪水情况坝体最大径向位移为67.90mm。各工况坝体位移呈对称、均匀协调分布，分布规律较好。

表5.5.2　　　　　　　　　　　　拱梁分载法坝体最大径向位移

工况	正常蓄水位＋温升	正常蓄水位＋温降	死水位＋温升	校核洪水位＋温升
位移/mm	53.30	70.20	21.50	67.90
位置	拱冠梁坝顶	拱冠梁坝顶	拱冠梁530.00m高程	拱冠梁坝顶

各计算工况的上、下游面最大拉、压应力见表5.5.3。计算成果表明：坝体最大主压、主拉应力均由正常蓄水位＋温升工况控制，其值分别为7.13MPa和1.05MPa，出现部位分别为高程485.00m下游左拱端和高程515.00m上游右拱端；偶然状况，坝体最大主压、主拉应力分别为7.56MPa和1.23MPa，出现部位分别为高程485.00m下游左拱端和高程515.00m上游右拱端。各工况坝体应力满足应力控制标准要求。

表5.5.3　　　　　　　　拱梁分载法各工况坝体应力汇总表　　　　　　　单位：MPa

工况		上游面最大应力		下游面最大应力	
		主拉应力	主压应力	主拉应力	主压应力
正常蓄水位＋温升	应力	1.05	4.93	0.10	7.13
	位置	高程515.00m右拱端	高程425.00m左拱端	高程614.00m右拱端	高程485.00m左拱端
正常蓄水位＋温降	应力	0.91	5.33	0.37	6.84
	位置	高程515.00m右拱端	高程515.00m拱冠梁	高程425.00m左1/2拱	高程485.00m左拱端
死水位＋温升	应力	0.52	5.50	0.49	4.84
	位置	高程515.00m右拱端	高程425.00m左拱端	高程575.00m右拱端	高程410.00m拱冠梁
校核洪水位＋温升	应力	1.23	4.86	0	7.56
	位置	高程515.00m右拱端	高程575.00m拱冠梁	—	高程485.00m左拱端

以正常蓄水位＋温升组合为例，坝体上、下游坝面应力分布情况如图 5.5.1～图 5.5.4 所示。

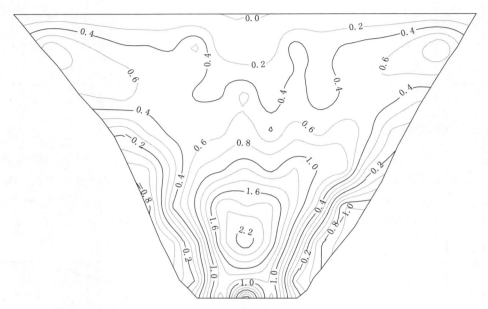

图 5.5.1　正常蓄水位＋温升工况坝体上游面最大主应力（单位：MPa）

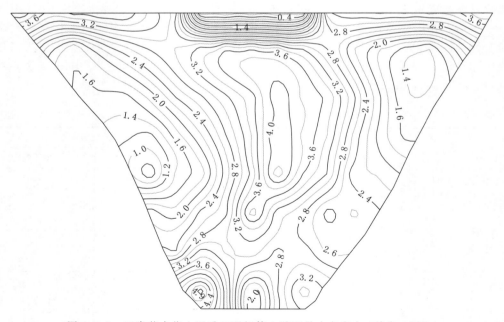

图 5.5.2　正常蓄水位＋温升工况坝体上游面最小主应力（单位：MPa）

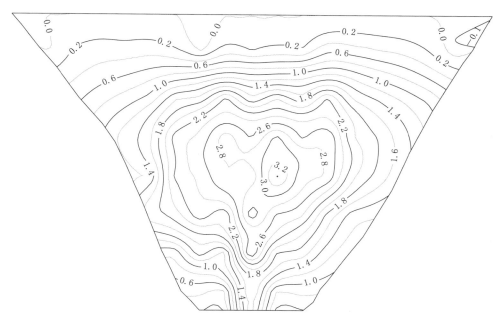

图 5.5.3　正常蓄水位＋温升工况坝体下游面最大主应力（单位：MPa）

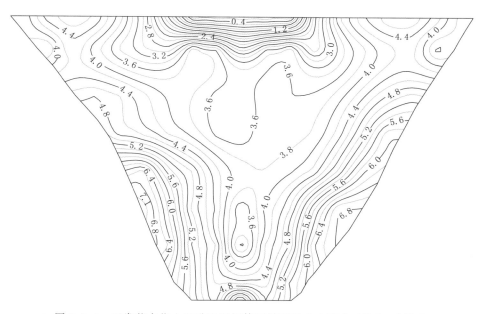

图 5.5.4　正常蓄水位＋温升工况坝体下游面最小主应力（单位：MPa）

5.5.3　有限元法应力变形分析

4 个工况下坝体顺河向位移极值见表 5.5.4。计算成果表明，持久状况下，坝体顺河向最大位移由正常蓄水位＋温降组合控制，最大位移值为 44.67mm；校核洪水位＋温升工况下，最大顺河向位移值为 46.00mm。

表 5.5.4　　　　　　　　　有限元计算最大顺河向位移统计表

工况	顺河向位移	
	位移/mm	位 置
正常蓄水位＋温升	34.04	河床坝段高程 560.00m
正常蓄水位＋温降	44.67	河床坝段高程 600.00m
死水位＋温升	11.69	河床坝段高程 470.00m
校核洪水位＋温升	46.00	河床坝段坝顶

按等效应力法处理后所得的 4 个工况下坝体特征应力计算成果见表 5.5.5，从表中可以看出：持久状况的最大拉应力为 1.25MPa，小于应力控制标准 1.5MPa；最大压应力为 6.58MPa，小于应力控制标准 8.52MPa。偶然状况的最大拉应力为 1.85MPa，小于应力控制标准 1.97MPa；最大压应力为 7.31MPa，小于应力控制标准 10.03MPa。综上，各个工况下坝体应力均满足应力控制标准。

表 5.5.5　　　　　　有限元等效应力法坝体最大应力统计表　　　　　　单位：MPa

计算工况		最大拉应力	最大压应力
持久状况	正常蓄水位＋温升（基本工况 1）	1.23	6.39
	正常蓄水位＋温降（基本工况 2）	1.25	6.58
	死水位＋温升（基本工况 3）	0.67	4.62
偶然状况	校核洪水位＋温升（特殊工况）	1.85	7.31

图 5.5.5 和图 5.5.6 为正常蓄水位＋温升工况下 4 号、9 号、14 号、19 号、24 号坝段横截面和上下游坝面的主应力分布图。由于有限元法自身存在的边角部位应力集中缺

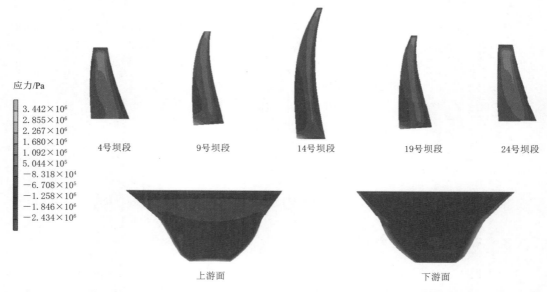

图 5.5.5　正常蓄水位＋温升工况下拱坝横截面和上下游坝面最大主应力分布图

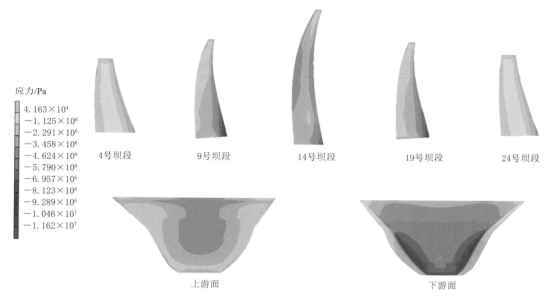

应力/Pa

4.163×10⁴
−1.125×10⁶
−2.291×10⁶
−3.458×10⁶
−4.624×10⁶
−5.790×10⁶
−6.957×10⁶
−8.123×10⁶
−9.289×10⁶
−1.046×10⁷
−1.162×10⁷

4号坝段　　　9号坝段　　　14号坝段　　　19号坝段　　　24号坝段

上游面　　　　　　　　　　　　　　下游面

图 5.5.6　正常蓄水位＋温升工况下拱坝横截面和上下游坝面最小主应力分布图

陷，常导致拱坝坝踵、坝趾附近的计算应力偏大。因此，在统计最大应力时对应力结果进行了等效处理。

从图 5.5.5、图 5.5.6 和表 5.5.4、表 5.5.5 可以看出：

在正常蓄水位＋温升工况下，拱坝的最大主应力在上下游面均呈左右岸大致对称，且压应力由 3/4 高程向坝顶和低高程逐渐增大的分布规律。坝体上游面除河床坝踵极小区域受拉以外，其余部位均受压；上游面的最大压应力区主要集中在坝顶及坝体 1/4 高程附近两个区域，其量值约为 1.85MPa；由于有限元法自身的缺陷，坝体上游面坝踵极小区域出现了一定的拉应力，最大拉应力等效数值为 1.23MPa，满足应力控制标准要求。坝体下游面均受压，压应力约为 2.00MPa，其中最大压应力出现在拱冠梁 1/4～1/2 高程处，量值为 2.43MPa。在横截面上，除位于河床的 9 号、14 号、19 号坝段坝踵处出现一定程度的拉应力外，其余部位均受压，且表现为压应力由上游坝顶、上游 1/4 高程和下游1/4～3/4 高程向内部逐渐减小的分布规律。

拱坝的最小主应力在上下游面整体均呈左右岸大致对称的分布规律。坝体上游面为压应力区，压应力由河床部位向岸坡部位逐渐减小，最大压应力集中在拱冠梁 620.00m 高程附近，其量值约为 5.79MPa；坝体下游面也均为压应力区，压应力由高高程向低高程逐渐增大，由于有限元法自身的缺陷，最大压应力集中在 540.00m 高程以下基础边缘的极小区域内，其量值约为 11.62MPa。在横截面上，除位于岸坡的 4 号和 24 号坝段在坝体内部出现了约为 0.04MPa 的拉应力，其余坝段均受压，表现为压应力由上游向下游逐渐增大的分布规律，且最大压应力均出现在坝趾极小区域内。

5.5.4　坝体应力变形对比分析

5.5.4.1　有限元法与拱梁分载法坝体应力变形对比分析

有限元法与拱梁分载法坝体顺河向位移最大值对比见表 5.5.6，由表可知，拱梁分载法径向计算位移结果大于有限元法计算值，但两种方法所得变形分布规律基本相似，因此这两种方法的位移计算结果均是合理的。

表 5.5.6　　　　　有限元法与拱梁分载法坝体顺河向位移最大值对比表　　　　单位：mm

计　算　工　况		有限元法	拱梁分载法
持久状况	正常蓄水位＋温升	34.04	53.30
	正常蓄水位＋温降	44.67	70.20
	死水位＋温升	11.70	21.50
偶然状况	校核洪水位＋温升	46.00	67.90

有限元等效应力法与拱梁分载法坝体应力最大值对比见表 5.5.7，由表可知，各计算工况下有限元等效应力法计算得到的坝体最大拉应力比拱梁分载法计算结果略大，而拱梁分载法计算得到的坝体最大压应力比有限元等效应力法计算结果略大，但两者相差均很小，最大差值仅 0.74MPa。计算结果也表明，拱梁分载法和有限元等效应力法计算得到的坝体最大拉应力和最大压应力均满足拉、压应力控制标准。

表 5.5.7　　　　有限元等效应力法与拱梁分载法坝体应力最大值对比表　　　　单位：MPa

计　算　工　况		有限元等效应力法		拱梁分载法	
		最大拉应力	最大压应力	最大拉应力	最大压应力
持久状况	正常蓄水位＋温升	1.23	6.39	1.05	7.13
	正常蓄水位＋温降	1.25	6.58	0.91	6.84
	死水位＋温升	0.67	4.62	0.52	4.84
偶然状况	校核洪水位＋温升	1.85	7.31	1.23	7.56

5.5.4.2　拱梁分载法计算结果与设计阶段对比分析

表 5.5.8～表 5.5.11 为采用拱梁分载法计算的坝体应力与设计阶段的计算值对比分析成果。正常蓄水位＋温升工况下，坝体最大主拉应力为 1.05MPa，比设计值大 0.05MPa，两者相差 5.00％；最大主压应力为 7.13MPa，比设计值大 0.13MPa，两者相差 1.86％；最大主拉、压应力的出现位置均相同。正常蓄水位＋温降工况下，坝体最大主拉应力为 0.91MPa，比设计值大 0.03MPa，两者相差 3.41％；最大主压应力为 6.84MPa，比设计值小 0.04MPa，两者相差 0.58％；最大主拉、压应力的出现位置均相同；死水位＋温升工况下，坝体最大主拉应力为 0.52MPa，比设计值大 0.01MPa，相差 1.96％；最大主压应力为 5.50MPa，比设计值小 0.06MPa，相差 1.08％；最大主拉、压应力的出现位置均相同；校核洪水位＋温升工况下，坝体最大主拉应力 1.23MPa，比设计值大 0.05MPa，两者相差 4.24％；最大主压应力为 7.56MPa，比设计值大 0.11MPa，两者相差 1.48％；最大主拉、压应力的出现位置均相同。根据以上分析可知，本次反演分析的坝体最大应力与设计阶段最大应力出现位置均相同，数值差别为 0.58％～5.00％，计算成果基本相符。

表 5.5.8 　　　　正常蓄水位＋温升工况设计阶段与本次反演分析坝体最大应力对比　　　单位：MPa

计 算 工 况		上游面最大应力		下游面最大应力	
		主压应力	主拉应力	主压应力	主拉应力
正常蓄水位＋温升	设计阶段	5.02	1.00	7.00	0.14
		高程 425.00m 左拱端	高程 515.00m 右拱端	高程 485.00m 左拱端	高程 425.00m 左拱端
	本次反演分析	4.93	1.05	7.13	0.10
		高程 425.00m 左拱端	高程 515.00m 右拱端	高程 485.00m 左拱端	高程 614.00m 右拱端

表 5.5.9 　　　　正常蓄水位＋温降工况设计阶段与本次反演分析坝体最大应力对比　　　单位：MPa

计 算 工 况		上游面最大应力		下游面最大应力	
		主压应力	主拉应力	主压应力	主拉应力
正常蓄水位＋温降	设计阶段	5.16	0.88	6.88	0.36
		高程 425.00m 左拱端	高程 515.00m 右拱端	高程 485.00m 左拱端	高程 425.00m 左拱端
	本次反演分析	5.33	0.91	6.84	0.37
		高程 515.00m 拱冠梁	高程 515.00m 右拱端	高程 485.00m 左拱端	高程 425.00m 左1/2拱

表 5.5.10 　　　　死水位＋温升工况设计阶段与本次反演分析坝体最大应力对比　　　单位：MPa

计 算 工 况		上游面最大应力		下游面最大应力	
		主压应力	主拉应力	主压应力	主拉应力
死水位＋温升	设计阶段	5.56	0.51	4.58	0.34
		高程 425.00m 左拱端	高程 515.00m 右拱端	高程 485.00m 左拱端	高程 617.00m 右拱端
	本次反演分析	5.50	0.52	4.84	0.49
		高程 425.00m 左拱端	高程 515.00m 右拱端	高程 485.00m 拱冠梁	高程 575.00m 右拱端

表 5.5.11 　　　　校核洪水位＋温升工况设计阶段与本次反演分析坝体最大应力对比　　　单位：MPa

计 算 工 况		上游面最大应力		下游面最大应力	
		主压应力	主拉应力	主压应力	主拉应力
校核洪水位＋温升	设计阶段	5.04	1.18	7.45	0.06
		高程 575.00m 拱冠梁	高程 515.00m 右拱端	高程 485.00m 左拱端	高程 425.00m 左拱端
	本次反演分析	4.86	1.23	7.56	0.0
		高程 575.00m 拱冠梁	高程 515.00m 右拱端	高程 485.00m 左拱端	—

5.5.4.3　有限元法等效应力计算结果与设计阶段对比分析

本节采用有限元法计算的坝体应力与设计阶段的计算值进行对比分析，见表 5.5.12。各工况下，本次采用有限元法计算的坝体最大压应力均比设计值小。坝体最大拉应力，校核洪水位＋温升工况下本次反演分析计算结果比设计值大 0.14MPa，两者相差 8%，但仍然满足应力控制标准要求；正常蓄水位＋温升工况下本次反演分析计算结果仅比设计值大 0.01MPa，仅相差 0.8%；正常蓄水位＋温降工况与死水位＋温升工况，坝体最大拉应力均比设计值小。

综合分析可知，本次有限元法计算坝体最大应力除校核洪水位＋温升工况外，其余工况均与设计值相符或比设计值更小；设计阶段正常蓄水位＋温降工况最大拉应力超过应力控制标准，而本次计算坝体所有工况均满足应力控制标准。

表 5.5.12　　　　　　有限元法设计阶段与本次反演分析坝体最大应力对比　　　　　单位：MPa

计算工况	最大拉应力		最大压应力	
	设计阶段	本次反演分析	设计阶段	本次反演分析
正常蓄水位＋温升	1.22	1.23	8.64	6.39
正常蓄水位＋温降	1.55	1.25	8.93	6.58
死水位＋温升	1.45	0.67	5.27	4.62
校核洪水位＋温升	1.71	1.85	10.09	7.31

5.6　小结

（1）构皮滩大坝内共埋设 60 支无应力计，受多种因素影响，有 10 支无应力计仪器已经损坏，存在异常情况的无应力计共有 26 支，测值可靠的无应力计共有 24 支。进行统计模型回归分析后，反演得到混凝土实际线膨胀系数为 $6.18 \times 10^{-6}/℃$。

（2）对大坝正、倒垂线径向位移监测资料进行定性和定量分析，综合考虑各测点测值可靠性和时空规律、统计模型复相关系数和水压分量所占的比重以及测点的布置位置等因素，选取 14 号坝段的 5 个测点作为反演典型测点，选取 2014 年 10 月 14 日至 12 月 5 日作为水位变化反演时间段，利用 IDE-OSVR 反演分析法得出坝体弹性模量和坝基变形模量，其中坝体混凝土弹性模量为 32.12GPa，较设计值大 28.5%；坝基变形模型为 12.08～45.29GPa，较设计值大 50%以上。选取反演时间段以外的高温典型日，利用坝体垂线径向位移实测值检验坝体弹性模量和坝基变形模量反演值的合理性，根据反演参数计算所得大坝变形与实测值的分布规律相似，量级相近，证明反演结果是可靠的。

（3）基于实测温度资料计算了温升和温降工况的温度荷载。结合大坝温度实测资料，以拟合的坝面温度模型作为坝体表面温度的边界条件，计算不同时期坝体瞬态温度场，分析坝体温度变化过程，计算得到了拱坝各层温度荷载。计算结果表明：总体上实测温度资料的温度荷载比瞬态温度场计算的坝体温度荷载值小；瞬态温度荷载比设计阶段的温度荷载值小。两种温度荷载的计算均采用实测温度资料，能在一定程度上反映大坝的真实温度荷载分布。由于考虑到测值的可靠性，因此坝体应力变形分析中选用由瞬态温度场计算得到的温度荷载。

（4）利用反演及反馈得到的力学参数以及坝体温度场，应用三维有限元分析模型和拱梁分载法两种方法，研究了坝体在多种荷载作用下的应力变形分布规律，并对两种方法计算成果进行了对比分析。结果表明：两种方法所得应力变形分布规律基本相似，各工况下有限元等效应力法计算得到的坝体最大拉应力比拱梁分载法计算结果略大，而拱梁分载法计算得到的坝体最大压应力比有限元等效应力法计算结果略大，但两者相差均很小，最大差值仅 0.74MPa，两种方法计算得到的坝体最大拉应力和最大压应力均满足拉、压应力控制标准，拱梁分载法计算位移结果大于有限元等效应力法计算值；本次计算的坝体最大应力与设计阶段最大应力出现位置均相同，数值差别为 0.58%～5.00%，两阶段的计算成果基本一致。

（5）综上所述，构皮滩大坝应力变形符合拱坝的一般受力变形规律，坝体变形实测值小于设计值，坝体应力以受压为主，大坝基本处于弹性工作状态；基于反演参数的大坝应力变形分析成果表明，大坝在各种工况下工作性态正常。

6.1　泄洪消能设计特点与难点

构皮滩水电站坝高 230.5m，枢纽校核洪峰流量为 35600m³/s，相应枢纽最大下泄流量为 28900m³/s，最大泄洪功率为 42380MW。坝身最大泄量为 25840m³/s，上下游水头差近 150m，坝身最大泄洪功率为 37940MW，均居国内外双曲拱坝前列。坝址河谷狭窄，呈 V 字形，枯水期水面宽度为 30～60m，常遇洪水水面宽为 90～110m，设计、校核洪水水面宽仅 140～150m。坝址紧邻峡谷出口，岩体呈现上游硬下游软的特点，坝下游 200m 范围为灰岩，以下为黏土岩和页岩，抗冲能力低。"高水头、大泄量、窄河谷、软基础"是构皮滩水电站泄洪消能的突出特点，泄洪消能设计难度大。

国内外特高双曲拱坝坝身泄洪技术指标见表 6.1.1。

表 6.1.1　　　　　　　　国内外特高双曲拱坝坝身泄洪技术指标

工程名称	坝高/m	消能区岩性	坝身泄流量/(m³/s)	水头/m	坝身泄洪功率/MW
锦屏一级	305	砂板岩、大理岩	10668	221.68	23200
小湾	294.5	花岗岩	15350	226.36	34000
溪洛渡	278	玄武岩	31496	188.60	58750
拉西瓦	250	花岗岩	6000	213.00	12500
二滩	240	正长岩、玄武岩	16300	166.30	26600
构皮滩	230.5	灰岩、黏土岩	25840	148.10	37940
英古里	271.5	灰岩	2664		
埃尔卡洪	234	灰岩	5900		

6.2　泄洪方案研究

6.2.1　枢纽泄流量和水库调蓄的比例研究

共研究了相应坝顶高程分别为 635.00m、640.50m 和 644.50m 三个泄洪布置方案，三个方案相比，"坝顶高程 640.00m 方案"和"坝顶高程 644.50m 方案"较"坝顶高程 635.00m 方案"校核洪水泄流量分别减少了 3770m^3/s 和 7285m^3/s，即坝高每增加 1m，可平均削峰 770m^3/s，减少泄洪功率 550MW。因此，从增加调蓄减少下泄量及泄洪功率以降低消能难度来看，坝顶高程 644.50m 最好，但该方案校核洪水位比正常蓄水位高 13m 左右，比设计洪水位高 10m 左右，校核洪水为大坝体型设计的控制工况，与设计工况差别太大，导致工程量较大。该方案与"坝顶高程 635.00m 方案"相比，增加开挖 21.7 万 m^3，混凝土 17.5 万 m^3，工程量增加较多，经济上不太合理。而"坝顶高程 640.00m 方案"与"坝顶高程 635.00m 方案"相比，仅增加开挖 7 万 m^3，混凝土 4 万 m^3，工程量增加不多。水工模型试验表明，该方案技术上可行。综合技术、经济比较，"坝顶高程 640.00m 方案"是合适的。该方案枢纽最大泄流量 29100m^3/s，相应水库削峰 18.3%。国内部分同规模工程的调蓄比例见表 6.2.1，可以看出，构皮滩工程调蓄削峰作用比较明显。

表 6.2.1　　　　　　　　国内部分高双曲拱坝调蓄削峰统计表

工程名称	坝高 /m	最大洪峰流量 /(m^3/s)	最大泄流量 /(m^3/s)	削峰 /(m^3/s)	削峰比例 /%
小湾	292	29684	20572	9112	30.7
构皮滩	232.5	35600	29100	6500	18.3
溪洛渡	273	52300	49225	3077	5.9
二滩	240	23900	23900	0	0.0

6.2.2　岸边分流量研究

构皮滩水电站洪水峰高量大，全部采用坝身集中泄洪，泄洪规模远超已建高拱坝水平，水垫塘单位水体承受的泄洪功率和水垫塘底板的动水压力均处于较高水平，为提高工程运行的安全性和灵活性，有必要设置岸边分流设施。

枢纽左岸布置两条导流洞和一条三级垂直升船机，右岸布置一条导流洞及发电引水系统和地下厂房，若将分流设施布置在右岸，无论采取何种设施，均会与发电引水系统产生矛盾，因此岸边分流设施只宜布置在左坝肩和左岸升船机之间的有限范围内。

为尽量减少坝身泄洪次数，岸边分流设施应尽可能单独宣泄常遇洪水。结合地形地质条件，岸边分流设施有两种形式：新建岸边泄洪洞和导流洞改建泄洪洞。根据国内外工程经验，新建泄洪洞方案单洞泄量宜控制在 3000m^3/s 左右，出口单宽流量控制在 300m^3/s 以内；导流洞改建泄洪洞方案单洞控制在 1500~2000m^3/s。对于构皮滩水电站，若要岸边分流设施能下泄 5 年一遇洪水（Q=11800m^3/s），则需在左岸新建 3 条泄洪洞或新建 2 条泄洪洞、改建 1 条导流洞。考虑到透水护坦下游岩性软弱，不能承受如此大的泄量，则必有 1 条泄洪洞占用升船机线路。此种方案布置困难且工程量巨大，故无论从分流设施布置条件，还是消能区岩体条件方面考虑，构皮滩水电站的岸边分流设施只能作为辅助泄洪的一个通道。

岸边分流量研究了 3000m³/s 和 6000m³/s 两种方案。岸边分流 3000m³/s 后，可发挥如下作用：①减小坝身下泄量，虽常遇洪水仍需从坝身下泄，但泄大流量时水垫塘消能负担有所减轻，底板动水压力减小；②水垫塘检修时间可延长 1～2 个月；③若水垫塘检修不能在一个枯水期完成，只需在汛前将库水位降至 610.00m 左右，即可有泄洪洞和机组过流，保证常遇洪水（不超过 5 年一遇）时库水位不超过 630.00m，从而使坝身无需过流，减小水垫塘进一步破坏的概率，为水垫塘完成检修创造条件。岸边分流 6000m³/s，虽可使坝身泄流量进一步减小，水垫塘消能负担进一步减轻，但常遇洪水仍需从坝身下泄。若想保证汛期遭遇常遇洪水时坝身不过流，亦需在汛前将库水位降至 618.00m 左右。两方案相比，分流量相差不大，所发挥的作用无本质性区别。但分流量 6000m³/s 方案的工程投资为 4.3 亿元，远大于分流量 3000m³/s 方案的工程投资（1.8 亿元）。故经综合比较，岸边分流量推荐 3000m³/s。

结合地形地质条件，岸边分流设施主要研究了新建岸边明流泄洪洞和导流洞改建泄洪洞两种型式。导流洞改建方案考虑了龙抬头和漩流式竖井两种方案。对于龙抬头方案，由于洞内流速高、出口段转弯且淹没度太大，高速水流和出口消能等水力学问题难以解决；漩流式竖井方案，由于下游水深很大，存在较多水力学问题，加之目前还未有类似规模的工程实例，技术上尚不成熟，因此两方案均不宜采用，岸边分流设施推荐明流泄洪洞方案。

6.2.3　坝身孔口规模和流量分配研究

坝身泄洪孔口主要有表孔和中孔两种型式，表孔泄洪流量大，超泄能力强，泄洪建筑物应尽量多布置表孔。但受下游河床宽度限制，为避免水舌冲击岸坡，坝身表孔数量不宜太多。通过对国内外高双曲拱坝的泄洪孔口尺寸和布置方案进行比较和分析研究，对构皮滩拱坝坝身泄洪孔口重点研究了以下 4 个方案：

方案一：6 个表孔、7 个中孔，表孔堰顶高程 617.00m，孔口尺寸 12m×13m（宽×高），中孔出口平均高程 550.00m，孔口尺寸 7m×6m（宽×高）。

方案二：6 个表孔、7 个中孔，表孔堰顶高程 614.00m，孔口尺寸 12m×16m（宽×高），中孔出口平均高程 550.00m，孔口尺寸 6m×5m（宽×高）。

方案三：6 个表孔、5 个中孔，表孔堰顶高程 614.00m，孔口尺寸 12m×16m（宽×高），中孔出口平均高程 550.00m，孔口尺寸 7m×6m（宽×高）。

方案四：6 个表孔、7 个中孔，表孔堰顶高程 615.30m，孔口尺寸 12m×14.7m（宽×高），中孔出口平均高程 550.00m，孔口尺寸 6.5m×5.5m（宽×高）。

上述四方案总体泄流能力基本相当。从水工模型对比试验情况看，四方案均可成立，但方案一水垫塘消能指标比其他方案为优；从三维有限元计算成果看，各方案孔口对坝体总体应力水平影响不大；从孔口规模看，方案一和国内外高双曲拱坝泄洪孔口尺寸、作用水头更为接近。国内外高双曲拱坝泄洪孔口尺寸统计见表 6.2.2。

综上所述，方案一较其他方案相对为优，作为坝身泄洪布置的基本方案。该方案表孔、中孔最大泄流能力分别为 15080m³/s 和 10760m³/s，流量比约为 3：2，坝身总泄量为 25840³/s。该方案的枢纽调洪演算成果见表 6.2.3。

表 6.2.2   国内外高双曲拱坝坝身泄洪孔口尺寸统计表

工程名称	坝高/m	表孔尺寸/(个数-m×m)	中孔尺寸/(个数-m×m)	中孔水头/m
锦屏一级	305	4-11.5×10	5-5×6	90
小湾	294.5	5-11×15	6-6×5	80
溪洛渡	278	7-12.5×16	8-6×6.7	100
二滩	240	7-11×11.5	6-6×5	80
构皮滩	230.5	6-12×13	7-7×6	80
卡博拉巴萨	163.5		8-6×7.8	85

表 6.2.3   调 洪 演 算 成 果 表

洪水频率 P/%	入库洪峰流量 /(m³/s)	调节下泄流量 /(m³/s)	库水位 /m	泄流量/(m³/s)				相应下游水位 /m
				表孔	中孔	泄洪洞	电站	
0.02	35600	28900	638.36	15080	10760	3060	0	488.83
0.1	30300	24449	634.56	10958	10511	2980	0	483.33
0.2	27900	23714	632.89	9324	10393	2947	1050	482.35
0.5	24800	22701	631.89	8400	10324	2927	1050	480.96
1	22500	21354	630.49	7177	10228	2899	1050	479.07

为满足水库放空要求，经多方案比较，在 490.00m 高程设置 2 个 3.8m×6m（宽×高）放空底孔，放空底孔最高运行水位 575.00m，相应最大泄量为 1701m³/s。

6.2.4　消能方案研究

坝身泄洪的消能型式研究了水垫塘消能和挑流消能两种方案。由于消能区尾部位于软岩段，水工模型试验表明，挑流方案天然河床的冲刷深度达 30～50m，冲坑宽度大于天然河床宽度，影响两岸边坡及坝肩稳定，须进行预挖冲坑及防冲保护，工程量大。水垫塘消能方案可确保边坡稳定，其各项水力学指标均满足要求，国内外已有多个工程成功运用，技术上较为成熟、可靠，运行检修方便，故推荐采用水垫塘消能方案。

水垫塘方案研究比较了反拱底板水垫塘方案和平底板封闭抽排水垫塘方案。虽然理论分析和试验研究成果表明反拱水垫塘方案技术上可行，且与平底封闭抽排方案相比具有工程造价较低、运行维护管理方便等优点，但当时缺乏工程实践检验。平底板封闭抽排方案已有多个工程采用，技术成熟可靠，但工程造价较高。考虑到构皮滩拱坝坝身泄流量和泄洪功率均已远超国内外已建双曲拱坝现有水平，消能区指标较高，且坝后消能区大部分为软岩，为确保工程运行安全，最终采用平底封闭抽排水垫塘布置方案。

6.2.5　坝身孔口布置和体型研究

6.2.5.1　坝身孔口总体布置

构皮滩拱坝坝身最大泄量 25840m³/s，而相应坝下游水面宽度仅 140～150m，"大泄量、窄河谷"的矛盾十分突出，这一特点决定了坝身孔口必须布置紧凑，才能避免水舌冲击岸坡。经过比较，表孔和中孔采取径向相间布置最有利于缩短溢流前沿，减少水舌入水宽度。据此，6 个表孔与 7 个中孔在平面上沿一条弧线（泄洪轴线）径向相间布置，表孔在泄洪轴线处的内弦线长度均为 12.0m，表孔中心线与坝段分缝线重合；中孔布置于表孔闸墩下方，其中心线与闸墩中心线重合。由于泄洪轴线半径的大小对下游入塘水舌的落点分布有较大的影响，为避免水舌打击岸坡，同时为避免入塘水流向心集中从而加剧水垫塘消能负担，经对泄洪轴线半径 $R=400$m 及 $R=350$m 的计算和试验比较后，选取泄洪轴线半径 $R=350$m。表孔、中孔平面总布置图如图 6.2.1 所示。

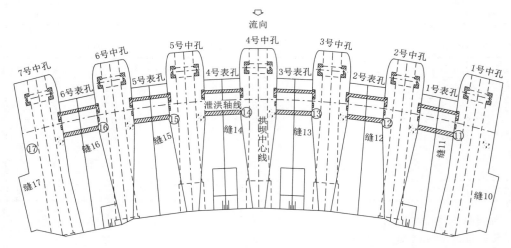

图 6.2.1　表孔、中孔平面总布置示意图

6.2.5.2　表孔、中孔体型设计原则和思路

表孔、中孔体型设计与下游水垫塘的设计密切相关，根据以往的工程经验，水垫塘的底板高程受表孔单独泄流控制，而水垫塘的长度受中孔单独泄流控制。

水垫塘水力设计目前还无统一的标准，主要是通过水力学计算和水工模型试验相结合的方法，其中水垫塘设计的控制性水力学指标主要以水垫塘底板最大冲击动水压力 ΔP（底板最大时均压力与静水压力之差）不超过 15m 水柱压力控制。

由于构皮滩水电站泄洪功率大，水垫塘单位水体消能率高，为避免能量叠加，减小水垫塘底板的冲击动水压力，均化水垫塘的消能负担，体型设计必须采取"分散水舌、分区消能"的设计原则，即表孔、中孔水舌应分散在远近不同区域，同一区域内表孔之间、中孔之间水舌不应产生叠加效应。此外，由于构皮滩拱坝采取表孔、中孔径向相间布置，联合泄洪时表孔、中孔水舌发生碰撞不可避免。水舌碰撞虽然有利于能量空中耗散，减轻水垫塘消能负担，但对于狭窄河谷地区，同时也可能导致碰撞水舌干砸水垫塘边坡的不利情况，以及加大泄洪雾化所带来的不利影响。因此，体型设计还必须遵循"适度碰撞"的设计原则。根据以上设计原则，确定体型设计思路如下：

（1）采取表孔俯角、中孔挑角的总体体型布置以达到水舌远近分区、加强空中碰撞的目的。

（2）表孔、中孔均采取出口扩散以减小入水单宽，均化能量。

（3）为调整水舌落点，避免水舌叠加，相邻表孔采用出口俯角大差动布置，相邻中孔采取不同挑角布置。

（4）为避免表孔水舌打击水垫塘边墙及岸坡，左右边表孔采取不对称扩散布置；为优化分散表孔水舌，视需要设置规格、位置各异的分流齿。

（5）为避免中孔出口高程相差过大，影响闸门和启闭、检修设施布置，采取"进口大差动、出口小差动"即进口高程相差较大、出口高程相近的布置以达到相邻中孔不同挑角的目的。

6.2.5.3 表孔、中孔体型研究

经过水力计算和体型研究，形成了"表孔出口立面大差动及边表孔不对称扩散加分流齿、中孔平底型与上挑型不同挑角相间布置"的坝身表孔、中孔基本布置方案。

根据初步的计算，水垫塘底板最大冲击动水压力受表孔单泄控制；在校核洪水位表孔单泄的情况下，水垫塘底板最大冲击动水压力达 13.99m，中孔单泄情况下，水垫塘底板最大冲击动水压力为 7.94m，表孔和中孔联泄工况下，水垫塘底板最大冲击动水压力为 8.59m。经初步的 1∶110 水工模型试验测得，水舌重叠较为严重，水垫塘底板冲击动水压力增大较计算值增加较多，在校核洪水表孔单泄的情况下，水垫塘底板最大冲击动水压力超过 20m，为此重点对表孔体型进行研究并开展了相应的模型试验优化。表孔体型共研究了连续鼻坎、差动式鼻坎、大差动挑坎加分流齿并考虑扩散共 13 种体型的优化比选工作。1∶110 水工模型试验测得，推荐方案的水垫塘底板最大冲击动水压力为 7.89m，为进一步验证推荐方案的可行性，经开展的 1∶55 水工模型试验验证测得，水垫塘底板最大冲击动水压力降为 6.0m。其余各种工况的最大冲击动水压力也均有明显的降低，表明随着模型比尺的增大，泄洪水舌的掺气以及碰撞加剧，泄洪能量消剎更为充分，水垫塘底板冲击动水压力将更为降低；国内二滩水电站的底板冲击压力原型观测结果，也充分证明了这一点。各工况下的底板冲击压力见表 6.2.4。

表 6.2.4　　　　　　　　　　　水垫塘底板冲击压力表

运 行 工 况	1∶110 整体模型		1∶55 整体模型	
	校核洪水表孔单泄	校核洪水表孔和中孔联泄	校核洪水表孔单泄	校核洪水表孔和中孔联泄
X 桩号/m	0+112.630	0+145.640	0+126.390	0+145.640
Y 桩号/m	−33.000	5.500	−24.800	5.500
P_{max}/(×9.81kPa)	65.30	80.40	63.40	77.90
ΔP_{max}/（×9.81kPa）	7.89	3.60	6.00	1.07

6.3　坝身泄水建筑物布置及结构设计

6.3.1　总体布置

构皮滩水电站泄洪消能方案为：坝身泄洪设施为 6 个孔口尺寸 12m×13m（宽×高）、

堰顶高程为 617.00m 的表孔，7 个出口尺寸 7m×6m（宽×高）、出口平均高程为 550.00m 的中孔，左岸 1 条进口底高程为 550.00m、控制断面尺寸 10m×9m（宽×高）的平面转弯泄洪洞；坝下设置水垫塘消能及泄洪洞下游消能区护坡加预挖冲坑消能的布置方案。

坝身还设有 2 个孔口尺寸 3.8m×6m（宽×高）、孔底高程为 490.00m、用于水库放空和后期导流的放空底孔及 4 个孔口尺寸 6.5m×8m（宽×高）、孔底高程为 490.00m、用于后期导流的临时导流底孔。

6.3.2 表孔设计

表孔堰顶上游面为铅直面接 1/4 椭圆曲线，堰顶上游悬头长 5.6m，堰顶高程 617.00m，堰面采用 WES 曲线，堰面曲线方程为 $y=0.04187x^{1.85}$。各表孔的出口处俯角采用变值，并且布置了不同型式的分流齿坎，以增加水流的入水层次。其中：2 号、5 号表孔为平出口，出口高程为 606.478m；3 号、4 号表孔出口挑角为 $-35°$，并在孔口出口中间设有 8m 宽的齿坎，出口高程为 599.154m；1 号、6 号表孔出口挑角为 $-20°$，并在孔口出口内侧设有 6m 宽的齿坎，出口高程为 599.624m。闸门下游侧孔口以上部分坝体拱圈仍为连续整体布置。

表孔闸墩进口侧曲线为 1/4 椭圆，闸墩平面上采用"八"字形。2～5 号孔孔口按 1:8 扩散至出口，出口宽度 18m。为避免边表孔下泄水流打击水垫塘高程 481.00m 平台，1 号、6 号边孔外侧不扩散且出口设 2m 贴角，即出口宽度靠岸侧缩为 4m，形成转向河床的折线边墙，以防止水流扩散冲击下游岸坡。表孔体型详见表 6.3.1，表孔体型如图 6.3.1 所示，表孔下游展视图如图 6.3.2 所示。

表 6.3.1　　　　　　　　　　　表 孔 体 型

| 孔 号 | 自堰顶算起的流道水平投影长度/m | 堰顶算起孔口扩散起始位置（水平投影）/m | | 扩散角 | | 出口末端宽度/m | | 出口高程/m | 反弧半径/m | 出口挑角/(°) | 出口末端齿坎 | | 齿坎挑角/(°) | 坎顶高程/m |
		内侧	外侧	内侧	外侧	内侧	外侧				宽度/m	位置		
1 号、6 号	30.0	5.0	14.0	1:8.3	1:8	9.0	4.0	599.624	25.00	−20	6.0	内侧	+10	603.62
2 号、5 号	29.0	5.0	5.0	1:8	1:8	9.0	9.0	606.478	25.00	0	—	—		
3 号、4 号	29.0	5.0	5.0	1:8	1:8	9.0	9.0	599.154	90.00	−35	8.0	中间	+10	607.15

注 靠泄洪中心线为内侧，靠河岸为外侧。

6.3.3 中孔设计

中孔全部为有压孔型式，弧形工作门布置在出口处，平板事故检修门布置于进口处。为分散入塘水流落点，出口型式各不相同，分为平底型（1 号、3 号、5 号、7 号）和上挑压板型（2 号、4 号、6 号）。

两种孔型的进口顶板、侧墙曲线相同。根据减压模型试验成果，1～7 号孔洞身段高

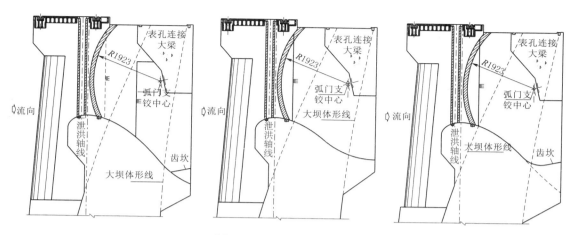

图 6.3.1 表孔体型示意图

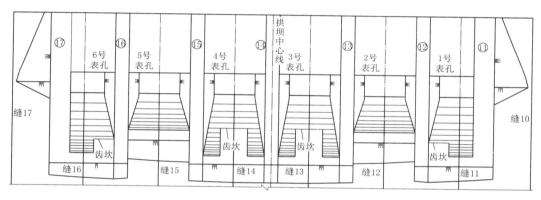

图 6.3.2 表孔下游展视图

度由 8m 调整为 9m,有压段出口控制断面高度仍为 6m;进口顶缘为小于 1/4 的椭圆曲面,底缘为 $R=2$m 的圆柱面,进口侧曲线,孔宽 6m,流道底板方向距有压段出口顶 12m 处开始孔口宽度由 6m 扩展至出口 7.24m,扩散长度(沿流道底板方向)为 14.89m。出口控制断面宽度 7m。出口明流段为扩散式,底部设跌坎。

1 号、3 号、5 号、7 号孔均为平底孔,进口底高程为 550.00m,洞身孔顶以 $R=30$m 的圆柱面与出口 1:6 的直线压坡段相衔接,出口挑角均为 0°,出口控制断面顶高程为 556.00m,出口明流段跌坎最低高程为 545.20m;1 号、7 号与 3 号、5 号的区别在于它们有压段与明流段的长度不同、明流段外侧墙的扩散角不同,为解决 1 号孔水舌冲击高程 481.00m 平台及左侧墙,将外侧墙扩散角由 5.354°收缩至 2.0°。2 号、6 号孔为上翘压板型,进口底高程为 543.00m,洞身段底以 $R=30$m 圆柱面与倾角为 25°的出口底坡相接,洞身段顶部以 $R=21$m 的圆柱面与 1:4.23 的出口顶部压坡段相接,出口挑角为 25°,出口控制断面顶高程为 555.547m,出口明流段跌坎最低高程为 548.82m。4 号孔也为上翘压板型,为了分散 2 号、4 号、6 号孔的水舌落点,将 4 号孔出口挑角由 25°调整为 10°,进口底高程为 546.00m,洞身段底以 $R=35$m 圆柱面与倾角为 10°的出口底坡相接,洞身

段顶部以 $R=26m$ 的圆柱面与 $1:6.93$ 的出口顶部压坡段相接，出口控制断面顶高程为 555.724m，出口明流段跌坎最低高程为 547.34m。中孔体型详见表 6.3.2，中孔体型如图 6.3.3 所示，中孔上游面及下游面展示图如图 6.3.4 所示。

表 6.3.2 中 孔 体 型 表

孔号	孔型	进口底高程/m	有压段水平投影长/m	明流段扩散角/(°)	
				内侧	外侧
1 号、7 号	平底	550.00	46.46	5.3	2.0
2 号、6 号	上翘压板	543.00	43.77	8.5	8.5
3 号、5 号	平底	550.00	38.42	5.3	5.3
4 号	上翘压板	546.00	39.09	6.1	6.1

注 靠泄洪中心线为内侧，靠河岸为外侧。

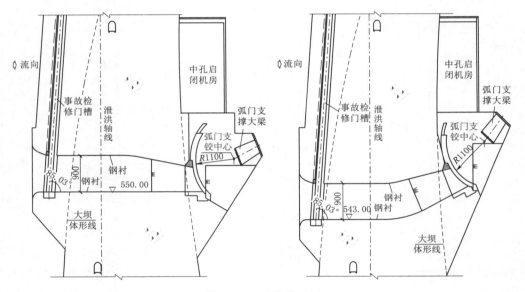

图 6.3.3 中孔体型图

6.3.4 底孔设计

坝身设有 2 个放空底孔和 4 个导流底孔，孔底高程均为 490.00m。放空底孔孔口尺寸 3.8m×6m（宽×高），用于水库放空。导流底孔孔口尺寸 6.5m×8m（宽×高），用于施工期的临时导流。

6.3.4.1 放空底孔

放空底孔为平底全有压孔，进口顶缘曲线 $\dfrac{x^2}{7.0^2}+\dfrac{y^2}{2.5^2}=1.0$，底缘为 $R=2.0m$ 的圆柱面，洞身段断面尺寸 4m×7m（宽×高），从距工作门槽上游 5.0m 处至出口处以 1:50 的坡度宽度由 4m 缩至 3.8m，出口顶设置 1:5 的压坡段，出口断面控制尺寸 3.8m×6m

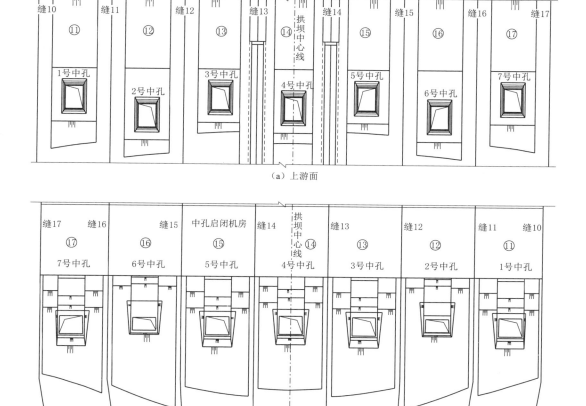

图 6.3.4 中孔上、下游面展示图

（宽×高）。

6.3.4.2 导流底孔

导流底孔为平底型孔，进口顶缘曲线 $\dfrac{x^2}{9^2}+\dfrac{y^2}{3^2}=1.0$，底缘为 $R=2.0\mathrm{m}$ 的圆柱面，进口侧曲线 $\dfrac{x^2}{4.8^2}+\dfrac{y^2}{1.6^2}=1.0$，洞身段断面尺寸 $6.5\mathrm{m}\times9\mathrm{m}$（宽×高），出口设 1:5 的压坡段，出口控制断面尺寸 $6.5\mathrm{m}\times8\mathrm{m}$（宽×高）。1 号、4 号孔中心线以 50m 的半径向拱坝中心线偏转 6.0°；2 号、3 号孔中心线为直线布置。

6.4　泄洪洞设计

6.4.1　总体布置

泄洪洞采用有压洞接明流隧洞的型式，平面上转弯布置。进水口布置在左岸 1 号及 2

号导流隧洞进口上方，进口底高程为 550.00m，进水口事故闸门采用岸塔式布置，闸门孔口尺寸 7m×16m（宽×高），下接 25m 长的渐变段，其后是长 220.6m、直径为 12m 的圆形有压隧洞，于圆形有压段平面转弯，洞轴线方位角由进口处的 78.983° 转为 135.498°，轴线转弯半径为 90m。下接 22m 长的渐变段，工作闸门室布置于防渗帷幕线下游 34.42m 处。控制断面孔口尺寸 10m×9m（宽×高）。工作闸门室后为长 40m 的渐变段，其后采用坡度 $i=0.2063$ 的陡槽式直坡与出口明渠段相接，洞身型式为城门洞形，断面尺寸 10m×15m（宽×高），隧洞出口明渠边墙高度 11.5m，下接挑流鼻坎及预挖冲坑。自进口至挑流鼻坎全长 605.97m。预挖冲坑位于左岸 1 号、2 号导流洞出口明渠处，最低预挖至高程 425.00m。

6.4.2　流道体型设计

泄洪洞进口段包括引水渠及进水口两部分。引水渠段采用对称喇叭口，底宽 17～28.97m，底板为平底，底板高程为 550.00m。有压洞进水口（桩号 0+000.000～0+020.000）顶部及两侧均为椭圆曲线，顶曲线方程为 $\dfrac{x^2}{16^2}+\dfrac{y^2}{5.33^2}=1$，侧曲线方程为 $\dfrac{x^2}{7.5^2}+\dfrac{y^2}{2.5^2}=1$，进口段总长 20m，进口段末端断面尺寸 7m×16m（宽×高）。

有压洞由上游侧渐变段、等截面段、下游侧渐变段组成。上游侧渐变段长度为 25.00m；下接长度为 220.60m、直径为 12m 的等截面圆形断面段，其中弯段中心半径 $R=90$m，转角 58.5°，中心线长度为 91.92 m；下游侧渐变段长度为 22m，末端渐变为 10m×9m（宽×高）的矩形断面。

工作闸门室长 29.00m，闸门底坎下设 1.5m 高的掺气跌坎掺气，所需空气由设在工作闸门室闸墙左右两侧墙的 3.0m×3.0m（长×宽）通气孔补给，这两个通气孔分别与 G4 施工支洞［支护后的断面尺寸为 4.40m×3.4m（宽×高）］和 6 号公路相接。跌坎下泄槽底坡为 $i=0.2063$，弧门支铰高程为 561.50m，弧门支铰后接无压洞，至 0+316.600 处为 10m×15m（宽×高）的矩形断面。

无压洞泄槽底坡均为 $i=0.2063$。0+316.60～0+356.60 洞断面由 10m×15m（宽×高）的矩形渐变为 10m×15.4m（宽×高）的城门洞形，0+356.60～0+456.58 洞断面均为 10m×15.4m（宽×高）的城门洞形。在 0+387.18m 处设有坎高为 2.27m 的掺气坎（1 号掺气坎），在掺气槽末端起设置长为 7.42m 的水平段与下游底坡相连，两侧通气孔为 1.5m×1.5m（长×宽），所需空气由通气洞补给。

出口明渠段底坡为 $i=0.2063$，宽 10m，高 12.5m。在桩号 0+473.620 处设置高度为 2.26m 的掺气坎，在掺气槽末端起设置 7.42m 长的水平段与下游底坡相连，两侧通气孔为 1.5m×1.5m（长×宽），所需空气由大气补给。由于出口挑流水舌消能区两侧均为软岩分布区，其左侧为 1 号导流洞部分拆除的消力池，右前方为电站尾水渠，正前方为电站尾水渠右侧边坡，为避免水舌贴壁淘刷挑流鼻坎下方岸坡、部分拆除的导流洞消力池脚及电站尾水渠右侧边坡，避免电站尾水出口左侧与右岸导流洞隔墙处产生淤积现象，影响电站发电水头，经模型试验多方案比较，挑流鼻坎采用不对称扩散式贴角斜鼻坎的型式，鼻坎左侧扩散角为 0°，鼻坎顶高程为 510.50m；右侧扩散角为 10°，鼻坎高程为 499.54m，使水流向右侧河床适度偏转，鼻坎的反弧段半径 $R=70$m。

6.5 消能防冲建筑物设计

6.5.1 水垫塘及二道坝设计

6.5.1.1 体型设计

1. 水垫塘

水垫塘横断面为复式梯形、钢筋混凝土衬护结构，水垫塘两侧贴坡墙顶高程为 495.50m，左右岸分别在高程 430.00m、481.00m 设置了马道。高程 430.00m 马道宽 9～3.5m，左、右岸高程 481.00m 马道宽度分别为 4.9～7.6m 和 5～7m，最大宽度分别为 21.5m 和 15m，马道上游侧与大坝下游人行道相通，下游侧分别通往 1 号公路和 2 号公路。水垫塘底板灰岩段（坝趾～桩号 0+230.000）基础高程为 413.00～409.00m，混凝土厚 7.0～3.0m，底板顶高程为 420.00～412.00m；黏土岩段基础高程为 408.00～417.00m，混凝土厚 4.0m（桩号 0+230.000～0+331.890），底板顶高程为 412.00～421.00m。除左、右岸大坝下游与水垫塘连接段及宽谷段局部贴坡混凝土较厚外，其余护坡厚度在高程 481.00m（483.00m）马道及其以下均为 3m，左、右岸高程 481.00m（483.00m）马道～495.50m 混凝土贴坡厚度为 1.5m。

两岸贴坡墙坡度，桩号 0+230.000 以前的硬岩段高程 430.00m 马道以下两岸边坡均为 1:0.33，高程 430.00～481.00m 左岸为 1:0.3，右岸为 1:0.5。桩号 0+230.000 以后的软岩段高程 430.00m 马道以下两岸边坡均为 1:0.75；左岸高程 430.00～481.00m 马道岸坡为 1:0.3～1:1.67 不等，高程 481.00～495.50m 马道岸坡为 1:0.2～1:1.25 不等；右岸高程 430.00～481.00m 岸坡为 1:0.5～1:1.8，高程 481.00～495.50m 马道岸坡为 1:0.2～1:1.67 不等。

2. 二道坝

二道坝为混凝土溢流重力坝，其坝顶高程受水垫塘检修工况控制。在 5 台机组满发的情况下（$Q=1875$m^3/s），考虑下游思林水库（坝前水位 440.00m，运行 20 年）顶托构皮滩下游水位为 444.01m。根据《混凝土重力坝设计规范》（NB/T 35026—2014），安全超高取 0.3m，设计风速取多年最大平均风速 6.1m/s，计算坝顶高程为 444.47m，取 444.50m。按实测水位流量关系复核，相应下游水位为 440.25m，计算坝顶高程为 440.72m，满足规范要求。

二道坝为混凝土溢流重力坝，坝顶长 190.34m，中部 129m 长度范围坝顶高程为 444.50m，坝顶宽 16.47m，左、右岸坝顶高程为 453.50m；坝顶宽 10.17m，坝顶上游角以 $R=3.5$m、下游角以 $R=1.5$m 的圆弧分别与上、下游坝面平顺连接；上游边坡坡比为 1:0.7，下游边坡坡比为 1:0.2，基础最低高程为 417.00m，底宽 40.52m。

3. 下游护坦

透水护坦位于二道坝下游，长度为 45.38m，建基面高程为 419.00m，底板厚 2m，底板高程为 421.00m，根据水工模型试验冲刷成果在护坦末端设有齿槽，齿槽底高程为 413.00m。两侧高程 481.00m 马道（含）以下贴坡混凝土厚度均为 2m、以上贴坡混凝土厚度为 1.5m；右岸高程 467.60m 马道～481.00m 马道间设有一条宽度为 5m、坡度为 1：8.77 的道路，与 1 号公路相连。

6.5.1.2　水力设计

水垫塘的长度由中孔单泄水舌的水平挑距和淹没水跃长度确定。根据计算，$P=20\%$ 中孔单泄为水垫塘长度的控制工况，中孔下泄水舌坎末起算的中心挑距为 200.22m（桩号为 0+192.220），其淹没水跃的长度为 109.70m，计算水垫塘长度需 303.47m，实际为 331.89m。经水工模型试验表明，从塘内流态、二道坝上的压力分布及流速分布来看，水垫塘长度满足要求。

考虑水垫塘的检修和尽量减轻下游二级消能负担，并考虑下游思林电站回水（正常蓄水位 440.00m），在构皮滩 5 台机满发时尾水位为 444.01m，二道坝顶高程确定为 444.50m。

水垫塘出口下游河床为软岩，其抗冲流速约为 3.5m/s。水工整体模型试验表明各运行工况下下游河床及两岸流速均大于抗冲流速，桩号 0+417.000 处底部流速左岸最大达 6.84m/s、右岸最大达 5.73m/s。为充分保护水垫塘的安全，在二道坝下游设置长度为 45.38m 的短透水护坦，并在两岸设置了透水的混凝土护坡。

6.5.1.3　结构设计

1. 分缝及止水

为满足水垫塘混凝土浇筑的需要，水垫塘底板设置永久性纵、横伸缩缝，均设置键槽；边墙设置纵向（垂直流向）伸缩缝，不设键槽，分别在高程 430.00m、481.00m 马道设有横向（顺流向）结构缝，设置键槽，高程 495.00m 处设置横向水平结构缝，不设键槽；大坝与水垫塘结构缝面、水垫塘与二道坝缝面均不设键槽，以橡胶板隔缝。底板分块尺寸为 8～10m，边墙纵向分缝尺寸同底板。为防止高速、高压水流进入结构缝、导致结构破坏，在水垫塘底板的纵横缝和高程 481.00m 及以下左、右边墙的纵横缝、二道坝横缝内均设置两道紫铜止水片，高程 481.00m 以上左、右边墙的纵横缝设一道紫铜止水片。

第一道止水片位于结构面下 70cm，第二道止水片与第一道止水片相距 30cm。垂直流向结构缝的止水片：第二道止水片分别埋入左右岸高程 481.00m 马道下的止水基座，第一道止水片分别埋入左右岸高程 495.00m 马道下方边坡上的止水基座。顺流向结构缝两道止水片上游侧和大坝与水垫塘分缝止水片相接，下游侧于二道坝轴线处在不同高程埋入止水基座。

2. 排水设计

为确保水垫塘底板及侧墙的稳定，在水垫塘底板下左右侧各设置了一条 2.5m×3.0m（宽×高）的基础廊道，在坝趾、桩号 0+130.000、0+230.000 及 0+295.000 各设置了一条 2.0m×2.5m（宽×高）的排水廊道，与左右两侧的基础廊道相通。为了降低底板的渗透水压力，在这些排水廊道底部分别打了一排孔间距 2.0m 深度为 30.0m、10.0m、15.0m 和孔间距 3.0m 深度 10.0m 的深排水孔；在底板结构缝下基础面上设置纵横排水沟，边墙结构缝下及板块中部基础设置有纵向排水沟、沿边坡高度约 10m 设置一条横向排水沟（高程 430.00m 以下仅设 1 条，高程 478.00m 以上设置 1 条）。底板的纵横向排水沟系统由排水廊道分割为几个相互独立的区域，各形成相通的排水沟网，通过埋设在基础缝边及板块中部的直径 300mm 混凝土排水管将渗水排入基础廊道及排水廊道；墙背的纵横向排水沟形成排水管网，通过埋设在基础缝边及中部的直径 300mm 排水管将渗水排入基础廊道。二道坝基础廊道内的渗流水通过埋设在廊道左右侧的直径 500mm 钢管进入水垫塘基础廊道。基础廊道及排水廊道的水最终通过右岸排水洞进入水垫塘集水井，通过 1 号公路（高程 464.00m 排水洞）抽排至水垫塘内。集水井及泵房底板高程分别为 396.00m 和 404.20m，集水井设计积水量为 400m³/h，抽排系统安装 6 台 200m³/h/台潜水泵，3 台用于工作 3 台备用。

为了减小山体渗流水对水垫塘边墙的压力，保证边墙的稳定，在左右岸不同高程分别布置 5 层排水洞并在洞内钻孔形成排水幕以降低山体渗流水头。

二道坝下游透水护坦的底板及边墙混凝土结构上的均设有排水孔，排水孔均与基岩内的排水孔联通，并用圆形塑料盲沟外裹工业滤布做孔内保护。

3. 混凝土分区

水垫塘底板表面、两侧边墙 430.00m 高程及以下表面为 50cm 厚 C50 抗冲磨混凝土，水垫塘底板下部、两侧边墙为 C25 混凝土；二道坝迎水面、坝顶及背水面为 2.0m 厚 C30 混凝土，内部为 RCC C15 混凝土，透水护坦底板及边墙为 C15 混凝土。

6.5.1.4　结构计算

1. 水垫塘底板抗浮计算

水垫塘底板抗浮稳定受检修工况控制，检修工况的下游水位为 444.01m，3 个典型板块（起始桩号 0+010.000、0+100.000 及 0+270.000，双向尺寸均为 10.0m，厚度分别为 7.0m、3.0m、4.0m）。

底板混凝土容重为 24kN/m³，灰岩天然容重为 26.3～26.6kN/m³，计算值为 26.3kN/m³，黏土岩、页岩、砂岩天然容重为 25.9～26.0kN/m³，计算值为 25.9kN/m³。

作用分项系数：扬压力的 $\gamma_u = 1.1$，自重的 $\gamma_{G1} = 0.95$，锚固地基有效重的 $\gamma_{G2} = 0.95$。按承载能力极限状态，计算结果见表 6.5.1。

综合考虑施工期坝体过水的影响、运行期水力要素的不确定性、扬压力计算假定的合理性、水垫塘地基岩性及锚固效果并尽量简化锚固参数等因素后，选定的锚固参数见表6.5.2。按锚固参数计算的锚固地基有效重均已超出相应锚筋（桩）抗拔力，故只要将单根锚筋（桩）抗拔力折算成的单位面积抗拔力不小于需要的单位面积最小锚固地基有效重，则满足抗浮稳定要求。考虑锚杆钻孔孔径孔深、砂浆和孔周岩体黏结力、钢筋抗拉强度等并留余度，确定单根锚筋（桩）抗拔力分别为：Φ32mm 为 140kN，Φ36mm 为 175kN，4Φ36mm 为 700kN，折算的单位面积抗拔力见表 6.5.2。由表可见，

表 6.5.1　底板计算需要的单位面积需要的锚固地基有效重

起始桩号/m	板块厚度/m	最小锚固地基有效重/(kN/m²)
0+010.000	7.0	38.66
0+100.000	3.0	40.68
0+270.000	4.0	32.79

选定锚固参数满足抗浮稳定要求。底板的抗浮稳定计算了正常运行和检修两种工况。正常运行工况作用在底板上的荷载有护坦板自重、底板顶面水流时均压力及脉动压力、底板底面扬压力及锚筋锚固力；检修工况作用在底板上的荷载有护坦板自重、底板底面扬压力及锚筋锚固力。

计算成果表明，按承载能力极限状态法计算三种厚度底板所需的单位面积最小锚固地基有效重分别为 $38.66kN/m^2$、$40.68kN/m^2$ 和 $32.79kN/m^2$。底板锚固参数见表 6.5.2。

表 6.5.2 底板锚固参数表

桩号 /m	底板厚度 /m	锚固参数（入岩深度×间距×排距） /(m×m×m)	单位面积抗拔力 /(kN/m²)
0+000.000～0+070.000	7.0～3.0	Φ32mm，5×1.8×1.8	43.21
0+070.000～0+130.000	3.0	Φ36mm，5×1.8×1.8	54.01
0+130.000～0+230.000	3.0	Φ32mm，5×1.8×1.8	43.21
0+230.000～0+300.000	4.0	4Φ36mm，7.5×3×3	77.78
0+300.000～0+332.000	4.0	4Φ36mm（锚桩），13×3×3～13×2.5×2.5	77.78～112.0

按锚固参数计算的锚固地基有效重均已超出相应锚筋（桩）抗拔力，相应部位单位面积实际抗拔力均大于需要的单位面积最小锚固地基有效重，因此底板经锚固后满足抗浮稳定要求。

2. 水垫塘边墙稳定分析

水垫塘边墙属贴坡式边墙，边墙稳定受水垫塘检修工况控制，且软、硬岩段均是高程 430.00m 以下边墙抗滑、抗倾覆能力最低。对各部位边墙均进行了计算，并确定相应的最小锚固力。

检修工况计算荷载：边墙自重、墙背静水压力、基础扬压力和锚固力。

考虑两侧山体内设有多层顺河向排水洞，同时墙背也设有纵横交错的排水沟及排水孔，结合坝基渗流三维有限元计算结果，综合考虑作用于边墙上的水压力取高程 450.00m 地下水位，面积折减系数取为 0.25。按锚杆沿坡面均匀分布计算，硬岩段需最小锚固力 $6.77kN/m^2$，软岩段边坡需最小锚固力 $10.46kN/m^2$。采用锚筋和锚筋桩加固后，边墙可满足抗滑稳定要求。

锚固后，复核边墙绕墙底与底板分缝处抗倾覆稳定结果为：硬岩区和软岩区板块的作用效应分别为 193140kN/m 和 797842kN/m，相应结构抗力为 270450kN/m 和 875030kN/m。故边墙倾覆能力满足安全要求。

3. 二道坝稳定及应力

对二道坝的稳定和坝基应力按材料力学法进行了计算，计算工况为检修工况。计算荷载有二道坝自重、基底渗透压力、下游静水压力。经计算，作用效应为 75624kN，小于结构抗力（399359kN），坝基下游坝趾应力为 0.274MPa，均为压应力。

在假定坝体层面扬压力分布为矩形（即自下游至上游扬压力水位均为 444.01m）的情况下，各计算层面抗滑稳定也满足规范要求，竖向正应力均为压应力。

二道坝稳定及应力均满足规范要求。

4. 水垫塘底板配筋

水垫塘底板地基长 331.89m，坝趾以下长 234m 范围内塘基岩体为 P_1q 层硬岩段，其下至二道坝主要为 S_2h 层软岩段。在确定底板配筋原则时，底板受力明确，主要承受均布水压力。有限元计算结果表明，塘基全部为硬岩或软岩时，水垫塘底板底部没有拉应力出现，不需要配置受力钢筋；对于硬、软岩交界部位块体，仅局部位置（底部一层单元，高度 0.5m）有拉应力出现，且当取消受拉单元时，剩余部位无拉应力，表明受拉区不会扩散，工程安全有保证。计算水垫塘底板顶面也无需配筋，考虑限制温度裂缝并提高抗冲磨耐久性，在面层布置了 $\Phi 20@20cm \times 20cm$ 的钢筋网。

6.5.2 下游护岸及泄洪洞预挖坑

因为下游护岸及泄洪洞消能区是相邻的，水工模型试验成果表明，它们既各自受不同的运行工况控制，又有着相互的影响，故它们防护方案的选择需结合坝身泄洪设备与泄洪洞的不同组合来考虑。方案的选择主要考虑以下 5 个条件：①各泄洪工况下透水护坦下游及泄洪洞消能区的流态；②各泄洪工况下护坦下游的岸边流速分布；③各泄洪工况下护坦及泄洪洞消能区的冲刷与淤积情况；④各泄洪工况下电站尾水处波动情况；⑤现场实际施工状况及消能区的实际地质情况。经多方案水工模型试验研究，选定的结构布置方案是：

透水护坦下游两侧设厚度为 2.0m 的钢筋混凝土护坡，坡脚防淘槽底高程为415.00m。左岸护坡基础下设 $\Phi 32@2m \times 2m$、$L=12m$ 锚筋，并设 $\phi 56@4m \times 3.33m$、入岩 6m 排水孔；对地质揭示覆盖层较厚的坡面基础上还设置了不同长度的 $4\Phi 36@4m \times 2m \sim 2.5m \times 2.5m$ 锚桩。右岸护坡下设 $\Phi 25@2.0m \times 2.5m$、$L=6m$ 的系统锚筋，并设 $\phi 56@4m \times 3m$、入岩 1.5m 排水孔。

泄洪洞下游消能区在导流洞出口的基础上进行二次开挖（导流洞边坡开挖坡度一般为1:1.76），形成预挖冲坑，分为混凝土保护区与预挖冲坑。平面上混凝土保护区呈 L 形。保留 2 号导流洞出口明渠的首部，根据模型试验成果在挖除的导流洞出口明渠下游坡面上设高程分别为 444.50m、438.00m 及 431.50m，宽度均为 11.48m 的 3 个台阶，并拆除 1号导流洞出口明渠小部分底板，并在坡脚设置混凝土防淘槽，底高程为 418.00m，其余坡面钢筋混凝土护坡厚度为 2.0m。预挖冲坑上游侧距鼻坎出口约 120m，底高程为425.00m，下游侧与河道地形相接。

6.5.3 泄洪雾化及雾雨防护措施研究

构皮滩工程泄洪功率达 42200MW 左右，上、下游最大水头差近 150m，泄水建筑物采用水舌空中扩散、碰撞然后挑跌入水垫塘的消能方式，加之水垫塘区域河谷狭窄，因此大坝下游必将产生泄洪雾化。

根据长江科学院 1:55 雾化物理模型试验成果，构皮滩工程泄洪雾化雨强分布受岸坡地形影响较大，局部雨强大，强降雨区主要集中在水垫塘内 0+300.000 桩号以内、高程500.00m 以下；各级工况下，雨强在水垫塘首部及中部范围内沿高程方向变化较快，在水垫塘尾部沿水流方向变化快；出水垫塘后，由于岸坡突然宽缓，岸坡雨强减小明显。

雾化物理模型试验成果表明，当枢纽下泄消能防冲标准洪水时，左岸高程 550.00m

以下，右岸高程 555.00m 以下的泄洪雾雨雨强大于 200mm/h，顺流向桩号 0＋000.000～0＋360.000 区域内。雨强小于 200mm/h 的影响在左右岸上述高程以上，顺流向在 0＋000.000～0＋700.000 区域内。根据试验成果对大坝下游边坡防护范围实行四级区域保护：

一级区（雨强大于 600mm/h）：左右岸高程 495.50m 以下水垫塘边墙混凝土结构，分级贴坡厚度如前所述，墙背设有锚筋（锚桩）及墙背排水沟网。

二级区（雨强等于 200～600mm/h）：左岸坝趾至泄洪洞出口明渠右侧高程 495.50～550.00m 开挖边坡、右岸坝趾至尾调路 5 号施工支洞左侧间高程 495.50～555.00m 开挖边坡均采用 50cm 厚贴坡混凝土加锚杆保护并将坡面排水孔引至结构表面；右岸高程 540.00m 施工便道下游侧至 5 号施工支洞左侧间高程 510.00m 以上开挖边坡按所在部位的实际地质情况进行了预应力锚索支护。

三级区（雨强等于 10～200mm/h）：上述左右岸二级区以上及泄洪洞出口明渠结构混凝土以上至雾化保护区边界间开挖边坡和自然边坡采用挂网喷锚保护并将坡面排水孔引至结构表面；在开挖边坡马道内侧设置马道排水沟 0.5m×0.5m（宽×高），在坡面上设置预制倒 U 形排水沟或现浇混凝土坡面排水沟，将雾化雨水引至贴坡混凝土表面，并在开口线上方设置截水沟将自然边坡上的雨水引入下游河道。

四级区（雨强小于 10mm/h）：泄洪雾化保护区及二级区所表述范围之外的下游边坡仅设置防落石措施。

6.6 水工模型试验

构皮滩水工模型试验研究工作历时长，研究内容广泛，多家科研单位参与其中。开展了多个 1∶110 水工整体模型试验的优化比选工作、1∶55 大比尺水工模型试验验证及调度试验工作、泄洪洞 1∶50 单体模型试验、表孔 1∶35 常（减）压断面模型试验、中孔 1∶30 常（减）压模型试验、泄洪洞 1∶35 常（减）压模型试验消能工及（水垫塘）结构型式破坏机理及防护措施数学模型及物理模型实验研究，坝身泄洪流激振动试验研究等研究工作。

6.6.1 整体模型试验成果

（1）泄流能力满足泄洪安全要求。库水位 632.89m 和校核库水位 638.36m 条件下，模型试验值分别为 23082m³/s 和 29126m³/s，设计值分别为 22670m³/s 和 28902m³/s，较设计值分别大 1.8% 和 0.8%。

表孔、中孔泄洪洞各自单泄、表中孔联泄及表中洞联泄的泄流能力均能满足设计要求。表孔及中孔设计与试验泄流能力对比见表 6.6.1。

表 6.6.1　　　　　　　　表孔及中孔设计与试验泄流能力对比表

水位/m	表孔泄量/(m³/s)		中孔泄量/(m³/s)	
	设计值	试验值	设计值	试验值
设计洪水位（632.89m）	9324	9200	10394	10861
校核洪水位（638.36m）	15080	14830	10762	11228

从中孔设计泄量与模型试验成果对比分析可知，在设计洪水位 632.89m 和校核洪水位 638.36m 下，试验值比设计值分别大 4.5% 和 4.3%，中孔的泄流能力满足设计要求。

从表孔设计泄量与模型试验成果对比分析可知，在设计洪水位 632.89m 和校核洪水位 638.36m 下，试验值比设计值分别小 1.3% 和 1.7%，表孔的泄流能力基本满足设计要求。

表孔单泄试验泄流能力略小于设计泄流能力，但表孔、中孔联泄及表孔、中孔、泄洪洞联泄试验泄流能力均大于设计泄流能力，且设计泄流能力与试验泄流能力之差较小，在行业公认许可范围内，表孔、中孔搭配灵活，故表孔泄流能力试验值比设计值小，基本没有不利影响。

（2）各种设计工况下均未观察到水流漫过弧门支铰的流态。

（3）水垫塘水体消能充分，二道坝下游水力衔接平顺。

典型工况流态如图 6.6.1～图 6.6.3 所示，各工况均未出现水舌干砸岸坡现象，仅在校核洪水位表孔单泄时，出现 1 号表孔扩散水流溅落在高程 481.00m 平台上的现象（该工况为试验极端恶劣工况，水库实际运行时不允许出现），中孔单泄时，边孔水舌均落于塘内，表孔和中孔联泄时，表孔和中孔水舌发生碰撞，碰撞后的水舌掺气强烈，自碰撞点后水舌呈现白色，观察到二道坝上游范围内水雾弥漫，雾化现象较为明显。各工况下，坝趾至水舌内缘边墙水面沿程升高，水舌下游漩滚区水面较高，水舌漩滚区水面波动较大，过漩滚区水面沿程下降。在洪水频率 $P=0.02\%$，$Q=28902\text{m}^3/\text{s}$，$H_{\text{F}}=488.83\text{m}$ 工况下，观察到两侧边墙局部水面超过 495.50m 高程。其他工况下，边墙水面高程均低于495.50m。由于水垫塘两侧边墙沿底板中心线不对称，左侧边墙陡于右侧边墙，试验中观测到左侧水面线高程略高于右侧边墙，也表明水垫塘边墙顶高程设为 495.50m 是合适的，结合雾雨防护需要在高程 495.50m 以上设置贴坡混凝土是必要的。

图 6.6.1　表孔单独泄流形态

图 6.6.2　中孔单独泄流形态

二道坝及下游的流速分布规律为表面大底部小，靠近两侧护岸的流速大，中部流速小，二道坝两侧 453.50m 平台顶部的最大底部流速值为 5.36m/s，下游护岸近岸最大底部流速为 6.60m/s。

（4）坝身孔口流道体型设计合理，出坝 19 股水舌纵横向扩散充分，水垫塘能安全承受各工况下水垫塘侧墙及二道坝上时均压力分布基本符合静压分布规律，水垫塘底板上的

图6.6.3　表孔和中孔联泄水舌形态

冲击动水压力以表孔单泄为最，$Q=15080\text{m}^3/\text{s}$，$H_{\text{下}}=469.45\text{m}$ 和 $Q=6050\text{m}^3/\text{s}$，$H_{\text{下}}=452.60\text{m}$ 工况下，冲击压力 ΔP 分别为 $6.0\times9.81\text{kPa}$ 和 $6.5\times9.81\text{kPa}$，均小于 $15\times9.81\text{kPa}$，满足设计要求。

（5）下游护岸和预挖坑能安全消纳坝身和泄洪洞来水。各工况下护坦下游冲刷较轻，约为1m，不会危及到护坦及岸坡的安全稳定。预挖冲坑处冲刷受泄洪洞单泄（$Q=3944\text{m}^3/\text{s}$，$H_{\text{下}}=446.95\text{m}$，含电站出流）工况控制，其主冲坑冲深为11.5m（水舌落点处），电站尾水渠右侧岸坡受到水流顶冲，淘刷深为5.7m，均在相关保护措施能承受范围内。泄洪洞单泄为冲刷控制工况表明设计限定泄洪洞闸门在表孔和中孔全部投入运行后再开启的规定是合适的。

（6）泄洪对电站发电影响轻微。各种含电站发电工况下的电站尾水波动值均在0.50～2.61m范围内。

电站尾水洞出口及下游反坡上均未出现动床砂堆积现象，仅在泄洪洞单泄工况下在电站尾水出口与右岸导流洞隔墙处产生淤积现象，模型试验在淤积形成前后，测得电站尾水渠处水位差值为0.14m，小于电站发电水头的0.1%，淤积对发电带来的影响甚微，也表明预挖冲坑是必要的，预挖坑设计是合理的。

（7）泄洪消能总布置合理可行。1:55整体模型比尺较大，掺气较为充分，水垫塘底板冲击动水压力、流速、冲刷均较1:110的相应成果略小，其他如泄流能力、流态等是基本相近的。不论从1:55还是1:110模型试验获得的水垫塘底板动水压力、出水垫塘水流流态以及流速分布和下游河床冲刷等成果来看，水垫塘的深度、长度以及二道坝的型式都是合适的，泄洪消能建筑物布置方案是合理可行的。

6.6.2　孔（洞）常（减）压模型试验成果

1. 表孔常（减）压模型

（1）流道负压较小。在校核库水位（638.36m）及以下运行，3号表孔堰顶附近及坝面WES曲线起始段存在负压区（$-2.19\times9.81\text{kPa}$ 以内）、边墙侧扩散起点附近最大负压值为 $-2.73\times9.81\text{kPa}$，检修门槽下游斜坡末端后出现有轻微的逆压分布，其他压力正常；1号表孔堰顶附近及WES曲线起始段最大负压值为 $-1.13\times9.81\text{kPa}$，边墙扩散起点附近最大负压为 $-2.14\times9.81\text{kPa}$，检修门槽区压力特性同3号表孔。

（2）蒸汽型空化最大强度均未超过初生阶段，空蚀破坏的可能性不大。在特征库水位范围运行，坝面WES曲线段接收到80～200kHz高频段水下噪声谱级差最大值约为7dB，危害性空化的强度处于初生阶段，空蚀破坏的可能性不大；检修闸门槽区和边墙扩散起点附近接收到高频段谱级差最大值为6～9dB，蒸汽型空化的强度仍处于初生阶段，空蚀破坏的可能性不大。

1号表孔分流齿坎区监测到 $80\sim200\mathrm{kHz}$ 高频段水下噪声谱级差最大值为 $9\sim10\mathrm{dB}$，蒸汽型空化的强度未超过初生阶段，3号表孔分流齿坎区监测到 $80\sim200\mathrm{kHz}$ 高频段水下噪声谱级差最大值约为 $12\mathrm{dB}$，蒸汽型空化的强度未超过初生阶段，空蚀破坏的可能性不大。

（3）虽空蚀破坏的可能性不大，鉴于工程重要性，设计采用的掺气减蚀措施是必要的也是合理的。

2. 中孔常（减）压模型

（1）1号（代表平底型中孔）及4号（代表上挑型中孔）中孔时均压力试验成果均表明：进口顶缘曲线压力特性较理想；侧缘曲线和门槽区内未出现异常压力现象；底部压力均为正压，压力值随库水位升高而增大，压力特性良好；1号中孔出口两侧的弧门支铰闸墩上，水流冲击区后未产生明显的负压。

（2）在库水位 $638.36\sim630.00\mathrm{m}$ 范围，减压试验结果表明：1号中孔体型的进口顶缘曲线段、检修门槽区、边墙扩散起点附近等处免蒸汽型空化；进口侧曲线段、顶压坡起点附近及弧门左侧支铰闸墩上的蒸汽型空化强度均未超过初生阶段，发生空蚀破坏的可能性不大。4号中孔体型仅侧缘曲线段存在初生阶段的蒸汽型空化，其余部位可免空化。

（3）在校核至正常库水位范围内，1号中孔体型的门槽水流空化数为 $1.219\sim1.253$，4号中孔体型的门槽水流空化数为 $1.274\sim1.322$，均大于该门槽体型的初生空化数 0.967，4号中孔的门槽抗空化安全性更佳。

（4）1号中孔体型的出口顶压坡起点附近及弧门左侧支铰闸墩上，均发生有因剪切流所致的蒸汽型空化，其空化强度未超过初生阶段，其谱级差值均接近 $10\mathrm{dB}$，但导致空蚀破坏的可能性较小。设计从其他方面考虑中孔孔道表面设钢衬、闸墩采用强度等级较高的混凝土等措施对防空蚀破坏是十分有利的。

3. 泄洪洞单体模型

（1）在试验库水位范围内，泄洪洞有压段无不良流态发生；受有压段弯道水流作用，明流城门洞内局部区域的右侧水面略高于左侧水面；在库水位 $630.00\mathrm{m}$ 及以上，各方案的三道掺气坎下游均能形成较稳定的空腔；库水位为 $585.00\mathrm{m}$ 时，工作门区跌坎及第一道掺气坎后无空腔形成，第二道掺气坎后仅能形成狭小的空腔。

（2）水面线量测结果表明，工作闸室下游壁及明流段城门洞段的洞身高度满足过流要求。

（3）时均压力测试成果表明，有压段内无不良压力特性；三道掺气坎后的空腔内小负压值均在一般经验值要求范围内；明流段底板未出现不利的动水冲击压力，底坡坡比取值合理。

（4）通气风速及进气量试验成果表明，各掺气设施的通气管风速均小于 $60\mathrm{m/s}$。

（5）底板掺气浓度试验成果表明，明流段底板的最小掺气浓度超过 0.3%，据工程经验已具有一定的掺气减蚀保护作用。

4. 泄洪洞常（减）压模型

减压模型与常压模型相比，时均压力分布基本一致。针对有压段压力分布欠理想部位即泄洪洞进口顶缘曲线附近、进口侧缘曲线段、门槽内、门槽下游斜坡段、上游渐变段与有压管段交接区顶部及下游渐变段起始点顶部附近，分别布置了6个水听器，监听水下噪声谱级。

除下游渐变段起始点顶部附近外，其他 5 个部位的总噪声谱级基本重合于背景声谱级，声级差 ΔSPL 接近于零，即泄洪洞进口顶缘曲线段、进口侧缘曲线段、门槽内、门槽下游附近及上游渐变段与有压管段交接区顶部附近均无空化发生。

下游渐变段起始点顶部附近水听器，在 638.36～630.00m 库水位范围的水下噪声监测结果表明：噪声谱级的 80～200kHz 高频段谱级差 ΔSPLmax≈8dB＜10dB，蒸汽型空化强度处于初生阶段，不会有空蚀危害。

6.7　泄洪建筑物运行方式

6.7.1　运行调度原则

根据工程防洪任务，结合构皮滩枢纽大坝安全要求，防洪度汛调度具体方式为：

（1）汛期在不实施防洪调度的情况下，构皮滩水电站库水位按防洪限制水位控制运行。6—7 月维持防洪限制水位为 626.24m，预留防洪库容 4 亿 m³，承担乌江中下游防洪和长江中下游防洪双重任务；8 月维持防洪限制水位为 628.12m，预留 2 亿 m³ 防洪库容主要承担长江中下游防洪任务。

（2）汛期在实施防洪调度的情况下，当库水位未超 630.00m 时，若乌江洪水不大，长江中下游发生大水，应按长江防汛要求，配合三峡水库对长江中下游进行补偿调节，削减长江中下游超额洪量（分洪量）；当长江中下游洪水不大，乌江发生大水，应按乌江中下游防洪要求确定下泄量，以尽量减免乌江中下游防护对象的洪灾损失；当乌江中下游和长江中下游同期发生大水，应仍按乌江中下游防洪要求确定下泄量，减少了进入三峡水库的洪量，同样起到了配合三峡水库运用、削减长江中下游超额洪量的作用。

（3）当库水位达到或超过 630.00m 时，实施保枢纽安全的防洪调度方式，即水库按"敞泄"方式工作。从库区乌江铁路桥防洪安全出发，遭遇 50 年一遇洪水时，控制库水位不超过 630.00m。

6.7.2　泄洪运行方式

构皮滩水电站洪水过流通道有 5 台机组、6 个表孔、7 个中孔和 1 条泄洪洞。

按调度原则和入库流量确定需下泄的流量，通过机组、表孔、中孔和泄洪洞按以下要求灵活搭配调度方式：

（1）电站机组过流。当遭遇 20 年一遇以下各级入库洪水（入库洪峰流量 Q≤16900m³/s）时，不限制机组运行台数。

当遭遇 20 年一遇以上 500 年一遇以下各级入库洪水（入库洪峰流量 Q≤27900m³/s）时，电站厂房部分机组参与泄洪，机组参与泄洪的泄量按不小于 1050m³/s 控制。

当遭遇 500 年一遇以上入库洪水（入库洪峰流量 Q＞27900m³/s）时，不考虑机组参与泄洪。

当遭遇 1000 年一遇以上入库洪水（入库洪峰流量 Q≥30300m³/s）时，全部机组停机。

（2）表孔单独运行方式。表孔工作闸门可局部开启或全开。按先中间后两边对称开启的原则进行运用。

当边表孔未开启时，2号和5号表孔闸门开度不得超过4m（表孔开度指弧门底缘至堰顶间铅垂距离，下同），即当2号和5号孔闸门开度达到4m时，应保持其开度不变，然后将1号和6号孔闸门开度开到6m，再将2号和5号孔闸门开至全开，最后将1号和6号孔闸门开至全开。关闭次序则相反。

禁止非对称运用表孔。

（3）中孔单独运行方式。中孔工作闸门不允许局部开启。根据下泄流量的大小按先中间后两边对称开启的原则进行运用。关闭顺序与开启顺序相反。

禁止非对称运用中孔。

（4）表孔、中孔联合运行方式。表孔、中孔联合运行方式可按各自单独运行的原则合理地进行搭配。

（5）表孔、中孔及泄洪洞联合运行方式。中孔及泄洪洞闸门不能局部开启，表孔可局部开启。汛期水库调度时从汛限水位起调，优先使用表孔，其次是中孔，最后开启泄洪洞。表孔、中孔开启原则按6.7.2节第（2）、（3）、（4）条执行。

泄洪洞的运用：当且仅当库水位达到630.00m且表孔、中孔全部开启而入库洪水流量扣除机组过流量后大于表孔、中孔泄量总和时方能开启泄洪洞。退水过程，利用已开启的泄洪设施将库水位逐级下降，当库水位降至630.00m以下629.00m以上时择机关闭泄洪洞，再逐步关闭中孔和表孔，关闭顺序与开启顺序相反。

6.7.3　水库放空能力及放空方式

6.7.3.1　放空底孔运行及检修要求

1. 放空底孔运行方式

大坝底部设置2个放空底孔，底坎高程490.00m，孔口尺寸为4m×6m（宽×高），上游设置2扇平板工作闸门，下游设置2扇平板挡水门，工作闸门由液压启闭机操作，挡水门由坝顶门机操作。挡水门设计挡水位630.00m，设计挡水水头140m（至底坎），运行方式为"静水闭门，平压开启"。工作门设计挡水位590.00m、操作水位575.00m，运行方式为"动水启闭"。

水库放空时，采用表孔、中孔和泄洪洞将库水位降低至575.00m高程以下时，放下放空底孔工作闸门（出口处），打开挡水门（进口处）平压阀，待挡水门上、下游平压后再开启挡水门，最后开启工作闸门。

2. 放空底孔检修要求

由于工作门操作水位为575.00m，低于死水位590.00m，挡水门检修需要将库水位降低至死水位以下15m，挡水门检修条件较严，检修较困难，挡水门若不检修维护，长期挡水安全风险较大。目前，构皮滩发电厂已委托长江勘测规划设计研究院对放空底孔工作门在挡水位590.00m或更高水位条件下，对工作门支承结构、闸门及启闭设备运行的安全性开展研究，根据初步研究成果，可以在死水位590.00m或更高水位条件下，利用工作门挡水，对进口挡水闸门进行检修维护。

6.7.3.2　紧急情况放空

水库在紧急情况（如遭遇地震）放空时，若入库流量按多年平均年径流量计，在下泄流量按 14400m³/s（下游河道防护标准，10％洪水洪峰流量）控制情况下，水库放空至死水位 590.00m 需 3.11d；若入库流量按 7 月坝址 10％月均径流量 2990m³/s 计（坝址 10％月平均流量的最大值），在下泄流量按下游防护标准 14400m³/s 控制情况下，水库放空至死水位 590.00m 需 3.56d。水库降至死水位 590.00m 时的库容为 26.62 亿 m³，为正常蓄水位库容的 47.84％；水推力可降为 429 万 t，为正常蓄水位水推力的 61.91％。

6.7.3.3　检修需要放空

放空起始水位为 630.00m，起始时间为 11 月 1 日，控制泄量为 14400m³/s，入库流量按丰水年（10％）月均流量计（表 6.7.1），经 43d 可降至 500.34m（图 6.7.1），剩余库容 1.81 亿 m³，放空率约 97％，大坝水推力减小约 77.4％。

表 6.7.1　　　　　　　　　　　　坝 址 月 均 流 量 表

月份	7	8	9	10	11	12	1	2	3	4	5	6
流量/(m³/s)	2990	1900	1670	1160	716	394	298	319	353	688	1410	2770

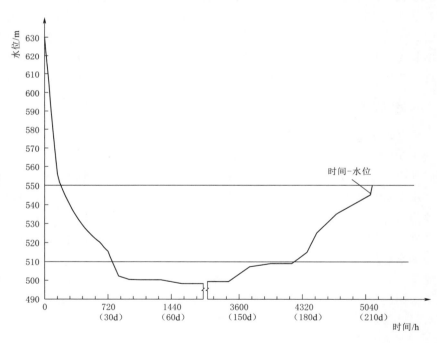

图 6.7.1　水库放空时间-水位关系图

6.7.3.4　底孔封堵对放空能力的影响

若放空底孔闸门启闭机运行风险高，需要将放空底孔封堵，对仅利用坝身泄洪孔口及泄洪洞进行放空计算，计算条件与上节检修放空条件相同。根据计算成果，1d 可放空至表孔堰顶高程 617.00m，3d 可放空至死水位 590.00m，37d 可放至最低放空水位

551.90m，相应剩余库容为 11.06 亿 m³，放空率约 80%，大坝水推力减小约 65%。

6.8 泄洪建筑物运行与水力学原型观测

6.8.1 泄洪建筑物运行情况

2008 年 11 月底导流隧洞下闸后，坝身导流底孔、放空底孔及泄洪中孔相继过流，水垫塘工程正式投入运行。至 2009 年 6 月底孔、中孔先后下闸蓄水前，水垫塘经受了约 7 个月的连续过流考验。2009 年汛期水垫塘工程又经历了 18 次大坝中孔泄水运行，过流较频繁。2010 年 1 月 20 日，对水垫塘进行了第 1 次抽排水检修，发现水垫塘底板及边墙底部有不同程度的浅层磨损，并随即进行了处理；2010 年 4 月 16 日水垫塘检修处理完成；2010 年 5 月 4 日进行充水后再次投入正常运行使用。

2012 年 5 月竣工安全鉴定以后，构皮滩水电站分别在 2014 年和 2017 年进行了 2 次泄洪，主要情况如下：

2014 年 7 月 14—17 日，受乌江流域持续性强降雨及上游电站泄洪影响，形成了构皮滩水电站蓄水运行以来洪峰流量最大、洪量最大、持续时间最长的洪水过程，入库洪峰流量为 16900m³/s（2014 年 7 月 17 日 1 时），相当于 20 年一遇洪水，枢纽首次开闸泄洪。7 月 16 日 23 时 24 分开闸泄洪，开闸水位为 626.90m，总共开启了 6 个表孔和 3 个中孔泄洪，最大出库流量为 11300m³/s（2014 年 7 月 17 日 13 时），最大坝身泄洪流量为 9910m³/s、单个表孔最大过流量约为 1090m³/s，22 日 6 时 22 分关闭闸门，泄洪历时 90h，泄洪总量为 15.04 亿 m³，在洪水调度过程中水库最高水位为 629.93m（2014 年 7 月 21 日 17 时）。泄洪典型照片如图 6.8.1 所示。

图 6.8.1 2014 年 7 月泄洪下游流态典型照片

2017 年 6 月 21—30 日，受强降雨及上游电站泄洪影响，构皮滩水电站发生持续洪水过程，入库洪峰流量为 8900m³/s（6 月 30 日 23 时），相当于 2 年一遇洪水。6 月 30 日 2 时枢纽开闸泄洪，起调水位为 625.98m，总共开启了 6 个表孔闸门泄洪，最大出库流量为 6110m³/s（7 月 1 日 4 时），最大坝身泄洪流量为 4340m³/s、单个表孔最大过流量约为 724m³/s，7 月 2 日 1 时 20 分关闭闸门，泄洪历时 47 小时 20 分，泄洪总量为 5.49 亿 m³，在洪水调度过程中水库最高水位为 627.07m（7 月 1 日 23 时）。泄洪典型照片如图 6.8.2 所示。

6.8.2 过流后检查及缺陷处理

6.8.2.1 水垫塘边坡

2014 年 7 月泄洪后，右岸水垫塘高程 510.00m 以上边坡局部发生了破坏。右岸

图 6.8.2　2017 年 6 月泄洪下游流态典型照片

495.00m 排水洞出口至上游 50m 区域，高程 510.00～540.00m 段边坡发生了局部掉块以及挂网喷混凝土层脱落的现象。同时，边坡还存在 4 处不稳定块体，其中较大的不稳定块体 KT1 约 800m³。

泄洪后按设计要求对水垫塘右岸高程 510.00m 以上边坡进行加固修复。修复措施：对垮塌部分及松动岩石、薄片状块体进行清理；对不稳定块体 KT1 采用 3 Φ 36mm 锚筋桩加固处理，高程为 510.00～525.00m 及高程 525.00～540.00m 间的边坡系统锚喷支护。该处理项目于 2015 年 5 月开始实施，9 月中旬完成。修复后的护坡结构由厚 12m 的 C20 素喷混凝土和系统锚杆、锚筋桩组成。2017 年泄洪后检查，加固修复部位未出现开裂、起鼓等情况，运行工况良好。

2014 年 7 月泄洪后，左右岸水垫塘边坡高程 481.00m 部分马道墩墙被洪水冲入水垫塘塘体，为防止墩墙影响行洪，2014 年 8 月构皮滩发电厂组织施工单位全部拆除了马道墩墙。

6.8.2.2　水垫塘

2014 年 7 月，构皮滩水电站首次泄洪造成水垫塘马道安全防护墩冲刷破坏，部分进入水垫塘塘体。水垫塘抽干检查发现废弃物较多；底板表面大面积磨损，粗骨料出露面积约 3350m²，相应平均冲磨深度较浅约 10mm，局部冲坑深 20～50mm，中小骨料出露面积约 6850m²，相应平均冲磨深度小于 5mm；其余部位冲磨轻微（底板总平面面积 21367m²）。原处理裂缝的环氧砂浆部分脱落，总长度约 20m；新增 1 条裂缝，该裂缝从右护 11 边墙延伸至右护 12 底板，长 15.5m，该裂缝表面呈划痕拉槽状。两对跨孔声波测试的裂缝深度分别为 1.0m 和 1.75m。

水垫塘抽干后典型图如图 6.8.3～图 6.8.6 所示。

图 6.8.3　水垫塘抽干形象

图 6.8.4　部分废弃物

图 6.8.5 粗骨料典型出露

图 6.8.6 典型冲坑

处理方案：对底板及底板与边墙交角冲磨部位，采用高性能改性环氧砂浆或抗冲磨环氧胶泥进行处理；新增裂缝采用表面环氧胶泥封闭进行处理，原裂缝封闭材料脱落部位采用环氧胶泥重新封闭；边墙底部汽蚀部位主要采用抗冲磨环氧胶泥进行处理；右岸高程430.00m 马道上方聚脲和碳纤维布受损部位，采用手刮抗冲磨型聚脲及胎基布进行处理。处理工程于 2015 年 4 月底完成。2017 年 6 月泄洪后检查基础廊道裂缝和边墙排水孔未见异常渗水。

6.8.2.3 大坝下游面

2014 年 7 月泄洪后，检查发现大坝下游面高程 460.00m 出现局部表层混凝土剥脱，面积约 $20m^2$（$10m×2m$），未出现钢筋裸露。2015 年 4 月，根据设计要求对下游面高程460.00m 破损部位采用挂钢筋网、喷 C25 混凝土及表面涂刷环氧基液进行修复。处理后，混凝土外观平整、衔接平顺，环氧基液涂刷均匀，处理施工质量满足规范与设计要求。2017 年汛前检查时，修复部位无开裂、起鼓等情况，运行状况完好。

6.8.2.4 表孔、中孔和放空底孔

2014 年 7 月泄洪后，2 号表孔进口段溢流面存在的局部轻微磨蚀和露筋，2015 年汛前按设计要求采用环氧胶泥完成修复。2017 年汛前检查，修复部位无脱壳、破坏等情况，运行状况完好。

2016 年 2 月中孔流道检查期间，发现 5 号中孔工作闸门外（出口）左、右边墙（一期和二期混凝土结合部位）处各出现一期混凝土破坏现象。其中左侧边墙破坏部位距出口底坎高约 1.5m，面积约 $3m^2$，深度为 $2\sim17cm$，未见钢筋裸露；右侧边墙破坏部位距出口底坎高约 1.7m，面积约 $0.04m^2$，深度为 $2\sim7cm$，未见钢筋裸露。2016 年 4 月，对中孔流道混凝土破坏部位，按设计要求采用环氧砂浆抗冲磨修补材料进行了处理，目前效果良好，未出现新增开裂、破坏情况。

2017 年 6 月对放空底孔裂缝进行检查时，发现 1 号放空底孔顶拱及左边墙有 4 条新增细微裂缝存在渗水遗留的析出物，对流道影响较小；2 号放空底孔未见新增裂缝，原施工期裂缝未见新增开裂、脱块等现象。

6.8.2.5　泄洪洞

泄洪洞建成后未参与过泄洪。

1. 变形

截至 2017 年 6 月，实测洞身段各测孔 5～15m 范围内的相对位移均为 −0.74～3.39mm，变形未见明显发展趋势；闸室基岩变形小于 1mm，无异常变化。埋设在 550.00m 高程测斜管在距孔口 7m 处在 2009 年有明显的局部错动现象，累计位移量为 5mm，之后无明显发展趋势，其余各测斜孔深部均未发现明显的局部错动现象，大部分相对位移在观测误差范围内。出口边坡多点位移计位移在 2.5mm 以内，未见明显发展趋势。

2. 应力应变

结构钢筋计应力较为稳定，当前应力为 −19.44～62.25MPa，测点应力变化主要受混凝土水化热升温影响而调整，在其混凝土内部温度稳定后测点应力变化幅度较小，应力变化平稳。

3. 渗压监测

泄洪洞有压段 0＋154.000、0＋222.000、0＋260.000 桩号外水压力随库水位变化而同步变化，最大为 40.35m（静水头高度），帷幕后无压段埋设的渗压计基本处于无压状态。泄洪洞边坡渗压计当前水头在 2.56m 以内，各测点水头无明显上扬趋势。

实测成果表明，泄洪洞及其出口边坡整体是稳定和安全的。

6.8.3　水力学原型观测

6.8.3.1　2014 年原型观测成果

（1）上游库区水面平稳，各表孔进流顺畅，过堰顶后闸室内水面迅速下降，水面距弧门支绞间距离较大，水舌出闸室后，两两交汇形成水翅，水舌表面掺气充分，呈白色絮状。水垫塘内雾雨严重，水舌入水后在水垫塘内激起大量雾雨，水垫塘内水体漩滚强烈，水面波动剧烈，二道坝前后水流衔接较为平顺，未见明显水面跌落。

2014 年 7 月坝身表孔和中孔联合泄洪典型照片如图 6.8.7 和图 6.8.8 所示。

图 6.8.7　2014 年 7 月坝身表孔和中孔联合泄洪典型照片 1

图 6.8.8 2014 年 7 月坝身表孔和中孔联合泄洪典型照片 2

原型观测流态与模型试验（图 6.8.9）主要差异为：

1）模型未见水舌入水激起的水柱；目测原型水舌入水激起的水柱最高超过 550.00m 高程，水柱溅水最高落在水垫塘两岸岸坡约 520.00m 高程处。

2）模型涌浪高度不超过 481.00m 平台；根据泄洪后右岸 495.00m 排水洞检查情况推测原型涌浪高度超过 495.00m 马道。

3）模型水流出塘后掺气水流与清水分界线在护坦末端附近，下游清水区波浪较轻微；原型掺气水流与清水分界线接近尾水出口导墙附近，目测掺气水流长度较模型约长

图 6.8.9 1∶55 整体水工模型试验表孔、中孔及泄洪洞联合泄洪典型照片

60m，下游清水区波涛汹涌，直至马鞍山附近目测波浪高度仍达 2～3m。

初步分析，上述差异可能与原型和模型的水舌空中掺气不相似引起，二滩、溪洛渡等工程亦观察到类似流态。

（2）表孔堰面压力分布正常，各测点均未发生负压。1 号表孔脉动压力标准差最大值为 1.96×9.81kPa，3 号表孔脉动压力标准差最大值为 1.44×9.81kPa。

（3）由于雾化观测仪器尚未安装，本次未进行雾化降雨量的观测，目测水垫塘下游雾化在高程 620.00m 以下，较开关站高程 637.50m 低，雾化对电站运行影响较小；泄洪后巡视发现水垫塘右岸边坡局部垮塌、喷混凝土脱落。

6.8.3.2 2017 年原型观测成果

1. 流态

各观测工况下，上游库区水面平静，拦漂排运行正常，表孔和电站进口上游均未见漂浮物。各表孔进流顺畅，过堰顶后闸室内水面迅速下降，水面距弧门支铰的垂直间距较大。表孔水舌出闸室后，两两交汇形成水翅，水舌表面掺气充分，呈白色絮状进入水垫塘内。

水垫塘内雾雨弥漫，浓雾沿两侧山体上升，在高程 650.00m 左右形成雾云向下游移动。表孔水舌入水处下游可持续观察到巨大涌浪爬升至空中一定高度（最高高程可达到 570.00m 左右）后呈浓雾消散的现象。塘内水体消能充分，二道坝及下游水流衔接较为

平顺，未见明显水面跌落。

二道坝下游河道水面波动明显，波高沿程衰减。电站尾水出口水面波动不大，波高小于 0.5m。电站尾水出口下游约 208m（桩号 0＋816.000，水垫塘起始点 B2 桩号为 0＋000.000）和 220m（桩号 0＋828.000）处观察到波浪拍打右岸护坡的现象。

下游流态典型照片如图 6.8.10 所示，水工模型试验表孔泄洪典型照片如图 6.8.11 和图 6.8.12 所示。

图 6.8.10　2017 年表孔泄洪下游流态典型照片

图 6.8.11　水工模型试验表孔泄洪典型照片 1

图 6.8.12　水工模型试验表孔泄洪典型照片 2

2. 压力

（1）测点布置。为了准确了解侧墙、堰面以及鼻坎的压力特性，1 号表孔共布置了 4 支脉动压力传感器，3 号表孔共布置了 7 只脉动压力传感器。测点布置见表 6.8.1。水垫塘底板和侧墙共布置了 29 支脉动压力传感器，具体布置见表 6.8.2。

（2）表孔压力。在库水位 626.75m 工况下对 1 号表孔以及 3 号表孔的压力进行了监测。各测点监测成果见表 6.8.3。

表 6.8.1 表孔压力测点布置表

位置	编号	桩号/m	高程/m	位置	编号	桩号/m	高程/m
1 号表孔	F01BK1	0+000.000	621.75	3 号表孔	F03BK3	0+021.410	605.09
	F03BK1	0+024.820	602.67		F04BK3	0+026.030	601.30
	F04BK1	0+027.910	601.52		F05BK3	0+023.620	604.34
	F05BK1	0+029.370	602.12		F07BK3	0+027.010	604.34
3 号表孔	F01BK3	0+000.000	621.82		F08BK3	0+018.310	608.35
	F02BK3	0+006.090	619.90				

表 6.8.2 水垫塘压力测点布置表

编号	高程/m	桩号/m	距底板中心线/m	编号	高程/m	桩号/m	距底板中心线/m
F3-01	412.00	0+068.000	11	F3-16	412.00	0+118.140	-33
F3-02	412.00	0+068.000	-12	F3-17	421.00	0+118.140	-38
F3-03	412.00	0+090.640	38	F3-18	421.00	0+168.000	38
F3-04	412.00	0+090.640	11	F3-19	421.00	0+168.000	11
F3-05	412.00	0+090.640	-12	F3-20	412.00	0+168.000	-33
F3-06	412.00	0+090.640	-33	F3-21	412.00	0+168.000	-38
F3-07	421.00	0+090.640	-38	F3-22	421.00	0+218.000	38
F3-08	421.00	0+107.140	38	F3-23	421.00	0+218.000	11
F3-09	412.00	0+107.140	11	F3-24	412.00	0+218.000	-33
F3-10	412.00	0+107.140	-12	F3-25	412.00	0+218.000	-38
F3-11	412.00	0+107.140	-33	F3-26	421.00	0+288.640	38
F3-12	421.00	0+107.140	-38	F3-27	412.00	0+288.640	11
F3-13	421.00	0+118.140	38	F3-28	412.00	0+288.640	-33
F3-14	412.00	0+118.140	11	F3-29	421.00	0+288.640	-38
F3-15	412.00	0+118.140	-12				

表 6.8.3 表孔各测点脉动压力参数统计表

测点编号	测点高程 /m	时均压力 P /(×9.81kPa)	标准差 σ /(×9.81kPa)	主频范围 /Hz	优势频率 /Hz
F01BK1	621.75	4.21	0.66	0.01~0.30	0.02
F03BK1	602.62	3.95	0.41	0.02~0.30	0.03
F04BK1	601.16	—	—	—	—
F05BK1	602.12	5.32	1.27	0.02~0.40	0.02
F01BK3	621.75	4.22	1.61	0.01~1.53	0.81
F02BK3	619.90	3.71	0.79	0.02~0.30	0.03
F03BK3	605.02	3.24	0.76	0.01~0.30	0.03

测点编号	测点高程 /m	时均压力 P /(×9.81kPa)	标准差 σ /(×9.81kPa)	主频范围 /Hz	优势频率 /Hz
F04BK3	601.30	—	—	—	—
F05BK3	604.34	4.05	0.42	0.01~0.30	0.03
F07BK3	604.34	—	—	—	—
F08BK3	608.31	4.56	0.45	0.01~0.40	0.03

各工况下表孔坝面时均压力分布正常，各测点均未出现负压。1号表孔最大时均压力发生在 F05BK1 测点，其值为 5.32×9.81 kPa；3号表孔最大时均压力发生在 F08BK3 测点，其值为 4.56×9.81 kPa。

1号表孔各测点的脉动压力标准差为 $0.41 \times 9.81 \sim 1.27 \times 9.81$ kPa，最大值发生在 F05BK1 测点。3号表孔各测点的脉动压力标准差为 $0.42 \times 9.81 \sim 1.61 \times 9.81$ kPa，最大值发生在 F01BK3 测点。各测点的脉动压力主频范围为 $0.01 \sim 1.53$ Hz，优势频率为 $0.02 \sim 0.81$ Hz。

当库水位为 $626.65 \sim 626.80$ m、下游水位为 $447.49 \sim 454.47$ m 时，观测了三种不同表孔泄洪组合的水垫塘压力，开启方式分别为6个表孔敞泄、3号和4号表孔敞泄+2号和5号表孔开度 4.0m 及 3号 4号表孔敞泄，监测成果参见表 6.8.4~表 6.8.6。

1）6个表孔敞泄。该工况下水垫塘各测点均为正压，时均压力分布正常，最大时均压力发生在 F3-28 测点，其值为 43.02×9.81 kPa。

各测点的脉动压力标准差为 $0.22 \times 9.81 \sim 3.01 \times 9.81$ kPa，最大值发生在 F3-24 测点。各测点的脉动压力主频范围为 $0.01 \sim 8.00$ Hz，优势频率为 $0.02 \sim 6.10$ Hz。

2）3号和4号表孔敞泄+2号和5号表孔开度 4.0m。该工况下水垫塘各测点均为正压，时均压力分布正常，最大时均压力发生在 F3-28 测点，其值为 41.52×9.81 kPa。

各测点的脉动压力标准差为 $0.22 \times 9.81 \sim 0.75 \times 9.81$ kPa，最大值发生在 F3-25 测点。各测点的脉动压力主频范围为 $0.01 \sim 8.00$ Hz，优势频率为 $0.02 \sim 6.10$ Hz。

3）3号和4号表孔敞泄。该工况下水垫塘各测点均为正压，时均压力分布正常，最大时均压力发生在 F3-28 测点，其值为 36.10×9.81 kPa。

各测点的脉动压力标准差为 $0.22 \times 9.81 \sim 0.97 \times 9.81$ kPa，最大值发生在 F3-24 测点。各测点的脉动压力主频范围为 $0.01 \sim 8.00$ Hz，优势频率为 $0.02 \sim 6.10$ Hz。

表 6.8.4　水垫塘各测点脉动压力参数（6个表孔敞泄，$H_上 = 626.65$m，$H_下 = 454.47$m）

测点编号	测点高程 /m	时均压力 P /(×9.81kPa)	标准差 σ /(×9.81kPa)	主频范围 /Hz	优势频率 /Hz
F3-01	412.00	41.36	1.88	0.01~0.30	0.02
F3-02	412.00	41.21	0.51	0.02~0.30	0.05
F3-03	412.00	—	—	—	—
F3-04	412.00	41.38	0.29	0.02~0.40	0.02
F3-05	412.00	40.07	0.30	0.01~1.53	0.34
F3-06	412.00	—	—	—	—

续表

测点编号	测点高程 /m	时均压力 P /(×9.81kPa)	标准差 σ /(×9.81kPa)	主频范围 /Hz	优势频率 /Hz
F3 - 07	421.00	32.41	0.31	0.01～0.30	0.03
F3 - 08	421.00	33.08	0.23	0.01～0.40	0.02
F3 - 09	412.00	—			
F3 - 10	412.00	41.67	0.33	0.01～0.30	0.03
F3 - 11	412.00	41.96	0.22	0.01～0.40	0.03
F3 - 12	421.00	31.40	0.46	0.01～0.30	0.02
F3 - 13	421.00	32.01	0.31	0.02～0.30	0.03
F3 - 14	412.00	40.98	0.27	0.01～0.30	0.03
F3 - 15	412.00	—	—	—	—
F3 - 16	412.00	41.69	0.38	0.01～1.53	0.34
F3 - 17	421.00	—	—	—	—
F3 - 18	421.00	—		0.01～0.30	0.03
F3 - 19	421.00	32.96	0.47	0.01～0.40	0.02
F3 - 20	412.00	—	—	—	—
F3 - 21	412.00	—	—	—	—
F3 - 22	421.00	—	—	—	—
F3 - 23	421.00	33.17	0.41	0.01～0.30	0.02
F3 - 24	412.00	41.56	3.01	0.02～0.30	0.03
F3 - 25	412.00	41.98	0.46	0.01～0.30	0.03
F3 - 26	421.00	33.67	0.30	0.02～0.40	0.02
F3 - 27	412.00	42.97	0.36	0.01～1.53	0.34
F3 - 28	412.00	43.02	0.71	0.02～8.00	6.10
F3 - 29	421.00	32.05	2.76	0.01～0.30	0.03

表 6.8.5　水垫塘各测点脉动压力参数（3 号和 4 号表孔敞泄＋2 号和 5 号表孔开度 4.0m,
$H_上 ＝626.80m$, $H_下 ＝452.91m$)

测点编号	测点高程 /m	时均压力 P /(×9.81kPa)	标准差 σ /(×9.81kPa)	主频范围 /Hz	优势频率 /Hz
F3 - 01	412.00	38.92	0.31	0.01～0.30	0.02
F3 - 02	412.00	38.70	0.46	0.02～0.30	0.05
F3 - 03	412.00	—	—	—	—
F3 - 04	412.00	—	—	—	—
F3 - 05	412.00	39.02	0.27	0.01～3.53	2.00
F3 - 06	412.00	—	—	—	—
F3 - 07	421.00	30.98	0.22	0.01～0.30	0.03

续表

测点编号	测点高程 /m	时均压力 P /(×9.81kPa)	标准差 σ /(×9.81kPa)	主频范围 /Hz	优势频率 /Hz
F3－08	421.00	30.87	0.23	0.01～0.40	0.02
F3－09	412.00	—	—	—	—
F3－10	412.00	39.04	0.31	0.01～0.30	0.03
F3－11	412.00	38.97	0.22	0.01～0.40	0.03
F3－12	421.00	30.08	0.36	0.01～0.30	0.02
F3－13	421.00	30.41	0.37	0.02～0.30	0.03
F3－14	412.00	40.21	0.28	0.01～0.30	0.03
F3－15	412.00	—	—	—	—
F3－16	412.00	40.13	0.22	0.01～1.53	0.34
F3－17	421.00	—	—	—	—
F3－18	421.00	—	—	—	—
F3－19	421.00	30.38	0.45	0.01～0.40	0.02
F3－20	412.00	—	—	—	—
F3－21	412.00	—	—	—	—
F3－22	421.00	—	—	—	—
F3－23	421.00	31.03	0.49	0.01～0.30	0.02
F3－24	412.00	40.01	0.45	0.02～0.30	0.03
F3－25	412.00	40.91	0.75	0.01～0.30	0.03
F3－26	421.00	32.56	0.28	0.02～0.40	0.02
F3－27	412.00	41.45	0.34	0.01～1.53	0.34
F3－28	412.00	41.52	0.61	0.02～8.00	6.10
F3－29	421.00	32.87	0.70	0.01～0.30	0.03

表 6.8.6　水垫塘各测点脉动压力参数（3 号和 4 号表孔敞泄，$H_上 = 626.79$，$H_下 = 447.49m$）

测点编号	测点高程 /m	时均压力 P /(×9.81kPa)	标准差 σ /(×9.81kPa)	主频范围 /Hz	优势频率 /Hz
F3－01	412.00	34.07	0.49	0.01～0.30	0.02
F3－02	412.00	34.12	0.52	0.02～0.30	0.05
F3－03	412.00	—	—	—	—
F3－04	412.00	—	—	—	—
F3－05	412.00	34.89	0.27	0.01～3.53	2.00
F3－06	412.00	—	—	—	—
F3－07	421.00	25.09	0.23	0.01～0.30	0.03
F3－08	421.00	25.12	0.22	0.01～0.40	0.02
F3－09	412.00	—	—	—	—

测点编号	测点高程 /m	时均压力 P /(×9.81kPa)	标准差 σ /(×9.81kPa)	主频范围 /Hz	优势频率 /Hz
F3 - 10	412.00	35.01	0.33	0.01~0.30	0.03
F3 - 11	412.00	35.14	0.21	0.01~0.40	0.03
F3 - 12	421.00	25.90	0.39	0.01~0.30	0.02
F3 - 13	421.00	25.89	0.35	0.02~0.30	0.03
F3 - 14	412.00	35.36	0.30	0.01~0.30	0.03
F3 - 15	412.00	—	—	—	—
F3 - 16	412.00	35.30	0.29	0.01~1.53	0.34
F3 - 17	421.00	—	—	—	—
F3 - 18	421.00	—	—	—	—
F3 - 19	421.00	25.96	0.45	0.01~0.40	0.02
F3 - 20	412.00	—	—	—	—
F3 - 21	412.00	—	—	—	—
F3 - 22	421.00	—	—	—	—
F3 - 23	421.00	26.23	0.43	0.01~0.30	0.02
F3 - 24	412.00	35.42	0.97	0.02~0.30	0.03
F3 - 25	412.00	35.40	0.83	0.02~0.30	0.03
F3 - 26	421.00	26.54	0.28	0.02~0.40	0.02
F3 - 27	412.00	36.01	0.34	0.01~1.53	0.34
F3 - 28	412.00	36.10	0.61	0.02~8.00	6.10
F3 - 29	421.00	26.68	0.70	0.01~0.30	0.03

3. 泄洪雾化

（1）测点布置。为监测构皮滩水电站泄洪雾化降雨强度及影响范围，在电厂重点关心的区域布置雨量监测点。结合现场条件，在右岸开关站大楼前、右岸尾水调压室马道（高程 495.00m）及左岸 550.00m 通风洞口布置了 3 个雨量监测点，在左岸下游远离泄洪雾化区处布置 1 个雨量监测点用于监测自然降雨。

（2）泄洪雾化降雨强度。此次大坝泄洪长达 47.5h，其中观测时段长约 13h，主要观测了"1 号和 6 号表孔开度 6m＋2 号～5 号表孔敞泄""6 个表孔敞泄""3 号和 4 号表孔敞泄＋2 号和 5 号表孔开度 4.0m"以及"3 号和 4 号表孔敞泄"四种泄洪工况下各测点的雾化降雨强度。泄洪雾化降雨强度监测成果见表 6.8.7。需要说明的是，坝址处 6 月 30 日为大雨天气，7 月 1 日天晴，各测点监测降雨强度均不含自然降雨强度。

从观测成果可以看出，右岸开关站基本处于雾化降雨范围之外，不受坝身泄洪雾化影响，但在 6 月 30 日下午有较大自然降雨情况下观察到开关站附近有淡雾，其余时段未见开关站处于雾区。右岸尾水调压室 495.00m 平台处在各泄洪工况下雾化降雨强度为 1.3～2.9mm/h，基本处于大雨及暴雨的范畴，且随着坝身泄洪的增加降雨强度未明显增加，结合现场分析认为该部位位于水舌溅落区之外，其雾化降雨主要受水舌风影响，而该部位处于扩散段，水舌风相对稳定。左岸550.00m通风洞口（近水垫塘侧）雾化降雨与泄洪表孔开启方式相关，3号和4号表孔敞泄时无明显雾化降雨，其余工况下泄洪雾化降雨强度较大，6个表孔敞泄时测到最大降雨强度为14.3mm/h，属特大暴雨范畴；"3号和4号表孔敞泄＋2号和5号表孔开度4.0m"和"2号～5号表孔敞泄＋1号和6号表孔开度6m"工况下监测到雾化降雨强度为7.6～12.9mm/h，亦属于大暴雨降雨强度范畴。

表 6.8.7   泄洪雾化降雨强度成果表

测点编号	测点位置	降雨强度/(mm/h)											
		2号～5号表孔敞泄＋1号和6号表孔开度6m				6个表孔敞泄	3号和4号表孔敞泄＋2号和5号表孔开度4m				3号和4号表孔敞泄		
		6月30日16：00—17：00	6月30日17：00—18：00	6月30日18：00—19：00	6月30日19：00—20：00	6月30日20：00—21：00	7月1日11：00—12：00	7月1日12：00—13：00	7月1日13：00—14：00	7月1日14：00—15：30	7月1日15：30—16：00	7月1日16：00—17：00	7月1日17：00—18：00
1号	左岸550.00m通风洞口	12.9	11.5	10.9	11.4	14.3	9.0	7.6	8.1	9.5	0.0	0.0	0.0
2号	右岸尾水调压室495.00m马道	2.3	2.0	1.9	2.5	2.9	1.5	1.8	2.1	1.4	2.0	1.3	1.5
3号	右岸开关站大楼前	0.0	0.0	0.0	0.0	0.0	0.0	0.0	0.0	0.0	0.0	0.0	0.0

在下游右岸临时索桥前50m处仍可感受到雾化形成的毛毛雨，各泄洪工况下雾化降雨最远约为0＋950.000。

（3）泄洪雾雨分布范围。泄洪雾化除产生降雨外，还会形成随水舌风及坝后风速场扩散飘逸的雾流。总体上看，构皮滩水电站表孔泄洪雾化浓雾区主要分布在坝后水垫塘上空及两侧边坡，坝身泄洪流量越大，浓雾升腾高程及范围均有所增加，且由于左右岸边坡不对称，浓雾爬高亦有所差异。在雾雨浓度高程分布上，从水垫塘水面向上，雾雨浓度逐渐降低；从水舌溅落区向下游发展，雾流浓度沿程衰减。各泄洪工况下浓雾区高程及范围见表6.8.8。

表 6.8.8   泄洪雾化浓雾区范围表   单位：m

工况浓雾特征		2号～5号表孔敞泄＋1号和6号表孔开度6m	6个表孔敞泄	3号和4号表孔敞泄＋2号和5号表孔开度4m	3号和4号表孔敞泄
爬高	左岸	580.00	590.00	565.00	540.00
	右岸	630.00	635.00	600.00	585.00
影响范围	左岸	0＋000.000～0＋470.000	0＋000.000～0＋500.000	0＋000.000～0＋450.000	0＋000.000～0＋480.000
	右岸	0＋000.000～0＋520.000	0＋000.000～0＋550.000	0＋000.000～0＋530.000	0＋000.000～0＋570.000

从表 6.8.8 可以看出，水垫塘两岸浓雾爬高不对称，左岸浓雾爬高低于右岸。顺水流方向，各工况下泄洪雾化浓雾影响范围左岸略小于右岸，这与左右岸山体沿程走向有关系。不同工况下左岸或右岸浓雾影响范围基本相当，表明浓雾影响范围与泄洪水舌风关系较大，而与表孔开孔个数关系不大。

各工况下泄洪雾化薄雾区难以精确监测。各工况下左岸泄洪雾化薄雾区约为升船机起点下游 100m，左岸约为下游临时索桥，左右岸薄雾区桩号约为 0＋800.000 和 0＋950.000。

各种泄洪工况下，坝下公路桥、大坝坝顶、右岸公路及自备电厂开关站均在淡雾区或无雾区，泄洪对上述部位未产生明显影响。

此次泄洪仅涉及表孔过流，表孔堰上水头最大约 10m，虽然表孔出口布置了齿坎，但由于堰上水头较大，表孔下泄水舌分层不明显，故泄洪雾化降雨强度及影响范围均不大。若遭遇表孔与中孔联泄工况，由于表孔和中孔水舌充分碰撞，泄洪雾化降雨强度及雾区影响高程、范围将进一步增大。

4. 近岸流速

对右岸电站尾水防护段的近岸表面流速进行了观测，成果见表 6.8.9。从表中可以看出，各工况下右岸电站尾水防护段近岸最大表面流速为 3.72m/s。

表 6.8.9　　　　　　　　右岸电站尾水防护段近岸表面流速表

工　况	流速/(m/s)
6 个表孔敞泄	3.72
3 号和 4 号表孔敞泄＋2 号和 5 号表孔开度 4m	3.65
3 号和 4 号表孔敞泄	3.50

5. 2017 年原型观测小结

（1）上游库区水面平静，拦漂排作用良好，未见漂浮物进入电厂进口及表孔进口。表孔进流顺畅，水垫塘内水体消能充分，二道坝上、下游水流衔接较为平顺。

（2）表孔坝面时均压力分布正常，各测点均未发生负压。1 号表孔脉动压力标准差最大值为 1.27×9.81kPa，3 号表孔脉动压力标准差最大值为 1.61×9.81kPa，水垫塘脉动压力标准差最大值为 3.01×9.81kPa。

（3）各表孔泄洪工况下，右岸开关站基本不受坝身泄洪雾化影响。左岸高程 550.00m 通风洞口处最大降雨强度为 14.3mm/h，达到特大暴雨级别；右岸尾水调压室高程 495.00m 平台处最大降雨强度为 2.9mm/h，达到暴雨级别，建议加强防护。

（4）电站尾水下游近岸流速不大，最大流速为 3.72m/s。

7.1 引水发电建筑物总体布置

7.1.1 厂区地质条件

电站建筑物布置在右岸，建筑物区地形总体西高东低，相对高差达 300m。坝址区为坚硬的灰岩山脊地段，两岸山体陡峻，坝址以下为较软弱的砂、页岩地段，山体低矮，地形起伏相对较小。

电站建筑物穿越的地层从上游至下游依次为二叠系吴家坪组（P_2w）灰岩、茅口组（P_1m）灰岩、栖霞组（P_1q）灰岩、梁山组（P_1l）黏土岩、志留系韩家店组（S_2h）黏土岩、石牛栏组（S_1sh）钙质细砂岩、龙马溪组（S_1l）粉砂质黏土岩、奥陶系十字铺宝塔组（O_2sh+b）泥灰岩、湄潭组（O_1m）粉砂岩、钙质页岩及灰岩互层。厂区上游（坝址区域）P_2w、P_1m、P_1q 为中硬—坚硬的中厚层灰岩，岩溶发育；厂区下游 P_1l、S_2h 及 S_1l 为软岩或极软岩，极不稳定。厂区岩层走向 31°～45°NE，倾向 NW（上游），倾角 38°～50°。坝址区地应力场以构造应力场为主导，实测地下厂房区大主应力方向 NNE—NE 向，量值 12MPa 左右。工程所在区域地震基本烈度为 6 度。

地下电站区域主要地质构造有断层、层间错动及裂隙。共揭露断层 253 条，其中硬质岩段 242 条断层，主要为 NW、NWW 向，多为陡倾角。对围岩稳定影响较大有 F_{b54}、F_{b81}、F_{b93}、F_{b112}、F_{b113} 及软岩中的 F_{b115}、F_{b116} 等，沿部分层间错动溶蚀较强，发育有溶洞。建筑物范围裂隙较发育，走向主要有 NW 组、NWW 组、NNW 组及少量 NE 组，以中—陡倾角为主。

岩溶发育程度受地层岩性、构造控制比较明显。地下电站引水系统区域主要发育 6 号、8 号岩溶系统；厂房工程区岩溶发育复杂，发育有 W_{24} 岩溶系统的主管道与分支管道以及 8 号岩溶系统。

地下厂房区地下水主要为岩溶水，岩溶地下水具有各自独立的运移系统、多种地下水运移形式、流态和流速多变性、阶梯运移状等特征。

7.1.2 引水发电建筑物总体布置

1. 厂房型式

构皮滩水电站坝址处为 V 形对称峡谷，两岸山体雄厚，河谷狭窄，正常蓄水位

630.00m 处，河谷宽一般为 350～550m。电站装机容量为 5×600MW，电站最大水头为 200.0m、最小水头为 144.0m、额定水头为 175.5m，额定流量为 375m³/s。工程发电水头高、泄洪量大、坝址河谷窄，需在河床集中布置泄洪消能建筑物，坝式厂房难以布置，宜采用引水式厂房布置方式。

根据坝址地形条件和下游河道向左弯曲的河势特点，通航建筑布置在左岸，引水发电系统布置在右岸。坝址部位两岸山体雄厚，坝址及以上区域主要分布有中硬—坚硬的中厚—厚层灰岩，坝址以下区域主要为较软弱的砂、页岩。在可行性研究阶段比较了岸边引水式地面厂房和地下厂房两种型式。由于下游水位变幅较大，尾水地质条件相对较差，若布置岸边引水式地面厂房，边坡高度大，明挖量巨大，加大了施工难度和工程投资，而且厂房在高水位时，淹没于水下，结构受力复杂、运行条件不好、防渗要求高。鉴于坝址处成洞条件较好，具有修建大型地下洞室群的条件，因此采用地下厂房布置型式。

2. 厂房位置和轴线

地下厂房采用首部式布置方案，主厂房埋深 260～315m，布置在栖霞组及茅口组 $P_1q^2 \sim P_1m^{1-1}$ 层中硬—坚硬灰岩（Ⅰ～Ⅱ类围岩）中，同时避开 F_{b112}、F_{b113}、F_{b114} 等规模较大的层间错动带，有利于洞室群围岩稳定。地下厂房区岩层为 35°～45°，倾向 NW，倾角为 40°～50°，厂房轴线与岩层走向交角为 35°～40°。

3. 输水流道布置方式

由于引水线路较短，引水系统采用单机单洞布置型式。对于尾水线路的布置，比较了"多机一洞"方案和"单机单洞"方案，采用"多机一洞"方案对洞室施工及运行条件存在一定影响，但该方案工程量较小，尾水线路长度和尾水出口宽度相对较小，洞间岩体厚度相对较宽，有利于右岸导流洞布置和洞室整体稳定，对尾水边坡的稳定条件有一定改善，综合考虑尾水系统采用"二机一洞"和"一机一洞"联合布置型式。

4. 引水发电建筑物总体布置

根据上述分析，电站建筑物布置于右岸，采用引水系统"单机单洞"，尾水系统"二机一洞"加"单机单洞"联合布置，主厂房、主变洞、调压室三大洞室平行的布置格局。单条输水流道总长约 1175m，主要建筑物由进水口、引水隧洞、主厂房及安装场、主变洞、电缆竖井、尾水洞及尾水调压室、尾水出口、地面开关站和交通洞等组成。进水口布置在距拱坝坝轴线约 60m 处，与 5 条引水隧洞对应，进水口并列布置 5 个进水塔。进水塔底高程为 560.25m，顶高程为 640.50m，进水塔平面尺寸为 130m×29m（长×宽）。引水隧洞单洞最长 367.86m（1 号机），为圆形断面，洞径为 9.5～8.0m。主厂房最大开挖尺寸为 230.45m×27m×73.32m（长×宽×高），主变洞位于厂房下游 30m 处。尾水线路单洞最长约 782m，布置有尾水调压室。尾水流道在调压室前采用"一机一洞"布置，调压室后采用 1 号机和 2 号机、3 号机和 4 号机分别共用 1 条尾水隧洞和 1 个调压室，5 号机单机单洞布置方案。尾水隧洞采用圆形断面，洞径为 10m（单机单洞）和 14.2m（二机一洞）。调压室布置于主厂房下游，距尾水管出口 32.5m。采用阻抗式调压室，调压室采用下部独立、上部连通的布置型式，洞跨 17.9m（下部）或 19.3m（上部）。尾水出口位于大坝护坦下游约 140m 处。地面开关站（含 GIS 室和管理楼）布置在坝址下游约 400m 处 5 号上坝公路内侧，地面设计高程 637.50m，占地约 134m×55m（长×宽）。

7.2　地下电站设计特点和难点

构皮滩水电站引水发电建筑物具有"岩溶系统穿越、洞群规模庞大"的特点，工程存在建筑物布置、围岩稳定、岩溶系统处理、防渗排水等技术难点。

7.2.1　引水发电建筑物布置特点

电站具有装机容量大、机组台数多、输水流道长、尾水变幅大（最高达 50 余 m）等基本特性，故引水发电建筑物（尤其是地下洞室）数量多、尺寸大，形成了错落分布、规模庞大的地下厂房洞室群，空间示意如图 7.2.1 所示。地下厂房洞室群以引水洞、主厂房、主变洞、调压室、尾水洞为主体，辅以交通、电缆、排水及施工等附属洞室。厂房区域主要洞室约 41 条（含施工及交通运输洞），其中地下厂房洞室最大开挖尺寸为 230.45m×27m×73.32m（长×宽×高），主变洞开挖尺寸为 207.10m×15.8m×21.34m（长×宽×高），调压室最大高度为 113.25m。

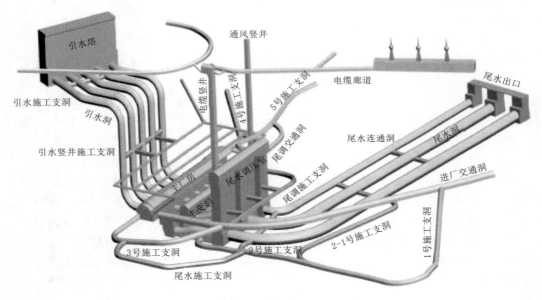

图 7.2.1　地下电站洞室群空间示意图

7.2.2　厂区岩溶及 W_{24} 岩溶系统发育特点

厂区岩溶主要顺层间错动与 NW、NWW 向断裂发育，其中层间错动控制了岩溶发育方向。地下厂房洞室群中复杂岩溶系统空腔体积达 12.3 万 m^3，大小岩溶管道总长度超过 1.3km，高差超过 130m；岩溶系统共穿越引水发电系统区域 22 条主要洞室，规模较大的岩溶系统有 6 号、8 号和 W_{24}。规模最大的 W_{24} 岩溶系统主管道直接穿越主厂房三大洞室及防渗帷幕（图 7.2.2 和图 7.2.3），岩溶管道最大断面达 380m^2，最大高度近 70m，最大宽度达 16m，具有范围广、规模大、线路长、管道复杂、管道起伏大、地下水短时突变、主管道充填等特点。厂房区域岩溶发育程度及规模在国内外罕见。

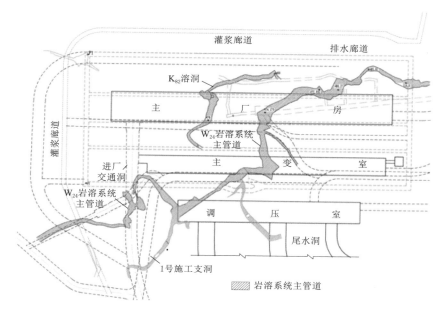

图 7.2.2　W_{24} 岩溶系统平面分布图

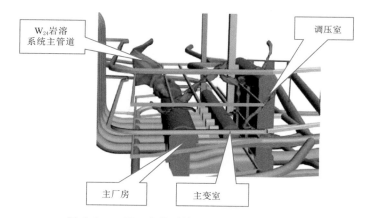

图 7.2.3　W_{24} 岩溶系统三维空间分布示意图

7.2.3　技术难点

（1）地层条件复杂，岩层软硬相间，主厂房上游发育有规模较大的岩溶系统，调压室下游为Ⅳ类、Ⅴ类软岩，成洞条件差，三大洞室布置空间局促，研究合理的建筑物布置方案是工程的重要技术难点。

（2）洞室规模大，洞间岩柱薄，并有岩溶穿越，如何保证地下厂房洞室群施工期及运行期稳定，是工程的关键技术难题之一。

（3）工程区岩溶系统发育，地质缺陷具有不可预见性及突发性，复杂岩溶系统处理难度大。

（4）巨型岩溶系统主管道穿越主要洞室群和防渗帷幕且地下水丰富，如何防止岩溶水击穿和翻越防渗帷幕进入厂房系统，解决岩溶管道穿越帷幕区的防渗排水问题，对防渗帷幕和地下厂房的安全至关重要。

7.3 地下电站布置及结构措施研究

7.3.1 主厂房及附属洞室布置和结构措施研究

7.3.1.1 地下厂房洞室群布置研究

1. 基本条件和影响因素

（1）地下厂房区地面高程为 $700.00\sim820.00m$，主厂房埋深为 $260\sim315m$。

（2）受上游岩溶大厅和下游软岩、极软岩控制，可供主厂房布置的区域为 $P_1m^{1-1}\sim P_1q^1$ 层灰岩，宽度在 115m 左右。

（3）构皮滩工程大坝泄洪流量（$28902m^3/s$）和泄洪落差（近 190m）巨大，泄洪雾化及强降雨的影响范围广。理论分析和物理模型试验表明，泄洪雾化强降雨区主要集中在水垫塘内（0+300.000 桩号以内，高程 500.00m 以下）；大坝泄洪雾化形成的浓雾区最大影响高程约为 650.00m，最远影响桩号约为 0+900.000。

2. 基本原则

主厂房和附属洞室的布置主要遵循以下原则：合理选择厂区和厂内布置方案，压缩地下洞室群空间及规模，减小主厂房跨度，规避更大的地质风险，降低工程设计和施工难度。

3. 洞室群布置方案

（1）主变及 GIS 室布置。构皮滩水电站地下厂房埋深大且工程区强雾雨影响范围广，为避开泄洪建筑物雾化和强降雨的侵袭，减少大电流母线长度，降低运行电能损耗，同时便于主变压器运输和运行管理，采用主变压器布置在地下厂房附近的专用主变洞内的布置方案。为了压缩地下洞室的规模，有利于主厂房洞室群的稳定，将 GIS 和中控室布置在地面开关站内。

地面开关站布置在右岸高程 637.50m 处，纵向距大坝约 400m，横向距泄洪中心线约 550m，位于泄洪雾化强降雨区和浓雾范围以外（工程泄洪雾化的浓雾区域最大影响高程约为 650.00m，开关站处的升腾高程在 620.00m 以下）。

（2）洞室间距。地下厂房采用首部式，主厂房、主变洞、调压室三大洞室平行布置。地下厂房区域发育有 W_{24} 与 8 号岩溶系统，施工前期揭示岩溶系统主干管道呈大厅状，且主厂房范围沿断层及层间错动溶蚀强烈。岩溶断裂、层间错动及反倾向结构面等在 5 号机上部组成较大的楔形块，直接影响厂房顶拱的稳定。根据帷幕及输水线路布置情况，厂房难以上移。综合考虑 W_{24} 岩溶发育规律、厂房区域地质条件及流道布置要求，最大限度减小岩溶系统对三大洞室的不利影响，将主厂房、主变洞及尾水调压室下移 25m。

  洞室间距主要根据地质条件、地应力水平，类比国内外同等规模大型地下厂房经验，并通过数值计算进行优化和验证：根据国内外有关规程规范要求和已建地下厂房经验，两洞室间距一般要求不小于 1～1.5 倍洞室平均开挖宽度，岩石条件较差的部位洞间距要大些。国内较大跨度地下厂房资料统计（表 7.3.1），相邻洞室之间的岩柱厚度 L 和相邻洞室最大开挖跨度 B 及高度 H 一般为

$$L/B = 1.2 \sim 1.6 \tag{7.3.1}$$

$$L/H = 0.5 \sim 0.7 \tag{7.3.2}$$

  考虑该工程地应力水平不大，为避免调压室进入软岩地层，主厂房与主变洞距离 30m，主变洞与调压井间距 23.8m，将三大洞室布置总宽度压缩，使顶拱和边墙避开更大地质风险。厂房与主变室之间岩柱 L/B 和 L/H 值分别为 1.11 和 0.41，量值均属低值。地下厂长房三大洞室剖面见图 7.3.1。

表 7.3.1　　　　　　　　　　　国内较大跨度地下厂房洞室间距

电站	围岩种类及类别	大洞室开挖跨度/m	小洞室开挖跨度/m	大洞室开挖高度/m	间距/m	岩壁厚度与平均跨度比	岩壁厚与大跨度比	岩壁厚与大洞室高度比
溪洛渡	Ⅱ类、Ⅲ类玄武岩	31.9	19.8	75.1	47.7	1.85	1.50	0.64
小湾	黑云花岗片麻岩	31.5	19	82	47.9	1.90	1.52	0.58
拉西瓦	Ⅰ类、Ⅱ类花岗岩	30	29.5	74.84	47.75	1.61	1.59	0.64
龙滩	Ⅱ类、Ⅲ类砂岩	30.3	19.5	76.4	42.1	1.69	1.39	0.55
二滩	正长岩、玄武岩、	30.7	18.3	65.38	40	1.63	1.30	0.61
小浪底	砂岩、T14 组岩	26.2	15.2	61.44	31.4	1.52	1.20	0.51
锦屏一级	大理岩夹绿片岩	28.9	19.3	68.8	43.25	1.79	1.50	0.63
瀑布沟	Ⅱ类、Ⅲ类花岗岩	30.7	18.3	70.175	41.95	1.71	1.37	0.60
构皮滩	灰岩，Ⅱ类、Ⅲ类围岩为主	27	15.8	73.32	30	1.40	1.11	0.41

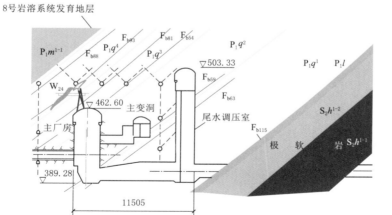

图 7.3.1　地下厂房三大洞室剖面图（单位：高程为 m；其余为 cm）

4. 厂内布置措施

（1）主厂房布置。

1）在满足机电设备安装和运行的前提下，厂房内部机电设备紧凑布置，减小主厂房洞室跨度。

2）仅在厂房下游侧布置运行通道，取消厂房上游侧通道，风罩紧靠上游侧布置。

3）选择采用岩锚式吊车梁，吊车竖向力作用点至下部开挖面距离选用较大值，该工程吊车竖向力作用点至下部开挖面距离为0.9m，国内其他工程一般为0.5～0.7m。

4）充分利用已有施工支洞布置辅助设备，厂内透平油系统和厂内绝缘油系统布置在调压室施工支洞内。

5）减薄蜗壳外围混凝土厚度，使蜗壳尺寸不成为厂房跨度的控制因素。

6）适当延长主变洞长度，将部分机电设备布置在位于主变洞端部的地下副厂房内。

7）可行性研究阶段及招标设计阶段，电站主厂房配置2台双小车桥机，承担水轮发电机组和电站公用设备安装、检修的吊装任务，施工期土建调运采用20t临时小桥机。施工阶段，为加快机组安装进度及提前发电，同时，为电站以后检修、维护提供方便，经论证，将20t临时小桥机增容至50t并作为永久桥机，同时将主厂房右端446.20m高程以上扩挖9m作为小桥机停靠间，以保证大桥机的正常使用。

主厂房岩锚梁以上开挖跨度为27m，较国内其他同等规模地下厂房小2～4m（表7.3.2）。

表7.3.2　　　　　　　　国内部分电站开挖宽度统计表

电站	单机容量/MW	额定水头/m	开挖宽度/m	电站	单机容量/MW	额定水头/m	开挖宽度/m
锦屏一级	600	200	28.9	瀑布沟	600	154.6/156.7	30.7
二滩	550	165	30.7	构皮滩	600	175	27

（2）安装场布置。安装场位于主厂房右端，紧靠1号机布置，跨度与主厂房相同，地面高程与发电机层同高。为2台机组同时安装提供方便，加快施工进度，5号机侧增设一副安装场。

（3）集水井布置。从减小工程量，方便运行管理，有利于洞室围岩整体性和稳定性方面考虑，检修和渗透集水井采用集中布置方式，厂房检修和渗漏集水井及厂区渗漏集水井均布置于副安装场下。

（4）主变室及GIS布置。主变室布置在地下主变洞内，GIS布置在地面开关站内。主变洞位于主厂房下游30m处，与厂房平行布置，断面形式为城门洞形。母线洞共5条，位于主厂房与主变洞之间，与厂房纵轴线垂直，其断面形式为城门洞形。

（5）副厂房布置。副厂房布置根据"集中与分散相结合，地面与地下相结合，尽量减少地下洞室"这一原则，设有地下和地面副厂房。地下副厂房布置在主变洞端部，与副安装场相对应部位，与副安装场间有电缆廊道相连，净跨与主变洞相同。地面副厂房布置在地面开关站内。开关站布置在主厂房下游侧地面，高程637.50m，通过位于2号、3号机主变洞下游侧的电缆竖井和水平电缆廊道与主变洞相连。

7.3.1.2 洞室结构措施研究

1. 岩锚梁

电站主厂房布置 2 台双小车桥式起重机，承载能力为 $2 \times 450t/50t$，单轮最大轮压 900kN，轨顶高程为 449.70m，轨距 23.5m，上、下游侧梁长各为 230.15m。构皮滩水电站厂房围岩条件以 Ⅱ 类为主，岩石较坚硬、完整，稳定性较好，围岩条件较好，采用岩锚式吊车梁型式。

（1）岩锚梁受拉锚杆选型。根据结构和使用要求，选定岩锚梁尺寸为宽 2.25m、高 2.8m。为改善接触面受力特性，提高岩锚梁稳定性和安全性，采用预应力锚杆作为岩锚梁受力锚杆；为减小施工难度，张拉力采用 200kN 的低预应力。

（2）岩壁倾角和较小的锚杆倾角。通过敏感性分析，综合考虑岩石成型、锚杆受力、岩锚梁抗滑稳定条件等因素，通过选择稍大岩壁倾角和相对较小的锚杆倾角等措施减小锚杆应力，以减小锚杆用量，方便施工。岩壁倾角为 $29.54°$，受拉锚杆为两排，倾角分别为 $20°$ 和 $15°$。

（3）横向支洞影响。进厂交通洞与主厂房的交叉洞口处，岩锚梁的岩壁基座为进厂交通洞的顶拱，其下方临空，且厚度最小值只有 0.6m，采用三维有限元法对交通洞与主厂房交叉洞口附近岩锚梁的安全性及围岩的稳定性进行分析，结论如下：①交通洞部位岩锚梁区域围岩基本处于塑性区范围，该部位拉应力范围和值较其他部位有所加大，吊车梁部位下部岩体可能会出现横向裂缝，围岩承载力有所降低，岩锚梁稳定性较差；②跨交通洞段岩锚梁变位以竖向位移为主，竖向位移较一般安装场段下游岩锚梁位移增大约 168%；③吊车荷载对交叉洞口处围岩应力及变形的影响不明显。

主要采取如下加固措施：上部采用直壁牛腿并用张拉锚杆锚固，两侧边柱延伸至岩石基础，并与围岩通过锚筋连成整体。考虑该部位岩锚梁传力状态发生变化，将其下部受压锚杆取消，保留上部受拉锚杆以利平衡吊车运行荷载引起的扭矩。

2. 蜗壳

蜗壳采用金属蜗壳，机组蜗壳最大平面尺寸为 22.25m，进口直径为 6.4m，顶板厚度为 2.38m，外围混凝土最薄处仅 1.9m，进口最大内水压力约 257.3m 水头（含水击压力），蜗壳 HD（设计内水压力与金属蜗壳进口管径之积）值达 $1647m^2$。蜗壳上半部分与外围混凝土之间铺设弹性垫层，尽可能避免或减小内水压力传至外围混凝土。

（1）计算方法。蜗壳外围混凝土为形状较复杂的空间整体结构，为全面反映蜗壳受力特性，分别采用整体三维有限元和平面框架计算。平面框架计算主要选取 $345°$、$255°$ 及 $165°$ 等断面简化为平面问题，与常规平面模型不同，构皮滩电站蜗壳平面计算中模拟了蜗壳外围混凝土的形状，并考虑上、下锥体及底板对结构的影响；计算荷载考虑了传递至外围混凝土结构的部分内水压力。

（2）蜗壳外围混凝土受力特性。①蜗壳上部虽设置垫层，仍有相当部分内水压力通过垫层传给外围混凝土，传至混凝土上内水压力大小与垫层设置范围、厚度及垫层材料的物理力学指标等有关，本电站蜗壳蜗壳顶部、侧墙及底部径向应力与内水压力传递比例大致为 0.05、0.25、0.70；②弹性垫层布置范围对承载比有较大影响，蜗壳垫层延伸至腰线以下约 $10°$ 对减小外围混凝土应力（尤其侧向部位）较为有利。

（3）结构及构造。为改善蜗壳受力特性，提高结构安全度，主要采取如下结构和构造措施：

1）垫层材料敷设于上半圆表面，为改善蜗壳外围混凝土薄弱区受力条件，同时方便施工，垫层下端敷设至腰线以下10°。垫层材料采用PE泡沫材料，弹性模量为1.2MPa，厚度为3.5cm，能满足金属蜗壳自由变形的需要。

2）与水轮机制造厂家协商，适当调整水轮机机坑结构尺寸，尽可能加大蜗壳上座环顶部混凝土的有效宽度，改善顶板受力条件。

3）蜗壳周边全断面配筋以抵抗通过垫层传递至外围混凝土的内水压力。由于内水压力向下部传递较大，蜗壳底部拉应力较大，为避免该部位配筋层数过多地影响施工，利用安装平台水平向钢筋抵抗蜗壳底部部分拉应力。

4）为确保蜗壳底部密实，浇筑前，在蜗壳底部、座环及基础环下部等混凝土浇筑较困难的部位预埋回填灌浆系统。座环和基础环底部利用预留灌浆孔灌浆；蜗壳内侧及底部（含蜗壳进口断面至上游边墙段）采用引管法灌浆。

3. 尾水管

尾水管位于厂房基础部分，单孔钢筋混凝土结构，出口为10m×15m（宽×高）的城门洞形断面。由于地下厂房结构及受力情况与地面混流式厂房存在一定差异，上部荷载仅部分传至尾水管边墩上，大部分荷载经蜗壳周边混凝土传至尾水管周围的岩石支墩上。在设计中主要做如下考虑：

（1）采用窄高型尾水管，并减小尾水管外围混凝土厚度，以保证尾水管之间有13m的岩墩厚度，从而降低厂房全断面开挖高度，并利用其支撑作用，改善岩体应力状态，减小厂房边墙变形，提高洞室稳定性。

（2）对尾水管岩墩及厂房底板以下围岩进行固结灌浆以增强围岩整体性。

7.3.2 调压室布置及结构措施研究

7.3.2.1 调压室位置选择

调压室位置的选择主要考虑：①尽可能最大限度地发挥调压室的功能；②地质、地形条件；③与其他洞室的相互关系等方面的因素。为有效减小水击压力，防止丢弃负荷时产生过大的负水击压力，充分发挥调压室的调节功能，调压室应尽量靠近主厂房布置。就地质条件而言，靠近主厂房部位主要为$P_1m^{1-1}\sim P_1q^2$层灰岩，岩石较坚硬，成洞条件较好；靠近下游侧则进入较差的P_1l、S_2h及S_1l层软岩区域，成洞条件较差，因此调压室尽量靠近上游对于调压室围岩稳定较为有利。就与其他洞室相互关系而言，调压室应尽可能靠近下游侧布置，以满足其与主变洞之间间距要求，保证主厂房及主变洞围岩稳定安全。综合以上各方面因素，调压室布置在距尾水出口下游32.5m处，与主变洞间距为23.8m。

7.3.2.2 调压室布置

经综合比较并参照类似工程经验，构皮滩水电站采用适应性较好的阻抗式调压室，阻抗孔由在调压室内的尾水检修闸门井承担。考虑自身功能、结构和围岩稳定、闸门运行及使用等要求，调压室采用下部独立、上部连通长廊型布置。

尾水隧洞采用"两机一洞"和"一机一洞"联合布置型式，与之对应，调压室下部采用"两机一室"和"一机一室"联合布置型式，尾水隧洞在调压室下部交汇。调压室下部布置 3 个相互独立的矩形调压室，底板顶高程为 393.08m，开挖长度为 46m、46m、24m，其间岩柱宽 16m；调压室上部连通成为闸门廊道，闸门廊道底高程为 481.00m，其顶高程为 503.33m，宽 19.3m，长 158m。

为降低洞室高度，采用桥机作为调压室闸门启闭设备。桥机梁采用岩锚梁和排架梁组合结构，上游采用岩锚梁结构，下游侧采用排架结构，桥机排架（岩锚梁）顶高程由调压室最高涌浪水位及提升闸门要求确定，为 491.35m。

尾水管检修闸门设在尾水管出口处调压室内，闸门孔口尺寸 10m×14.7m（宽×高），检修闸门槽兼作阻抗孔，孔口尺寸 12m（局部 10m）×2.8m（宽×高），单孔面积为 32.48m²，阻抗板顶高程为 411.28m。

7.3.2.3 调压室结构设计

1. 结构布置

构皮滩水电站调压室结构主要由以下部分组成：底部汇流室、阻抗板、481.00m 高程以下矩形调压室、481.00m 高程以上闸门廊道、桥机梁及排架结构。以下着重介绍底部汇流室、阻抗板、481.00m 高程以下矩形调压室等主要结构。

（1）底部汇流室。对于"二机一洞"布置的机组，2 条尾水管在尾水调压室底部回流室交汇，原设计采用矩形交汇型式。流场数值计算显示：在 2 台机组同时运行的工况下，汇流室下游两角、汇流室上游中部、尾水洞进口处存为主要分离和回流区（图 7.3.2），这些回流区是水头损失的主要发源处。另外，在闸门槽、阻抗孔附近也有小的回流区，它们对损失也有一定贡献。由于存在较多的分离和较强的汇流，该体型水头损失较大，且流态不稳。

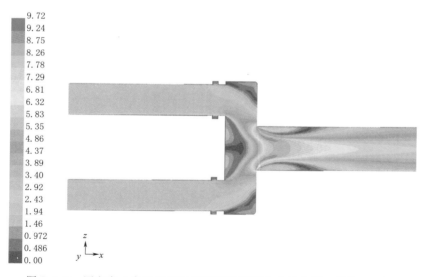

图 7.3.2 原方案 2 台机组运行工况断面流速大小分布图（单位：m/s）

根据局部水头损失的成因和机理，为减小水头损失，需减少流道断面大小和形状的突然改变，尽量使流道断面沿流向不变或平缓过渡；减少流动方向的改变次数和减小流线曲率，从而减少分离，减小汇流区范围，使流动平顺，降低湍动程度。

据此，对调压室阻抗板下部流道体型进行优化，尾水隧洞在调压室下部采用流线型汇流型式，并调整尾水洞与汇流室的连接断面。具体优化内容见表 7.3.3 和图 7.3.3。流场数值计算及模型试验均显示（图 7.3.4）：优化后调压室底部水流流态明显改善，消除了几个大的回流区，水流损失也比原方案有大幅减小（表 7.3.4），有利于提高电站的发电效益。

表 7.3.3　　　　　　　　　　　　　调压室底部体型优化内容

修改处	修　改　内　容
汇流室	汇流室左右边墙分别缩进 1m，以使边墙与闸门井下游立棱顺直相接，消除突变； 汇流室下游边墙与两侧边墙用 10.70m 半径、90°圆弧连接； 汇流室上游墙立棱用 1m 半径圆弧修圆； 汇流室上游直墙采用凹入室内折线边墙代替； 汇流室底部以斜坡连接尾水管出口与尾水洞入口
尾水洞与 汇流室连接处	在尾水洞进口设矩形断面喇叭口，断面宽×高由 19.6m×15.2m 变为 14.2m×15.2m，侧墙由半径 0.8m 的圆弧连接； 喇叭口下游设 16m 长的由方形断面变圆形断面的过渡段

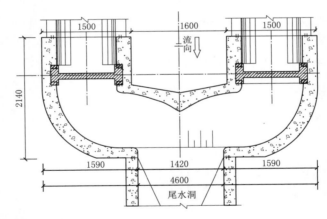

图 7.3.3　调压室底部体型优化（单位：cm）

表 7.3.4　　　　　　　　　　调压室及尾水系统水头损失 CFD 计算及试验结果

部　　　位		原　方　案		优　化　方　案	
		水头损失系数	水头损失/m	水头损失系数	水头损失/m
调压室底部	CFD 计算	1.51	2.246	0.347	0.412
	模型试验		1.64	0.389	0.44
调压室后尾水系统	模型试验		3.3		1.92

注　1. CFD 计算数据引自武汉大学《乌江构皮滩水电站引水发电系统过渡过程整体模型试验及三维流场数值分析研究》。
　　2. 模型试验数据引自长江水利委员会长江科学院《构皮滩地下电站尾水调压室输水系统水力学试验研究报告》。

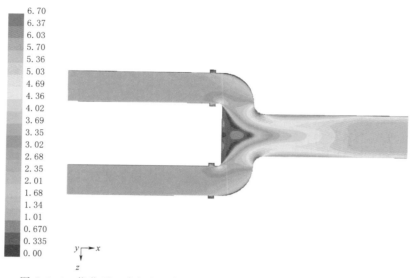

图 7.3.4 优化后 2 台机组运行工况断面流速大小分布图（单位：m/s）

（2）阻抗板及 481.00m 高程以下矩形调压室结构。调压室汇流室顶部 408.28m 高程设有阻抗板，板厚 3.0m，阻抗板与汇流室周边衬砌混凝土整浇，共同承担负荷变化时板上承受的压差，调压室闸门廊道以下采用钢筋混凝土衬砌的支护方式，衬砌厚 1.3m。

（3）结构计算。为研究调压室衬砌结构和阻抗板受力特性，采用三维整体有限元对调压室围岩及内部结构进行分析，成果显示：

1）边墙衬砌：调压室边墙衬砌结构应力水平不高，在外水压力作用下，基本处于受压状态，底部局部区域出现少量拉应力区（第一主应力），拉应力区出现在底部 1/4 区域，最大主拉应力 0.25MPa；在内水作用下，边墙衬砌结构上半部受力条件较好，中下部受力相对较大，在最高涌浪工况下局部最大拉应力在 0.5MPa 左右。

2）阻抗板：在外水作用下阻抗板以承受压应力作用为主，外水压力作用对阻抗板不起控制作用；在内水压力作用下，由于动水压差对调压室阻抗板底部的影响，阻抗板最大向下压差为 17m 时，阻抗板基本处于全面受拉状态，整个阻抗板第一主应力大部分区域在 0.5～1.75MPa 之间变化。下部的拉应力值较其上部大，最大拉应力值达到 2.5 MPa，位于阻抗板隧洞部位跨中。在阻抗孔板口处有应力集中现象，阻抗孔口周边最大拉应力值为 2.95 MPa，位于下游侧。

3）外水压力影响：外水压力对调压室衬砌结构受力状态有较大影响，见表 7.3.5。

表 7.3.5　　　　　　　　　　　外水压力对边墙衬砌影响敏感分析

外水压力折减系数	0.3	0.5	0.7
边墙最大主拉应力/MPa	0.06	0.32	0.65

2. 调压室结构及工程措施

为保证岩溶地区高大调压室施工及运行期结构安全，主要采取以下结构及工程措施。

（1）结构优化措施。

1）调压室闸门廊道以下钢筋混凝土衬砌内部上下游之间设混凝土横撑支撑，利用调压室自身结构提高结构的稳定性和安全性。

2）采用三维有限元及三维框架对调压室整体结构及阻抗板结构进行分析，分别按应力和内力对阻抗板进行承载能力极限状态及正常使用极限状态计算，配置钢筋；结合水力学研究成果，调整汇流室体型，改矩形汇流室型式为流线型型式，并将汇流室上游的直边墙用凹入室内折线边墙代替，不仅可以减小阻抗板跨度，改善受力状态，还增加了下部岩墩体积，有利于高边墙稳定。

（2）排水措施。为保证调压室长期运行安全，防止内水外渗及外水内渗对结构的不利影响，遵循内导外排的原则，对调压室的防渗排水系统进行优化：利用厂房下游排水廊道作为调压室上游排水廊道，利用调压室下游中部施工支洞作为调压室下游排水廊道；在调压室衬砌内侧布置纵横排水盲沟，衬砌外渗水通过调压室衬砌外侧排水孔排至厂房上游排水廊道内，降低边墙外水压力。

3．支护加固措施

利用锚固及灌浆措施起到围压固壁的作用，以改善高边墙受力状态，增强高边墙周边整体性和抗渗性。调压室锚杆外伸 1m，与衬砌连接，利用锚杆抵抗力抵消部分外水压力对衬砌的作用，改善边墙衬砌受力情况。在调压室边墙周边（上下游边墙及主变洞与调压室之间、两尾水调压室端墙间）施加预应力锚索，以减小洞周拉应力，改善边墙围岩受力状态，锚索吨位为 1500～2000kN，间排距为 4.5～6.0m；调压室之间岩墩及端墙部位进行固灌，灌浆深度约为 7m。

7.3.3　主要成果和结论

构皮滩水电站地下厂房地层条件复杂，岩层软硬相间，主厂房上游发育有规模较大的岩溶系统，调压室下游为Ⅳ类、Ⅴ类软岩，成洞条件差，三大洞室布置空间局促。在保证围岩稳定前提下，洞室间岩柱选用较小值，将洞室群布置空间尽可能压缩，以规避较大地质风险；同时对地下电站各洞室布置、结构措施等方面进行了优化，压缩洞室规模、改善结构受力条件，为地下厂房洞室群施工、岩溶处理及薄岩柱可行创造了基本条件。

7.4　地下厂房洞室围岩支护措施研究

7.4.1　设计方法及基本思路

地下厂房洞室群支护设计是遵循新奥法设计理论，采用动态化监控设计。其设计过程分初始设计阶段和修正设计阶段。初始设计阶段根据厂区地质条件及工程布置（洞室群布置格局、洞室形状大小）等因素采用工程类比法初拟支护参数；采用数值分析方法对初拟参数支护效应进行评价和调整。修正设计阶段是根据施工揭示地质条件和现场监控成果反馈（围岩变化动态和支护受力状况等）调整支护措施和参数。

7.4.2 洞室群开挖支护设计

7.4.2.1 围岩整体稳定分析

可行性研究设计和招标设计阶段，采用三维有限元分析法对地下厂房位置选择、洞室布置方案、施工程序及基本支护参数的选择等进行了研究，对主要洞室整体稳定状况进行了评价。计算程序采用由美国 Itasca 咨询公司开发的三维快速拉格朗日分析程序 FLAC - 3D。数值分析成果表明：

（1）位移：开挖完成后，洞室周边各典型部位的最大位移值通常为 30～70mm（表 7.4.1）。主厂房顶拱最大变形量一般小于 30mm，受溶洞影响，局部最大下沉量达 133.3mm，上、下游边墙的最大位移值分别为 61.9mm、71.1mm；主变室顶拱最大铅直向变形为 39.6mm，上、下游边墙的最大位移值分别为 41.4mm、27.6mm；尾水调压井顶拱铅直向最大变形为 34.7mm，上、下游侧墙的最大位移值分别为 51.2mm、36.6mm。采取支护措施后，地下洞室围岩大多数区域的变形均得到了有效的控制，各洞室周边最大开挖变形一般可减少 30%～60%；在局部有明显地质缺陷的部位洞周变形可减小 100% 以上。

表 7.4.1　　　　　　　　　　　厂房洞室群的特征位移

部 位			特征位移/mm	
			开挖后	支护后
主厂房	顶拱		133.3	56.8
	机窝底板		33.7	30.4
	边墙	上游	61.9	47.2
		下游	71.1	56.3
主变室	顶拱		39.6	33.4
	边墙	上游	41.4	34.7
		下游	27.6	22.3
尾水调压室	顶拱		34.7	29.9
	边墙	上游	51.2	47.5
		下游	36.6	32.8

（2）应力：开挖完成后，受卸荷作用，应力场不断调整。主厂房、调压室洞周应力变化较大，主变洞、母线洞洞周应力变化较小。主厂房和主变洞最大主压应力出现在拱座、主厂房机窝底板拐角等应力集中部位，最大值为 57.8MPa。尾水调压室开挖高度大，上、下游侧墙最大切向压应力较大，应力值一般为 10～20MPa，局部达到 25MPa。拉应力区的范围较小，主要分布在主厂房边墙中部，拉应力值一般小于 1.0MPa，最大值为 1.18MPa。采取支护措施后，在洞室交叉地带的应力集中情况有所缓解，主厂房侧墙等部位的拉应力区范围也有一定程度的减少。

（3）塑性区：地下洞室群开挖完成后，各洞室侧墙及洞间岩柱均产生了较大范围的塑性区。主厂房上游侧墙塑性区的最大延伸深度达 22m，下游侧墙与主变室之间的塑性区已基本连通；尾水调压井上游侧墙与主变室洞间围岩的塑性区部分连通，与主厂房下游侧墙之间的尾水管洞间岩柱的塑性区已基本贯通，下游侧墙塑性区的延伸深度约为 12m。尾水洞洞周围岩塑性区延伸深度一般为 5～8m，在与尾水调压井交叉部位的塑性区范围较大。各洞室顶拱塑性区范围较边墙小，且分布不均匀，层间错动、断层和 W_{24} 溶洞附近等塑性区范围相对较大。采取支护措施后，主厂房顶拱、侧墙、主厂房与主变室之间岩柱以及尾水调压室顶拱处等部位的塑性区减少较为明显，洞室围岩塑性区总体积较无支护方案减小了 34.3%。

（4）取消主厂房顶拱的预应力锚索（无溶洞部位），顶拱变位略有增加，对塑性区分布无影响。

（5）锚杆应力：从围岩系统锚杆的应力分布来看，各洞室锚杆应力分布大多数在正常值范围内，其中主变洞上下游墙、与主变洞相邻的调压室上游墙、层间错动带较集中区域及尾水洞软岩段等区域锚杆应力较大，部分达到屈服状态。

（6）层间错动带的存在，很大程度上影响着围岩的变形、应力、塑性区分布以及锚杆应力。

（7）施工程序：对主厂房、主变洞、调压室的开挖顺序进行多方案比较，分析显示，该工程后期施工对顶拱塑性区影响不明显，对边墙塑性区有较大影响；开挖分步过多对围岩扰动大，洞周位移值大；主变洞与主厂房、调压室空间错开施工，可以减小开挖引发的洞室群间的相互干扰影响，减小塑性区破坏范围。

7.4.2.2　影响围岩稳定的主要因素

经分析，影响围岩稳定的主要因素如下：

（1）洞室规模大、边墙高：主厂房及调压室均属超大型的高边墙洞室，施工过程中由于爆破松动及开挖卸荷，导致上下游边墙中部出现应力松弛，不利于洞室稳定。

（2）洞室间岩柱较薄：有限元计算显示，无支护情况下，洞室开挖完成后，洞室间岩柱的塑性区基本连通。

（3）洞室数量多，交叉洞口多：主厂房洞室与引水洞、尾水洞、母线洞等洞室交叉部位受力条件复杂。

（4）地层条件复杂：层间错动、岩石结构面及岩溶管道穿过主厂房洞室群，裂隙结构面组合、裂隙与层面组合、交叉洞口以及岩溶等在边墙及顶拱中构成不稳定块体。

7.4.2.3　围岩基本支护措施和参数的选择

1. 系统锚杆及喷层

采用喷锚支护加固表层和浅层围岩，针对高边墙洞室表层开挖后一定范围存在应力松弛现象，地下洞室喷混凝土采用钢纤维混凝土，并在边墙及顶拱等重要部位系统锚杆采用张拉锚杆和普通砂浆锚杆交错布置，以改善岩体应力状态，提高岩体自身承载力。

锚杆支护参数的选择主要遵循以下基本原则：锚杆直径的选择应充分发挥其材料特性，使锚杆应力在具备一定安全度情况下尽量充分发挥其抗拉能力；锚杆长度应尽量穿过松动区，并留有一定裕度，参考欧美锚杆参数经验法则和国内大中型地下洞室工程经验及统计资料，一般取 0.2～0.5 倍洞室跨度且不大于 0.2 倍洞室高度；锚杆间距不宜大于锚杆长度的 1/2，该工程地下厂房区域系统锚杆间排距一般为 1.5m；喷混凝土厚度一般为 10～15cm。

2. 预应力锚索

主要采取系统锚索和随机锚索相结合的布置方式，锚索的支护参数的选择要求锚索穿透塑性区且锚索应力值控制在材料强度标准值的 65％左右。

（1）系统锚索。主厂房及调压室中下部边墙稳定性相对较差，是地下洞室支护的重点部位，采用系统预应力锚索加固，其与主变洞间的岩柱采用对拉锚索；尾水管间岩墩采用对穿锚索及固结灌浆加强。

锚索在主厂房及调压室上游墙中下部间排距为 4.5m，调压室下游墙锚索间排距为 6.0m，调压室上游墙上部间排距为 4.5m×6m（间距×排距），主厂房和调压室张拉力分别为 2000kN、1500kN（局部 2000kN）。主厂房支护强度达 0.099MN/m²，量值在类似地下厂房工程中属大值（表 7.4.2）。

（2）随机锚索。对于顶拱部位，其受力状态相对较好，根据地质条件仅局部采用随机锚索支护。

表 7.4.2　　　　　　　　　　地下厂房支护参数统计表

水电站名称	开挖跨度/m	岩体质量强度/MPa	地应力最大主应力/MPa	强度应力比	锚索拉力 F/kN	锚索间排距/m		锚索支护强度（F/ab）/（MN/m²）
						间距 a	排距 b	
水布垭	21.5	60	5.62	10.67	1500	4.5	4.5	0.0741
冶勒	22.2	40	8.8	4.55	1000	4	4	0.0625
溪洛渡	31.9	50	18	2.78	1750	4.5	4.5	0.0864
三峡	31.6	80	11.2～12.25	7	2500	6	6	0.0694
龙滩	30.7	50	13	3.85	2000	4.5	4.5	0.0988
小浪底	26.2	60	5	12	1500	4	4	0.0625
向家坝	31	60	10.04	5.97	1500	4.5	6	0.0556
宜兴	22	50	12	4.17	1500	4.5	6	0.0556
色尔古	17.7	40	14.75	2.71	1500	4.5	4.5	0.0741
柳洪	18.6	50	14.75	3.39	1000	5	5	0.0400
彭水	30	70	10.96	6.38	2000	4.5	4.5	0.0988
构皮滩	27	75	12	6.25	2000	4.5	4.5	0.0988

3. 地下厂房洞室群基本支护参数

构皮滩水电站地下厂房洞室群基本支护参数见表 7.4.3。

4. 混凝土衬砌及超前锚杆

洞室交叉口处应力条件复杂，应力、位移值和塑性区范围较大，因此在洞室交叉处 1.0～1.5 倍洞径范围内采用混凝土衬砌支护和超前锁口锚杆。

7.4.2.4　支护措施动态调整

由于地下工程的复杂性和不确定性，支护措施在施工过程需根据开挖揭露的情况进行动态调整。

主厂房开挖过程中，主厂房及主变洞边墙、岩锚梁等部位出现多条裂缝，裂缝多沿层

表 7.4.3 **构皮滩水电站地下厂房洞室群基本支护参数**

支护部位		支 护 参 数
主厂房	顶拱	锚杆：$\Phi\,25/28@1.5\text{m}\times1.5\text{m}$，$L=6\text{m}/9\text{m}$，其中 9m 为 50kN 张拉锚杆； 喷钢纤维混凝土 15cm
	边墙	锚杆：$\Phi\,25/28@1.5\text{m}\times1.5\text{m}$，$L=6\text{m}/9\text{m}$，其中 9m 为 50kN 张拉锚杆； 喷钢纤维混凝土：厚 10cm（水轮机层以下）、15cm（水轮机层以上）； 锚索：$2000\text{kN}@4.5\text{m}\times4.5\text{m}$，$L=25\text{m}$（与主变洞对应区域为对穿锚索 $L=30\text{m}$）
主变洞	顶拱	锚杆：$\Phi\,25@1.5\text{m}\times1.5\text{m}$，$L=6\text{m}$； 喷钢纤维混凝土 10cm
	边墙	锚杆：$\Phi\,25@1.5\text{m}\times1.5\text{m}$，$L=6\text{m}$； 喷钢纤维混凝土 10cm； 锚索：$2000\text{kN}@4.5\text{m}\times4.5\text{m}$（与主厂房对穿锚索）
调压室	顶拱	锚杆：$\Phi\,25/28@1.5\text{m}\times1.5\text{m}$，$L=6\text{m}/9\text{m}$，其中 9m 为 50kN 张拉锚杆； 喷钢纤维混凝土 15cm
	边墙	锚杆：$\Phi\,25/28@1.5\text{m}\times1.5\text{m}$，$L=6\text{m}/9\text{m}$，其中 9m 为 50kN 张拉锚杆； 喷钢纤维混凝土：厚 10cm（480.5m 平台以下）、15cm（480.5m 平台以上）； 锚索：$1500\text{kN}@6\text{m}\times6\text{m}$（下游），$1500\text{kN}@4.5\text{m}\times4.5\text{m}$（6m）（上游），$L=20\sim25\text{m}$， $2000\text{kN}@4.5\text{m}\times4.5\text{m}$，$L=25\sim30\text{m}$（对穿锚索，与主变洞对应区域）

间错动发育。根据分析，其主要原因是该工程存在很多不利主厂房围岩稳定的因素（如厂房跨度大、边墙高、洞室间距较小；主变洞及尾水管部位洞室纵横交错；厂房区域层间错动分布较多等），加之下游边墙水轮机层以下部位存在 $18\sim36\text{m}$ 弱支护段（未布设锚索）。在主厂房开挖过程中，边墙及岩柱应力释放，洞室围岩整体性和强度削弱，易沿层间错动等软弱结构面产生变形，从而导致层间错动部位洞壁混凝土喷层产生裂缝、局部岩锚梁锚杆断裂和梁体裂缝等。

根据理论分析计算和监测位移情况，主要采取以下加固措施：厂房上下边墙层间错动区域及下游边墙下部适当增加锚索；主变洞和母线洞层间错动部位增加随机锚杆；对岩锚梁紧固力进行调校，断裂锚杆进行补打，梁体裂缝补强处理；在层间错动变形区域以及岩锚梁体增设监测仪器。

7.4.2.5　开挖支护基本程序

通过采用"平行作业，同步错时"的施工程序，防止下挖过程三大洞室塑性区贯穿，减小围岩变形，有利于围岩稳定。

（1）主厂房、主变室、尾水调压室（井）均采用分层开挖及支护的方法。三大洞室中，厂房和尾水调压室受强岩溶影响范围大、处理工作量大、工期长。故将原主变洞顶拱开挖分层由Ⅱ层调整为Ⅰ层，立面上按主变室先行，主厂房紧随其后，尾水调压室开挖相应滞后的顺序进行。时间和空间上避开洞周之间的开挖影响，以防三大洞室塑性变形贯穿，对区域稳定不利。

（2）对引水洞、进厂交通洞、副厂房至副安装场连通洞、尾水管等与厂房高边墙交叉的洞口，遵循"小洞穿大洞、先洞后墙"的程序，在厂房高边墙开挖至上述小洞室前先行开挖与之相交的小洞，洞口贯入厂房 2m 以上，并做好锁口喷锚强支护。

（3）引水洞、母线洞、尾水支洞及尾水洞的施工按相邻两洞错开间隔施工的原则进行，必须相邻开挖时，开挖的掌子面要错开 50m 以上，并且超前的洞段要及时支护。

（4）及时实施主变洞与主厂房边墙间对穿锚索，改善边墙应力松弛，约束临空方向变形，防止下挖过程三大洞室塑性变形贯穿，对区域稳定不利。

（5）及时实施主变洞与主厂房边墙间对穿锚索，改善边墙应力松弛，约束临空方向变形，防止下挖过程三大洞室塑性变形贯穿，对区域稳定不利。

7.4.3　主要成果及结论

通过理论研究和数值分析，结合现有工程经验，研究改善地下工程围岩和支护结构的受力条件的设计方案和工程措施，主要成果及结论如下：

（1）采用喷锚支护、预应力锚索及尾水管岩墩加固等综合措施，保证"薄岩柱、高边墙"施工期及运行期洞室围岩稳定；通过采用"平行作业，同步错时"的施工程序，防止下挖过程三大洞室塑性区贯穿，减小围岩变形，有利于围岩稳定。

（2）岩溶地区高大调压室高边墙施工期及运行期在外水压力左右下稳定性问题突出。通过采用布置优化、结构加固、排水、导水、灌浆、支护等多种加固措施集成，保证了调压室结构安全和围岩稳定。

7.5　岩溶系统处理措施研究

7.5.1　岩溶系统对地下洞室围岩稳定的影响

根据 W_{24} 岩溶系统的分布特点，采用二维、三维弹塑性数值分析方法，研究 W_{24} 岩溶管道对厂房围岩稳定性的影响及岩溶管道回填范围、回填时机。通过三维渗流场计算，分析山体边界水位及 W_{24} 岩溶系统对地下厂房区渗流状态的影响。分析成果显示：

（1） W_{24} 岩溶系统对施工期地下厂房洞室群的稳定性有一定影响。

（2） W_{24} 岩溶系统规模巨大，距离地下厂房洞室群较近，在地下洞室开挖工程中，岩溶管道较近区域的变位及塑性区增大，应力条件恶化，特别对 3 号机组段顶拱及下游拱角部位及 4 号机组段上游拱角部位影响较大；无溶洞情况与有溶洞情况相比，3 号机组下游拱角附近主厂房洞周位移最大减小约 18.2%，4 号机组上游拱角附近主厂房洞周位移最大减小约 10.7%；3 号机顶拱最大主应力减小约 33.6%。

（3）采用混凝土对 W_{24} 岩溶管道进行回填，可以限制洞室围岩变位，改善围岩应力条件，减小各洞室间的塑性区。

（4）从回填范围的对比分析可知，上、下游边墙水平距离为 15m，顶拱铅直向上 20m 范围涵盖主要的塑性区，其作为回填范围比较合适；而且岩溶管道回填越早，对限制围岩稳定性变形、提高围岩的稳定性越有利；主厂房开挖完一层后即进行回填（即随层处理，逐层回填）对控制洞周变形量效果较好。

（5）相对于无 W_{24} 岩溶情况，距 W_{24} 岩溶管道较近的锚杆及锚索的应力一般增加

5%～15%。

（6）对厂房区的岩溶系统，特别是 W_{24} 岩溶系统，只要在帷幕线部位进行有效拦截，并在幕前进行针对性疏导，按外水外排的原则，防止地下水翻越帷幕进入厂房区，其来水对厂房区的渗流场影响较小。

7.5.2　岩溶系统处理措施

7.5.2.1　清理回填

1. 溶洞清理回填范围

遵循分界处理的原则，将洞室顶拱高程以上 20m 或第一层排水廊道底板以下，水平距离洞室边墙 15m 范围内作为重点清挖回填区域。对于顶层排水廊道外临江侧，将排水廊道底板高程以下回填至排水廊道外 20m，主要目的是防止江水倒灌。对水平距离超过15m、垂直距离超过 20m 范围的岩溶系统视具体情况适当处理。

2. 回填混凝土强度等级

由于厂房区域围岩基本为灰岩，岩石强度一般较高，为避免回填区域应力集中，回填混凝土一般采用强度较高的 C25 混凝土。

3. 构造措施

（1）为保证回填混凝土与洞周围岩良好连接，厂房顶拱及边墙水平距离 15m、顶拱高程以上垂直距离 20m 范围内 W_{24} 岩溶系统洞壁设置系统锚杆连接回填混凝土及围岩，锚杆直径 ⌀28mm，间距 150cm×150cm（行×列），长 4.5m 锚杆（入岩 3.5m），层间错动或夹层等结构面穿过的部位局部锚杆加长至 6m；对于顶拱、边墙出露的岩溶系统，在回填混凝土洞壁侧及外露侧加配构造及受力钢筋，以保证回填混凝土自身完整性和传力效果。

（2）对于顶部不易回填密实的部分，进行灌浆处理。对水平距离超过 15m、垂直距离超过 20m 范围仍需回填的岩溶系统，在满足施工安全前提下直接采用混凝土回填，不进行系统锚杆支护。

4. 施工顺序

采用分序、分层的处理模式，先完成岩溶系统处理，再进行洞室扩挖。对未完全揭示清楚的岩溶系统，为便于后期施工和溶洞追索，视具体情况在顶部或下部留一定的通道，待岩溶系统完全揭示后按设计要求尽快全部回填。

分序处理：规模较大的溶洞，优先回填处理洞周附近，随开挖层的支护同步完成，并预留通道，后期处理。

分层处理：溶洞深度较大，采用逐层处理的施工程序，上层回填混凝土下部设置梁式结构支撑，不仅保证溶洞上部建筑物施工和下部溶洞处理同步进行，还有利于上部结构荷载传递至两边完整岩石中。

7.5.2.2　加固措施

若岩溶邻近洞室边墙或出露于边墙，为防止回填混凝土与裂隙、断层、层间错动等不利结构面形成不稳定块体或潜在不稳定块体，根据溶洞部位和规模，及时通过锚杆及预应力锚索进行支撑加固处理。

（1）悬吊加固：当岩溶在顶拱出露时，通过锚索与回填混凝土等措施加固，以保证该部位整体性，锚索用量可利用悬吊理论计算，如图7.5.1（a）所示。

（2）支挡加固：当岩溶在边墙出露时，通过锚索、锚杆及回填混凝土等措施改善边墙应力条件，使围岩及回填混凝土呈三向受力状态，以利于边墙稳定。锚索间距4～6m，吨位1500kN，如图7.5.1（b）所示。

（3）梁式加固：当溶洞向下发育深度不详，一次清理干净困难较大，可采取分期施工方式。一期回填混凝土下部设置梁式结构支撑，不仅保证溶洞上部建筑物施工和下部溶洞处理同步进行，还有利于上部结构荷载传递至两边完整岩石中。根据上部承载要求，梁式结构可采用拱梁或简支梁等型式，对于上部存在岩锚梁等重要承载结构时，可采用受力及传力结构条件较好的拱梁型式，如图7.5.1（c）所示。

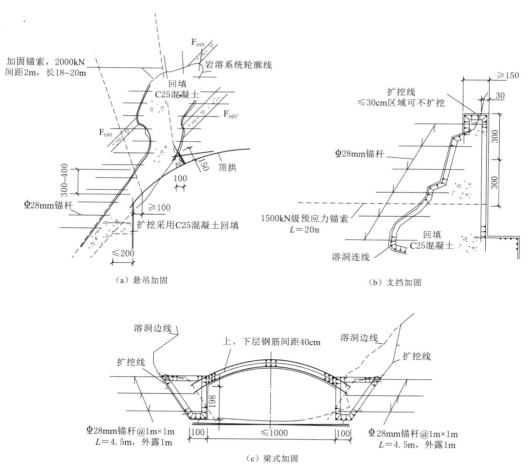

（a）悬吊加固

（b）支挡加固

（c）梁式加固

图7.5.1 支撑加固方式（单位：cm）

7.5.2.3 排水措施

利用前期实施的排水廊道、交通洞、主变洞 I 层、主厂房中导洞、施工支洞和 W_{24} 低高程追挖支洞等，截断主管道来水，保证地下厂房主要洞室在封闭条件下施工。

有针对性地布置深孔或超前导孔，使涌水涌泥有控制地释放。根据现场实际情况，按"高水高排，低水低排，就近引排"的原则，帷幕区域的岩溶水通过高程 465.00m 灌浆廊道拦截到厂区外引排；厂房区内岩溶水通过排水管、预留通道等引至厂房、主变洞、调压室、交通洞、排水廊道等引排，避免涌水现象；岩溶系统回填前，对溶洞填充物进行清理，避免涌泥现象。

7.5.2.4 追踪及监测

施工期"边施工，边追探"的施工期勘探方式来密切追踪探明岩溶系统的分布及发育情况，并加强监测。

7.5.3 主要成果及结论

结合平面和三维数值分析，就 W_{24} 岩溶系统对地下厂房洞室群围岩稳定性影响及工程处理措施等进行了系统研究，主要成果及结论如下：岩溶系统的清理回填主要遵循"分界、分层、分序"的原则；根据岩溶出露部位、施工及结构要求，主要采取悬吊、支挡及梁式结构等支撑加固措施；加强施工期排水及追踪监测，及时调整处理方案等。

7.6 地下厂房防渗排水技术研究

7.6.1 防渗排水设计

由于地下厂房距库岸较近，水库蓄水后，将改变原山体地下水的水文地质条件，库水和山体来水将对地下厂房洞室群及其周边岩体的防渗排水设施形成一定的扬压力和渗透压力，对厂房洞室群围岩的稳定性产生一定的影响，也将影响地下厂房的日常运行及机电设备安全。此外，分布于主厂房围岩中的岩溶洞穴及地下水，对厂房围岩稳定及防渗极为不利。

7.6.1.1 防渗排水设计原则

为有效阻隔厂房上游侧岩体与库水联系及控制厂区渗透量，根据水文地质条件、工程地质条件及岩溶发育情况、布置特点等，地下厂房防渗排水设计遵循"外堵与内排相结合，以排为主；外排为主，内排为辅"的设计原则。

7.6.1.2 防渗排水布置

为拦截地下厂房周边地下水向厂房内入渗、降低厂房围岩水压力，地下厂房区布设的渗控措施主要有：防渗帷幕和排水系统、厂外排水系统、厂内（洞室边壁）排水系统、调压室防渗排水系统和抽排设施等。

1. 防渗帷幕和排水系统

在主厂房上游侧及靠近山体侧设置 1 道与右坝肩相接的防渗帷幕，以拦截上游及山体渗水通道。右岸山体段防渗帷幕起点与大坝右坝肩主帷幕相接，其上游端与主厂房轴线平行，距主厂房上游边墙 55m 出右坝肩，绕过厂房上游侧后，向下游转折至 S_2h 隔水层，靠山体侧帷幕距主厂房右端墙 40m。地下厂房周边帷幕透水率小于 1Lu，其余部位帷幕透水率小于 3Lu。各层灌浆廊道下游侧设置排水幕，以降低幕后压力，防止幕后渗水向厂房渗漏。

2. 厂外排水系统

为有效降低厂房周边的地下水位，除在主厂房上游侧布置有防渗帷幕外，在主厂房及主变洞围岩四周还布置了 3 层排水廊道，距主厂房上游边墙、主变洞下游边墙及主厂房左、右端墙距离分别为 31.75m、8.7m、26.45m、20.35m。排水廊道断面尺寸一般为城门洞形 3.0m×3.0m（宽×高）。厂外排水系统布置如图 7.6.1 所示。

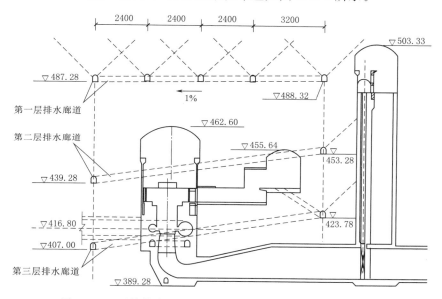

图 7.6.1　厂外排水系统布置（单位：高程为 m；其余为 cm）

第一层排水廊道呈封闭式"目"字形布置，排水廊道底高程为 489.85～486.00m，廊道底板平均坡比为 1%，中间 3 条排水廊道位于主厂房上方顶拱围岩中；第二层排水廊道呈封闭式口字形布置，排水廊道底高程为 447.88～438.00m，廊道底板坡比为 1%～11.70%；第三层排水廊道呈封闭式口字形布置，排水廊道底高程为 425.31～402.43m，廊道底板坡比为 0.5%～17.34%‰。

为使主厂房四周构成一道排水帷幕，在 3 层排水廊道之间及第三层排水廊道底部布置 ϕ91mm 竖向排水孔，孔距 3m；按纵向间距 3m 在第一层排水廊道顶拱扇形布置 2 列 ϕ91mm 排水孔，形成顶拱排水帷幕，孔深 25m；主变洞下游侧的第二层及第三层排水廊道顶拱外侧按纵向间距 3m 布置 ϕ91mm 斜孔一列，作为辅助排水孔。排水孔端头塞 0.5m 长圆形塑料盲沟，外裹滤膜（滤膜为 300g/m² 的土工织物）。

第一层排水廊道通过排水廊道连接段与扩挖后的 D_{34} 勘探平洞相接，第一层排水廊汇集的地下水自流排出山体外。第二层排水廊道的渗水通过排水孔汇集到第三层排水廊道，与第三层排水廊道的渗水一起通过廊道排至厂区渗漏集水井进行抽排。

3. 厂内（洞室边壁）排水系统

在厂房顶拱和中上部边墙、主变洞顶拱和边墙设置间排距 4.5m 的排水孔，孔深 6m，排水孔采用纵横集水支管和主管连接，渗水通过集水管、排水沟，最终汇入厂区渗漏集水井中。

4. 调压室防渗排水系统

为保证调压室长期运行安全，防止内水外渗及外水内渗对结构的不利影响，还对调压室的防渗排水系统进行优化：调压室之间岩墩及端墙部位进行固灌，灌浆深度约 7m；利用厂房下游排水廊道作为调压室上游排水廊道，利用调压室下游中部施工支洞作为下游排水廊道；在调压室衬砌内侧布置纵横排水盲沟，衬砌外渗水通过调压室衬砌外侧排水孔排至上游排水廊道内。

5. 抽排设施

厂内及厂区渗漏集水井、厂内检修集水井均布置在副安装场下方。检修集水井和厂区渗漏集水井均采用全密封集水井，其间采用带隔离阀门的连通管道连接。在异常情况下，当厂区来水量大于厂区排水系统最大抽排能力时，可利用检修排水系统抽排能力保证厂房安全。

7.6.1.3　三维渗流有限元计算

为了指导渗控设计和评价渗控效果，对构皮滩水电站地下厂房进行了三维渗流场计算。计算结果简述如下：

（1）无防渗措施时，坝基渗压力和两岸山体地下水位较高，仅设置防渗帷幕（帷幕后不设排水）对渗流场影响不大，帷幕线路对厂房区的地下水位的影响亦不大，而帷幕后的排水措施降压效果显著。

（2）帷幕及幕后主排水、洞室边壁排水和厂区封闭排水联合作用下，对降低厂房区地下水位及主厂房边壁压力效果较好。

1）无渗控措施条件下，厂房区地下水位达 598.35～659.45m，高于厂房顶拱 141.7～199.9m，水轮机层底板承受的压力水头达 150.1～220.4m。而设置主帷幕和主排水措施后，厂房区地下水位降至 471.60～499.80m，但仍高于厂房顶拱 7.0～43.16m。

2）若在帷幕及幕后主排水的基础上仅增设厂房壁排水，地下水位可控制在 424.00～471.00m，虽已低于厂房顶拱高程，但厂房侧壁绝大部分仍处在地下水位以下。

3）若在帷幕及幕后主排水的基础上增设厂区封闭排水，厂房区的地下水位为 414.10～428.00m，厂房区绝大部分地下水位已低于厂房底板高程，但局部仍承受了约 5m 的水压力。

4）设置帷幕及幕后主排水、洞室边壁排水和厂区封闭排水综合渗控措施后，主厂房及主变洞洞壁基本处于无压状态，厂房区流量最大约 $7.30m^3/min$，即 $438m^3/h$。

（3）仅设置主厂房封闭排水系统，对于降低调压室洞壁压力水头作用不理想，调压室洞壁仍承受一定的压力水头，最大可达 30m 左右，在调压室下游设置排水设施能有效降低洞壁压力水头。

（4）渗流场敏感性分析表明，设置渗控措施后，上下游水位、山体水位及岩体渗漏性各向异性特征对地下厂房区渗流场影响有限。受综合防渗排水措施及渗透各向异性的影响，正常蓄水位和校核洪水位条件下，上下游水位变化对地下厂房区地下水位的影响在 0.20m 范围内。

（5）对厂房区的岩溶系统，特别是 W_{24} 岩溶系统，只要在帷幕线部位进行有效拦截，并在幕前进行有针对性的疏导，按外水外排的原则，防止地下水翻越帷幕进入厂房区，其来水对厂房区的渗流场影响较小。

综上所述，构皮滩地下厂房采取外侧设置防渗帷幕及排水幕，靠近厂区设置封闭排水、洞室边壁设置排水的系统渗控措施能有效降低地下厂房周围岩体的地下水位。

7.6.1.4 运行期岩溶水排水措施研究

W_{24} 岩溶系统在多个高程与防渗帷幕相交，并在帷幕下游贯穿整个右岸地下厂房区域。据地质勘察资料，W_{24} 岩溶系统地下水枯水期流量为 $0 \sim 0.5L/s$，汛期流量为 $80 \sim 120L/s$，具有短时突变的特点，表明 W_{24} 岩溶与地表水连通的可能性更大。防渗帷幕将 W_{24} 系统截断后阻断了其天然排水通道，由于 W_{24} 岩溶系统地下水补给区高程较高、范围较大，且补给区地下水位远高于设计蓄水位，如果不能将来自山体的地下水疏导排走，就可能造成帷幕上游侧地下水位升高，使防渗帷幕承受远大于正常蓄水位的水头甚至翻越帷幕向厂房区渗透，可能对厂房造成不利影响。为此，对运行期岩溶水排水方案进行了深入研究，提出了"低高程抽排、中高程自流、高高程拦截"分高程控制排水新举措。

（1）低高程抽排：在低高程追挖支洞混凝土堵头内预埋 $\phi 200mm$ 的引排水管（安装闸阀及压力表），待周边帷幕施工完成并检验合格后，将 W_{24} 低高程追挖支洞混凝土堵头内的排水管作为永久排水通道使用，岩溶水通过低高程排水管排泄并抽排至大坝下游。该方案有利于排水，帷幕承受的水头小，有利于结构安全；但易淤堵，后期维护困难，运行管理成本较高。

（2）中高程自流：在帷幕上游 25m 部位设置 W_{24} 岩溶系统永久排水竖井，并在高程 520.00m 灌浆平洞上游侧壁混凝土堵头（长度 24m，计算原理同低高程支洞堵头）内埋设引排两根 $\phi 500mm$ 排水管，连接排水竖井与高程 520.00m 灌浆平洞。如果低高程排水管淤堵或者闸阀需要关闭，可通过竖井及引排水管将 W_{24} 岩溶水穿越帷幕引排至高程 520.00m 灌浆平洞，最终自流至水垫塘。当低排方案满足要求时，地下水位不会到达高程 520.00m。作为安全储备，该方案与低高程抽排方案联合运行，有利于降低 W_{24} 岩溶水头，有利于帷幕安全。

（3）高高程拦截：如果库水与 W_{24} 连通，帷幕前的水头可能会壅高并翻越帷幕进入地下厂房。为有效拦截高程 640.00m 以上的地下水，降低帷幕直接作用水头，提高低排和中排措施的可靠性，在高程 640.00m 灌浆平洞上游侧 P_1q 岩层部位布置一条排水洞，排水洞顶设两排仰孔排水孔，拦截高程 640.00m 以上的地下水。鉴于库水与 W_{24} 连通的可能性较小，该方案暂未实施。后期可根据水库运行期的监测情况，再择机实施。

排水管口设置压力表及闸阀，以监测并控制帷幕承受的直接作用水头。一般情况下，低高程排水管闸阀始终开启。如果低高程抽排措施失效，则利用连续竖井及高程 520.00m 灌浆平洞引排至水垫塘。

7.6.2 主要成果及结论

（1）构皮滩水电站位于岩溶地区，具有独特的水文地质和工程地质条件，地下厂房采取设置外侧防渗帷幕及排水孔幕、厂区封闭排水、洞室边壁排水等系统渗控措施，有效降低了地下厂房周围的地下水位。

（2）为防止 W_{24} 岩溶水击穿和翻越防渗帷幕进入厂房系统，首次在复杂岩溶系统地区帷幕地下水处理中采用"低高程抽排、中高程自流、高高程拦截"的分高程控制排水降压措施。

7.7　地下厂房运行情况

构皮滩水电站地下厂房于 2004 年 3 月开始开挖，2006 年 11 月开挖完成，未发生洞室围岩稳定和岩溶处理事故，未发生过岩溶水淹地下洞室群事故。电站于 2009 年 7 月第 1 台机组投入运行，较可行性研究设计提前半年发电，2009 年 12 月 5 台机组全部投入商业运行，至今运行正常。

为有效监控地下厂房的运行情况，在主要洞室群布置了位移监测、应力应变监测、岩体锚固力监测、渗压监测、测缝监测等监测设施。通过分析施工期至运行期（截至 2020 年 4 月）的监测资料，未发现异常情况。

1. 围岩变形及锚固应力

（1）主厂房。主厂房围岩变形主要发生在开挖期间，开挖结束后已趋于稳定，各点位移变化趋势平稳，实测最大累计位移为 21.29mm，位于 1 号机下游边墙高程 424.00m。位移变化过程线如图 7.7.1 所示。

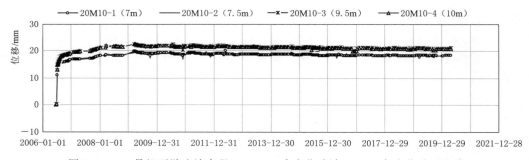

图 7.7.1　1 号机下游边墙高程 424.00m 多点位移计 20M10 各点位移过程线

系统锚杆最大应力发生在 1 号机下游边墙高程 423.95m，应力为 86.6MPa，应力变化主要发生在开挖期间，开挖结束后应力变化平稳；其余测点应力多在 30MPa 以内，各点应力变化平稳。

预应力锚索张拉时千斤顶实际最大张拉力为 2200kN，实测锚索测力计预应力最大损失率为 11.83%，锚固力变化平稳。锚固力过程线如图 7.7.2 和图 7.7.3 所示。

岩锚梁结构张拉锚杆实测锚固力为 58.19～220.71kN，锚固力变化平稳。岩壁梁锚杆测力计从 4 号机转子吊装结束，锚固力变化较小，变幅在 2kN 以内，部分测点在起吊过程中测值出现跳动现象，起吊结束后测值已稳定。

（2）主变洞。1 号主变洞顶拱多点位移计 4 个测点均已失效，5 号主变洞顶拱多点位移计，围岩相对位移很小，没有异常变化。系统锚杆实测应力为 $-0.94～25.59$MPa，应

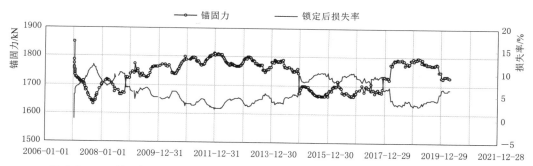

图 7.7.2　3 号机桩号 k0+130.650 下游面锚索测力计 23SF03 锁定后锚固力过程线

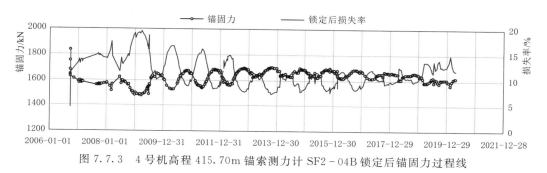

图 7.7.3　4 号机高程 415.70m 锚索测力计 SF2-04B 锁定后锚固力过程线

力变化平稳。锚索测力计实测损失率为 8.58%，锚固力无异常变化。

（3）尾水调压室。尾水调压室上下游侧墙及顶拱最大变形发生在 3 号机上游边墙高程 424.00m，当前向孔口方向的最大位移为 7.96mm，变形主要发生在施工期间，施工结束后测值已趋于稳定，其余各测点位移变化平稳。位移变化过程线如图 7.7.4 所示。

系统锚杆实测最大应力为 68.46MPa，应力变化平稳。高程 455.25m 锚索测力计 SF2-10 因施工导致锚固率损失过大，之后锚固力变化较为平稳。实测各点预应力损失率为 $-5.31\% \sim 28.96\%$，锚固力无明显发展趋势。锚固力过程线如图 7.7.5～图 7.7.7 所示。

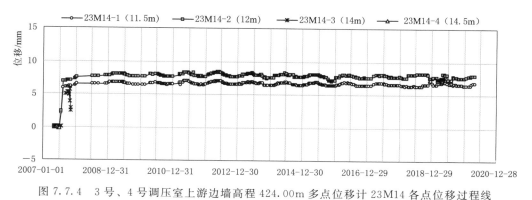

图 7.7.4　3 号、4 号调压室上游边墙高程 424.00m 多点位移计 23M14 各点位移过程线

2. 地下厂房区各抽排系统渗流量

（1）W_{24} 集水井：最大渗流量为 9341.3L/min（560.48m³/h）（发生于 2017 年 6 月

275

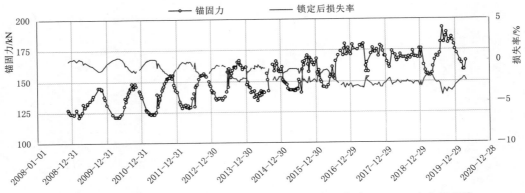

图 7.7.5　5 号调压室上游边墙 XCF0＋130.650 锚索测力计 SF2－08 变化过程线

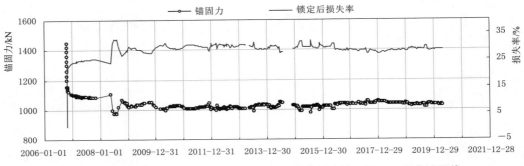

图 7.7.6　5 号调压室下游边墙 0＋192.650 锚索测力计 SF2－10 变化过程线

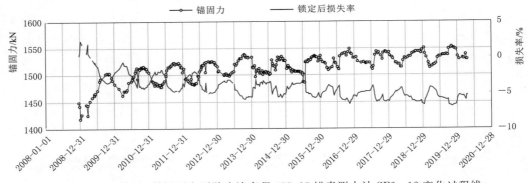

图 7.7.7　3 号、4 号调压室下游边墙高程 455.25 锚索测力计 SF2－12 变化过程线

30 日），最小渗流量为 602.01L/min（36.12m³/h）（发生于 2019 年 8 月 9 日）。

（2）厂房集水井：最大渗流量为 5245.71L/min（314.74m³/h）（发生于 2015 年 1 月 20 日），最小渗流量为 309.33L/min（18.56m³/h）（发生于 2020 年 11 月 20 日）。

（3）厂区渗漏集水井：最大渗流量为 1890.95L/min（113.46m³/h）（发生于 2016 年 7 月 28 日），最小渗流量为 199.45L/min（11.97m³/h）（发生于 2022 年 1 月 1 日）。

综合以上监测结果表明，厂房、主变洞及尾水调压室等主要建筑物支护结构处于正常工作状态，围岩变形基本收敛，围岩处于稳定状态。厂房及厂区渗漏排水系统设计抽排能力均为 $650\mathrm{m}^3/\mathrm{h}$（最大抽排能力分别为 $1950\mathrm{m}^3/\mathrm{h}$ 和 $1300\mathrm{m}^3/\mathrm{d}$），$W_{24}$ 排水系统最大抽排能力为 $960\mathrm{m}^3/\mathrm{h}$，渗漏排水系统抽排能力满足要求，渗漏量在合理范围之内，厂房防渗排水设计方案符合工程实际地质条件。地下厂房围岩支护及防渗排水设计达到预期效果。

第8章
复杂岩溶坝基防渗工程

8.1 防渗帷幕线路布置

8.1.1 防渗端点选择

坝基防渗帷幕的端点可以为相对隔水岩层或稳定地下水位,当选择相对隔水岩体作为防渗依托的端点时,需要结合渗径长短、岩体相对透水率等综合考虑,以免发生绕坝渗漏。

构皮滩坝基及两岸山体稳定地下水位较低,只有相对隔水岩体可以作为防渗帷幕的端点依托。坝址区相对隔水岩体有 $P_2 w^{2-2}$、$P_1 q^4$、$S_2 h$ 岩层以及右岸 $Ⅲ_{01}$ 黏土夹层组。

(1) 大坝右岸的 $Ⅲ_{01}$ 夹层组为 $P_1 m^{2-1}$ 和 $P_1 m^{1-3}$ 层间错动形成,总厚度一般为 3.5～4.5m。$Ⅲ_{01}$ 夹层组内含 30～50cm 厚度的页岩、黏土岩等,从岩性的角度而言,该层具有相对隔水性。但是,由于该夹层组厚度不均一,构造作用导致层间错动存在局部断裂,粘土夹层可能不连续,局部岩溶较发育,对其相对隔水性能有较大影响。因此,$Ⅲ_{01}$ 夹层组的防渗可靠性不高,不宜作为防渗帷幕的端点。

(2) $P_2 w^{2-2}$ 层主要为不纯的灰岩夹泥岩,岩溶不发育且具有一定相对隔水性,但钻孔显示其透水性较大,加之其距离坝基较远,如果作为防渗依托端点,帷幕防渗的可靠性不高且工程量极大。

(3) $P_1 q^4$ 层岩体厚度约30m。高程590.00m以下的 $P_1 q^4$ 层岩体完整性较好,有一定的隔水性能,但局部为中等～强透水性。高程590.00m以上地段 $P_1 q^4$ 层岩体完整性较差,对其相对隔水性能有一定影响。构皮滩大坝坝顶高程640.5m,如果以 $P_1 q^4$ 层岩体作为防渗帷幕端点,岩体局部透水性大于防渗标准,高程590.00m以上岩体完整性较差。对于高度230.5m的特高拱坝而言,$P_1 q^4$ 层岩体作为防渗帷幕端点不太合适。

(4) 和 $P_1 q^4$ 厚层灰岩相比,以 $S_2 h$ 泥岩作为防渗帷幕端点对应的防渗线路长度要大。但是,从隔水性能上讲,$S_2 h$ 岩体为泥岩及粉砂质黏土岩,具有良好的隔水性能且厚度较大,其下伏 $S_1 sh$ 和 $S_1 l$ 也有良好的隔水性能,且不受断裂构造的影响,具备作为防渗依托端点的天然优势。

综合分析,构皮滩厂坝区防渗帷幕采用 $S_2 h$ 隔水岩体作为防渗线路端点的依托。虽然防渗帷幕没有以上述其他地层作为防渗端点,但是这些地层在一定高程以下还是可以发挥相当大的防渗作用的,对于整个防渗体系具有积极作用,有利于保证防渗体系的长期安全。

8.1.2 防渗线路布置

防渗帷幕线路的布置一般遵循以下原则：

（1）防渗帷幕的线路布置必须适应枢纽主体建筑物（大坝、厂房、水垫塘、泄洪洞等）的布置，并防止江水入渗到建筑物内部。

（2）在满足防渗要求及枢纽布置的线路中，应选择防渗性能可靠且最短的帷幕线路，以减少帷幕工程量。

（3）帷幕线路应尽可能与地下洞室垂直相交并考虑部分洞室的后期封堵问题，以减少交叉部位的帷幕施工难度和设计难度。

（4）防渗帷幕与地下洞室的水平距离应在一个合理范围，以免距离太近造成幕后渗透比降过大而影响帷幕结构安全。

（5）在服从整体布置的前提下，帷幕线路应尽可能规避大的地质缺陷，如岩溶管道、强卸荷带等部位，避免增加帷幕灌浆施工的难度及防渗可靠性。

根据以上原则，结合大坝、厂房、水垫塘等枢纽建筑物布置，构皮滩水电站厂坝区防渗帷幕沿大坝、地下厂房上游及侧向设置主防渗帷幕，沿水垫塘两岸及二道坝设置下游封闭帷幕。

8.1.2.1 坝基防渗主帷幕布置

坝基防渗帷幕沿大坝基础廊道布置，主要处于 P_1m^{1-1} 和 P_1q^4 地层；左岸出坝体后，沿 12 号公路向下游转折接至 S_2h 隔水层，依次穿越 P_1m^{1-3} 至 P_1q^1 地层；右岸防渗帷幕线出坝体后，经厂房上游侧，向下游转折至韩家店组隔水层，依次穿越 P_1m^{1-1} 至 P_1q^1 地层并在不同高程遭遇 6 号、8 号、W_{24} 等岩溶系统主干管道。坝基防渗主帷幕线路全长为 1841.7m。

受厂房布置的限制，构皮滩坝基右岸部分防渗帷幕处于 $Ⅲ_{01}$ 夹层组（相对隔水层）上游且为 P_1m 强溶蚀岩层，地质条件决定了厂房上游部分帷幕灌浆处理难度较大。

左岸防渗帷幕与泄洪洞、1 号和 2 号导流洞相交，右岸防渗帷幕与发电引水洞垂直相交，洞室交叉部位 10m 范围内的帷幕灌浆压力控制在 1MPa 左右，保证了围岩及衬砌结构安全。

8.1.2.2 水垫塘封闭帷幕

为了防止大坝下游山体地下水及二道坝下游江水进入水垫塘底板，沿水垫塘侧向廊道及二道坝廊道布置一道帷幕，该帷幕上游与主帷幕相接，在水垫塘底部形成封闭区，以便通过排水孔降低水垫塘底板扬压力，保证水垫塘底板稳定安全。

水垫塘封闭帷幕穿过 $P_1m^{1-1} \sim S_1l$ 各层，其中 P_1l、S_2h、S_1sh^2、S_1l 为非岩溶层，河床部位 P_1m^{1-1} 中、下部及 P_1q 层岩溶发育较弱。封闭帷幕线路全长 1074m。

有个别工程在水垫塘两岸较高的部位也设置了侧向帷幕，这种情况可能是因为水垫塘两岸或底部没有采取混凝土封闭措施（如乌东德水垫塘不护底，两岸设侧向帷幕）。构皮滩坝后水垫塘采用的是混凝土护底、护坡的全封闭方案，二道坝两岸也采取了帷幕防渗，只需通过山体排水孔和排水洞疏排地表水即可满足厂房、调压井等建筑物及水垫塘边坡安全需要。

8.2　防渗标准及帷幕结构设计

8.2.1　防渗控制指标

帷幕防渗的主要作用是控制坝基渗漏量、防止坝基岩体发生渗透破坏。渗漏量取决于基岩透水率，渗透破坏则取决于帷幕所承受的渗透比降。

帷幕防渗标准越高，则其允许渗透比降越大。孙钊等人的经验为：防渗标准不超过 1Lu 的帷幕，其允许的渗透比降值约为 20；防渗标准为 1~3Lu 的帷幕，其允许的渗透比降值约为 15；防渗标准为 3~5Lu 的帷幕，其允许的渗透比降值约为 10。还有部分学者在研究帷幕渗透比降的过程中，从实验室数据提出了帷幕渗透性与帷幕厚度的关系，并在工程实践过程中加以推广。

基于上述理论，曾把防渗帷幕当做一个体型规则的结构对待，提出帷幕设计厚度的概念。然而，现实中测定基岩灌浆帷幕的允许渗透比降和帷幕厚度基本不现实。帷幕透水率和渗透比降之间存在一定的关联性但并不具体，基岩帷幕厚度也会因为岩体裂隙性状及灌浆浆液扩散半径而不同。因此，对于砂砾石等均质覆盖层坝基的帷幕，通过原位取样及试验可以大概确定其帷幕灌浆厚度及渗透比降；对于基岩灌浆帷幕，帷幕厚度及渗透比降概念并不准确。

现行水工设计规范仅以帷幕透水率作为帷幕防渗控制标准，对渗透比降、帷幕厚度并没有提出明确要求。然而，文献显示有部分工程在防渗帷幕设计时，以透水率、渗透比降以及帷幕厚度作为帷幕控制标准进行设计。例如：小湾、溪洛渡等工程对 1Lu 帷幕的允许渗透比降采用值均为 30，帷幕厚度也按水头大小给出了理论控制值，但在实际工程中，防渗帷幕厚度难以检查。

根据以上认识，构皮滩坝基防渗帷幕设计标准以透水率作为控制标准。实施过程中，对帷幕进行了取芯、钻孔录像等检查，作为一种参考和辅助手段。

8.2.2　防渗标准选择

防渗标准高将增加灌浆工程投资，标准低可能导致渗漏量大、渗压高，影响工程安全，必须在工程投资与安全之间平衡取舍。

我国水工建筑物设计规范一般是根据坝型、坝高等综合考虑。如《混凝土拱坝设计规范》（DL/T 5346—2006）要求坝高在 100m 以上时，帷幕防渗标准为 $q=1~3Lu$。但在设计中存在以下问题：①防渗标准数值具体采用 1Lu、2Lu 还是 3Lu 不明确；②不同部位的帷幕承受水头作用存在差异，重要性也不同，是否在同一工程的不同部位均采用相同的防渗标准；③不同水工建筑物在地质条件不同的情况下，是否也采用相同的防渗标准。现有设计规范对这些问题均未给出明确的说明和建议。

实际工程中，很多工程尤其是高度超过 200m 的高坝大多根据帷幕所处的不同部位对防渗标准进行了区别，但所采用的原则及方法却不尽相同。有些工程以帷幕挡水水头的大小设置不同的防渗标准，有些工程则根据帷幕距离坝基的远近设置不同的防渗标准。

虽然很多工程采用了差异化的防渗标准，但是从概念上分析却存在不合理的现象。分析认为：重力坝防渗重点关注坝基扬压力和渗漏量，土石坝防渗重点关注坝基与坝身的渗透比降，以挡水水头的大小采取不同防渗标准更合理；对于拱坝，坝基及拱座的渗透压力是大坝安全的重点，以距离坝基远近而采取不同防渗标准更合理。

按上述分析以及岩溶地区其他水库渗漏的经验教训，构皮滩拱坝作为国内强岩溶地区的第一高拱坝，其防渗标准应该按规范要求并从严控制。通过数值计算模拟及综合分析，构皮滩水电站坝基采用垂直帷幕防渗方案，帷幕设计标准为：坝基、近坝肩 200m 范围及厂房附近，按基岩灌后透水率 $q \leqslant 1Lu$ 控制；其他部位按基岩灌后透水率 $q \leqslant 3Lu$ 控制。

8.2.3 防渗帷幕底线

构皮滩坝基防渗帷幕底线原则确定如下：

（1）防渗帷幕一般伸入到小于防渗标准的岩体透水率下限以下 5～10m 且深度不小于坝高的 2/3。

（2）帷幕底线进入岩溶发育下限 10m 左右。

（3）规模较大的顺河向断层及其影响带，局部加深。

按照上述原则，河床及两岸的防渗帷幕底线如下：

1）河床坝段：帷幕底线一般高程为 280.00m，F_{35} 断层及其影响带附近帷幕底线加深至高程 240.00m。

2）左岸：从河床 280.00m 高程逐渐抬升至 450.00m 高程，接韩家店组隔水层。

3）右岸：帷幕底线总体为 390.00m 高程，绕过地下厂房后，帷幕底线逐渐抬升至 410.00m 高程，接至韩家店组隔水层。右岸厂房 1～3 号引水隧洞附近局部帷幕底线高程加深至 350.00m，穿 W_{24} 岩溶系统部位帷幕底线高程加深至 370.00m。

4）水垫塘：封闭帷幕底线高程一般在 373.00m 左右，深度 35m 左右。

构皮滩防渗帷幕底单孔深度为 15～195m，总进尺约 36.1 万 m。

8.2.4 帷幕结构研究

1. 帷幕排数研究

一般设计原则为："对于防渗标准为 1Lu 的部位，采用 2～3 排帷幕；对于防渗标准为 3Lu 的部位，采用 1 排帷幕。"事实上帷幕排数与防渗标准并没有绝对联系。

为了保证不同水头和地质条件下的帷幕不发生渗透破坏，苏联及我国部分学者提出了帷幕厚度的概念并给出了理论公式和经验公式，从而根据帷幕厚度确定灌浆孔的排数和排距。但是，帷幕厚度的概念仅仅适用于理想的各向同性均质地层，对于沙砾石坝基、裂隙均匀的岩石坝基具有一定参考价值，对于裂隙不均匀且各向异性的岩石坝基帷幕设计并不合适。裂隙岩体中帷幕厚度（实际是浆液扩散距离）主要决定于裂隙的可灌性，大多数情况下单排灌浆孔是可以保证帷幕防渗性能的；如可灌性差，可采用多排孔灌浆。

构皮滩大坝最大坝高 230.5m，坝基为灰岩，设计防渗标准为 1Lu。如果按照防渗帷幕厚度的设计理念，帷幕允许渗透比降约为 30，帷幕厚度至少需要 7m。实际上，采用 2 排灌浆孔、排距 0.8m 的帷幕结构完全满足防渗安全要求。

按上述分析，构皮滩帷幕设计过程中未考虑帷幕厚度的概念。根据经验，坝基及两岸近河地段一般布置两排灌浆孔，两岸远岸段布置一排灌浆孔，地质缺陷部位的帷幕排数根据实际需要增加至 3 排，局部 4 排以上。

2. 帷幕孔间距及布置方式研究

灌浆孔距离过大可能无法保证帷幕防渗效果，灌浆孔距离过小又可能造成工程量过大而不经济。根据规范要求，防渗帷幕灌浆孔的排数、排距可根据工程地质条件，由类似工程经验及灌浆试验成果确定。

根据规范及经验，灌浆孔间距取值范围一般为 1～3m，排距取值范围一般为 0.5～1m。参照乌江和清江流域上多个岩溶发育的水电工程防渗设计经验，并结合现场灌浆试验成果，构皮滩防渗帷幕多排帷幕区的排距取 0.8m，防渗标准为 1Lu 区的帷幕灌浆孔间距 2.5m（双排），防渗标准为 3Lu 区的帷幕灌浆孔间距 2.0m。

帷幕灌浆孔的排距通常小于间距。如果排距过大，将导致灌浆平洞的断面过大，衬砌及开挖等辅助工程量过大，也无必要；如果排距过小，则不利于发挥多排孔的灌浆效果。为了尽可能地发挥多排帷幕的灌浆效果，双排帷幕中不同排的灌浆孔一般采取三角形交错布置，三排帷幕一般采取梅花形加密布置方式。

3. 衔接帷幕

上、下层灌浆平洞之间的帷幕采用衔接帷幕连接，衔接帷幕排数及孔距与相应部位主帷幕相同。衔接帷幕距离一般采用稍向下倾斜的非水平孔，与主帷幕孔的最小搭接长度不小于 2m，确保整个帷幕能形成完整、封闭的防渗体。

4. 帷幕灌浆孔角度

最底层灌浆平洞的帷幕通常采用铅直孔。其他不同高程的灌浆平洞由于洞轴线重合，上层灌浆平洞的帷幕孔一般采用斜孔。

衔接帷幕孔深度一般按其与主帷幕相交点距离灌浆平洞侧壁距离为 7～10m 控制。距离过小，灌浆压力可能对灌浆平洞围岩及衬砌结构产生破坏；距离过大则造成浪费，而且上层平洞的灌浆孔倾角过大也不便于灌浆施工。

构皮滩坝基地层总体倾向上游，倾角为 40°～60°，采用直孔基本可保证灌浆效果且便于提高灌浆工效。

8.2.5　现场帷幕灌浆试验

1. 帷幕灌浆重难点

（1）岩溶。与防渗帷幕相交且规模较大的岩溶系统包括 6 号、7 号、8 号、W_{24} 等，岩溶系统主要顺层发育于二叠系茅口组（P_1m）和栖霞组（P_1q）薄层—厚层碳酸盐岩中，特别是在高程 370.00～590.00m 较为发育，形成多个分支管道。这些岩溶系统在层间错动、断层和裂隙发育部位溶蚀强烈，沿薄弱部位形成管道性渗漏通道，如不能对其有效封堵，将直接影响坝基稳定及防渗帷幕下游厂房等重要建筑物的安全。

（2）软弱夹层。坝址岩层总体倾向上游，主要构造形式为断层、层间错动带和裂隙，岩层走向及构造发育主方向为 NWW 和 NW 向，均与防渗帷幕斜交，由于地下水在断层、层间错动和裂隙发育部位频繁交替活动，形成顺层发育的软弱夹层（主要为溶蚀型的 I 类层间错动带和风化型的 II 类层间错动带），不仅构成贯穿帷幕的渗漏通道，更重要的是存在软弱夹层的抗渗透变形（抗击出）问题。

（3）地下水。坝址区地下水丰富且补给来源复杂，部分区域存在承压水。若水力联系通道穿越防渗帷幕、地下水与地表或库水连通，则可能对帷幕形成直接作用水头，影响帷幕安全。因此，除了对地下水进行合理封堵或疏排，还必须研究地下水（尤其是承压水）直接作用部位的防渗帷幕灌浆工艺，确保防渗效果。

2. 帷幕灌浆试验

构皮滩工程坝基岩溶、层间错动带发育，地下水丰富。水库蓄水后，存在坝基与绕坝渗漏量大、高渗压对大坝拱座基岩稳定产生不利影响等问题。因此，有效阻截沿防渗帷幕线的岩溶、层间错动及裂隙发育的渗漏通道，确保大坝拱座基岩稳定及地下厂房安全，是防渗处理的主要任务。

针对该工程的地质特点，开展了 2 组帷幕灌浆试验：第一组试验针对岩溶和软弱夹层（主要指Ⅰ类层间错动）进行，重点对比不同孔距的帷幕灌浆效果；第二组试验针对承压水、岩溶和软弱夹层（主要指Ⅱ类层间错动）进行，重点对比不同灌浆压力下的帷幕灌浆效果。

第一组试验场地选择在坝基右岸 5 号公路隧洞内，试验场地地层沿 NWW 向倾向上游，岩性为 P_1m^{1-1}、P_1q^4 灰岩。沿 P_1m^{1-1} 和 P_1q^4 岩层分界部位发育有 NWW～NW 向 F_{b82}、F_{b88} 断层及 2 组溶蚀裂隙，裂隙长 3～10m，宽 1～10mm，岩体完整性差，呈碎块状镶嵌结构。断层及裂隙部位溶蚀程度较高，形成贯穿帷幕的软弱夹层（Ⅰ类层间错动）和溶洞。软弱夹层为钙泥质和黏土充填，溶洞为砂砾石、黏土、粉细砂充填。第一组试验场地布置两排灌浆孔，排距 0.8m；每排 5 个灌浆孔，左、右半区灌浆孔间距分别为 2m 和 2.5m，用于模拟不同孔距条件下单排和双排帷幕的灌浆效果。灌浆孔为斜孔，倾向上游 8°，基岩孔深 75m。

第二组试验场地选择在坝基右岸 1 号公路隧洞内，试验场地地层沿 NWW 向倾向上游，岩性为 P_1q^4、P_1q^3、P_1q^2 中厚—厚层块状微晶生物碎屑灰岩。沿 P_1q^4 和 P_1q^3 岩层分界部位发育有 F_{b93} 断层，P_1q^3 和 P_1q^2 岩层分界部位发育有 F_{b81}、F_{b54} 断层，断层附近发育 NWW、NW 向 2 组裂隙，断层与裂隙交汇部位形成顺岩层发育的软弱夹层（Ⅱ类层间错动）和充泥溶洞。底板以下 25～65m 范围为地下水存赋条件较好的 P_1q^3 地层，可能遇到承压水。第二组试验场地布置两排灌浆孔，排距 0.8m；每排 5 个灌浆孔，间距均为 2m。左、右半区的最大灌浆压力分别为 6MPa 和 5MPa，用于模拟不同灌浆压力条件下单排和双排帷幕的灌浆效果。灌浆孔为直孔，基岩孔深 75m。

3. 灌浆试验内容与结果

（1）抬动变形与灌浆压力。对两组试验场地帷幕灌浆过程中产生抬动变形的孔段及变形量进行了统计，结果显示：在不产生抬动破坏的情况下，浅孔段灌浆压力应尽量提高至 3.5MPa 以上。

（2）最大灌浆压力。对比研究最大灌浆压力分别为 6MPa、5MPa 时的灌浆注入量和灌后常规压水检查情况表明：较大灌浆压力有利于水泥浆液扩散，有利于保证灌浆效果；6MPa 压力并不会对灌浆设备造成损坏，未对灌浆施工产生不利影响。最大灌浆压力推荐采用 6MPa。

（3）单、双排帷幕防渗效果。防渗标准 $q\leq1Lu$ 部位及Ⅰ类层间错动等地质条件较差部位采用排距 0.8m 的双排帷幕是合适的；对防渗标准为 $q\leq3Lu$ 的部位及Ⅱ类层间错动等地质条件较好部位采用单排帷幕灌浆也是合适的。当然，无论单排或双排帷幕，地质缺陷部位应视情况加排。

（4）通过研究单排和双排帷幕不同孔距的灌浆效果，对比研究了第一组试验场地 6MPa 灌浆压力条件下、孔距分别为 2m 和 2.5m 时的帷幕灌浆单位注入率、透水率、声波、电磁波变化以及钻孔取芯、物理化学性能等测试，结果表明：孔距越小，越有利于岩体裂隙被水泥浆液填充；从透水率绝对值看，无论孔距为 2m 还是 2.5m 的灌浆区，双排帷幕均能达到 $q \leqslant 1Lu$ 的防渗标准，单排可满足 $q \leqslant 3Lu$ 的防渗标准。

（5）通过水泥浆材试验，灌浆材料采用 42.5 级普通硅酸盐水泥。水灰比可采用 2：1、1：1、0.5：1 等 3 个等级，浆材搅拌时间应控制在 2h 内。

4．主要施工技术要求

根据灌浆试验成果，构皮滩坝基帷幕灌浆最终采用的设计参数、施工工艺和施工参数如下：

（1）灌浆方法：采用"自上而下分段、小口径钻孔、孔口封闭、孔内循环"高压灌浆法。

（2）压力和段长：见表 8.2.1，对于深度超过 100m 的孔段，设计灌浆压力为 6MPa 时，实际灌浆压力峰值按照 5.4MPa（相当于 6MPa 压力的 90%）控制。在不产生抬动破坏的前提下，尽量采取较高的灌浆压力。

表 8.2.1　　　　　　　　　　　帷幕灌浆推荐段长及压力参数

分　段		第 1 段	第 2 段	第 3 段	第 4 段	第 5 段以下
左岸 500.00m、435.00m 灌浆平洞灰岩部位、右岸 465.00m、413.00m 灌浆平洞灰岩部位、8～21 号坝段	段长/m	2	3	5	5	5
	压水压力/MPa	1.0	1.0	1.0	1.0	1.0
	灌浆压力/MPa	2.3～3.5	3.0～3.5	4.5	6.0	6.0
	检查压力/MPa	2.0	2.0	2.0	2.0	2.0
右岸 520.00m 灌浆平洞灰岩部位、5～7 号坝段、22～23 号坝段	段长/m	2	3	5	5	5
	压水压力/MPa	1.0	1.0	1.0	1.0	1.0
	灌浆压力/MPa	1.7	2.5	3.0	4.5	6.0
	检查压力/MPa	1.5	2.0	2.0	2.0	2.0
左岸 640.50m、570.00m 灌浆平洞灰岩部位、右岸 640.50m、590.00m 灌浆平洞灰岩部位、坝肩压浆板部位、1～4 号坝段、25～27 号坝段	段长/m	2	3	5	5	5
	压水压力/MPa	0.3	1.0	1.0	1.0	1.0
	灌浆压力/MPa	1.0	1.5	3.0	4.5	6.0
	检查压力/MPa	0.8	1.2	2.0	2.0	2.0
左、右岸灌浆平洞洞端 S_2h 软岩部位及灌浆孔底部 S_2h 软岩帷幕灌浆	段长/m	2	3	5	5	5
	压水压力/MPa	0.3	0.3	1.0	1.0	1.0
	灌浆压力/MPa	0.5～0.7	1.0	2.0	3.0	4.5
	检查压力/MPa	0.5	0.8	1.5	2.0	2.0
灌浆平洞衔接帷幕灌浆	段长/m	5	5	5	5	5
	压水压力/MPa	0.3	1.0	1.0	1.0	1.0
	灌浆压力/MPa	1.0	1.5	2.0	2.0	2.0
	检查压力/MPa	0.8	1.0	1.0	1.0	1.0

（3）帷幕孔排数及排距：坝基、近坝山体段及厂房附近布置双排帷幕，排距 0.8m；其他部位布置单排帷幕。地质缺陷部位视灌浆效果局部加排。

（4）灌浆孔距：双排孔距 2.5m，单排孔距 2m，具体结合先导孔及灌浆情况适当调整。

（5）水灰比：灌浆浆液采用 2：1、1：1、0.5：1 等 3 个等级，按由稀到浓逐级变换的原则进行浆液变换，开灌水灰比为 2：1，浆液搅拌时间控制在 120min 内。

（6）黄泥充填部位的岩溶，灌浆效果较差，应研究其他处理措施。

8.2.6 灌浆辅助工程设计

8.2.6.1 灌浆平洞布置

构皮滩大坝坝基左岸布置 4 层灌浆平洞，高程分别为：435.00m、500.00m、570.00m、640.50m；右岸布置 5 层灌浆平洞，高程分别为 415.00m、465.00m、520.00m、590.00m、640.50m。各层灌浆平洞轴线基本重合且与坝体基础廊道相通。每层灌浆平洞每隔 80～100m 布置一个灌浆机房，机房平面尺寸为 3m×6m（长×宽），高度与灌浆平洞高度一致。实际灌浆平洞轴线长度见表 8.2.2。

表 8.2.2　　　　　　　　　帷幕灌浆平洞轴线长度

部　　位	实际长度/m	部　　位	实际长度/m
左岸高程 640.50m 灌浆平洞	411.56	右岸高程 590.00m 灌浆平洞	866
左岸高程 570.00m 灌浆平洞	457.8	右岸高程 520.00m 灌浆平洞	881.04
左岸高程 500.00m 灌浆平洞	476	右岸高程 465.00m 灌浆平洞	706.1
左岸高程 435.00m 灌浆平洞	127.73	右岸高程 415.00m 灌浆平洞	211.27
右岸高程 640.50m 灌浆平洞	831.88		

水垫塘封闭廊道（帷幕灌浆兼排水廊道）底板高程由 406.00m 逐渐抬高至 421.00m，廊道上、下游分别与大坝和二道坝连接。水垫塘封闭廊道及二道坝灌浆廊道为混凝土浇筑时预留。

8.2.6.2 灌浆平洞开挖

灌浆平洞采用城门洞形，开挖断面分为 3.8m×4.4m（宽×高）和 3.3m×3.9m（宽×高）两种形式，按设计断面开挖。

施工过程中揭露地质缺陷（如：溶沟、溶槽、断层带、层间错动带、软弱夹层、溶洞等）时，对地质缺陷位置、规模、涌水情况、处理范围及措施等做好详细记录。缺陷处理主要措施为开（扩、追）挖、清理、混凝土回填、回填灌浆等，必要时采用引排水措施。具体要求如下。

（1）在岩溶地段开挖时，根据岩溶类型、溶蚀形态、充填情况及充填物性质、分布范围及地下水的活动规律，确定开挖方法和措施，确保施工安全。

（2）灌浆平洞内的层间错动带、断层带、夹层、溶洞等地质缺陷的开（扩、追）挖尽可能采用人工开挖处理，须放炮开挖的尽可能减少对保留岩体的影响和扰动。

（3）缺陷部位开（扩、追）挖处理的范围：

1）直径或宽度大于等于 1m 的岩溶洞穴，应顺溶洞发育方向追索开挖，追索范围为平洞上、下游 10～20m 和岩溶洞穴尖灭（直径或宽度小于 20cm）长度的小值。

2）直径或宽度小于 1m 的岩溶洞穴、溶缝清挖深度不小于洞径或缝宽的 3 倍，且不小于 1m。

3）断层带应进行掏挖处理，掏挖深度应不小于 1.5 倍破碎带宽度。

（4）缺陷清理结合开挖进行，应在地质缺陷部位混凝土回填前完成，追索范围内的岩溶洞穴充填物和不稳定岩块都应清除干净。

（5）混凝土回填在该部位衬砌混凝土浇筑前或结合衬砌混凝土浇筑一并进行。开挖后坑槽应清除浮渣、黄泥，并冲洗干净，排除渍水后，方可回填混凝土；对规模较大、且开挖坡较陡的地质缺陷，开挖面上埋设锚筋，并经验收合格后，方可回填混凝土。回填混凝土的强度等级不低于 C15，当回填的岩溶洞穴较大，回填混凝土方量过大时，投放少量新鲜块石。

（6）回填混凝土顶部或端部需进行回填灌浆时，在相应部位埋设进、回浆管，并引出进、回浆管，做好标记，在混凝土达到 80% 的强度后进行灌浆，灌浆压力为 0.3～0.4MPa，灌注浆液为浓水泥浆或水泥砂浆，必要时可掺加适量外加剂。

（7）对有流动水、消水及过流痕迹的洞穴，查明水流方向、流量及补给源，地下水活动较严重地段，应采用排、堵、截、引中的单项或综合治理措施。

8.2.6.3　灌浆平洞支护

灌浆平洞开挖后及时进行钢筋混凝土衬砌，侧墙与顶拱钢筋混凝土衬砌厚度为 40cm，底板钢筋混凝土衬砌厚度为 50cm。衬砌后净断面分为 3m×3.5m（宽×高）和 2.5m×3m（宽×高）两种形式。

灌浆平洞衬砌完成后，分两序进行洞周围岩固结灌浆，固结灌浆孔孔深为 3～8m，环距 3m，断面尺寸为 3m×3.5m（宽×高）的灌浆平洞周围每环均匀布置 8 个孔，断面尺寸为 2.5m×3m（宽×高）的灌浆平洞周围每环均匀布置 6 个孔。其中：Ⅰ序孔灌浆压力为 0.3MPa，Ⅱ序孔灌浆压力为 0.5MPa。围岩固结灌浆压水合格标准为透水率 $q \leqslant 5Lu$。

除两岸高程 640.50m 灌浆平洞外，所有灌浆平洞在洞周围岩固结灌浆完成后应进行洞顶回填灌浆。回填灌浆孔孔深入岩 0.2m，环距 3m，灌浆压力为 0.2～0.3MPa。

8.2.6.4　灌浆平洞设计中的几个问题

为了便于灌浆施工，防渗帷幕需要分层实施。为此，需要根据工程特点布置灌浆平洞。灌浆平洞的布置应遵循以下原则：

（1）不同高程的灌浆平洞轴线尽可能重合。对于拱坝，由于坝体较薄，如果灌浆平洞轴线不在一个面上，将增加坝体廊道布置难度，而且在坝体与坝基接触部位的三角区及帷幕拐弯部位，导致帷幕灌浆孔的控制参数十分复杂，出图难度加大且不便于施工控制。

灌浆平洞轴线重合的设计方式，有利于灌浆平洞与大坝的衔接，简化大坝结构及防渗帷幕施工图设计。不同高程的帷幕可采用斜孔搭接，形成完整的防渗体系。

（2）灌浆平洞的布置高程应充分考虑后期蓄水、运行调度方案。平洞底板高程应尽可能与水库特征水位或坝身孔口高程一致。因为在蓄水过程中，为了保证工程安全，目标蓄水位以下的帷幕必须在蓄水前完成，目标水位又往往与坝身的孔口高程一致（如拱坝的中孔、表孔等）。

构皮滩工程在施工及运行过程中就采用了分期蓄水方案。如：初期截流，库水位为465.00m，但左岸有两层灌浆平洞的高程为435.00m和500.00m，要求500.00m以下的帷幕也要完成；下闸蓄水初期蓄水位为570.00m，要求右岸高程590.00m以下的帷幕在蓄水前完成，这就使得帷幕灌浆的工期较为紧张。如果右岸灌浆平洞设置高程为570.00m，将有效缓解这种工期紧张的局面，这也是前期设计中存在的不足之一。

（3）相邻高程的灌浆平洞高差应控制在合理范围。相邻高程的灌浆平洞高差较小，有利于加快施工进度，提高灌浆工效，但是可能导致灌浆平洞的数量增加，总体工期亦不划算；高差太大，则钻孔深度较大，施工工效较低。所以，根据目前钻机性能及施工水平，一般两层灌浆平洞的高差控制在50～70m较为适宜。

为便于帷幕施工，坝基左岸布置4层灌浆平洞，高程分别为：435.00m、500.00m、570.00m、640.50m；坝基右岸布置5层灌浆平洞，高程分别为：415.00m、465.00m、520.00m、590.00m、640.50m。各层平洞的高差均控制在正常施工水平范围。

（4）灌浆平洞的断面大小应便于施工。从节省工程量的角度看，平洞断面越小越节省，但是过小的断面不利于提高开挖与出渣工效、不利于钻机等灌浆设备的放置、不利于钻孔灌浆工效的提高、不利于通风散热等施工环境的改善。

早期的水电工程注重控制直接经济投资，施工水平也不高，对灌浆平洞的大小要求不高。构皮滩工程结合当时的施工水平，确定灌浆平洞采用城门洞形，分为3m×3.5m（宽×高）和2.5m×3m（宽×高）两种结构尺寸（净断面），可以适应当时的灌浆施工水平与技术现状。

但是，在施工过程中，发现灌浆平洞的尺寸仍然偏小。例如：衔接帷幕施工或局部岩溶发育部位如果增加帷幕灌浆的排数时，则3m×3.5m（宽×高）的灌浆平洞不便于布置帷幕灌浆孔。因为标准钻杆的长度为3m，水平衔接帷幕孔及多排（如3排）灌浆斜孔中存在空间不足而导致钻杆无法装卸的问题。为了实施多排灌浆孔，往往通过调整钻孔角度而不是增加孔口排距来实现，导致两个问题：一是"帷幕厚度"（实际上为灌浆孔厚度）并不等厚，不利于发挥多排帷幕的优势；二是孔口管理设间距过小，容易相互干扰。

随着施工水平的提高及综合效益的比较，采用较大断面的灌浆平洞更有利于提高施工工效。在可以保证洞周围岩稳定的情况下，采用3.5m×4m（宽×高）甚至更大断面，将极大地提高灌浆施工工效并方便帷幕补强施工。

（5）布置改善灌浆平洞通风条件的措施十分必要。根据工程实践，小断面平洞的长度超过200m以后，就应该采取必要的通风散热措施。否则，施工人员在洞室内将感到极为不适，尤其是开挖爆破和灌浆过程中产生的烟尘、热量、潮气等，将导致施工环境恶化，不利于施工人员身体健康。

构皮滩右岸高程465.00m以上的灌浆平洞长度均超过800m。为了改善施工条件，通过暖通分析，在高程520.00m与590.00m灌浆平洞之间设置了直径2m的通风竖井。同时，从1号进场交通洞设置施工通道连接高程465.00m灌浆平洞末端，利用8号施工支洞、山体排水等连通高程520.00m灌浆平洞和590.00m灌浆平洞，改善洞内施工条件。

（6）灌浆平洞与其他洞室应尽量结合布置。为了满足施工需要，构皮滩工程在不同部位布置了大量的施工通道。这些洞室往往属于前期施工的临时工程，且在主体工程布置尚未最终确定前就需要实施，在布置过程中享有优先权。

如果某些通道与灌浆平洞较近且使用的时间较长，有可能影响帷幕灌浆施工并对帷幕安全产生影响，须进行必要的封堵处理。这种不合理的布置不仅导致施工干扰，还容易疏漏处理，威胁工程安全。

因此，如果在施工通道布置过程中，能充分考虑帷幕灌浆平洞的布置，并进行多专业协同设计，将极大降低这种矛盾的几率。这就要求设计人员主动超前考虑，具有工程全局概念。毕竟，这种总体布置涉及的专业较多，如施工、交通、水工、暖通、机电等各专业都可能关联。

构皮滩工程在洞室布置方面并不完美，期间出现了很多洞室不在同一高程交叉却高程相差不大的情况、或者洞室距离较近却相互影响的情况，这些都应作为经验教训并在其他工程中予以克服。

8.3　岩溶风险评估及处理

8.3.1　帷幕线上的岩溶概述

构皮滩水电站坝址区发育 5 个主要岩溶系统，即左岸 5 号、7 号岩溶系统，右岸 6 号、8 号、W_{24} 岩溶系统，如图 8.3.1 所示。其中，W_{24} 为枢纽区最大的岩溶系统，贯穿整个右岸厂房。岩溶总体特征为：

（1）分布范围广，规模大。岩溶系统沿一定的层位和断裂呈带状分布，枢纽范围内共揭露溶洞 61 个，溶洞体积大于 $1000m^3$ 的有 10 个。

（2）溶洞类型多样。从形态上看，包括厅状、水平管道、竖井（或斜井）等 3 类；从充填程度看，包括无充填、半充填、全充填 3 类；从地下水丰富程度看，包括无水、渗水、暗河等 3 类。

（3）岩溶系统相互独立。各岩溶系统被非岩溶或弱岩溶岩组阻隔，地下水基本依照各自独立的岩溶管道和裂隙网络运移。

除了 5 号岩溶系统，其他各岩溶系统均与构皮滩水电站防渗帷幕线相交。防渗帷幕线上的典型岩溶包括 K_{245}、K_{256}、K_{280}、K_{613}、K_{678} 和 W_{24} 低高程主管道等溶洞等（图 8.3.2），具体特征分别如下：

（1）左岸 K_{245} 溶洞：属于 7 号岩溶系统，沿 F_{b81}、F_{b54} 断层发育，斜井状。在左岸高程 500.00m 灌浆平洞桩号 $k0+239.000 \sim k0+250.000$ 出露，帷幕轴线部位发育高程 $480.00 \sim 500.00m$。溶洞下游在 660.00m 高程左右出露于地表，上游与库水连通性不清楚。溶洞完全充填致密的黄泥、块石和少量粉细砂，体积超过 4 万 m^3。

（2）左岸 K_{256} 溶洞：属于 7 号岩溶系统，沿 F_{b54} 断层上盘发育，斜井状。在左岸高程 640.00m 灌浆平洞桩号 $k0+274.000 \sim k0+294.000m$ 出露，帷幕轴线部位发育高程 $585.00 \sim 630.00m$，溶洞最大直径 50m，充填致密黏土、中粗砂～细砂等，体积超过 3

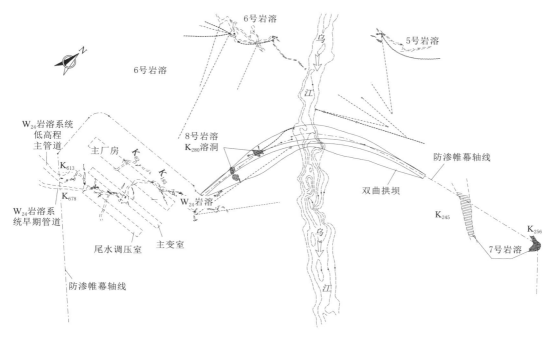

图 8.3.1 构皮滩水电站坝址区岩溶系统分布示意图

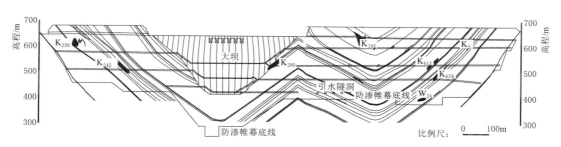

图 8.3.2 构皮滩水电站防渗帷幕线上的典型岩溶示意图

万 m^3。

（3）右岸 K_{280} 溶洞：属于右岸 8 号岩溶系统，发育于 F_{b112}～P_1m^{1-2} 底部的风化溶滤带，顺陡倾角断层呈缝状发育，延伸范围受层间错动控制，溶缝宽度 3～13m。由 YD5、YD7、YD9、YD11 置换洞以及 D_{56}、D_{46}、D_{48} 平洞揭露的溶洞组成，在右岸坝基高程 510.00～590.00m 出露。充填黏土、粉细砂及碎块石等。

（4）右岸 K_{613} 溶洞：属于 8 号岩溶系统，沿 P_1m^{1-1} 底部 F_{b82} 层间错动发育，与裂隙性断层交汇部位发育规模较大。在右岸高程 520.00m 灌浆平洞桩号 k0＋613.000～k0＋623.000 出露，灌浆平洞从溶洞中间穿过，灌浆平洞顶板以上溶洞高度达 40m，平洞底板以下发育深度 8m。溶洞充填黏土，体积约 1 万 m^3。

（5）右岸 K_{678} 溶洞：为 W_{24} 岩溶系统早期主管道，受 F_{b54} 控制，呈缝状，缝宽为 0.5～4m。该溶洞在右岸高程 465.00m 灌浆平洞桩号 k0＋671.000～k0＋680.000 出露。

289

灌浆平洞顶拱的岩溶发育高度大于10m，溶洞切割平洞上游侧墙，可能与库水或 W_{24} 岩溶主管道连通，溶洞下游可能与调压室揭露的溶洞相通，充填物为黏土夹碎石。

（6）W_{24} 低高程主管道：在 W_{24} 追挖支洞桩号 k0＋034.000～k0＋103.000、高程387.00～395.00m 遭遇 W_{24} 低高程主管道。该溶洞发育于 P_1q^3、P_1q^2 层，呈宽缝状、斜巷道状，局部厅状，形态复杂，规模较大，已经揭露的溶洞体积约 1 万 m^3，砂砾石、块石及黏土等充填或半充填；岩溶水丰富，枯水期流量为 0～0.5L/s，汛期流量为 80～120L/s，具有短时突变的特点。

8.3.2 岩溶风险评估

构皮滩水电站特大岩溶主要有 6 个，即：坝基 K_{280} 岩溶、左岸高程 640.50m 灌浆平洞 K_{256} 充砂岩溶、左岸高程 500.00m 灌浆平洞 K_{245} 充泥岩溶、右岸高程 520.00m 灌浆平洞 K_{613} 充砂岩溶、右岸高程 465.00m 灌浆平洞 K_{678} 充砂岩溶、地下水丰富且充砂的 W_{24} 岩溶。

结合构皮滩工程特点，确定五个方面作为岩溶风险评估的主要因素：距离主体建筑的最小距离、岩溶与水库连通性、岩溶可能承受的最大水头、岩溶规模和岩溶充填类型。

一般来说，岩溶距离主体建筑的距离越小，其对主体建筑物的威胁越严重；岩溶与水库的连通性越好、承受的水头越高，发生渗透破坏的概率越大；岩溶规模越大，处理难度越大；不同充填类型的岩溶，其破坏的后果及处理方式也不一样。

按照不同因素对主体建筑物的风险影响程度，根据地质、水工专业的专家经验，对各种因子的影响权重进行量化。研究确定，五种因子的权重分别为：

（1）距离主体建筑的最小距离最重要，权重取 0.30。

（2）岩溶与水库连通性，权重取 0.25。

（3）可能承受的最大水头，权重取 0.20。

（4）岩溶规模，权重取 0.15。

（5）岩溶充填类型虽然会给处理措施带来一定影响，但基本处于可控范围，权重最轻，取 0.10。

每个因子的评分标准见表 8.3.1。具体评分根据实际情况，由地质、水工等专业的专家根据经验综合确定。

表 8.3.1　　　　　　　　　岩溶风险评价因子权重及赋分标准

评价因子 Q	权重系数 Δ	因子评分标准 Q_i	赋分 M
距离主体建筑的最小距离 A	0.30	大于 100m，且与主体建筑物无直接联系（A_1）	0～0.33
		距离主体建筑的最小距离为 50～100m，或者距离超过 100m 但通过某些通道可能与主体建筑物相通（A_2）	0.33～0.67
		与主体建筑的最小距离不足 50m（A_3）	0.67～1
岩溶所处的高程 B	0.25	岩溶所处的高程位于正常蓄水位以下 50m 以内（B_1）	0～0.33
		岩溶所处的高程位于正常蓄水位以下 50～100m（B_2）	0.33～0.67
		岩溶所处的高程位于正常蓄水位以下 100m 以上（B_3）	0.67～1

评价因子 Q	权重系数 Δ	因子评分标准 Q_i		赋分 M
岩溶与水库连通性 C	0.20	岩体渗透（C_1）		$0\sim0.33$
		裂隙连通（C_2）		$0.33\sim0.67$
		岩溶管道连通（C_3）		$0.67\sim1$
岩溶规模 D	0.15	直径小于 50cm 的微小溶蚀裂隙（D_1）		$0\sim0.33$
		直径介于 $0.5\sim2$m 的岩溶且体积小于 1000m^3（D_2）		$0.33\sim0.67$
		直径超过 2m 或体积超过 1000m^3（D_3）		$0.67\sim1$
岩溶充填类型 E	0.10	充泥（E_1）		$0\sim0.33$
		充砂（E_2）		$0.33\sim0.67$
		过水（E_3）		$0.67\sim1$

不同岩溶风险评价的综合得分按照下式确定：

$$X=\sum(\Delta_Q\times M_{Q_i})$$

其中：Δ 为权重系数；$Q=A$，B，C，D，E；$i=1$，2，3。

按照工程实际情况，岩溶风险可分为三类，具体划分标准如下：

$X=0\sim0.33$，属于一类岩溶，风险小；

$X=0.33\sim0.67$，属于二类岩溶，风险中等；

$X=0.67\sim1$，属于三类岩溶，风险大。

根据上述风险评价体系，对构皮滩防渗帷幕线上的岩溶进行赋分后，评价结果见表8.3.2。从评估结果看，大部分岩溶对于主体工程安全威胁较小，部分规模大或风险较大的岩溶应进行重点处理。

表 8.3.2   **构皮滩防渗帷幕线上的主要岩溶风险评价结果**

赋分 \ 权重	岩溶因子权重及赋分					总体得分 X	风险评价结果
	因子 A	因子 B	因子 C	因子 D	因子 E	$X=\sum\Delta(Q)\times M(Q_i)$	
	0.30	0.25	0.2	0.15	0.10		
K_{245}	0.40	0.65	0.10	1.00	0.20	0.46	二类风险中等
K_{256}	0.35	0.30	0.40	0.80	0.40	0.42	二类风险中等
K_{280}	1.00	0.90	1.00	1.00	0.25	0.90	三类风险大
W_{24}	1.00	1.00	0.80	1.00	1.00	0.96	三类风险大
K_{613}	0.10	0.90	0.20	0.70	0.50	0.45	二类风险中等
K_{678}	0.10	0.90	0.20	0.45	0.50	0.41	二类风险中等

8.3.3 岩溶分级处理

为加快处理进度，需要对不同风险的溶洞采用不同处理标准和思路。构皮滩岩溶分级处理原则为：

（1）对高风险岩溶，帷幕线上、下游一定范围内的岩溶充填物必须清理干净后再置换混凝土，彻底阻截岩溶通道。如果可确定岩溶上游入口，也可直接从入口截断岩溶通道。

（2）对于中等风险岩溶，应权衡综合效益后再决定是否进行追挖置换。一般情况下，对充填型溶洞可利用其自身强度，进行高压挤密灌浆，提高其充填物自身强度、防渗性能和耐久性。对于半充填或无充填溶洞，直接回填碎石或混凝土再进行灌浆。

（3）对于低风险岩溶，采取灌浆措施改善其防渗性能。充填型溶洞应尽量采取高压风水进行联合冲洗后灌浆；不连续溶蚀裂隙也可采取化学灌浆处理。当溶洞与库水连通可能性较小且风险较低时，甚至可暂缓处理。

8.3.3.1　右岸 W_{24} 高风险岩溶处理

W_{24} 岩溶体积约 1 万 m^3，岩溶管道在多个高程处与防渗帷幕相交，并与右岸地下厂房、灌浆平洞、施工支洞、大坝廊道等地下洞室相通。W_{24} 岩溶系统早期管道为砂砾石、块石及黏土等充填或半充填；后期管道地下水枯水期流量为 $0\sim0.5L/s$，汛期流量为 $80\sim120L/s$。岩溶地下水自山体向乌江排泄，出口位于大坝下游，整个管道系统呈倒虹吸状（图 8.3.3）。如果该岩溶主管道与库水连通，帷幕可能承受的最大水头为 240m。评估结果显示：该岩溶风险较高。

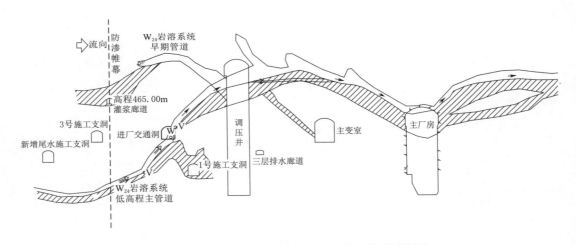

图 8.3.3　W_{24} 岩溶与厂房等主体建筑物关系示意图

为确保安全，对 W_{24} 低高程主管道采用"挖＋堵＋灌＋排"综合处理方案，具体如下：①帷幕线附近一定范围的岩溶充填物清理干净后用 C20 混凝土回填封堵，确保 W_{24} 岩溶主管道被截断；②先对混凝土堵头周围进行回填灌浆，截断渗漏通道，然后通过帷幕灌浆形成完备的防渗体；③在低高程追挖支洞混凝土堵头内预埋 $\phi200mm$ 的排水管将岩溶水排泄至集水井并抽排至大坝下游。

8.3.3.2　左岸 K_{245} 中等风险岩溶处理

K_{245} 溶洞与左岸高程 500.00m 灌浆平洞相交（图 8.3.4），以防渗帷幕线为界，呈上游低、下游高的斜井状。溶洞充填物以黏土为主，防渗性能较好，但强度较低、耐久性差。溶洞上游存在厚度约 30m 的 P_1q^4 厚层隔水灰岩，与水库管道连通的可能性较小（不排除裂隙渗漏可能）。分析其与主体建筑的关系，即使溶洞充填物被挤出，对大坝和水垫塘的威胁可控。评估结果显示：该岩溶风险中等。

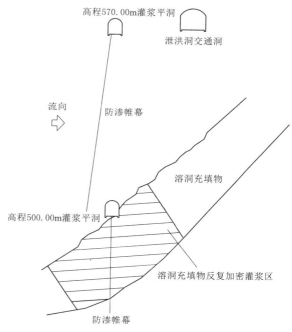

该溶洞最初采取追挖置换混凝土的处理方案，但追挖过程中发生了大规模塌方，困难重重。经研究，处理方案调整为：对防渗帷幕线附近 30m 范围的岩溶充填物利用膏状浆液和水泥浆液反复挤密灌浆，后期对左岸高程 500.00m 灌浆平洞岩溶出露的洞段予以封堵。复合灌浆后，岩溶充填物透水率小于 3Lu，72h 疲劳压水过程中压力稳定，芯样抗压强度大于 2MPa，允许渗透比降为 15.3，可以保证岩溶充填物抗压和抗渗安全。

8.3.3.3　左岸 K_{256} 低风险岩溶处理

左岸高程 640.50m 灌浆平洞 K_{256} 溶洞充填粉细砂（夹杂少量黏土和块石），体积超过 3 万 m^3，岩溶管道贯穿防渗帷幕且与库水存在裂隙连通的可能性。但是，该溶洞主体距离大坝拱座最小距离大于 270m，幕前水头低，溶洞破坏对主体建筑物安全几乎无影响。评估结果显示：该溶洞风险中等。

图 8.3.4　K_{245} 溶洞与左岸高程 500.00m 灌浆平洞关系示意图

该溶洞的处理目的是以改善溶洞充填物的防渗性为主，先按帷幕要求进行了普通水泥灌浆和高压喷射灌浆，效果较差的部位采用塑性混凝土防渗墙处理，控制指标为透水率小于 3Lu。

8.4　岩溶处理效果

8.4.1　帷幕施工资料分析

构皮滩防渗帷幕灌浆施工及质量检查均按设计要求及《水工建筑物水泥灌浆施工技术规范》（DL/T 5148—2001）执行。根据施工单位提供的资料，帷幕灌浆成果见表 8.4.1～表 8.4.3。资料表明：

（1）左岸帷幕灌浆平均单位注入量为 316.7kg/m，右岸帷幕灌浆平均单位注入量为 269.7kg/m，衔接帷幕灌浆平均单位注入量为 129.2kg/m，帷幕灌浆注入量总体较大。

（2）帷幕灌浆吸浆量及岩体透水率均随排数、孔序增加而递减；高程越高的部位，帷幕灌浆吸浆量越大。

（3）构皮滩水电站坝基帷幕灌浆吸浆量总体较大，符合强岩溶地区帷幕灌浆的一般规律。

表 8.4.1　　　　　　　　　坝基左岸帷幕灌浆成果表

部　位	排序	灌浆次序	孔数	灌浆长度/m	注入水泥量/t	单位注入量/(kg/m)	平均透水率/Lu
左岸高程 435.00m 平洞	第 1 排	I	16	1561.19	852.60	546.1	5.49
		II	16	1420.22	530.62	373.6	2.84
		III	32	2956.50	313.74	106.1	1.48
	第 2 排	I	15	626.38	96.66	154.3	1.96
		II	15	655.32	81.44	124.3	1.64
		III	30	1310.64	66.26	50.6	1.16
左岸高程 500.00m 平洞	第 1 排	I	55	3500.38	1712.74	489.3	5.69
		II	54	3268.61	896.01	274.1	4.54
		III	108	6543.29	635.85	97.2	1.77
	第 2 排	I	22	1146.93	208.89	182.1	2.36
		II	22	1161.72	170.82	147.0	2.33
		III	45	2351.55	200.51	85.3	0.87
左岸高程 570.00m 平洞	第 1 排	I	50	3591.88	1988.61	553.6	4.93
		II	48	3452.81	882.52	255.6	1.76
		III	96	6910.64	397.61	57.5	0.52
	第 2 排	I	15	777.50	53.43	68.7	0.27
		II	15	818.41	64.95	79.4	0.22
		III	30	1617.41	37.17	23.0	0.31
左岸高程 640.00m 平洞	第 1 排	I	43	3079.98	5405.75	1755.1	42.82
		II	40	2873.26	1938.65	674.7	20.54
		III	70	5044.41	2010.41	398.5	9.19
	第 2 排	I	16	950.54	201.93	212.4	2.50
		II	16	915.76	171.11	186.9	1.85
		III	31	1825.99	150.26	82.3	1.72
8～10 号 坝段	第 1 排	I	7	492.13	109.29	222.1	3.02
		II	6	300.83	47.59	158.2	2.51
		III	14	896.39	73.46	82.0	1.79
	第 2 排	I	7	284.43	31.26	109.9	1.69
		II	7	315.39	28.37	89.9	1.59
		III	14	565.11	29.21	51.7	1.15
小　计			955	61215.6	19387.72	316.7	—

表 8.4.2   坝基右岸帷幕灌浆成果表

部　位	排序	灌浆次序	孔数	灌浆长度/m	注入水泥量/t	单位注入量/(kg/m)	平均透水率/Lu
左岸高程 415.00m 灌浆平洞	第1排	Ⅰ	26	2031.37	970.10	477.6	16.37
		Ⅱ	27	2005.02	641.60	320.0	3.68
		Ⅲ	52	3481.13	520.30	149.5	1.71
	第2排	Ⅰ	26	1319.14	257.70	195.3	1.89
		Ⅱ	26	1287.26	190.20	147.7	1.56
		Ⅲ	54	2666.28	113.90	42.7	0.80
		补	19	1672.90	24.30	14.5	0.28
右岸高程 465.00m 灌浆平洞	第1排	Ⅰ	97	6224.29	2882.90	463.2	4.05
		Ⅱ	93	5763.00	1750.90	303.8	2.68
		Ⅲ	185	11495.82	1760.70	153.2	1.31
	第2排	Ⅰ	73	4591.60	840.40	183.0	1.65
		Ⅱ	72	4667.05	583.70	125.1	1.29
		Ⅲ	137	8667.47	578.00	66.7	1.06
右岸高程 4520.00m 灌浆平洞	第1排	Ⅰ	84	5013.24	3694.40	736.9	7.54
		Ⅱ	72	4180.30	1816.10	434.4	3.32
		Ⅲ	133	7598.07	1938.80	255.2	2.41
	第2排	Ⅰ	54	3089.60	612.60	198.3	2.36
		Ⅱ	53	2999.30	392.90	131.0	1.99
		Ⅲ	105	5937.49	399.40	67.3	1.43
右岸高程 590.00m 灌浆平洞	第1排	Ⅰ	62	4743.84	3138.70	661.6	8.50
		Ⅱ	65	4973.77	2296.20	461.7	5.46
		Ⅲ	127	9711.27	2842.80	292.7	3.99
	第2排	Ⅰ	59	4519.63	1456.60	322.3	3.97
		Ⅱ	58	4442.43	1041.20	234.4	3.44
		Ⅲ	115	8807.58	1270.50	144.3	2.65
右岸高程 640.00m 灌浆平洞	第1排	Ⅰ	59	2927.92	2491.10	850.8	22.13
		Ⅱ	57	2865.42	1442.80	503.5	6.45
		Ⅲ	114	5702.42	1762.80	309.1	4.49
	第2排	Ⅰ	18	940.54	252.20	268.1	4.42
		Ⅱ	15	259.81	50.30	193.6	2.98
11～19号 坝段	第1排	Ⅰ	26	2953.60	1127.20	381.6	3.87
		Ⅱ	26	2842.40	909.50	320.0	3.47
		Ⅲ	51	5624.60	790.50	140.5	1.48
	第2排	Ⅰ	25	1628.10	167.90	103.2	1.09
		Ⅱ	27	1802.10	115.10	63.9	0.82
		Ⅲ	52	3397.10	102.80	30.3	0.50
小　计			2344	152832.86	41227.1	269.7	—

表 8.4.3　　　　　　　　　　　　坝基两岸衔接帷幕灌浆成果表

部　位	排序	孔序	孔数	灌浆长度/m	注入水泥量/t	单位注入量/(kg/m)
左岸高程 435.00m 灌浆平洞	第1排	Ⅰ	32	235.10	41.88	178.1
		Ⅱ	32	236.60	10.29	43.5
		Ⅰ	31	229.29	11.33	49.4
		Ⅱ	32	237.88	6.15	25.9
左岸高程 500.00m 灌浆平洞	第2排 第1排	Ⅰ	52	364.00	27.16	74.6
		Ⅱ	51	357.00	20.58	57.6
右岸高程 415.00m 灌浆平洞	第1排	Ⅰ	53	391.65	108.33	276.6
		Ⅱ	52	383.10	46.73	122.0
	第2排	Ⅰ	53	392.27	65.55	167.1
		Ⅱ	52	351.18	38.95	110.1
右岸高程 465.00m 灌浆平洞 0+000.000~0+460.000m 段	第1排	Ⅰ	115	821.14	207.28	252.4
		Ⅱ	115	821.20	114.69	139.7
	第2排	Ⅰ	113	809.27	153.26	189.4
		Ⅱ	116	830.80	86.07	103.6
右岸高程 520.00m 灌浆平洞 0+40.000~0+192.000m 段	第1排	Ⅰ	20	141.00	16.54	117.3
		Ⅱ	20	141.00	11.55	81.9
	第2排	Ⅰ	21	148.89	4.11	27.6
		Ⅱ	20	141.80	2.21	15.7
右岸高程 520.00m 灌浆平洞 0+288.000~0+473.000m 段	第1排	Ⅰ	24	169.20	27.68	163.6
		Ⅱ	23	162.15	19.79	122.0
	第2排	Ⅰ	24	170.16	23.80	139.9
		Ⅱ	23	163.07	5.59	34.3
右岸高程 590.00m 灌浆平洞 0+15.000~0+483.000 段	第1排	Ⅰ	91	637.00	125.01	196.3
		Ⅱ	95	665.40	85.36	128.3
	第2排	Ⅰ	95	665.00	117.13	176.1
		Ⅱ	94	658.00	68.99	104.8
右岸高程 590.00m 灌浆平洞 0+483.000~0+538.000m 段	第1排	Ⅰ	15	105.00	24.11	229.6
	第2排	Ⅱ	15	1050.00	12.88	122.7
小　计			1479	11478.15	1483.00	129.2

8.4.2　蓄水前帷幕质量抽检

施工单位对帷幕灌浆质量进行了自检（单点法压水），检查孔比例约为总灌浆孔数的 10%。根据压水自检结果，帷幕灌浆质量满足设计要求，合格率为 100%。此外，在帷幕灌浆施工前后沿帷幕轴线实施了电磁波 CT 对比测试。测试成果表明灌浆后电磁波高吸收系数区域面积较灌浆前大幅度减少，说明帷幕灌浆取得了效果。

但是，鉴于构皮滩工程规模大、水头高，水库蓄水后一旦出现异常情况，补救将十分困难。为客观了解帷幕灌浆质量，在水库蓄水前对帷幕灌浆质量进行了全面系统的第三方抽检，以便对质量隐患及时采取补救措施，防患于未然。

帷幕抽检遵循突出重点、节约投资的思路，具体原则为：

（1）抽检部位：帷幕抽检重点是针对坝基和两岸山体距大坝 200m 范围以内灌浆异常部位、岩溶发育及地质缺陷部位、灌后压水检查透水率相对较大、灌后电磁波高吸收区及吸浆量异常区等部位；封孔质量抽检则重点针对封孔后孔口渗水、湿痕的部位。

（2）抽检手段：帷幕抽检主要采用钻孔压水检查，局部不合格部位结合孔内电视摄像进行直观检查；封孔质量则取芯检查。

（3）抽检孔比例：为控制投资，主帷幕抽检比例控制在 3% 以内，水垫塘帷幕抽检比例控制在 2% 以内，衔接帷幕及封孔抽检比例控制在 1% 以内。

帷幕质量抽检涵盖了大坝基础廊道、两岸山体 9 条灌浆平洞、水垫塘廊道等部位的帷幕。抽检开始前，对帷幕设计要求、地质条件、灌浆施工资料等进行了综合分析后，布置帷幕灌浆质量抽检孔 107 个，钻孔进尺 6248m。实际完成帷幕质量第三方抽检孔 93 个，钻孔总进尺 5451.2m。

帷幕质量抽检施工方法均与帷幕灌浆施工质量检查方法一致。根据《水工建筑物水泥灌浆施工技术规范》（DL/T 5148—2001），帷幕灌浆质量抽检合格标准为：经压水试验检查，第 1 段（混凝土底板与基岩接触段）和第 2 段的透水率合格率为 100%，以下各段的合格率应为 90% 以上；不合格段的透水率值不超过设计规定值的 100% 且不集中。

构皮滩帷幕质量第三方抽检孔的压水检查如下：

（1）按压水段数统计，抽检共完成压水试验 1129 段，合格孔段数为 1125 段，帷幕合格率为 99.65%；按抽检孔数统计，本次抽检共完成 93 个抽检孔，压水不合格孔数为 4 个，帷幕合格率为 95.70%。帷幕质量总体良好。

（2）从分布位置看，大坝左岸灌浆平洞、基础廊道及右岸高程 590.00m、520.00m、415.00m 灌浆平洞的抽检孔全部合格；右岸高程 640.50m 灌浆平洞有 1 个抽检孔、高程 465.00m 灌浆平洞有 2 个抽检孔不合格，均为接触段透水率略微超标。

构皮滩帷幕质量第三方抽检孔的钻孔取芯情况如下：

（1）岩体取芯率基本都在 70% 以上，岩体灌浆后的完整性较好。个别取芯率较低的钻孔处于裂隙发育、溶蚀或构造强烈的部位（如断层或层间错动带）。

（2）芯样有水泥结石的抽检孔共 17 个，占抽检孔总数的 18.28%，灌浆结石率尚好。

8.4.3 运行期帷幕质量监测

8.4.3.1 幕后渗压监测成果

（1）坝基渗压监测成果。在 10～18 号坝段基础廊道主排水幕处各布设 1 个测压管，在 9 号、14 号和 19 号坝段帷幕前、坝体中部和帷幕后各布设 1 支渗压计。

从历年监测成果可以看出，坝基各测压管扬压水位受库水位影响较小，扬压力折减系数均小于 0.25，在合理范围内。蓄水以来，扬压水位相对稳定，无明显增大性趋势。

（2）厂坝区灌浆平洞渗压监测成果。截至 2017 年 7 月，坝基两岸灌浆平洞的渗压监测成果如下：

右岸高程 415.00m 灌浆廊道埋设测压管 13 个，实测最高水位 429.73m 出现在桩号 0+081.270（H1-48Y，2014 年 7 月 17 日），最大渗透比降为 0.07。

右岸高程 465.00m 灌浆廊道埋设测压管 21 个，各测点渗透水头受一定库水位变化影响，实测最高水位 502.30m（H1-18Y，2017 年 7 月 6 日），最大渗透系数为 0.23，各测点渗透系数为 -0.06～0.23，渗透水位均趋于稳定，无明显增大性趋势。

右岸高程 520.00m 灌浆廊道埋设测压管 19 个、渗压计 6 支，抗力体范围最大渗透比降为 0.17，远坝段山体最大渗透比降为 0.61。

右岸高程 590.00m 灌浆廊道埋设测压管 5 个，实测渗透水位为 564.64～599.70m，渗压较低，渗压变化与库水位关系较明显。

左岸高程 435.00m 灌浆廊道埋设测压管 9 个。实测渗透水位为 437.20～479.20m，最大渗透水位出现在桩号 0+116.800（H1-09Z，2015 年 12 月 25 日）。目前，平洞内测压管渗透系数为 0.01～0.23，渗透水位已基本趋于稳定，无明显增大性趋势。

左岸高程 500.00m 灌浆廊道埋设测压管 12 个。实测渗透水位为 475.05～544.30m，历史最大渗透比降为 0.49。经分析，该平洞渗透压力较大的测点主要集中在 K_{245} 溶洞部位，该溶洞充填致密饱和的黏土，加之未设排水孔，孔隙水不易消散是渗压较高的原因。该溶洞出露段已采取混凝土封堵，岩溶充填物和附近帷幕发生渗透破坏的可能性小。

左岸高程 570.00m 灌浆廊道埋设测压管 10 支、渗压计 1 支。蓄水初期实测抗力体范围最大渗透水位为 590.30m，最大渗透比降为 0.38。2010 年以后，该平洞渗压水头稳定在 0.2 以下，满足抗力体渗压设计标准。

根据历年渗压监测数据，各灌浆平洞帷幕后的渗压总体稳定，无明显增大性趋势，个别监测点的渗压随库水位有一定变化但均在设计允许范围之内。

（3）水垫塘与二道坝渗压监测成果。历年监测资料显示：水垫塘底板及边墙基底渗压计实测水头未超过 3.65m，渗透压力较小且在设计允许范围内；水垫塘底部左、右岸高程 406.00m 基础廊道主排水幕处测压管水位均低于廊道底板；二道坝廊道排水幕处测压管水位低于孔口。

8.4.3.2　幕后渗漏量监测成果

1. 坝基渗漏量

坝基渗漏量监测量水堰分区布设在 12 号坝段基础廊道集水井入口处，共设 4 个量水堰，监测左岸高程 435.00m 灌浆平洞与右岸高程 415.00m 灌浆平洞之间坝段（10～17 号）基础渗漏量。历年监测成果可以看出：

大坝基础廊道排水孔及横向廊道排水孔最大渗漏量为 201.0L/min（总渗漏量），发生在 2010 年 12 月 30 日，之后逐渐减小至约 100L/min 以内，目前大部分测值在 50L/min 左右，无明显增大性趋势。从现场巡视检查看，出水较多的基础排水孔主要分布在坝基右侧的横向排水廊道。坝体排水孔基本无渗水。

2. 厂坝区灌浆平洞渗漏量

两岸灌浆廊道渗漏量监测量水堰布设在右岸高程 415.00m、465.00m、520.00m、

590.00m 及左岸高程 435.00m、500.00m、570.00m 灌浆廊道前端（近坝肩）。历年监测成果显示：

（1）如图 8.4.1 所示，右岸灌浆平洞最大渗漏量为 586.77L/min，发生于 2014 年 7 月 19 日，当时拱坝处于泄洪状态，导致灌浆平洞渗漏量较大，之后右岸灌浆平洞渗漏量趋于稳定。右岸灌浆平洞渗漏量受库水位影响较明显。

（2）如图 8.4.2 所示，左岸灌浆平洞最大渗漏量为 251.04L/min，发生于 2009 年 11 月 4 日。目前左岸灌浆平洞渗漏量均趋于稳定，受库水位影响较小。

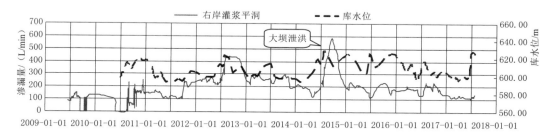

图 8.4.1　右岸灌浆廊道渗漏量变化过程线

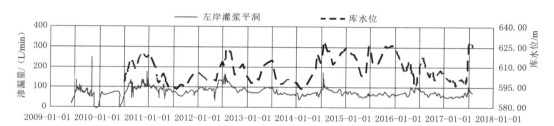

图 8.4.2　左岸灌浆廊道渗漏量变化过程线

厂坝区渗漏量一部分通过自流排泄至大坝下游，一部分进入大坝集水井抽排。其中，进入坝基集水井的渗漏量远小于坝基集水井设计容量及实际抽排能力。

3. 水垫塘廊道及两岸山体排水洞渗漏量

水垫塘廊道及两岸山体排水洞渗漏量总体较小，总渗漏量一般不超过 100L/s。

2014 年 7 月遭遇特大暴雨及泄洪期间，由于地表水入渗导致左岸高程 430.00m 山体排水洞渗漏量达到 320.59L/min，左岸高程 495.00m 山体排水洞（与左岸高程 500.00m 灌浆平洞相通）、右岸高程 464.00m 和 420.00m 山体排水洞（均汇入水垫塘基础廊道）量水堰满堰而未能测得具体数值，期间水垫塘基础廊道底板局部低洼部位有约 12cm 深积水。根据贵州乌江水电开发有限责任公司构皮滩发电厂提供的资料，本次水库高水位运行期间，水垫塘廊道最大抽排量为 800m³/h，抽排能力满足要求。

总体看，构皮滩水库蓄水以来，防渗帷幕、排水系统和岩溶系统运行正常，渗压、渗漏量等主要指标均在设计允许范围内，实际监测数据与设计标准、前期研究结论以及该工程的特点符合性较好，表明渗控工程处于正常工作状态。

8.4.3.3　溶洞渗漏量监测成果

构皮滩防渗帷幕线上的溶洞经处理后，常规压水、渗透比降、抗压强度、耐久性、弹性模量、孔内电视录像、声波及电磁波、结石芯样完整性等指标均满足设计要求。水库蓄水初期，仅发现个别部位幕后渗漏量及渗压值略大于设计正常值。

据 2014 年 7 月特大暴雨及高水位运行期间的监测数据，W_{24} 岩溶系统低高程追挖洞附近的渗压超过 0.3MPa，右岸高程 465.00m 灌浆平洞 K_{678} 溶洞部位的渗压超过 0.4MPa，左岸高程 500.00m 灌浆平洞 K_{245} 溶洞部位的渗压超过 0.5MPa，均接近但未超过相应部位的渗压历史最大值，分析认为上述部位的渗压变化主要可能与地表水入渗相关。

总体看，水库蓄水运行以来，各溶洞附近的渗流监测数据基本处于稳定状态，未出现较大波动，未见异常。

8.5　岩溶处理技术总结

8.5.1　充填型岩溶处理技术

构皮滩水电站的岩溶为充填型岩溶，充填物多为泥沙、黄泥、碎石加砂或者多种物质的混合物，成分或单一或复杂。充填物有的胶结密实，有的松散，还有的呈流塑状，性状差别较大。根据岩溶管道分布位置的不同，有些岩溶充填物需要彻底清除，有些不清除也不会对工程安全或正常运行产生危害。因此，充填型岩溶的处理与否或处理程度需要根据岩溶分析评估确定。

8.5.1.1　岩溶充填物挖填置换技术

1. 基本技术

发育于水工建筑地基范围的岩溶，其充填物可能影响建筑物稳定、变形和渗流安全，一般需要对建筑物基础一定范围内的岩溶充填物进行追挖清理并换填混凝土等材料，确保地基抗滑稳定、沉降变形、防渗等满足工程安全要求。对于重力坝、拱坝等水工建筑物，地基范围内的岩溶一般均需进行追挖换填。

岩溶挖填置换处理设计，应在查明岩溶特点、规模、埋深、水文地质条件、充填物的物理力学性质以及对水工建筑物结构的影响基础上，进行专门的挖填置换处理方案设计，挖填置换的平面范围、深度等应根据建筑物地基应力、变形、防渗要求等综合确定。

对水工建筑物结构安全有影响的岩溶，可用下述方法处理：规模不大的溶洞且埋深较浅者可开挖后回填混凝土，并对洞顶及周围加强固结灌浆；规模不大但埋深较大的溶洞，可钻孔灌注混凝土、水泥砂浆等；规模较大的溶洞，应先填砂砾石或混凝土，后灌浆。同时，岩溶处理中混凝土回填规模较大时，应视结构需要制定合适的混凝土温控和接触灌浆等措施。

对于规模较大的岩溶，其关键在于充填物追挖清理换填施工与主体建筑物施工之间的工序衔接、回填质量控制，尤其是高坝坝基的岩溶挖填置换，对于坝体安全和施工进度影响较大。以构皮滩坝基 K_{280} 溶洞追挖换填为例予以说明。

2. 挖填置换技术应用实例

（1）基本情况。K_{280} 溶槽是坝基范围内出露于建基面并延伸到拱座持力部位的最大岩溶地质缺陷，该溶槽出露于右岸坝肩中上部，自上游向下游横穿整个坝肩，溶槽充填物主要为粉砂质黏土并夹杂块石，溶槽竖直方向影响范围高差达 90m，总体积约 20000m³，其规模及处理难度均居国内外双曲拱坝前列。

由于 K_{280} 溶槽规模较大，清挖及混凝土回填处理所需时间较长，同时还要进行固结灌浆、接触灌浆以及置换洞、勘探平洞、灌浆平洞的明洞段的施工，该部位工作面广、工序多，加上该部位边坡险峻，施工道路布置困难，材料、设备均须经过缆机运输进场，形成交叉施工，相互干扰大，K_{280} 溶槽处理对大坝 21 号、22 号、23 号坝段的影响大，处理不当将会影响坝肩开挖进度和拱坝混凝土浇筑进度。

（2）处理方案研究。

1）设计处理方案的基本原则。在对坝基影响范围内溶槽进行彻底清理，回填混凝土并辅以灌浆；采用各种措施，尽可能使溶槽处理不占用大坝施工直线工期。

2）主要措施。

A. 溶洞清挖：K_{280} 溶洞规模大，且大部分浅埋于坝基下，对坝基承载力、抗滑和变形稳定、防渗等均有较大影响，需全部挖除并回填混凝土处理。K_{280} 溶洞以垂直岩溶形态为主，呈宽缝状、竖井状与斜井状，高差较大，除大坝建基面范围内的主体溶洞可以大型机械挖除外，其余只能通过追挖处理，由于溶洞垂向分布高差较大，为了减少追挖难度，确保施工安全，根据溶洞构造和分布特征、大坝施工形象和进度要求、现场施工条件等因素综合分析，决定利用拱间槽附近已有的勘探平洞、层间错动处理置换洞对溶洞采取"立体分层、平行追踪"方式进行洞追挖，具体措施如下：a）通过 YD8（高程 570.00m）、YD10（高程 555.00m）置换洞追挖 K_{280} 下游侧主体溶洞；b）通过 YD5（高程 585.00m）、YD7（高程 570.00m）、YD9（高程 550.00m）、YD11（高程 540.00m）置换洞与 D64（高程 545.00m）探洞分层追挖 K_{280-1} 斜井状溶洞，置换洞之间布置置换斜井；c）通过在 517.00m、526.00m、538.00m 高程预留廊道，并在 507.00m 高程布置施工支洞，对拱肩槽上游侧溶洞进行追挖。

"立体分层、平行追踪"溶洞追挖模式，可有效避免相互干扰和影响，便于出渣及后期混凝土回填，大大节省工期。

B. 混凝土回填。根据溶洞分布特征和追挖清理情况、大坝施工情况、现场施工条件等因素综合分析，采用"分序、分期"方式进行混凝土置换，具体措施如下：a）由于 K_{280} 溶槽发育范围广、规模大，混凝土回填不可能一步到位，根据现场实际施工情况，按清挖过程中对周围边坡稳定影响的危险性大小，按先下游侧、再坝基、后上游侧的顺序进行分序回填；b）对于建基面部分，要按填塘混凝土要求恢复原设计建基面形状，由于 K_{280} 溶槽规模大，分支复杂，清挖时间长，为不影响大坝坝体混凝土的浇筑，K_{280} 溶槽混凝土回填分两期进行，第一期进行高程 517.00～559.00m 之间恢复原设计建基面形状，第二期回填高程 517.00m 以下需要继续追挖的部分。

C. 基础灌浆。K_{280} 溶槽除进行混凝土回填施工外，还包括回填混凝土部位坝基固结灌浆、回填混凝土与坝基接触灌浆。固结灌浆可在 K_{280} 回填混凝土中平行进行，在混凝土斜坡面上搭设施工排架进行施工。K_{280} 回填混凝土与开挖面之间的接触灌浆，要求在大坝混凝土浇筑到相应设计要求高度后进行。常规的接触灌浆采用先在接触面预埋灌浆系统，接缝开度满足要求后进行接触灌浆。实际工程中，常常出现固结灌浆施工易堵塞预埋接触灌浆管路、打断预埋冷却水管等情况，导致接触灌浆效果不佳、温控措施失效。为解决此问题，经过分析研究，并参考相关工程经验，在 K_{280} 溶洞处理中固结灌浆采用埋管法有盖重施工，并使用"固结灌浆、接触灌浆同孔，先固结、后接触"方式进行基础灌浆，即在固结灌浆完成后扫孔引管作为接触灌浆孔，后期进行接触灌浆，克服了常规接触灌浆的缺点，取得了较好效果。

K_{280} 溶槽处理施工自 2005 年 2 月起，至 2008 年 10 月全部完成，历时 3 年 9 个月，未占用大坝工程直线工期。坝基 K_{280} 溶槽处理，结合坝肩已有勘探平洞及置换洞采用"立体分层、平行追踪"方式追挖，采用"分层、分序、分期"置换方式，既解决了坝肩特大溶蚀缺陷处理与坝肩开挖、坝体混凝土浇筑及坝基固结灌浆的干扰，又为其本身施工赢得了足够的工期，从而为处理施工质量满足设计要求创造了有利条件。

8.5.1.2　岩溶充填物改性技术

1. 基本技术

如果岩溶充填物为充填密实的黏土，其防渗性能往往较好且能适应较大变形，如果能保证其渗透稳定性和耐久性，是可以加以利用的。为了改善岩溶充填物的物理力学性状，常见的方法是高压灌注水泥、膨润土等固化剂，提高充填物的强度指标和防渗性能。

充填物改性的优点是，可以避免对岩溶充填物的开挖清理，降低施工难度；不足在于岩溶处理不如挖填置换直观，其处理效果只能通过取芯、压水试验等间接判断，一旦某一点处理不到位，也可能影响整个岩溶管道的处理效果。因此，岩溶充填物改性的质量很难控制，经常需要经过多次处理方可满足要求。例如：构皮滩左岸 K_{245} 充泥溶洞采用多次改性处理方才满足设计要求，但确实有效降低了岩溶处理与其他施工项目之间的相互干扰，为整个工程的进度创造了有利条件。

2. 溶洞黄泥充填物改性实例

（1）溶洞概况。构皮滩工程左岸 K_{245} 溶洞属于 7 号岩溶系统，该溶洞具有以下特点：充填黏土（夹杂少量粉细砂和块石），强度较低，透水率约为 10^{-4} cm/s，基本满足防渗要求，但黄泥充填物的防渗耐久性较差。从地层分析，该溶洞主体发育于 P_1q^3 层，与库水之间存在厚度约 30m 的 P_1q^4 厚层隔水灰岩。因此，溶洞上游入口与水库管道连通的可能性较小，但也不能完全排除裂隙性沟通的可能性。

对主体工程的影响分析：由于溶洞为黄泥充填物，渗漏量不大，不会对拱座稳定产生不利影响；如果充填物万一在库水作用下被挤出，可能沿左岸高程 500.00m 灌浆平洞桩号 k0+234.000～k0+250.000 段涌出，沿左岸高程 500.00m 灌浆平洞进入大坝基础廊道或沿 G2 施工支洞至水垫塘，影响大坝和水垫塘正常运行。

因此，左岸高程 500.00m 灌浆平洞 K_{245} 溶洞虽然规模较大且贯穿防渗帷幕，但整体防渗性能较好，与库水管道连通的可能性不大。根据风险评估结果，该溶洞风险中等。

（2）处理方案研究。从投资及工期角度考虑，采用开挖换填的处理思路代价太高，处理方案应从两方面进行考虑：充分利用黄泥充填物自身性状，提高其防渗性和耐久性；提高溶洞处理的可靠性，消除或尽量降低溶洞破坏对主体工程的危害后果。

借鉴其他类似溶洞的处理经验，对于防渗帷幕线上的大型充泥溶洞，一般采取追挖置换混凝土进行处理，该溶洞揭露之初也是决定采用此法。但溶洞追挖过程中支护不及时，发生了大规模塌方。大型机械无法进入灌浆平洞且不能采取有效的支护措施，人工清理进度十分缓慢，清理过程中不断有黄泥涌出。历经 3 个月，总共人工清理黄泥约 $5900\mathrm{m}^3$。

K_{245} 溶洞主体位于左岸高程 500.00m 灌浆平洞底板及下游侧墙上部，如果继续对防渗帷幕两侧的溶洞充填物进行清理，由于溶洞跨度太大且灌浆平洞空间狭小，将无法采取有效的支护措施，溶洞充填物将随时坍塌或涌出，危及施工人员安全，风险极大。根据实际情况并结合 K_{245} 溶洞发育特点，决定放弃追挖置换处理方案，改用灌浆方式进行处理。

1）膏状浆液封闭。所谓膏状浆液就是在水泥浆液中通过添加增塑剂、速凝剂等复合材料，使浆液具有很大的屈服强度和塑性黏度，膏状浆液在灌浆过程中不仅具有很好的可控性，而且具有较好的抗冲性能，适合于大孔隙和有地下水流的地层灌浆。该项灌浆技术曾用于贵州红枫水库堆石坝，成功地解决了该坝存在的大空隙地层的帷幕防渗问题，之后在山东尼山水库的喀斯特坝基灌浆、四川明台水电站砂卵石围堰灌浆中都有应用，尤其是近期施工完成的云南小湾水电站砂卵石围堰堰基灌浆中利用该项技术取得了成功，从而推动了膏状浆液作为一种性能良好的混合型灌浆材料在大孔隙和有地下水流的地层中的应用和发展。

左岸高程 500.00m 灌浆平洞 K_{245} 溶洞发育规模巨大，溶洞充填物以较松散的黏土为主，普通水泥灌浆浆液在均质松散体内的扩散半径较大，复灌又可能形成新的流动通道；另外，浆液可能沿溶洞下游塌空区或块石架空部位扩散，浆液串漏严重，灌浆不能起压或者卸压后浆液回流（夹有大量溶洞充填物）现象普遍，多数孔段复灌多次均不能达到结束标准。

借鉴已有工程的成功经验，为了切断该部位帷幕灌浆时水泥浆液向塌方形成的空腔串漏通道，缩小溶洞处理范围，尽早形成有利的帷幕灌浆升压条件，决定在高程 500.00m 灌浆平洞桩号 k0+234.000～k0+250.000 段溶洞下游侧增设 2 排加强固结孔，利用膏状浆液具有屈服强度和塑性黏度较大的特性，缩小浆液扩散半径对溶蚀通道进行封闭处理，在帷幕线附近形成一定范围的封闭区后再进行帷幕灌浆。

2）膏浆配合比。为了提高浆液的初始黏度，提高可控性，避免浆液扩散较远，起到较好的封堵效果，在水泥浆中掺加一定量的膨润土和增塑剂进行调制。同时为了保证浆液的可灌性、结石强度等要求，在实验过程中调整膨润土和增塑剂掺量，最终选取了 3 组具备可灌性的配合比，在实验室进行了室内强度试验，7d 抗压强度代表值为 23.2MPa，满足设计强度要求。膏浆配合比参数见表 8.5.1，流动度指标为 100～160mm。

表 8.5.1　　　　　　　　　　　　　膏浆配合比参数

配比编号	单位配合比			配合比（水∶灰∶膨）	水固比（不计增塑剂）	膏浆密度	流动度/mm
	水泥浆（0.55∶1）/L	膨润土/kg	SHLC 型增塑剂/%				
1 号	100	10	0.2	1∶1.82∶0.16	0.51∶1	1.815	130～160
2 号	100	12	0.2	1∶1.82∶0.19	0.5∶1	1.82	130～160
3 号	100	16	0.2	1∶1.82∶0.25	0.48∶1	1.83	100～140

3）灌浆方法。灌浆采用孔口阻塞法进行孔内纯压灌注，分 2 序施工，Ⅰ序孔灌浆压力为 3MPa，Ⅱ序孔灌浆压力为 4MPa。灌浆过程中先用最稀比级的膏浆灌注，逐级变浓，

变浆条件为：每一比级灌注达 1000L 且压力和流量无明显变化时，膏浆可变浓一级；若压水时无压力无回水，开灌水灰比为 0.48∶1。

4）灌浆结束标准。膏浆灌浆采用定量灌注和压力控制 2 个标准，若灌浆时达到设计压力，且吸浆量小于 1L/min 时，不必屏浆可直接结束该段灌浆，继续下一段的钻孔灌浆作业；若灌浆结束后出现孔口返浆，均应进行闭浆处理，闭浆时间为 4h。若一次灌注无法达到结束，则以每次灌注干料 10t 为限，多次重复灌注，直至扫孔孔形完整为止。

经过一段时间的持续灌注后，灌注时串浆的情况明显减少，后期施工成孔率明显好转，灌浆时注浆压力有明显的升高。施工过程中个别 Ⅱ 序孔已能承受 4.5MPa 的灌浆压力。

（3）水泥浆液反复挤密。由于该溶洞规模大、承受水头高、充填物为黄泥，且采用反复加密灌浆处理大规模充泥岩溶是否有效尚有一定不确定性。虽然膏状浆液能够有效控制扩散半径，有利于提高溶洞充填物的防渗性能，但是膏浆对于溶洞充填物的强度提高并无明显作用。在满足防渗条件下，还须想办法提高黄泥充填物的抗变形能力及其耐久性。为此，决定对防渗帷幕两侧一定范围的溶洞充填物采用水泥浆液反复加密灌浆。具体方案如下。

1）塌空区回填：为确保左岸高程 500.00m 灌浆平洞 k0+245.000 溶洞处理效果，需要对溶洞顶部的空腔灌注砂浆并对溶洞充填物加密灌浆。在泄洪洞交通洞 k0+035.850～k0+066.110 段对溶洞顶部推测空腔区钻孔进行砂浆灌注回填，砂浆浓度 0.5∶1，用 3.0MPa 压力纯压式灌浆，灌段注入率小于等于 5L/min 即可结束。使泄洪洞交通洞附近的溶洞顶形成封堵堵头。

2）加密灌浆：对左岸高程 500.00m 灌浆平洞附近上游侧 10m、下游侧 5m 范围内的溶洞充填物先进行加密灌浆处理。下部溶洞充填物加密灌浆区域暂定 k0+234.000～k0+254.000 桩号范围，孔深均按入岩 3m 终孔；灌浆压力均为 3.0～5.0MPa；采用 0.5∶1 水泥浆纯压式灌浆，复灌待凝时间 12h。

充填物加密灌浆处理范围应按下述原则确定：灌浆范围的充填物所能提供的抗力应不小于上游水压力。因此，需要灌浆处理的溶洞充填物长度 L 应满足下式：

$$(c+\gamma_s\tan\varphi)L\geqslant\xi k_2\gamma_w\frac{h+H}{2}\cos\theta \tag{8.5.1}$$

式中：c 为充填物黏聚力，取 30kPa；φ 为充填物内摩擦角，取 17°；γ_s 为充填物加密灌浆后重度，取 9.81kN/m³；L 为堵头长度，m；γ_w 为水重度，取 9.81kN/m³；ξ 为水头折减系数；k_2 为整体稳定安全系数，取 1.5；h 和 H 分别为灌浆堵头上游上、下边界承受的全水头，m；θ 为岩溶冲道夹角，(°)。经计算，$L\geqslant28.3$m。

3）灌浆合格标准：溶洞充填物加密灌浆质量检查项目包括常规压水检查、疲劳压水检查、抗压强度、允许渗透比降，上述检查项目要求 100% 合格后方可评定岩溶处理合格。

A. 常规压水检查：检查孔压水段长 5m，压力为 2.0MPa，透水率合格标准为 3Lu。实际压水 16 段，透水率全部小于 3Lu。

B. 疲劳压水检查：每 3 个常规压水检查孔中选择一段进行疲劳压水试验，压水压力采用 1.5～2.0 倍水头（即 2.0～2.5MPa），再持续压水 72h，如果透水率始终小于 3Lu 且受灌体承受的水头压力不变，则加强灌浆处理质量视为合格。

C. 抗压强度：黄泥充填物的强度应不低于上游水头压力，否则容易压缩变形，失去抵抗力。因此，黄泥充填物灌浆处理后的强度 p 应满足下式：

$$p \geqslant k_1 \gamma_w \zeta \frac{h+H}{2} \tag{8.5.2}$$

式中：k_1 为强度安全系数，取 1.5；ζ 为实际水头折减系数，取 0.7；其他参数含义及取值同式（8.5.1）。经计算，$p \geqslant 1.5 \times 9.8 \times 0.7 \times 168 = 1728.72$（kPa），取 1.7MPa。实际取样 3 组，平均抗压强度为 2.01MPa，满足设计要求。

D. 允许渗透比降：在常规压水检查孔芯样中选择有代表性的溶洞充填物处理芯样进行室内渗透比降试验，设计允许渗透比降大于等于 12。实际检查 3 组渗透比降均大于 12，平均值为 15.3。

（4）提高溶洞处理的可靠性措施。为提高溶洞处理的可靠度，下闸蓄水前对左岸高程 500.00m 灌浆平洞桩号 k0+235.000～k0+258.000 洞段采用混凝土封堵，同时在该灌浆平洞下游 50m 处修建一条支洞作为后期交通及对该溶洞补强灌浆的施工通道。

施工支洞位于溶洞底部，溶洞距离施工支洞的最小距离 10m。施工支洞净断面尺寸 3m×3.5m（宽×高），衬砌 C20 混凝土厚度 1m。

左岸高程 500.00m 灌浆平洞桩号 k0+235.000～k0+258.000 洞段采用混凝土封堵后，可以彻底规避溶洞充填物从灌浆平洞涌出的可能性，消除了溶洞对大坝和水垫塘的威胁。溶洞下游的施工支洞，可以作为进入高程 500.00m 灌浆平洞的交通通道，也可作为对 K_{245} 溶洞补强灌浆的施工通道。

水库蓄水后，未发现渗流渗压异常现象，溶洞处于稳定安全状态。

8.5.1.3 岩溶充填物截渗技术

1. 基本技术

岩溶充填物为密实的砂石等物质，透水性好，但一般不会产生较大变形，如能阻断其渗漏通道，充填物本身不必挖除。

对于砂石等充填型岩溶，可以修筑防渗墙（包括普通混凝土防渗墙、塑性混凝土防渗墙、自凝灰浆防渗墙、钢筋混凝土防渗墙、固化灰浆防渗墙等），从而改善岩溶充填物的防渗性能。

截渗技术的优点是，可避免对岩溶充填物的开挖清理，可适用于砂石、碎块石、黄泥等多种复杂性状的岩溶充填条件，质量容易保证。唯一的缺点可能在于施工场地需要保证有一定的空间，但随着施工机械的改进，目前最小的钻机仅要求有净空高度约 4m 即可满足施工。

2. 溶洞细砂充填物改性实例

（1）溶洞概况。构皮滩左岸高程 640.50m 灌浆平洞 K_{256} 充砂溶洞属于 7 号岩溶系统，发育于左岸高程 640.50m 灌浆平洞 k0+235.000～k0+290.000、高程 630.00～590.00m 范围，为粉细砂充填夹杂少量黏土及块石，体积超过 3 万 m³，如图 8.5.1 所示。其中 k0+235.000～k0+256.000 段开挖揭露到该溶洞，发育于右侧壁、顶拱及底板，沿 F_{b54}

上盘发育，呈斜井状，形成长约 20m 的溶洞发育区，在开挖过程中发生坍塌冒顶，黏土夹碎块石充填。边墙及顶部冒顶，充填物基本清除，底板掏挖深度为 2～3m。揭露溶洞的主体位于帷幕下游侧，在帷幕线上浅埋于底板以下。k0+256.000～k0+290.000 段由物探孔、先导孔施工揭露，孔深 15～45m 有溶洞发育，主要充填黏土、中粗砂—细砂。溶洞下游出口高于上游，与水库连通性不明。

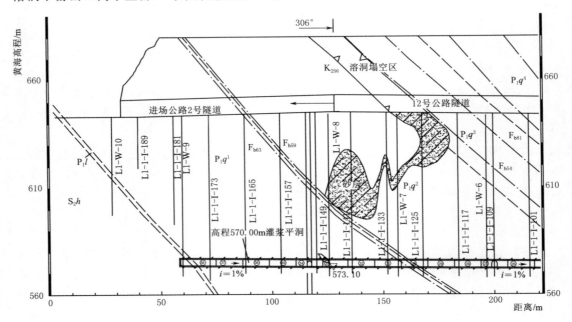

图 8.5.1　左岸高程 640.50m 灌浆平洞 K_{256} 充砂溶洞剖面图

总体看，该溶洞具有以下特点。

充填特征：充填粉细砂（夹杂少量黏土和块石），透水性较强，但水泥灌浆吸浆量较小，可灌性不强。

与水库连通性：从地层分析，该溶洞主体发育于 P_1q^3 层，与库水之间存在厚度约 30m 的 P_1q^4 厚层隔水灰岩。因此，溶洞上游入口与水库管道连通的可能性较小，但也不能完全排除裂隙性沟通的可能性。

对主体工程的影响：该溶洞主体距离大坝拱座最小距离约 270m，如果存在渗漏，对拱座稳定影响较小。

左岸高程 640.50m 灌浆平洞 K_{256} 充砂溶洞虽然规模较大且贯穿防渗帷幕，但与库水管道连通的可能性不大。根据风险评估结果，该溶洞风险较低。因此，处理方案以改善充填物防渗性为主。

（2）处理方案研究。借鉴其他类似溶洞处理经验，对于防渗帷幕线上的大型充砂溶洞，可采取追挖置换混凝土、化学灌浆、高压喷射灌浆、防渗墙等方法进行处理。

该溶洞揭露之初决定采用追挖置换混凝土法，但考虑到砂层流动性强，施工过程中万一出现坍塌、冒顶等，可能严重威胁施工安全；另外，需要在帷幕下游设置追挖支洞，影响其他工程施工且工期不确定。也曾试图通过风水联合冲洗或浓浆返砂法将溶洞充填物从孔内冲出来，但由于钻孔成孔困难、吸水不吸浆，最终放弃。化学灌浆也因为造价高昂而放弃。最终，决定采用高压喷射灌浆法对该充砂溶洞进行处理。

1) 高压喷射灌浆截渗墙。由于在帷幕灌浆轴线上进行最大深度为 55m 的流砂层高喷灌浆在国内类似工程中还没有经验可以借鉴，因此在施工前选择砂层较深地段进行了试验。最终采用的高喷灌浆参数见表 8.5.2。

高喷完成后，检查发现完整芯样的强度、密实度均比较好，但高喷墙体芯样获得率较低，芯样不连续，局部还存在原状砂层（图 8.5.2 和图 8.5.3），说明高喷（双管）无法彻底改善该部位砂层的防渗问题，需要研究其他方式对该溶洞进行处理。

表 8.5.2   高喷灌浆试验施工工艺参数表

项 目	参 数	项 目	参 数
气压/MPa	0.7～1.0	浆液密度/(g/cm³)	1.4～1.5
气量/(m³/min)	≥1.5	旋转速度/(r/min)	12
浆压/MPa	30～40	提升速度/(cm/min)	4～5
浆量/(L/min)	80	喷嘴直径/mm	2.5

图 8.5.2　砂层高压旋喷芯样（1）

图 8.5.3　砂层高压旋喷芯样（2）

2) 塑性混凝土防渗墙。

A. 防渗墙控制指标的确定。在左岸高程 640.50m 灌浆平洞充砂溶洞高喷灌浆效果不佳的情况下，决定对该溶洞改用厚度 1m 的塑性混凝土防渗墙进行处理。塑性混凝土防渗墙既要具备挡水防渗能力，又要能和砂层的变形相协调，在承受水土作用荷载时不会因为应力集中而破坏。因此，该部位的塑性混凝土防渗墙需要具备低强度、低弹性模量、高抗渗的特点要求。

参照三峡工程二期围堰等国内大多数水电工程塑性混凝土防渗墙设计指标的经验，确定该工程塑性防渗墙应同时满足以下质量控制标准：渗透系数小于等于 $1×10^{-5}$cm/s、允许渗透比降大于等于 15、28d 抗压和抗折强度大于等于 1MPa、弹性模量范围为 400～1000MPa。

B. 塑性混凝土配合比研究。塑性混凝土是一种较新型的墙体材料，现在还处于研究阶段，因为这种材料对拌和物的物理性能、掺量等较为敏感。有关计算表明，墙体材料的模量对墙体应力影响很大，降低墙体弹性模量可以减少应力，但其强度也相应降低，从分析计算的角度不能适应压应力作用要求。因此低强、低弹性模量的塑性墙一直没有得到发展，国内仅在均质坝坝体防渗墙和施工围堰及低水头闸坝中有所应用。小浪底、瀑布沟、冶勒、下坂地、察汗乌苏等大型水利工程曾做过研究，都因强度不过关而采用刚性墙。

一般来说，水泥用量越多，抗压强度越大，弹性模量也越大。水泥用量不仅对塑性混凝土的强度、变形模量、抗渗指标、模强比（弹性模量/强度）等指标有较大影响，还直接影响工程造价。因此，混凝土配合比是影响防渗墙物理力学性能指标的关键，也是该溶洞处理的关键。

为降低混凝土的强度和弹性模量，一般需要掺入膨润土，但掺量不能大于 30％。同时可大量掺入粉煤灰和适量引气剂与减水剂，大量的粉煤灰不但具有降低混凝土早期强度和弹性模量的作用，还可降低混凝土成本，在和外加剂同时掺入时还能提高混凝土的抗渗性能。此外，应采用不小于 60％ 的砂率，以降低混凝土强度和弹性模量。要使混凝土达到 W6 以上的抗渗等级，水胶比一般不能大于 1。

经分析，配合比试验采取了高标号水泥、加大砂率、一级配碎石骨料、加入膨润土和外加剂等措施，以保证塑性防渗墙低强度、低弹性模量、高抗渗的特点要求。根据左岸高程 640.5.00m 灌浆洞砂层段防渗墙墙体材料性能指标要求及所用原材料的性能，进行了多组配合比试验，最终采用的混凝土配合比见表 8.5.3。

表 8.5.3　　　　　　　　塑性防渗墙混凝土配合比（重量比）

水	P42.5 普通硅酸盐水泥	膨润土	砂子	石子	外加剂
300	180	120	1045	456	0.3

C. 泥浆护壁。左岸高程 640.50m 灌浆平洞充砂溶洞规模大，砂层松散，防渗墙施工最大的困难就是确保槽孔不坍塌、槽底不淤积、能成墙。为此，泥浆护壁技术是确保防渗墙成功实施的关键。

该工程护壁泥浆选用膨润土和纯碱为主要原料，采用高速搅拌机搅制，每筒搅拌时间不少于 10min。新制泥浆经 24h 水化溶胀后方能使用。泥浆性能：密度为 $1.15 \sim 1.25 \mathrm{g/cm}^3$，黏度为 $30 \sim 50s$，失水量小于 60ml/h，pH 值为 $7 \sim 9$。

D. 墙体接头。防渗墙接头质量是决定防渗墙成败的关键之一，在一定程度上代表着成墙的技术水平。目前，还没有一套十分成熟的完全适合深厚覆盖层防渗墙的接头型式。

根据同类工程的成功经验并结合该工程施工单位的施工水平情况，左岸高程 640.50m 灌浆平洞充砂溶洞防渗墙接头最终选定拔管法。

（3）溶洞处理效果。防渗墙 28d 抗压强度：$1.49 \mathrm{MPa} \geqslant 1 \mathrm{MPa}$。防渗墙混凝土弹性模量为 900MPa。防渗墙渗透系数为 $2.5 \times 10^{-7} \mathrm{cm/s} \leqslant 1 \times 10^{-5} \mathrm{cm/s}$。防渗墙允许渗透比降为 $80 \geqslant 15$。

水库蓄水后，墙体无变形，墙后渗压值为零。

8.5.2　岩溶综合处理技术

构皮滩工程岩溶数量多、规模大、特征各异，实施过程中结合溶洞特点、地质条件及工程要求动态设计，采用了高压灌浆、截渗墙、高压旋喷、混凝土换填封堵、地下水引排和避让等多种岩溶处理技术，以阻截防渗帷幕线上的岩溶通道。

8.5.2.1 灌浆技术

构皮滩溶洞处理采用了多种灌浆方式，如高压水泥灌浆、磨细水泥灌浆、化学灌浆、膏状浆液灌浆等。对于有条件部位的溶洞充填物尽量冲洗置换后再灌浆，如：右岸高程465.00m灌浆平洞 K_{678} 溶洞充填细砂夹泥，垂直灌浆平洞侧墙水平发育，宽度0.5～4m，即先对岩溶充填物进行风水联合冲洗后实施高压水泥灌浆；左岸高程500.00m灌浆平洞 K_{245} 溶洞采用了膏状浆液与水泥灌浆结合的方法；坝基 KM_1 溶蚀破碎带采用了磨细水泥和化学灌浆结合的方法，化学浆材包括丙烯酸盐和环氧等。

溶洞灌浆质量控制标准一般为：常规压水检查透水率满足防渗标准；在1.5～2倍水头下持续压水72h而透水率不变；钻孔取芯岩芯获得率大于80%；抗压强度大于设计水头；允许渗透比降 $J \geqslant 15$。

8.5.2.2 防渗墙技术

对不具备清挖条件的砂卵石充填溶洞，采用防渗墙处理。如：左岸高程640.00m灌浆平洞 K_{256} 溶洞主要充填粉细砂，可能通过裂隙通道与库水发生水力联系。该溶洞距离左坝肩较近，施工初期曾采用高压旋喷墙处理，但取芯显示高压旋喷墙体连续性不理想。为此，在高压旋喷墙下游重新设置一道厚度1m的塑性混凝土防渗墙。

塑性混凝土防渗墙质量控制标准为：渗透系数小于等于 1×10^{-5} cm/s、允许渗透比降大于等于15、28d抗压和抗折强度大于等于1MPa、弹性模量为400～1000MPa。

8.5.2.3 高压喷射技术

对于充填砂、卵石、砾石或黏土的溶洞，除了采用防渗墙，还可利用高压旋喷使水、气、浆液扰动地层，使水泥浆和充填物充分融合形成具有抗压、抗渗能力的复合体。该方法已经广泛应用于堤防工程、基坑支护、地下洞室防渗、建筑地基处理等领域。

构皮滩水库蓄水至550.00m后，发现大坝23、24坝段坝基高程在530.00～535.00m之间存在最大宽度约3m、穿越帷幕的 K_{280} 充砂管道，直接威胁大坝基础廊道安全运行。为此，设计决定从上部大坝基础廊道（高程570.00m）对帷幕线附近范围的充砂管道采用高压旋喷进行处理，高压旋喷采用双重管工艺，喷射压力为15～35MPa。采用高压旋喷处理的还有右岸高程520.00m灌浆平洞 K_2 溶洞等部位。

8.5.2.4 避让技术

构皮滩左岸高程500.00m灌浆平洞 K_{245} 溶洞在灌浆平洞侧壁出露，且充填物为黄泥。在采取高压挤密灌浆的改性处理的基础上，为提高溶洞处理的可靠度，下闸蓄水前对左岸高程500.00m灌浆平洞桩号k0+235.000～k0+258.000洞段采用混凝土封堵，同时在该灌浆平洞下游50m处修建一条旁通洞作为后期交通及对该溶洞补强灌浆的施工通道，以彻底避让该溶洞。旁通洞位于溶洞下游50m左右，净断面尺寸3m×3.5m（宽×高），衬砌C20混凝土厚度1m。

左岸高程500.00m灌浆平洞桩号k0+235.000～k0+258.000洞段采用混凝土封堵后，可以彻底规避溶洞充填物从灌浆平洞涌出的可能性，消除了溶洞对大坝和水垫塘的威胁。溶洞下游的施工支洞，可以作为进入高程500.00m灌浆平洞的交通通道，也可作为

对 K_{245} 溶洞补强灌浆的施工通道。

构皮滩右岸高程 520.00m 灌浆平洞 K_{613} 溶洞也采用了同样的避让处理方式。目前，通过上述避让方式处理的两处溶洞，均运行正常。

8.5.2.5　挖堵灌排技术

当单一的溶洞处理技术不能奏效时，需要综合运用多种岩溶处理手段。以 W_{24} 岩溶为例：低高程追挖支洞在高程 387.00m 左右揭露 W_{24} 岩溶系统的主来水管道，该管道垂直右岸高程 465.00m 灌浆平洞帷幕轴线发育，帷幕下游约 100m 即为厂房低层排水廊道。由于该溶洞来水与库水连通性尚不明确。为确保安全，采用"挖＋堵＋灌＋排"相结合的处理方案：

W_{24} 岩溶低高程主管道为前后小、中间大的囊状结构，将溶洞出口和入口充填物挖除后采用混凝土封堵，中间囊状大厅先灌混凝土再灌浆；帷幕上游 25m 部位设置竖井并通过两根 $\phi500mm$ 钢管将岩溶水穿越帷幕引排至高程 520.00m 灌浆平洞，自流排至水垫塘。

由于将岩溶水从高程 387.00m 壅高（最低壅高至 520.00m，最高壅高至 640.00m）后再进行排泄，帷幕可能始终承受较高的作用水头，其耐久性及安全风险较大。目前决定，将 W_{24} 低高程追挖支洞混凝土堵头内施工期预埋的 $\phi200mm$ 排水管改为永久排水通道，岩溶水通过低高程排水管排泄并抽排至大坝下游。方案调整后，虽然增加了运行管理难度及成本，但是降低了工程安全风险。

参 考 文 献

［1］ 钮新强，王犹扬，胡中平. 乌江构皮滩水电站设计若干关键技术问题研究［J］. 人民长江，2010，41（22）：1-4，36.

［2］ 钮新强，胡中平，曹去修，等. 构皮滩与乌东德电站拱坝关键技术研究与实践［J］. 人民长江，2012，43（17）：5-9.

［3］ 王犹扬，胡中平，杨一峰. 构皮滩水电站枢纽布置及优化［J］. 人民长江，2006，37（3）：20-22.

［4］ 胡中平，班红艳，郭艳阳. 构皮滩水电站枢纽总体布置［J］. 贵州水力发电，2002，16（2）：31-35.

［5］ 唐祁忠，侯钦礼，王高峰. 强岩溶发育地区地下洞室群施工期勘探技术研究［J］. 水利建设与管理，2008，28（3）：30-32.

［6］ 邓争荣，向能武，尹春明，等. 构皮滩水电站坝址地下岩溶施工期预测预报探测技术［J］. 资源环境与工程，2015，29（Z1）：47-52.

［7］ 朱喜，莫和建，王志宏. 构皮滩拱坝混凝土线膨胀系数反演分析［J］. 水电与新能源，2020，34（6）：45-49.

［8］ 胡清义，朱喜，田功臣. 构皮滩拱坝坝体与坝基变形模量反演分析［J］. 武汉大学学报（工学版），2021，54（9）：801-809.

［9］ 胡中平，曹去修，王志宏. 构皮滩水电站混凝土拱坝设计［J］. 贵州水力发电，2004，18（6）：16-20.

［10］ 王奇，李光伟. 构皮滩水电站拱坝混凝土性能的试验研究［J］. 水电站设计，2008，24（3）：21-23.

［11］ 李占省，耿克红. 构皮滩混凝土双曲拱坝坝体温度仿真计算与分析［J］. 水利水电技术，2006，37（8）：29-31.

［12］ 曹去修，王志宏，江义兰. 构皮滩拱坝设计及优化［J］. 人民长江，2006，37（3）：23-25.

［13］ 胡中平，向光红，班红艳. 构皮滩水电站泄洪消能设计［J］. 贵州水力发电，2005，19（2）：30-33.

［14］ 曹去修，王志宏，胡清义. 构皮滩拱坝坝基岩溶处理设计［C］//水电2006国际研讨会，2006：459-463.

［15］ 胡中平，刘加龙. 构皮滩水电站岩溶风险评估与分级处理［J］. 人民长江，2012，43（2）：58-61.

［16］ 陈文理，向能武，王怀球. 构皮滩水电站高拱坝建基岩体工程地质研究［J］. 人民长江，2006，37（3）：14-16，38.

［17］ 廖欣，包腾飞，朱茜，等. 构皮滩拱坝温度荷载反馈分析方法研究［J］. 水电能源科学，2019，37（4）：80-83.

［18］ 刘星. 构皮滩水电站及通航建筑物工程［J］. 云南水力发电，2019（1）：2.

［19］ 姜桂军. 构皮滩水电站K280溶槽中间地质及其处理［J］. 科技创新与应用，2012（2）：1-2.

［20］ 胡清义，冯雄波，曹去修，等. 构皮滩水电站泄洪消能设计研究与运行检验［J］. 水利水电快报，2020，41（1）：48-54.

［21］ 王志宏，江义兰，陈尚法，等. 构皮滩水电站拱坝拱座地质缺陷深层处理设计［J］. 贵州水力发电，2006，20（3）：4-6.

[22] 胡清义，余昕卉，夏传星. 高拱坝表孔以上结构受力分析和施工方案探讨——以构皮滩拱坝为例 [J]. 水力发电学报，2010，29（5）：106 - 110.

[23] 张林让，吴杰芳，曹晓丽，等. 构皮滩拱坝坝身泄洪振动水弹性模型试验研究 [J]. 长江科学院院报，2009，26（2）：36 - 40.

[24] 李俣继，宋婧，刘高峰，等. 乌江构皮滩水电站地下厂房围岩稳定问题及处理 [J]. 资源环境与工程，2009，23（5）：754 - 757.

[25] 宋婧，李俣继，向能武，等. 乌江构皮滩水电站地下厂房主要地质问题研究综述 [J]. 资源环境与工程，2009，23（5）：570 - 573.

[26] 姜小兰，操建国，孙绍文. 构皮滩双曲拱坝整体稳定地质力学模型试验研究 [J]. 长江科学院院报，2002，19（6）：21 - 24.

[27] 岳鹏博，骆建宇，王业红. 构皮滩水电站泄洪表孔分流齿坎的空化试验研究 [J]. 长江科学院院报，2008，25（4）：100 - 102.

[28] 蔡新，郭兴文，王德信，等. 拱坝整体非线性稳定分析 [J]. 河海大学学报（自然科学版），1999（2）：74 - 80.

[29] 胡建明，杨学红. 构皮滩高拱坝混凝土温控措施研究 [J]. 水利水电快报，2008，29（2）：35 - 38.

[30] 李维树，周火明，陈华，等. 构皮滩水电站高拱坝建基面卸荷岩体变形参数研究 [J]. 岩石力学与工程学报，2010，29（7）：1333 - 1338.

[31] 向能武，偰光恒，尹春明，等. 构皮滩水电站坝址区软岩特性及处理技术 [J]. 人民长江，2010，41（22）：21 - 24，40.

[32] 向能武，陈文理，尹春明，等. 构皮滩水电站 W_{24} 岩溶系统发育特征及工程处理 [J]. 人民长江，2010，41（22）：12 - 15.

[33] 赵建民，任朗明，申宏波. 构皮滩水电站帷幕灌浆施工工艺及参数探讨 [J]. 贵州水力发电，2006，20（3）：84 - 86.

[34] 黄国兵，谢世平，段文刚，等. 高坝泄洪挑流消能工优化研究与应用 [J]. 长江科学院院报，2011，28（10）：90 - 93.

[35] 刘惟，陈尚法，赵世英，等. 构皮滩水电站地下厂房岩溶系统处理 [J]. 人民长江，2010，41（22）：32 - 36.

[36] 刘永红，叶三元. 构皮滩水库岩溶问题的处理 [J]. 人民长江，2010，41（22）：47 - 51.

[37] 姚春雷，叶伟峰. 构皮滩水电站防渗排水设计 [J]. 人民长江，2006，37（3）：44 - 47.

[38] 王志宏，胡清义，余昕卉，等. 构皮滩水电站初期蓄水拱坝工作性态分析 [J]. 人民长江，2010，41（22）：29 - 31.

[39] 钱军祥，魏文炜，邹柏青，等. 构皮滩水电站泄洪中孔弧形闸门充压止水设计 [J]. 人民长江，2010，41（22）：41 - 43.

[40] 王仁刚，蒋和平，任朗明. 灌浆技术在构皮滩水电站防渗工程中的应用 [J]. 人民长江，2006，37（3）：80 - 81.

[41] 陈尚法，刘晓刚，牛勇. 构皮滩水电站地下厂房区防渗与排水系统设计 [J]. 贵州水力发电，2006，20（3）：16 - 19.

[42] 卢远富，包腾飞，李润鸣，等. 基于 IDE - OSVR - ABAQUS 的岩土力学参数反演方法 [J]. 长江科学院院报，2017，34（6）：81 - 87.

[43] STORN R，PRICE K. Differential Evolution - A Simple and Efficient Heuristic for global Optimization over Continuous Spaces [J]. Journal of Global Optimization，1997，11（4）：341 - 359.

[44] 吴中如. 水工建筑物安全监控理论及其应用 [M]. 北京：高等教育出版社，1990.

[45] 朱伯芳. 大体积混凝土温度应力与温度控制 [M]. 北京：清华大学出版社，2014.